普通高等教育电气工程与自动化（应用型）“十二五”规划教材

模拟电子技术

主　编　翟丽芳
副主编　胡胜辉　钱志文
参　编　高　倩　黄　成　[illegible]
主　审　陈　娟

机械工业出版社

本书是编者在总结多年教学实践经验的基础上，结合应用型高等学校新的课程体系与教学内容编写而成的。本书内容包括：绪论、半导体二极管及其基本应用电路、双极型晶体管及其放大电路基础、场效应晶体管及其放大电路、集成运算放大电路、负反馈放大电路、集成运放的线性应用、功率放大电路、信号发生器、直流稳压电源、模拟电子系统的设计等。各章末有本章小结、实践案例、思考题与习题。

本书既重视理论的系统性与严密性，又注重内容的先进性与实用性。本书可作为应用型普通高等院校电子信息、电气工程、自动化、通信、仪器仪表、计算机等专业及其他相近专业本、专科生“电子技术基础”课程教材和教学参考书，也可作为有关工程技术人员的参考书。

本书配有免费电子课件，欢迎选用本书作教材的老师发邮件到 jinacmp@163.com 索取，或登录 www.cmpedu.com 注册下载。

图书在版编目（CIP）数据

模拟电子技术/翟丽芳主编．—北京：机械工业出版社，2011.8（2025.7 重印）

普通高等教育电气工程与自动化（应用型）“十二五”规划教材

ISBN 978-7-111-34305-9

Ⅰ.①模…　Ⅱ.①翟…　Ⅲ.①模拟电路－电子技术－高等学校－教材　Ⅳ.①TN710

中国版本图书馆 CIP 数据核字（2011）第 112189 号

机械工业出版社（北京市百万庄大街 22 号　邮政编码 100037）

策划编辑：吉　玲　责任编辑：吉　玲　王寅生　卢若薇

版式设计：霍永明　责任校对：李秋荣

封面设计：张　静　责任印制：张　博

北京机工印刷厂有限公司印刷

2025 年 7 月第 1 版第 9 次印刷

184mm×260mm · 16 印张 · 455 千字

标准书号：ISBN 978-7-111-34305-9

定价：32.00 元

电话服务	网络服务
客服电话：010-88361066	机　工　官　网：www.cmpbook.com
010-88379833	机　工　官　博：weibo.com/cmp1952
010-68326294	金　　书　　网：www.golden-book.com
封底无防伪标均为盗版	机工教育服务网：www.cmpedu.com

普通高等教育电气工程与自动化（应用型）“十二五”规划教材

编审委员会委员名单

前　言

为了适应高等教育改革的形势，特别是应用型本科教育教学改革的需要，以注重学生的工程实践能力与自主创新能力的培养为宗旨，编者针对模拟电子技术课程学习的特点，总结多年教学实践经验，编写了这本教材。在保证系统性、科学性的前提下，力求在内容选择上注重实用性，在语言描述上注重简练与可读性。

“模拟电子技术”作为一门工科大学电气信息类专业的重要技术基础课，涉及许多电路理论知识、常用的基本器件和实际电路，入门较难。编者通过多年的针对应用型大学的教学实践，深深体会到要教好这门课程，一定要针对课程特点，针对学生特点，遵循从特殊到一般的认知规律，理论密切联系实际。本书在第1~3章通过经典的分立元件电路，介绍电子电路的基本分析方法，阐明模拟电子技术中带有普遍性的思想方法和重要结论；第4~9章分别介绍以集成电路为主要器件的模拟信号的产生、处理和放大电路。在此基础上第10章介绍了模拟系统的设计。因此，本教材内容以集成电路为主，既重视电子器件、集成电路的外部特性以及各种基本电路的理论、设计计算，又适当引进新理论、新器件、新技术的应用。本书重视理论分析，注重讲清物理概念，分析计算详尽，且具有启发性，便于自学，又重视实践性，书中许多实践案例都来自工程实际应用。

本书在整体的安排上保留了模拟电子技术课程的基本内容、基本体系，同时又有创新，各章增加了应用背景、实践案例以及最后自成一章的模拟电子系统的设计。

本书共包括10章，书后附有部分习题参考答案。书中打星号部分为选学内容，教师可根据具体情况灵活处理；删去这些内容不影响理论体系的完整性。

参加本书编写工作的有翟丽芳（绪论、第2章）、高倩（第1、3章）、胡胜辉（第4、6章）、黄成（第5章）、薛波（第7章）、钱志文（第8章）、朱雷（第10章），东北农业大学成栋学院的郝传永（第9章）。翟丽芳为主编，负责组织和统稿工作，钱志文、胡胜辉为副主编。

本书由长春工业大学的陈娟教授担任主审。陈教授认真审阅了本书的全稿，并提出了许多宝贵的修改意见。编写过程中，江苏技术师范学院沈琳、孟继德等老师提出了许多宝贵意见。对此，编者谨向他们致以衷心的感谢！

本书内容若有疏漏和错误，欢迎专家、学者、教师、学生和工程技术人员提出意见和建议，以便今后不断改进。

编　者

目　　录

绪　论

什么是电子技术

简单地说，电子技术就是研究电子器件、电子电路和电子系统及其应用的科学技术。电子技术作为信息时代的基础科学之一，已经被广泛地应用于工业、农业、科技、国防等领域以及人们的日常生活中。下面通过对电子器件、电子电路及其应用的简要介绍，使读者对电子技术有一个概貌性的了解，

1. 电子器件

第一代电子器件是20世纪初发明的电真空管，包括电子管（Electron Tube）和离子管（Ion Tube）。电子管也称真空管，是最早出现的电子器件，因要把密闭的管壳内抽成高真空而得名。工作时，电子管的阴极灯丝受热发射电子，这些电子受外加电场和磁场的影响，在真空中运动就形成了电子流。离子管和电子管类似，也要把密闭的管壳内抽成高真空，然后再充以适当的气体。这类管子中的电流，除了电子外，还有正离子，所以称为离子管。电真空器件输出功率大，但功耗也很大。目前电真空器件还在某些特殊场合发挥着它的优势，例如电视机中的显像管，电子示波器中的示波管等。

第二代电子器件是20世纪中叶发明的晶体管（Transistor）、场效应管（Field Effect Transistor）等，也称为半导体器件或者固体器件。半导体器件是现代电子技术产生的基础。这类器件具有体积小、重量轻、寿命长、功耗小等优点，在许多电子设备中已经取代了电子管。其缺点是受温度变化的影响大、外加电压不能太高、过载能力较差等。

第三代电子器件是集成电路（Integrated Circuit，IC）。集成电路是把许多晶体管、场效应管与电阻等元件制作在同一块晶片上互相连接而成的电路。集成电路自1959年发明以来发展迅速，从刚开始的在一个芯片上集成4个晶体管到现在的集成几亿个元件，经历了从小规模（SSI）、中规模（MSI）、大规模（LSI）到超大规模（VLSI）的发展过程，现在已经发展到了系统级芯片（SOC）。集成电路的出现，大大缩短了电子产品的研发周期，提高了产品的可靠性和性价比，从而推动了电子技术的快速迅猛发展。

2. 电子电路

电子器件与常用的电阻器、电感器、电容器、变压器等元器件适当地连接起来所组成的电路就称为电子电路。电子电路与普通电路的区别在于电子电路包含电子器件，而普通电路只用电阻器、电感器、电容器、变压器等元器件构成，不包含电子器件。

3. 电子技术的应用

现代电子技术的应用已经渗入到现代工业、农业、军事、文化生活等诸多领域，大家耳熟能详的行业有计算机、通信、自动控制、智能家居等。

电子技术最初应用于通信系统。它与无线电技术相结合，使通信科学技术在20世纪获得了惊人的发展。后来进一步发展的有线载波通信、激光通信、光纤通信等也都应用了电子技术的成就。

测量和控制是电子技术的另一个广泛应用的领域。电子测量和控制凭借其快速、灵敏、精确等特点，不但在工业自动化技术中成为主力军，而且在电力系统、航空航天等领域也都成为了不可替代的部分。例如，在电力系统中，可以通过电子技术远距离测量各发电厂的参数，及时进行

自动调整和调度，保证设备运行的可靠性，提高劳动生产率。再如，航天器的控制部分本身就是一个电子系统，当它发射后更要通过遥感遥测，获知其运行状态，并且进行姿态控制和调整，以达到预期的效果和目的。

计算机是电子技术又一个应用领域。20 世纪 40 年代，用 18000 个电子管构造的世界上第一台数字电子计算机，占地约 $150m^2$，重量达 30t，运算速度仅约 5000 次/s。随着半导体器件的问世，计算机也逐步向小型化的方向发展。现代微型计算机采用超大规模集成电路，具有功耗低、体积小、重量轻、运算速度快、功能强等特点。计算机的发展也反过来推动了电子技术的进一步发展，现代电子设计都采用计算机辅助设计，使得设计过程更为方便、快捷、高效。

另外，电子技术也已经深入人们日常生活的方方面面。人们每天接触的全自动洗衣机、智能电饭煲、电冰箱、电视机等，每一样都与电子技术有关。现在正迅速发展的智能家居、互联网等行业也是电子技术发展的产物。总之，电子技术已经和社会进步和发展密不可分。

什么是模拟电子技术

1. 模拟信号

信号的形式是多种多样的，从不同的角度进行分类有不同的称谓。在电子电路中，将信号分为模拟信号和数字信号。

模拟信号是指在时间和幅值上都连续变化的信号，数字信号是指在时间和幅值上均具有离散性的信号。事实上，大多数物理量通过传感器转换为模拟信号，在信号处理时，模拟信号和数字信号可以相互转换。

2. 模拟电子技术

采集、处理、加工或者产生模拟信号的电路均称为模拟电子电路。图 1 所示为模拟电子系统的示意图。系统首先进行信号的采集，即信号提取。通常这些信号来源于测试各种物理量的传感器、接收器，或者来源于用于测试的信号发生器。对于实际系统，传感器或者接收器所提供的信号的幅度很小，噪声很大。因此，在加工信号之前，需要进行预处理，即根据实际情况利用隔离、滤波、阻抗变换等手段将有用信号分离并进行放大。当信号足够大时，再进行信号的运算、转换、比较等不同的加工。最后，一般还要经过功率放大以驱动执行机构，或者经过模拟信号到数字信号的转换变为计算机可以接收的信号。

图 1　模拟电子系统示意图

模拟电子技术课程的任务、特点和主要内容

1. 课程的任务

模拟电子技术课程是高等工业学校电类专业在电子技术方面具有入门性质的专业基础课。课程的任务是在介绍常用半导体器件的基础上，重点介绍常用功能电路的基本概念、基本原理和基本分析方法，并着力培养查阅器件手册、阅读和分析电路图的能力，为以后深入学习电子技术打好基础。

2. 课程的特点

（1）实践性强

模拟电子技术是一门应用很广、实践性很强的工程技术科学。与先修的基础理论课程（如大学物理、电路原理）相比，更接近工程实际，强调理论与实践相结合，在教学中，采用工程近似估算和定性分析相结合的方法，分析电路的特点和功能指标。

（2）非线性分析方法

电路原理课程中基本只讨论线性元件和电路，采用的是线性电路的分析方法；而模拟电子技术中的半导体器件都属于非线性器件，经常采用图解法、框图等分析方法。但是非线性电路的分析方法很繁琐，难以得到简单明确的结论，所以在模拟电路分析时会在一定的条件下将非线性电路近似转换成线性电路进行分析。学习时，特别要注意特定分析方法的适用条件。

3. 课程的主要内容

本课程的教学，不是面面俱到地介绍电子技术的各个方面，而是重点讨论电子技术中的最初步、最基本、最共性的东西，即重点抓住三个方面的内容：一是模拟电路的基本分析方法；二是基本电子器件和电子电路的性能以及主要应用；三是电子测试技术、电子电路的分析和识图能力。

具体来说课程的主要内容有：

（1）器件

电子器件（包括集成电路）是模拟电子技术课程中的基本内容，学习的重点在于了解它们的外特性和用于电路中的工作条件，不深入讨论器件内部微观的物理过程和生产工艺。

（2）电路

任何电子系统，无论其复杂程度如何，都是由各种基本电子电路按一定原则所组成的。因此，学习的重点应放在基本单元电路的电路构成、工作原理、分析方法、性能指标及特点、典型应用等方面。

在学习中，对待器件、电路、应用三者的关系是：管、路、用结合，管为路用，以路为主。对待分立元件电路和集成电路的关系是：分立是基础，集成是重点，分立为集成服务。

（3）分析方法

模拟电路是非线性电路，所以常采用图解法进行电路分析；在信号较小时通常采用微变等效电路法把非线性电路转换成线性电路进行分析。另外，模拟电路是实践性很强的工程性质的课程，所以分析电路时经常采用近似估算法。学习时要注意分析方法的选择，不同的电路要视具体情况选择适当的分析方法。

（4）基本技能

学习模拟电子技术课程，要注重以下基本技能的培养：一是查阅电子器件和集成电路手册的能力；二是阅读和分析电路图的能力；三是常用半导体器件的正确使用、识别能力；四是常用基本电路的参数测量、电路调试、故障判断能力。

模拟电子技术课程的学习方法

1. 抛弃精确分析，接受工程估算观点

模拟电路的分析和设计往往和工程背景有直接关系，应用时会遇到很多实际问题，难以做出精确地分析计算。例如，电子器件的离散性导致参数的不一致，元件的实际参数与标称值的偏差，温度变化引起的元器件参数变化，电源电压的波动引起的电路参数的变化等。由于这些因素，进行精确地计算既困难也没有意义，所以在分析计算时，往往有条件地忽略一些次要因素进行估算。这样既能使复杂的问题得以简化，又能满足实际工程的计算要求，这就是工程估算法。

在采用工程估算法时，不能简单地因为某个量很大或者很小而忽略不计，而是要根据简化处理后所造成的相对误差的大小来决定。工程上一般认为合理的估算结果所产生的误差应小于10%。工程估算法虽然简单，但要正确使用却也有难度，往往要借助前人的经验。实际上，工程估算法的目的不是为了获得精确的结果，而是通过简单的计算获得清晰的、定性的概念和结论。

利用这些概念和结论进一步指导电路的设计，在实验中迅速判断电路故障的原因或者电路应该做何调整以达到设计要求。所以本课程的学习切忌把时间浪费在繁琐的数学推导和精确的数值计算上。

2. 重视理论和实验的结合

电子技术实验是本课程必不可少的重要环节，仅有理论知识，而不动手实践，是不能真正掌握电子技术的。因为影响电路工作的因素很多，难以用简单的模型进行全面的分析。因此，一般的电子设备，设计、安装只是初步的工作，为了达到设计指标要求，更重要的是现场调试，需要结合实际情况修改设计参数。对于初学者来说，也只有通过实验，通过对电路的调试，才能更好地理解基本概念，掌握理论课中很难理解的内容。所以，电子技术的教与学都应重视实践教学。

3. 学习 EDA 技术

EDA（Electronic Design Automation）是指电子设计自动化。随着计算机辅助设计的发展，模拟电子技术也有多种 EDA 软件可以对电路进行仿真设计，这也是一种新的电路设计和实验方法。EDA 软件可以模拟实验环境，通过对电路的仿真分析，得到与实验室类似的实验结果。现在，利用 EDA 技术设计电子系统已经是一种趋势。所以，合理利用 EDA 软件，把它作为电子技术教学和实验的辅助工具，不但可以起到事半功倍的效果，而且可以为今后从事电子产品设计打下一定的基础。

第 1 章　半导体二极管及其基本应用电路

应用背景

半导体二极管是广泛应用于电子设备中的最简单的半导体器件，它在许多电路中起着重要的作用。半导体二极管种类很多，有检波二极管、整流二极管、稳压二极管、开关二极管、隔离二极管、发光二极管、硅功率开关二极管、旋转二极管等，从这些特殊的名词大致可以了解二极管的应用场合非常多。随着全球经济的发展，二极管的制造已逐渐从中低端领域转向高端产品市场，旨在提高产品性能与集成度、降低噪声和能量耗散等方面，以支持 PDA、CRT 和 LCD 显示器、主板、交换式电源、手机充电器、调制解调器和无线通信设备等应用。

本章首先介绍半导体物理知识和 PN 结的特点，然后重点介绍半导体二极管的伏安特性、主要参数及应用，最后介绍稳压二极管、发光二极管、变容二极管等特殊二极管的特点。

1.1　半导体基础知识

1.1.1　本征半导体

1. 半导体

自然界中的物质按其导电能力可分为导体、半导体和绝缘体。金、银、铜、铝等金属材料是良好的导体，塑料、陶瓷、橡胶等材料是绝缘体，这些材料在电力系统中得到了广泛的应用。还有一些材料如硅、锗等，它们的导电能力介于导体和绝缘体之间，被称为半导体。20 世纪 40 年代，科学家在实验中发现半导体材料具有一些特殊的性能，并制造出性能优良的半导体器件，从而引发了电子技术的飞跃。

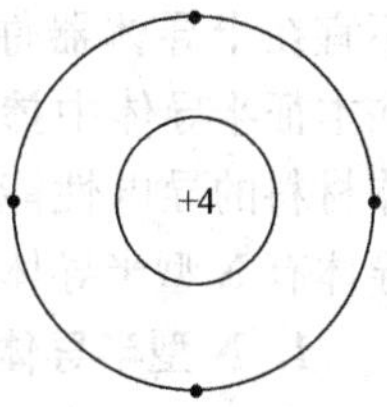

图 1-1　硅和锗原子结构的简化模型

物质的导电性能决定于原子结构。硅（Si）和锗（Ge）是两种常用的半导体材料，同属四价元素，它们每个原子的最外层均有四个价电子。图 1-1 所示的是硅和锗原子结构的简化模型。

2. 本征半导体的晶体结构

纯净的半导体称为本征半导体。制造半导体器件用的是单晶结构的半导体。在单晶结构的本征半导体中，通过电子运动，每一个半导体原子最外层的四个价电子与相邻的四个半导体原子的各一个价电子组成四对共价键，并按一定规律排列。图 1-2 所示的是本征硅（或锗）晶体结构平面示意图。

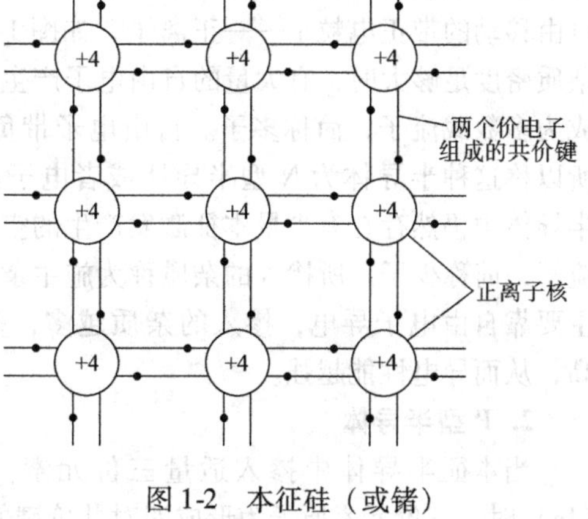

图 1-2　本征硅（或锗）晶体结构平面示意图

3. 本征半导体中的两种载流子

在热力学温度零度（即 0K）时，价电子没有能力脱离共价键的束缚，即没有能够自由移动的带电粒子（又称载流子），这时的本征半导体是良好的绝缘体。但在用不大的激发能量（热、光照、电场等）激发下本征半导体中的价电子可以挣脱共价键的束缚，成为自由电子，同时，在原来共价键留下的一个空位处产生一个空穴，这一过程称为本征激发。如图 1-3 所示，一个价电子在 a 处挣脱共价键的束缚，成为自由电子，同时在 a 处产生一个空穴。

在外电场作用下，一方面自由电子将产生定向移动，形成电子电流；另一方面由于空穴的存在，价电子将按一定的方向依次填补空穴，也就是说空穴也产生定向移动，形成空穴电流。例如，在 b 处的电子填补了 a 处的空穴，在 b 处留下空穴；c 处的电子再填补 b 处的空穴，在 c 处留下空穴；这样就形成了从 $c \to b \to a$ 的电子电流，即形成 $a \to b \to c$ 的空穴电流。所以，在半导体中有两种可以自由移动的载流子：带负电的自由电子和带正电的空穴。

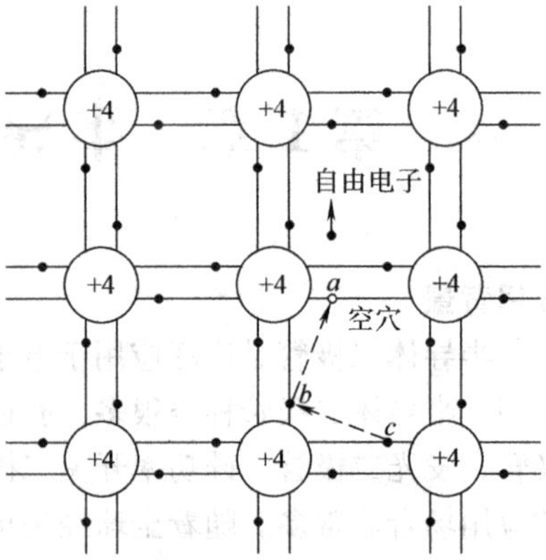

图 1-3　本征半导体中的自由电子和空穴

在本征半导体中，本征激发（主要是热激发）使自由电子和空穴成对产生；它们相遇复合时，也成对消失。当温度一定时，激发和复合动态平衡，即“自由电子—空穴对”浓度一定。当环境温度升高时，热运动加剧，挣脱共价键束缚的自由电子增多，空穴也随之增多，即载流子的浓度升高，因而必然使得导电性能增强；反之，则导电性能变差。

1.1.2　杂质半导体

本征半导体的电阻率较大，且对温度变化十分敏感，不宜在半导体器件制造中直接使用。通常进行扩散工艺，在本征半导体中掺入少量其他合适的元素，可以改善半导体材料的导电性能。这类半导体称为杂质半导体，杂质半导体有 N 型半导体和 P 型半导体两类。

1. N 型半导体

在本征半导体中，掺入少量五价杂质元素，如砷（As）、磷（P）后，杂质原子的五个价电子中只能有四个价电子与相邻的四个硅（或锗）原子的价电子组成共价键，多余的那个价电子很容易受激发脱离原子核的束缚成为自由电子，相应的五价元素的原子因失去一个电子而成为不能自由移动的带正电粒子——正离子，如图 1-4 所示。掺入的杂质密度足够大时，有大量的自由电子产生，因此自由电子成为多数载流子，简称多子。自由电子带负电（Negative），所以称这种半导体为 N 型半导体或者电子型半导体。N 型半导体中仍然存在有少量本征激发产生的空穴，称为少数载流子，简称少子。所掺入的杂质称为施主杂质。N 型半导体主要靠自由电子导电，掺入的杂质越多，多子的浓度就越高，从而导电性能越强。

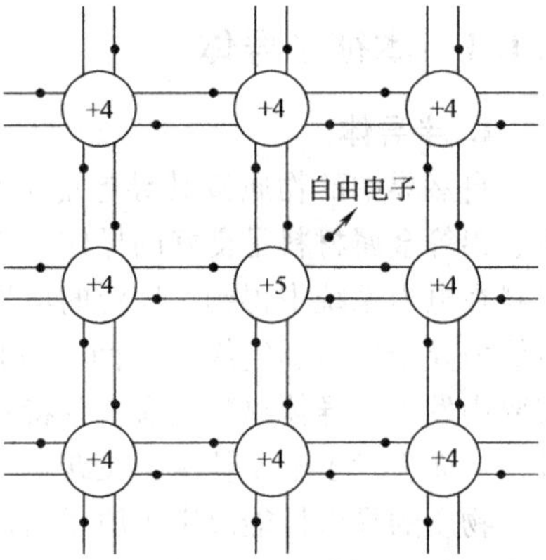

图 1-4　N 型半导体

2. P 型半导体

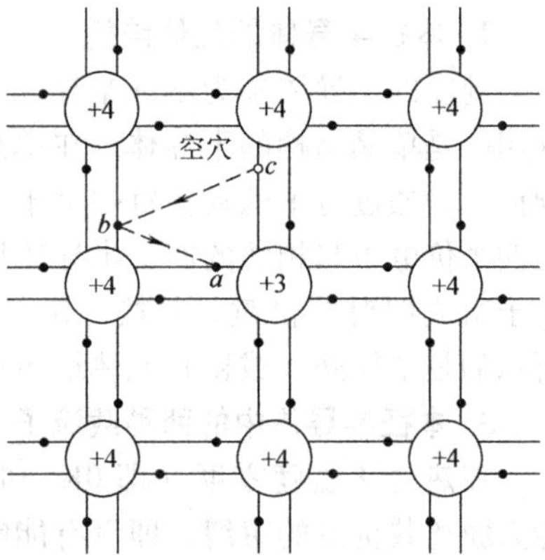

图 1-5　P 型半导体

当本征半导体中掺入适量三价元素，如硼（B）、铟（In）时，三价元素原子为形成四对共价键使结构稳定，常吸引附近半导体原子的价电子，从而产生一个空穴和一个负离子，如图 1-5 所示。这种杂质半导体的多子是空穴，因空穴带正电

(Positive)，所以称为 P 型半导体或者空穴型半导体。P 型半导体的少子为电子，所掺入的杂质称为受主杂质。P 型半导体主要靠空穴导电，掺入的杂质越多，空穴浓度就越高，导电性能也就越强。

N 型半导体和 P 型半导体均属非本征半导体，其中多子的浓度取决于掺入的杂质元素原子的密度，少子的浓度主要取决于温度；而所产生的离子，不能在外电场作用下作漂移运动，不参与导电，不属于载流子。当 N 型半导体中再掺入更高密度的三价杂质元素时，可转型为 P 型半导体；反之，P 型半导体也可通过掺入足够的五价元素而转型为 N 型半导体。

1.2 PN 结

1.2.1 PN 结的形成

通过一定的工艺，在同一块半导体基片的一边掺杂成 P 型，另一边掺杂成 N 型，则 P 区和 N 区的交界面附近电子浓度和空穴浓度相差很大。物质总是从浓度高的地方向浓度低的地方运动，这种由于浓度差而产生的运动称为扩散运动。由于交界面两侧的 N 型半导体和 P 型半导体存在多子浓度的极大差异，因而 P 区的空穴必然向 N 区扩散，与此同时，N 区的自由电子必然向 P 区扩散，如图 1-6 所示。为了简明，图中没有画出半导体中的少子。由于扩散到 P 区的自由电子与空穴复合，而扩散到 N 区的空穴与自由电子复合，所以在交界面附近多子的浓度下降，P 区出现负离子区，N 区出现正离子区，它们是不能移动的，称为空间电荷区，如图 1-7 所示。由于在空间电荷区载流子被复合或者说被耗尽，所以又称耗尽层。空间电荷区促使其形成内电场，方向由 N 区指向 P 区。因此，在两种半导体之间存在电位壁垒，称为势垒，记做 U_0，它对多子向另一侧扩散起阻碍作用，所以空间电荷区又称势垒区。随着扩散运动的进行，空间电荷区加宽，内电场增强，进一步阻止扩散运动的进行。

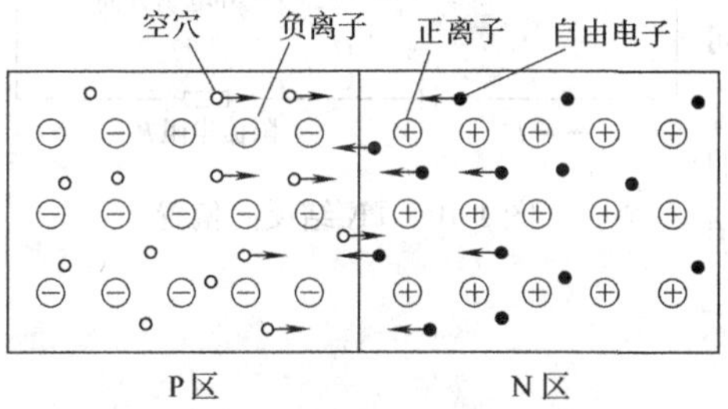

图 1-6　PN 结形成中载流子的扩散运动

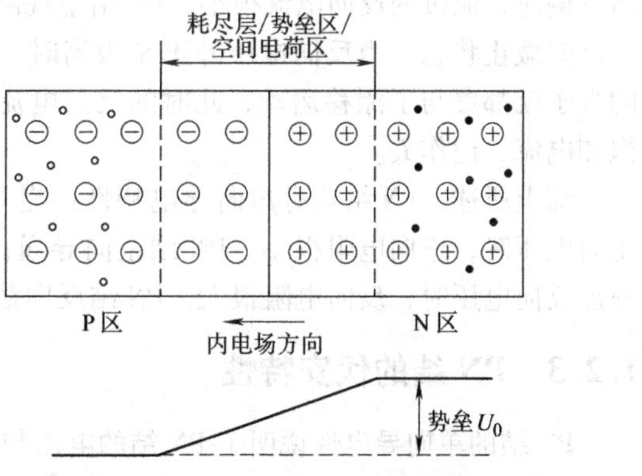

图 1-7　PN 结开路时，在平衡状态下的电荷及电位分布

在电场力作用下载流子的运动称为漂移运动。在图 1-7 中，当空间电荷区形成后，在内电场作用下，少子产生漂移运动，空穴从 N 区向 P 区运动，而自由电子从 P 区向 N 区运动。在 PN 结两端开路的条件下，经过交界面的由多子扩散形成的扩散电流与少子漂移形成的漂移电流大小相等、方向相反，从而达到动态平衡，形成 PN 结。此时，空间电荷区具有一定的宽度，正、负电荷电量相等，电流为零。

当材料、掺杂浓度、工作温度一定时，势垒 U_0 也就一定，约为零点几伏。由于势垒 U_0 一定，所以 PN 结的宽度与两侧空间电荷区的离子密度有关，当 P 区和 N 区掺杂浓度相等时，两侧空间电荷区的宽度相等；当P区和N区掺杂浓度不相等时，掺杂浓度高的一侧离子电荷密度大，空间电荷区宽度较窄；掺杂浓度低的一侧离子电荷密度小，空间电荷区宽度较宽，交界面两侧的PN结宽度不相等，PN结出现不对称，如图1-8所示。

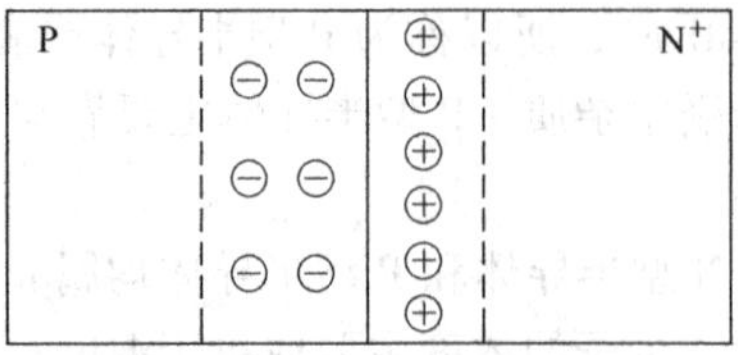

图1-8 不对称的PN结

1.2.2 PN结的单向导电性

1. PN结正向偏置

当PN结外部所加的直流电压V使P型半导体一端的电位高于N型半导体一端的电位时，PN结处于正向偏置状态，简称正偏状态，如图1-9所示。此时，外电场与内电场方向相反，外电场将多数载流子推向空间电荷区，一部分多子在扩散过程中与空间电荷区的离子中和，使PN结变窄，PN结的动态平衡被打破，扩散运动大于漂移运动，从而形成大的多子的正向扩散电流，PN结呈现低电阻，处于导通状态。

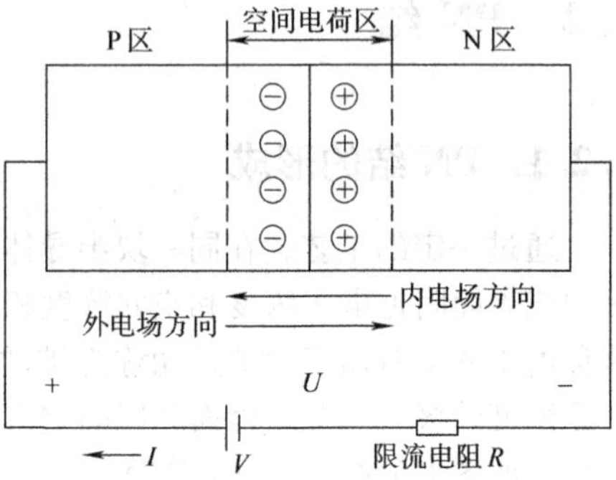

图1-9 PN结正向偏置

2. PN结反向偏置

当PN结外部所加的直流电压V使P型半导体一端的电位低于N型半导体一端的电位时，PN结处于反向偏置状态，简称反偏状态，如图1-10所示。此时，外电场与内电场方向一致，外电场使空间电荷区变宽，阻止多子扩散运动的进行，加剧少子的漂移运动，打破了PN结的动态平衡，形成少子的反向漂移电流。由于少子由本征激发产生，浓度很低，所以PN结反偏时，流过的反向电流很小，PN结呈现高电阻，处于反向截止状态。当反向电压并不是很高时，几乎所有的少子就都参与了漂移运动，此时的反向电流称为反向饱和电流，记作I_S。

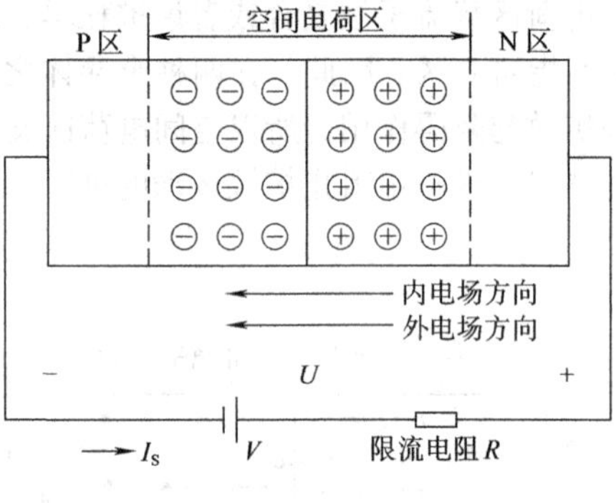

图1-10 PN结反向偏置

综上所述，PN结具有单向导电特性：当PN结外加正向电压时，正向电阻很小，PN结正向导通；当PN结外加反向电压时，反向电阻很大，PN结反向截止。

1.2.3 PN结的伏安特性

PN结的单向导电性说明了PN结的电压与电流具有非线性关系。若规定PN结两端电压u的正方向为P型半导体一端且为“正”，则N型半导体一端为“负”；规定流过PN结的电流i的正方向为P区流向N区，则其电压电流关系可以由下列方程表述为

$$i = I_S\left(e^{u/U_T} - 1\right) \tag{1-1}$$

式中，I_S为反向饱和电流；U_T为温度电压当量，$U_T = kT/q$，其中T是热力学温度，k是玻耳兹曼常数，q是电子电量，常温下，即热力学温度$T=300\text{K}$时，$U_T \approx 26\text{mV}$。

由式（1-1）可知，当$u=0$时，$i=0$；当PN结外加正向电压，且$u >> U_T$时，$i \approx I_S e^{u/U_T}$，即i随u按指数规律变化；当PN结外加反向电压，且$|u| >> U_T$时，$i \approx -I_S$，即反向电流的大小与反向电压的大小几乎无关。i与u的关系曲线如图1-11所示，称为PN结的伏安特性曲线，其中$u>0$的部分称为正向特性，$u<0$的部分称为反向特性。

当反向电压超过一定数值（U_{BR}）后，共价键遭到破坏，使价电子脱离共价键束缚，产生“自由电子—空穴对”，反向电流急剧增加，称为反向击穿。若对反向电流不加限制，就会造成 PN 结永久性破坏。

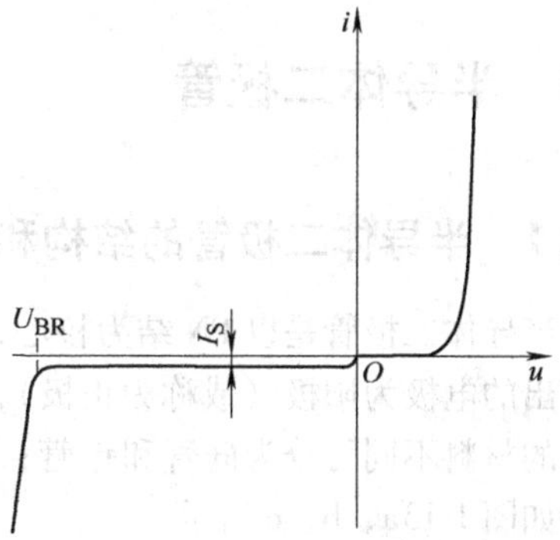

图 1-11　PN 结的伏安特性

1.2.4　PN 结的电容效应

PN 结具有电容效应，按产生的原因不同分为“势垒电容”和“扩散电容”两种。

1. 势垒电容 C_B

当外加在 PN 结两端的电压发生变化时，空间电荷区的宽度将随之变化，即耗尽层的电荷量随外电压增大或减小，这一现象类似于电容器的充放电过程，是一种电容效应，用势垒电容 C_B 表征。C_B 是非线性电容，它与 PN 结的面积、耗尽层的宽度、半导体的介电常数及外加电压有关。当 PN 结加反向电压时，C_B 明显随电压 u 的变化而变化，因此可以利用这一特性制成变容二极管。

2. 扩散电容 C_D

扩散电容 C_D 是由于载流子在扩散运动中的积累所形成的。当 PN 结正向偏置时，多子扩散到对方区域后，在 PN 结边界附近有积累，并会存在一定的浓度梯度。积累的电荷量也会随外加电压变化，引起电容效应，用扩散电容 C_D 表示。C_D 也是非线性电容。当 PN 结的正向电压增大时，扩散到对方区域的多子浓度增大，相应的浓度梯度也增大，扩散电容大；当外加正向电压减小时，与上述变化相反。而 PN 结反向偏置时，扩散电容很小，一般可忽略。

3. 结电容 C_j

PN 结的结电容 C_j 是扩散电容 C_D 和势垒电容 C_B 之和，即

$$C_j = C_D + C_B \tag{1-2}$$

PN 结正向偏置时，C_j 一般以 C_D 为主；反向偏置时，则近似等于 C_B。由于 C_D 和 C_B 一般都很小，对于低频信号呈现出很大的容抗，其作用可忽略不计，所以，在信号频率较高时才考虑结电容的作用。

1.2.5　PN 结的温度特性

当温度升高时，PN 结两边的热平衡少子浓度相应升高，从而使 PN 结的反向饱和电流 I_S 升高。实验发现温度每升高 10℃，I_S 约增大一倍。

同样，随温度的上升，PN 结的正向伏安特性曲线将左移，反向伏安特性曲线下移，如图 1-12 所示。在室温附近，温度每升高 1℃，正向压降减少 2～2.5mV。

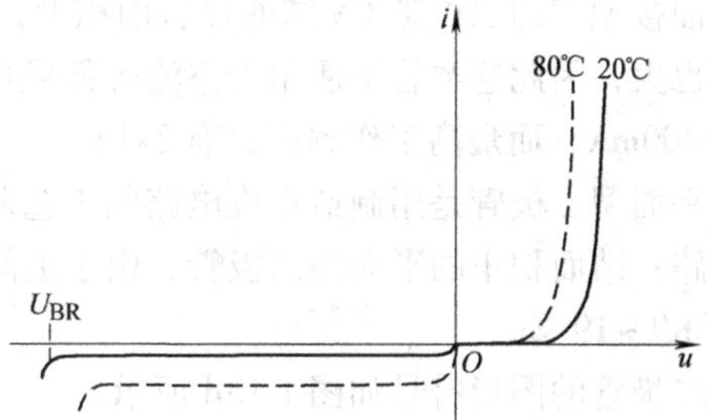

图 1-12　PN 结随温度变化的伏安特性

为了保证 PN 结能正常工作，就有一个最高温度的限制，硅管约为 150～200℃，锗管约为 75～100℃。

1.3　半导体二极管

1.3.1　半导体二极管的结构和类型

半导体二极管是以 PN 结为核心，在 PN 结的两端各引出一个电极，加管壳封装而成。由 P 区引出的电极为阳极（或称为正极），由 N 区引出的电极为阴极（或称为负极）。普通二极管按使用的材料不同可分为硅管和锗管；按结构形式不同，可分为点接触型、面接触型和平面型几种，如图 1-13a、b、c 所示。

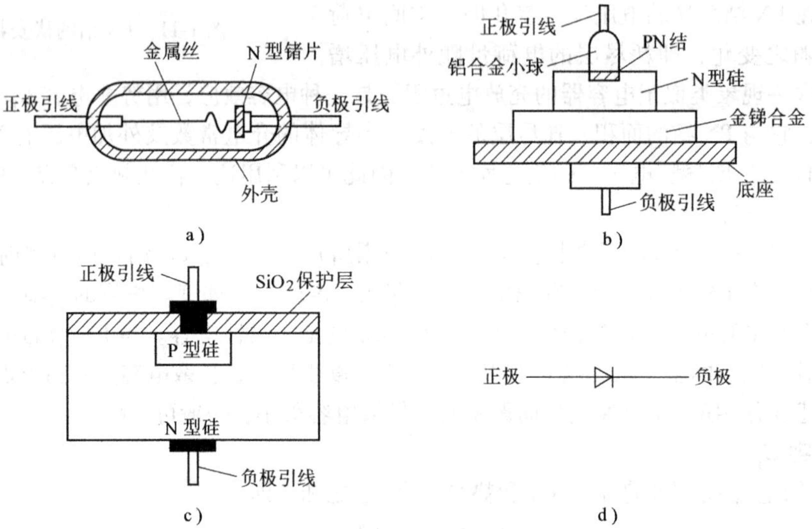

图 1-13　半导体二极管的结构和符号

a）点接触型　b）面接触型　c）平面型　d）图形符号

点接触型的二极管 PN 结的接触面积小，PN 结的等效电容也小，不能通过很大的正向电流，也不能承受较高的反向电压，但它的高频性能好，适宜于在高频检波电路和小功率电路中使用。例如，2AP1 为点接触型锗二极管，最大整流电流为 16mA，最高工作频率为 150MHz。

面接触型的二极管 PN 结的接触面积大，可以通过较大电流，能承受较高的反向电压，但结电容也大，因此这类管子适用于整流等低频电路中。例如面接触型硅二极管 2CP1，最大整流电流为 400mA，而最高工作频率只有 3kHz。

平面型二极管是用制造集成电路的工艺制成的，结面积较大的平面型二极管可用于整流等低频电路；结面积小的平面型二极管，由于极间电容小，适用于高频电路和脉冲数字电路，常用的有 2CK9 ~ 19 等。

二极管的图形符号如图 1-13d 所示。

1.3.2　半导体二极管的伏安特性

半导体二极管两端电压 u 与流过二极管的电流 i 之间的关系称为伏安特性。在实际的二极管内存在着引线电阻、PN 结两侧区域的体电阻及管外电极间的漏电阻等。引线电阻及体电阻与 PN 结串联，主要影响二极管伏安特性中的正向特性；漏电阻较大，与二极管并联，主要影响二极管伏安特性中的反向特性。

半导体二极管 2CP10（硅二极管）和 2AP15（锗二极管）的伏安特性曲线如图 1-14a、b 所示。由图可见，硅管和锗管的伏安特性存在一定的差异。

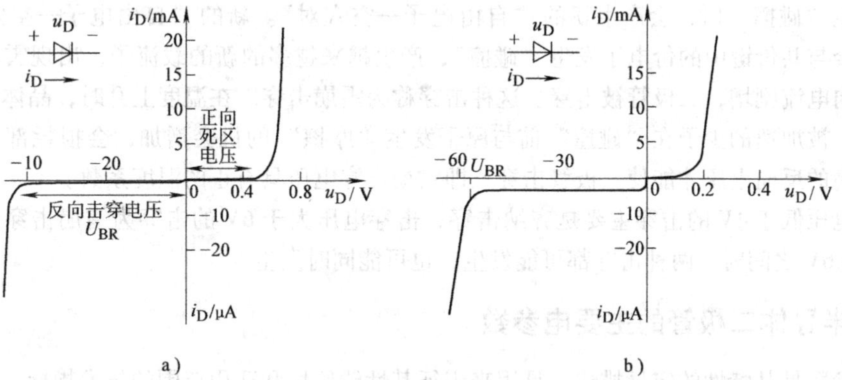

图 1-14　半导体二极管的伏安特性曲线

a）硅二极管（2CP10）的伏安特性曲线

b）锗二极管（2AP15）的伏安特性曲线

1. 正向特性

正向特性曲线近似地呈现指数特性。由于二极管的引线电阻、体电阻很小，电极间的漏电阻又很大，对二极管伏安特性的影响均不大，故可用 PN 结的伏安特性近似地表述二极管的伏安特性为

$$i_D = I_S\left(e^{u_D/U_T} - 1\right) \tag{1-3}$$

当外加正向电压较小时，正向电流非常小，近似为零，二极管仍未完全导通，该区域称为“死区”。硅二极管的死区电压约为 0.5V，锗二极管的死区电压约为 0.1V。

当外加正向电压超过死区电压后，正向电流开始增加，二极管具有近似于指数特征的正向伏安特性。这时二极管呈现的电阻很小，可以认为二极管处于充分导通状态。硅二极管的导通电压约为 0.6～0.8V，锗二极管的导通电压约为 0.2～0.3V。

2. 反向特性

1）二极管反向偏置时，反向电流由少子漂移而成，所以在室温下的反向电流很小，且几乎不随反向电压的变化而变化。小功率硅二极管的反向饱和电流 I_S 一般小于 0.1μA，锗管的 I_S 约为几十到几百微安。

2）当反向电压超过一定范围后，反向电流急剧增大，这种现象称为反向击穿。二极管发生反向击穿时所加的电压称为反向击穿电压。二极管发生反向击穿后，当反向电流还不太大时，二极管的功耗不大，PN 结的温度不会超过允许的最高结温，二极管不会被破坏，只要降低反向电压，二极管仍能正常工作，这种击穿是可逆的，称为电击穿。若发生电击穿后，仍继续增加反向电压，反向电流也随之增大，二极管会因功耗过大使结温超过最高允许温度而烧坏，造成二极管的永久性破坏，这种击穿是不可逆的，称为热击穿。热击穿是要避免的。

3）产生击穿的机理分齐纳击穿和雪崩击穿。

齐纳击穿。对于掺杂浓度较高的 PN 结，空间电荷区的宽度很窄，因此，在较低的反向电压下，空间电荷区中就有较强的电场，足以把空间电荷区里的半导体原子的价电子从共价键中激发出来，使反向电流突然增大，出现击穿现象，这种击穿称为齐纳击穿。击穿电压还受温度的影响，发生齐纳击穿的二极管在温度上升时，价电子的能力增加，使价电子激发需要的电压变小，所以，齐纳击穿电压具有负的温度系数。

雪崩击穿。对于掺杂浓度较低的 PN 结，空间电荷区的宽度很宽，需要更高的电压才能在空间电荷区中产生较强的电场，使作漂移运动的少子加速，获得足够的动能。当它们与共价键中的价电子发生“碰撞”时，会产生新的“自由电子—空穴对”。新的“自由电子—空穴对”又被加速，又会与共价键中的价电子发生“碰撞”，产生越来越多的新的载流子，出现雪崩似的连锁反应，反向电流剧增，二极管被击穿。这种击穿称为雪崩击穿。在温度上升时，晶体中的原子热运动加剧，被加速的少子在“碰撞”前与原子发生“摩擦”的机会增加，会损耗部分能量，所以要有更高的反向电压才能使二极管击穿，即雪崩击穿电压具有正的温度系数。

击穿电压低于4V的击穿主要是齐纳击穿；击穿电压大于6V的击穿为雪崩击穿；击穿电压介于4V与6V之间时，两种击穿都可能发生，也可能同时发生。

1.3.3 半导体二极管的主要电参数

器件参数是其特性的定量描述，是用来表征其性能好坏和适用范围的技术指标，是设计电路时正确选择和合理使用器件的依据。

1. 直流参数

（1）直流电阻 R_D

定义加在二极管两端的直流电压 U_D 与流过二极管的直流电流 I_D 之比为直流电阻 R_D，其表达式为

$$R_D = \frac{U_D}{I_D} \tag{1-4}$$

R_D 的大小与二极管的直流工作点有关。通常用万用表欧姆档测出来的二极管电阻即直流电阻。但由于不同的欧姆档提供了不同的直流工作点位置，所以测出来的直流电阻值不同。一般二极管的正向直流电阻在几十欧姆到几千欧姆之间，反向直流电阻在几十千欧姆到几百千欧姆之间。正反向直流电阻差距越大，二极管的单向导电性能越好。

（2）反向电流 I_R

反向电流是指二极管在规定的温度和最高反向电压作用下，未被击穿时流过的电流。其值越小，二极管的单向导电性能越好。值得注意的是反向电流与温度有着密切的关系，大约温度每升高10°C，反向电流增大一倍。由于温度增加，反向电流会急剧增加，所以在使用二极管时要注意温度的影响。

（3）正向电压降 U_F

正向电压降是指二极管工作于半波整流电路中，流过额定整流电流时，在二极管两端测得的正向导通期间二极管电压降平均值。有些二极管的正向电压降则指通过一定的直流测试电流时的管压降。

2. 交流参数

（1）微变动态电阻 r_d

在图1-15a所示电路中，二极管正向导通时，若在直流工作点 Q 点的基础上外加一个微小的低频信号，二极管产生的电压变化量和电流变化量如图1-15b中所标注，此时二极管可等效为一个微变动态电阻 r_d，如图1-15c所示，其表达式为

$$r_d = \left.\frac{\Delta u_D}{\Delta i_D}\right|_Q \tag{1-5}$$

式（1-5）表明 r_d 是以 Q 点为切点的切线的斜率。利用 r_d 分析动态信号的作用实质上是以 Q 点的切线来近似其附近的曲线，因此 Q 点在伏安特性曲线上的位置不同，r_d 的数值也将不同。根据二极管的电流方程，可得

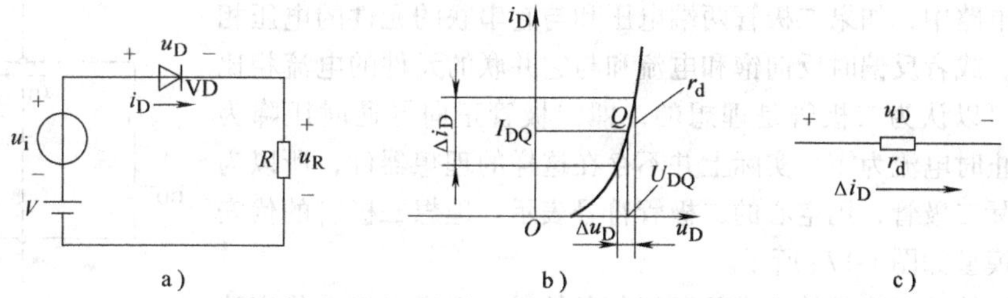

图 1-15　二极管的动态等效电阻

a）电路　b）伏安特性　c）动态电阻

$$\frac{1}{r_d}=\frac{\Delta i_D}{\Delta u_D}\bigg|_Q\approx\frac{di_D}{du_D}=\frac{d\left[I_S\left(e^{u_D/U_T}-1\right)\right]}{du_D}\approx\frac{I_S e^{u_D/U_T}}{U_T}\approx\frac{I_{DQ}}{U_T} \tag{1-6}$$

因此

$$r_d\approx\frac{U_T}{I_{DQ}} \tag{1-7}$$

式（1-7）说明，在温度一定时，即 U_T 一定，r_d 的值与直流工作点 Q 的位置有关。I_{DQ}越大（Q 点越高），r_d 越小。设 $I_{DQ}=2\text{mA}$，$U_T=26\text{mA}$，则 $r_d=13\Omega$；设 $I_{DQ}=10\text{mA}$，$U_T=26\text{mA}$，则 $r_d=2.6\Omega$。两者相差甚远。

（2）最高工作频率f_M

最高工作频率是指二极管具有单向导电性的最高工作频率。由于 PN 结的结电容存在，当工作频率超过某一值时，它的单向导电性将变差。点接触式二极管的f_M 值较高，在 100MHz 以上；整流二极管的f_M 较低，一般不高于几千赫兹。

3. 极限参数

（1）最大整流电流 I_F

最大整流电流是指二极管长期运行时，允许通过的最大正向平均电流。由于电流通过 PN 结要引起二极管发热，当电流太大，发热量超过限度就会使 PN 结烧坏。所以，二极管使用中通过的电流平均值不能大于这一数值。例如，2AP1 的最大整流电流为 16mA。

（2）反向击穿电压 U_{BR}

反向击穿电压是指二极管反向击穿时的电压值。击穿时，反向电流剧增，二极管的单向导电性被破坏，甚至因过热而烧坏。一般手册上给出的最高反向工作电压约为击穿电压的一半，以确保二极管安全运行。例如，2AP1 的最高反向工作电压规定为 20V，而反向击穿电压实际上大于 40V。

（3）最高反向工作电压 U_R

最高反向工作电压是指二极管运行时允许施加的最大反向电压。二极管长期工作时，其实际承受的最高反向工作电压不应超过此值。

二极管的参数是正确使用二极管的依据，一般半导体器件手册中都会给出不同型号的二极管参数。使用时，应特别注意不要超过最大整流电流和最高反向工作电压，否则将容易损坏二极管。另外，器件手册上给出的参数是在一定的测试条件下测得的，使用时要注意这些条件，若条件变化，相应的参数值也会发生变化。

例 1-1　设简单的硅二极管电路如图 1-16 所示。已知，$R=10\text{k}\Omega$，对下列两种情况，求电路的 i_D 和 u_D 值。（1）$V_{DD}=15\text{V}$；（2）$V_{DD}=1.5\text{V}$。

解　二极管是一种非线性器件，包含二极管的电路是非线性电路。为了计算分析的方便，在特定条件下，可以对二极管的非线性特性进行线性化或分段线性化处理。

在实际电路中，如果二极管两端电压和与它串联的元件的电压相比可忽略时，或者反偏时反向饱和电流和与它并联的元件的电流相比可忽略时，可以认为二极管是理想的，即二极管正向导通时压降为零，反向截止时电流为零。实际上并不存在这样的理想器件，所以为了有别于实际二极管，用空心的二极管符号表示。理想二极管的伏安特性与电路模型如图 1-17a 所示。

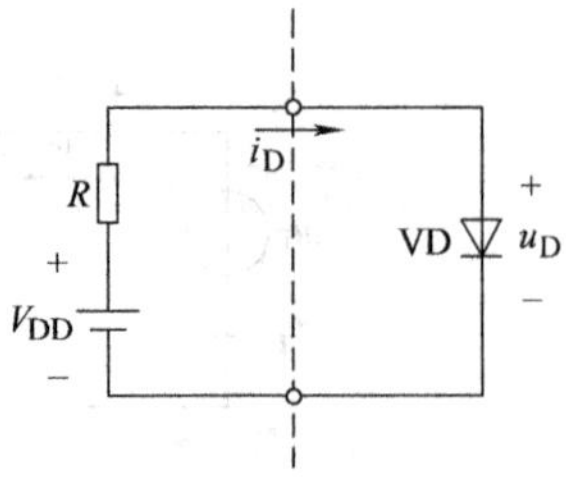

图 1-16　简单硅二极管电路

但当二极管的工作条件不满足理想化条件时，观察二极管伏安特性曲线，当二极管工作电流较大时，在一定范围内，二极管的端电压基本不变，可以用图 1-17b 中的粗实线近似表示二极管的伏安特性，U_{on}是二极管导通时两端的电压，这种二极管模型称为恒压降模型。当二极管两端正向电压超过导通电压 U_{on}时，二极管才导通，导通后二极管两端电压恒为常数 U_{on}，此时，流过二极管的电流由电路电源和其他器件决定。否则，二极管不导通，电流为零。

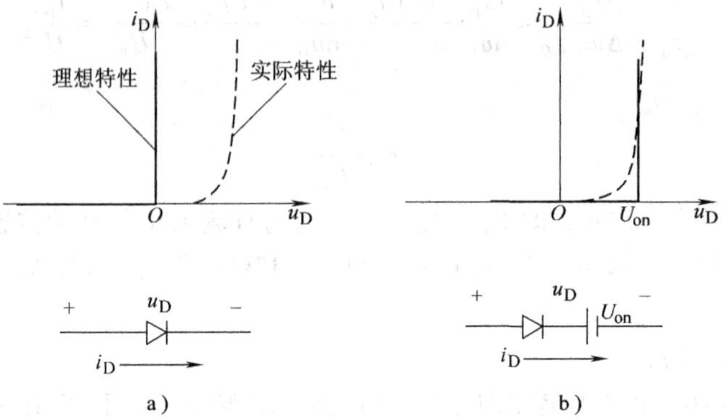

图 1-17　二极管伏安特性的折线化模型

a）理想二极管的伏安特性和模型　b）二极管恒压模型及其伏安特性

（1）$V_{DD}=15V$ 时

使用理想二极管模型得

$$u_D=0V,\ i_D=\frac{V_{DD}}{R}=\frac{15V}{10k\Omega}=1.5mA$$

使用恒压模型得

$$u_D=0.7V,\ i_D=\frac{V_{DD}-U_{on}}{R}=\frac{(15-0.7)\ V}{10k\Omega}=1.43mA$$

（2）$V_{DD}=1.5V$ 时

使用理想二极管模型得

$$u_D=0V,\ i_D=\frac{V_{DD}}{R}=\frac{1.5V}{10k\Omega}=0.15mA$$

使用恒压模型得

$$u_D=0.7V,\ i_D=\frac{V_{DD}-U_{on}}{R}=\frac{(1.5-0.7)\ V}{10k\Omega}=0.08mA$$

可见，在电源电压远大于二极管导通电压的情况下，实际二极管可用理想二极管模型替代；但当电源电压较低时，二极管采用恒压模型能提供较合理的结果。

1.4 半导体二极管的基本应用电路

1.4.1 半波整流电路

半波整流电路如图 1-18a 所示。图中 T 是电源变压器，设变压器二次输出电压为 $u_2 = \sqrt{2}U_2\sin\omega t$。由于二极管 VD 具有单向导电性，只有当它的正极电位高于负极电位时才能导通。当 $u_2 > 0$ 时，二极管因承受正向电压而导通，$u_O = \sqrt{2}U_2\sin\omega t$；当 $u_2 < 0$ 时，二极管因承受反向电压而截止，电阻 R 上没有电流，$u_O = 0$。因此输入、输出电压波形如图 1-18b 所示，输出为脉动的直流电压。

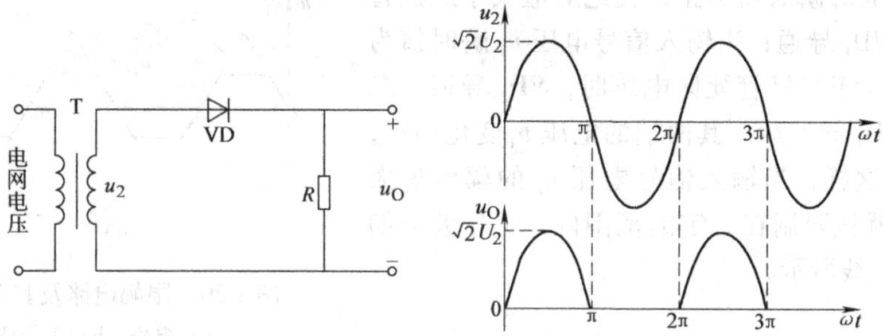

a）　　b）

图 1-18　半波整流电路及其工作波形
a）电路　b）输入、输出电压波形

1.4.2 开关电路

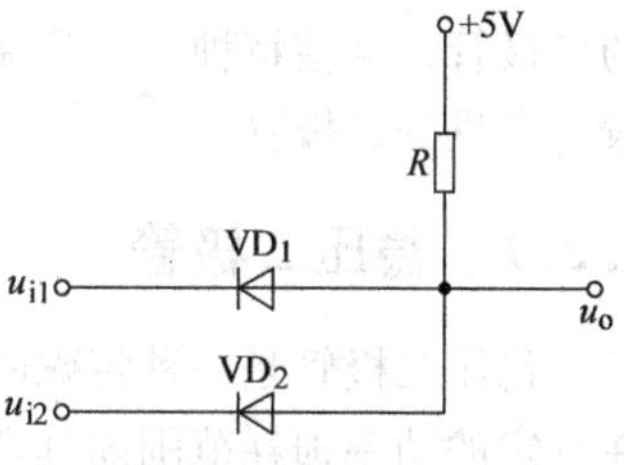

图 1-19　二极管开关电路

利用二极管的单向导电性可组成开关电路。在分析此电路时，一般先假设二极管断开，然后观察二极管正、负两极间是正向电压还是反向电压，若是正向电压则二极管导通，否则二极管截止。

二极管开关电路如图 1-19 所示，当 u_{i1} 和 u_{i2} 为 0V 或 5V 的不同组合时，输出电压 u_O 的值见表 1-1。假设二极管是理想的二极管。

表 1-1　开关电路中二极管的工作状态

u_{i1} /V	u_{i2} /V	二极管的工作状态		u_O /V
		$\mathrm{VD_1}$	$\mathrm{VD_2}$	
0	0	导通	导通	0
0	5	导通	截止	0
5	0	截止	导通	0
5	5	截止	截止	5

由表 1-1 可见，在输入电压 u_{i1} 和 u_{i2} 中，只要有一个为 0V，则输出电压为 0V；只有当两个输入电压均为 5V 时，输出电压才为 5V。这种关系在数字电路中称为与逻辑。开关电路在数字电路中得到了广泛的应用。

在二极管应用电路中，当二极管一端的电位确定时，另一端的电位也基本确定，这种情况称二极管具有钳位作用，所以二极管开关电路也称为钳位电路。

1.4.3　限幅电路

在电子电路中，为了保护某些器件不受大的信号电压作用而损坏，往往利用二极管的导通和截止限制信号的幅度，这就是所谓的限幅。

一种简单的限幅电路如图 1-20a 所示，图中，R 为二极管限流电阻，确保二极管不会因正向电流过大而损坏，R_i 为集成运算放大器 A 输入回路的等效电阻，称为输入电阻。电阻 R 和硅二极管 VD_1、VD_2 组成了限幅电路，限制输入到集成运放输入端电压 u_i' 的幅度，以防止过高的信号电压 u_i 使集成运算放大器 A 损坏。当输入信号电压 u_i 瞬时值为正，且绝对值大于二极管死区电压时，VD_1 导通；当输入信号电压 u_i 瞬时值为负，且绝对值大于二极管死区电压时，VD_2 导通。二极管 VD_1 或 VD_2 导通后，其两端的电压 u_i' 变化很小，约为 ±0.7V。这样，当输入信号电压 u_i 的幅值过大时，u_i' 的幅值就被限制在一定的范围内，工作波形如图 1-20b 中的实线所示。

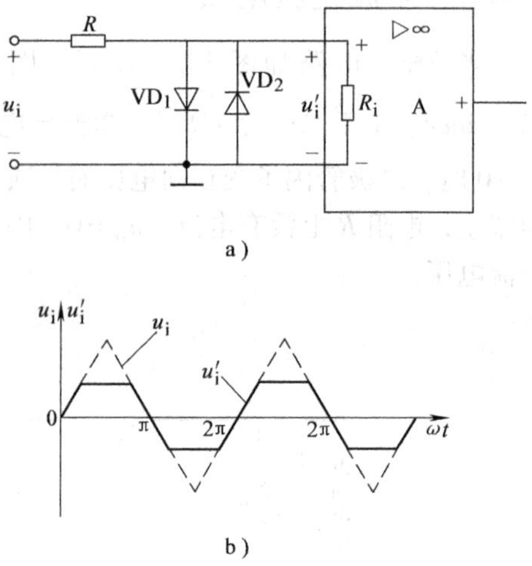

图 1-20　限幅电路及其工作波形

a）电路　b）工作波形

1.5　特殊二极管

PN 结除了单向导电性这个基本特性外，还具有许多其他特性。利用 PN 结的各种特性、使用材料和制造工艺的不同，可以制造各种具有其他功能的二极管，这些特种二极管在电子电路中具有特殊的作用，得到广泛的应用。这里简单介绍几种较为常见的二极管。

1.5.1　稳压二极管

稳压二极管是一种特殊的面接触型半导体二极管，简称稳压管。稳压二极管在反向击穿时，在一定的功率损耗范围内其端电压几乎不变，表现出稳压特性。因此，它广泛应用于稳压电源和限幅电路中。

1. 稳压二极管的伏安特性

稳压二极管的伏安特性曲线和图形符号如图 1-21 所示，正向区域的伏安特性与普通二极管相类似，其差异是稳压二极管的反向特性曲线比较陡。

从反向特性曲线上可以看出，反向电压在一定范围内变化时，反向电流很小；当反向电压增高到击穿电压时，反向电流突然剧增，稳压二极管反向击穿。此后，电流虽然在很大范围内变化，但稳压二极管两端的电压变化很小。利用这一特性，稳压二极管在电路中能起到稳压的作用。在实际应用中，稳压二极管总是工作于反向击穿状态。

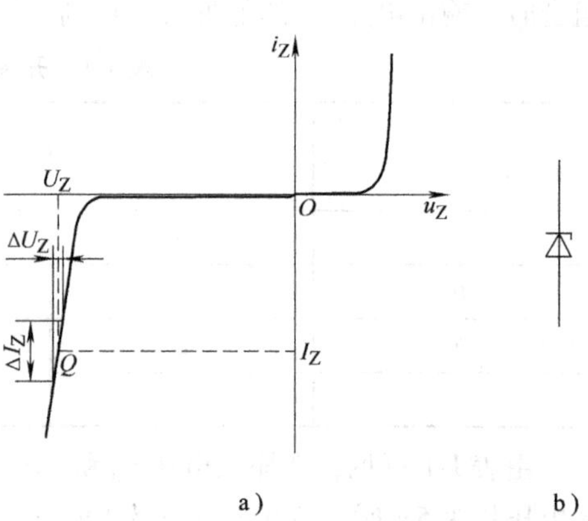

图 1-21　稳压二极管的伏安特性曲线和图形符号

a）伏安特性曲线　b）图形符号

稳压二极管与一般二极管不一样，它的反向击穿是可逆的。当去掉反向电压之后，稳压二极管又恢复正常。但是，如果反向电流超过允许范围，稳压二极管将会发生热击穿而损坏。

由于硅材料的温度稳定性较好，所以稳压二极管都是用硅材料做成的，称为硅稳压二极管，也称为齐纳二极管。

2. 稳压二极管的主要参数

（1）稳定电压 U_Z

当流过稳压二极管的反向电流为规定的测试电流 I_Z 时，稳压二极管两端的电压值称为稳定电压。手册中所列的都是在一定条件（工作电流、温度）下的数值，即使是同一型号的稳压二极管，由于工艺方面和其他原因，稳压值也有一定的分散性。例如，2CW11 稳压二极管的稳压值为 3.2～4.5V。

（2）动态电阻 r_z

动态电阻是指工作在稳压区时，稳压二极管两端电压的变化量与流过稳压二极管的电流变化量的比值，即

$$r_z = \frac{\Delta U_Z}{\Delta I_Z} \tag{1-8}$$

稳压二极管的反向伏安特性曲线越陡，则动态电阻 r_z 越小，稳压性能越好。对于不同型号的稳压二极管，r_z 将不同，从几欧到几十欧；对于同一只稳压二极管，工作电流越大，r_z 越小。

（3）稳定电流 I_Z

稳定电流有最大稳定电流 I_{Zmax}、最小稳定电流 I_{Zmin} 和工作稳定电流之分。I_{Zmax} 是稳压二极管正常工作时允许流过的最大电流值，若流过稳压二极管的电流超过 I_{Zmax}，则稳压二极管将由电击穿过渡到热击穿而损坏。I_{Zmin} 是稳压二极管维持稳压工作时的最小电流值，若流过稳压二极管的电流低于 I_{Zmin}，则稳压二极管稳压效果变坏，甚至根本不稳压。I_{Zmin} 一般取为 1mA。

（4）最大耗散功率 P_{ZM}

稳压二极管不致发生热击穿的最大功率损耗为最大耗散功率，即

$$P_{ZM} = U_Z I_{Zmax} \tag{1-9}$$

稳压二极管的功耗超过此值时，会因结温过高而损坏。使用时，因稳压值一定，所以应限制稳压二极管的工作电流使之不超过最大工作电流 I_{Zmax}。

（5）温度系数 α

在稳压二极管中流过的电流为 I_Z 时，环境温度每变化 1℃，稳定电压 U_Z 的相对变化量，称为温度系数 α，即

$$\alpha = \frac{\Delta U_Z}{U_Z \Delta T} \times 100\% \tag{1-10}$$

一般稳定电压 U_Z 小于 4V 的稳压二极管具有负温度系数，即温度升高时稳定电压 U_Z 下降；稳定电压 U_Z 大于 7V 的稳压二极管具有正温度系数，即温度升高时稳定电压 U_Z 上升；而稳定电压介于 4V 与 7V 之间的稳压二极管，温度系数非常小，近似为零。把一只稳定电压温度系数为正的稳压二极管和一只稳定电压温度系数为负的稳压二极管串联，可以互相补偿温度对 U_Z 的影响，这时总的稳定电压为两只稳压二极管稳定电压之和。若将两只 α 为正的稳压二极管接成如图 1-22 所示的形式，作为一只稳压二极管使用，无论外加电压极性如何，两只稳压二极管中总有一只工作于正向，其电压降具有负的温度系数，能补偿另一只稳压二极管的正温度系数，使整个稳压二极管的稳定电压温度系数极小，这种稳压二极管称为具有温度补偿的稳压二极管，2CW7 型稳压二极管即属于这种稳压二极管。

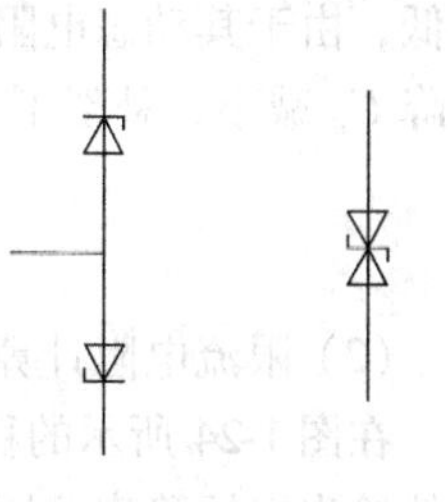

图 1-22　具有温度补偿的稳压二极管

3. 稳压二极管的等效电路

稳压二极管的反向特性可以用折线近似，如图 1-23a 所示。这样，稳压二极管可以用图 1-23b 所示电路等效。其中，理想二极管 VD_3 与普通二极管 VD_1 组成的支路，等效稳压二极管的正向偏置状态；反向偏置的情况由理想二极管 VD_2、动态电阻 r_z 及电压源 U_{Z0} 串联支路等效。等效电路中的电压源 U_{Z0} 可以由下式求得

$$U_{Z0} = U_Z - I_Z r_z \tag{1-11}$$

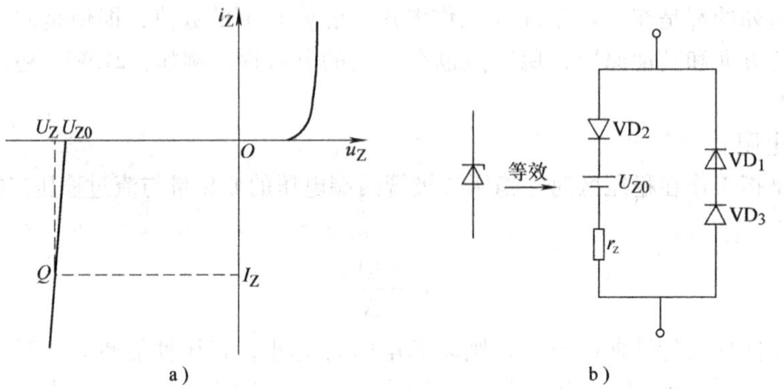

图 1-23　稳压二极管伏安特性的折线近似及其模型

a）伏安特性的折线近似　b）等效模型

4. 稳压二极管稳压电路

稳压二极管组成的稳压电路如图 1-24 所示。其中，U_I 为未经稳定的直流输入电压，R 为限流电阻，VS 为稳压二极管，R_L 为负载电阻，U_O 为稳压电路的输出电压。

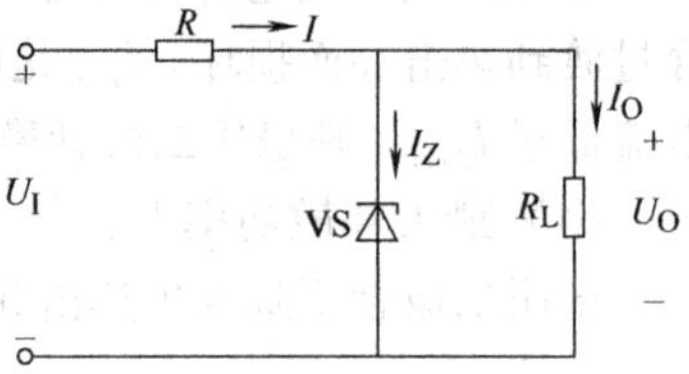

图 1-24　稳压二极管组成的稳压电路

（1）稳压原理

引起输出电压 U_O 不稳定的原因主要是 U_I 的变化和负载 R_L 的变化。下面分析在这两种情况下稳压电路的作用。

1）U_I 不稳定。假设输入电压 U_I 增加，这将使负载电压 U_O 有增加的趋势。但 U_O 的增加使稳压二极管两端的反向电压 U_Z 增加，由于其动态电阻极小，所以，流过稳压二极管的电流 I_Z 剧增，致使 I 增加，电阻 R 上的电压降 U_R 增加，从而使负载电压 U_O 减小，抑制了 U_O 增加趋势，使 U_O 基本保持不变，稳定在 U_Z 的数值。这一过程可表示为

$$U_I\uparrow \rightarrow U_O\uparrow \rightarrow U_Z\uparrow \rightarrow I_Z\uparrow \rightarrow I\uparrow \rightarrow U_R\uparrow$$
$$U_O\downarrow \leftarrow\!\!\!\text{———————}\!\!\!\lrcorner$$

2）R_L 变化。假设负载电阻 R_L 减小，这将使负载电压 U_O 有降低的趋势。但 U_O 的减小使 U_Z 降低，由于其动态电阻极小，这将使流过稳压二极管的电流 I_Z 大大减小，I 减小，电阻 R 上的电压降 U_R 减小，补偿了 U_O 的下降，使 U_O 几乎不减小，稳定在 U_Z 的数值。这一过程可表示为

$$R_L\downarrow \rightarrow U_O\downarrow \rightarrow U_Z\downarrow \rightarrow I_Z\downarrow \rightarrow I\downarrow \rightarrow U_R\downarrow$$
$$U_O\uparrow \leftarrow\!\!\!\text{———————}\!\!\!\lrcorner$$

（2）限流电阻计算

在图 1-24 所示的稳压二极管组成的稳压电路中，当稳压二极管工作在反向电击穿状态时才能使输出电压稳定。因此，稳压二极管稳压电路使输出电压稳定的条件有两个，即

$$U_I \frac{R_L}{R+R_L} \geqslant U_Z \tag{1-12}$$

$$I_{\mathrm{Zmin}} \leqslant I_{\mathrm{Z}} \leqslant I_{\mathrm{Zmax}} \tag{1-13}$$

当输入电压 U_{I} 满足式（1-12）时，稳压二极管处于稳压状态，此时

$$U_{\mathrm{O}} = U_{\mathrm{Z}} \tag{1-14}$$

当考虑输入信号 U_{I} 和负载电流 I_{O} 发生变化时，由式（1-13）中 I_{Z} 满足的条件可得限流电阻 R 的取值范围为

$$\frac{U_{\mathrm{Imax}} - U_{\mathrm{Z}}}{I_{\mathrm{Omin}} + I_{\mathrm{Zmax}}} \leqslant R \leqslant \frac{U_{\mathrm{Imin}} - U_{\mathrm{Z}}}{I_{\mathrm{Omax}} + I_{\mathrm{Zmin}}} \tag{1-15}$$

其中，U_{Imax}为输入电压最大值，U_{Imin}为输入电压最小值，I_{Zmax}为稳压二极管最大稳定电流，I_{Zmin}为稳压二极管最小稳定电流，I_{Omax}为负载的最大电流值，I_{Omin}为负载的最小电流值。

R 值取小，电阻上的损耗小；R 值取大，电阻上的损耗大，但电路稳压性能好。

稳压二极管组成的稳压电路结构简单，但性能指标较低、输出电压不能调节、输出电流受稳压二极管最大稳定电流 I_{Zmax}的限制，所以，这种稳压电路只能用在输出电压固定、输出电流变化不大、稳压性能要求不高的场合。

例 1-2　在图 1-24 所示稳压二极管组成的稳压电路中，已知输入电压 $U_{\mathrm{I}} = 10 \sim 12\mathrm{V}$，稳压二极管的稳定电压 $U_{\mathrm{Z}} = 6\mathrm{V}$，最小稳定电流 $I_{\mathrm{Zmin}} = 1\mathrm{mA}$，最大稳定电流 $I_{\mathrm{Zmax}} = 18\mathrm{mA}$，负载电阻 $R_{\mathrm{L}} = 600\Omega$。求解限流电阻 R 的取值范围。

解

根据式（1-15）有

$$\frac{U_{\mathrm{Imax}} - U_{\mathrm{Z}}}{I_{\mathrm{Omin}} + I_{\mathrm{Zmax}}} \leqslant R \leqslant \frac{U_{\mathrm{Imin}} - U_{\mathrm{Z}}}{I_{\mathrm{Omax}} + I_{\mathrm{Zmin}}}$$

将已知数据代入可得

$$R \geqslant \frac{U_{\mathrm{Imax}} - U_{\mathrm{Z}}}{I_{\mathrm{Omin}} + I_{\mathrm{Zmax}}} = \frac{(12-6)\ \mathrm{V}}{\dfrac{6\mathrm{V}}{600\Omega} + 0.018\mathrm{A}} \approx 215\Omega$$

$$R \leqslant \frac{U_{\mathrm{Imin}} - U_{\mathrm{Z}}}{I_{\mathrm{Omax}} + I_{\mathrm{Zmin}}} = \frac{(10-6)\ \mathrm{V}}{\dfrac{6\mathrm{V}}{600\Omega} + 0.001\mathrm{A}} \approx 363\Omega$$

因此，限流电阻 R 的取值范围为 $215 \sim 363\Omega$。

例 1-3　稳压二极管组成的稳压电路如图 1-24 所示。图中，限流电阻 $R = 2\mathrm{k}\Omega$，输入电压 $U_{\mathrm{I}} = 20\mathrm{V}$，稳压二极管的稳定电压 $U_{\mathrm{Z}} = 8\mathrm{V}$，最大稳定电流 $I_{\mathrm{Zmax}} = 25\mathrm{mA}$，负载电阻 $R_{\mathrm{L}} = 2\mathrm{k}\Omega$，动态电阻 r_{z} 可忽略。试求：（1）输出电压 U_{O}、负载电流 I_{O}、I 及流过稳压管的电流 I_{Z} 的值；（2）当 U_{I} 降低为 15V 时的 U_{O}、I_{O}、I 及 I_{Z} 的值。

解　（1）将已知数据代入式（1-12）可得

$$U_{\mathrm{I}} \frac{R_{\mathrm{L}}}{R + R_{\mathrm{L}}} = 20\mathrm{V} \times \frac{2\mathrm{k}\Omega}{2\mathrm{k}\Omega + 2\mathrm{k}\Omega} = 10\mathrm{V} \geqslant U_{\mathrm{Z}}$$

所以满足稳压条件，则

$$U_{\mathrm{O}} = U_{\mathrm{Z}} = 8\mathrm{V}$$

$$I_{\mathrm{O}} = \frac{U_{\mathrm{O}}}{R_{\mathrm{L}}} = \frac{U_{\mathrm{Z}}}{R_{\mathrm{L}}} = \frac{8\mathrm{V}}{2\mathrm{k}\Omega} = 4\mathrm{mA}$$

$$I = \frac{U_{\mathrm{I}} - U_{\mathrm{O}}}{R} = \frac{U_{\mathrm{I}} - U_{\mathrm{Z}}}{R} = \frac{20\mathrm{V} - 8\mathrm{V}}{2\mathrm{k}\Omega} = 6\mathrm{mA}$$

$$I_{\mathrm{Z}} = I - I_{\mathrm{O}} = 6\mathrm{mA} - 4\mathrm{mA} = 2\mathrm{mA}$$

由于 I_{Zmin}（约为 1mA）$< I_{\mathrm{Z}} < I_{\mathrm{Zmax}}$，所以，结果成立。

（2）将已知数据代入式（1-12）可得

$$U_{\mathrm{I}}\frac{R_{\mathrm{L}}}{R+R_{\mathrm{L}}}=15\mathrm{V}\times\frac{2\mathrm{k\Omega}}{2\mathrm{k\Omega}+2\mathrm{k\Omega}}=7.5\mathrm{V}\leqslant U_{\mathrm{Z}}$$

所以稳压二极管未被击穿，不满足稳压条件，则

$$U_{\mathrm{O}}=7.5\mathrm{V}$$

$$I_{\mathrm{O}}=\frac{U_{\mathrm{O}}}{R_{\mathrm{L}}}=\frac{7.5\mathrm{V}}{2\mathrm{k\Omega}}=3.75\mathrm{mA}$$

$$I=\frac{U_{\mathrm{I}}-U_{\mathrm{O}}}{R}=\frac{15\mathrm{V}-7.5\mathrm{V}}{2\mathrm{k\Omega}}=3.75\mathrm{mA}$$

稳压二极管未被击穿时电流很小，所以 $I_{\mathrm{Z}}\approx 0\mathrm{mA}$。

可见，分析稳压电路中各参数时，需首先判断稳压二极管是否处于稳压状态，这将很大程度影响后面的分析结果。

1.5.2　发光二极管、光敏二极管和光耦合器

1. 发光二极管

发光二极管是一种把电能直接转换成光能的半导体器件。发光二极管有很多种，根据发光的波长，大致可分为红外发光二极管和可见光发光二极管，其波长由所使用的基本材料而定。目前市场上的可见光发光二极管的颜色有红、橙、黄、绿、蓝、白等几种。发光二极管的伏安特性与普通二极管相似，也具有单向导电性。当发光二极管中流过正向电流时，它们就发出特定波长的光线。发光二极管的正向导通电压比普通二极管大，红色发光二极管约为1.6～1.9V，绿色的约为2V，蓝色和白色的约为3～3.6V，工作电流一般为5～20mA。在一定范围内正向电流越大，发光强度也越大，使用时需接入相应的限流电阻，以避免超过最大功耗、最大正向电流和反向击穿电压等极限参数，而导致发光二极管损坏。典型的发光二极管的外形与图形符号如图1-25所示。

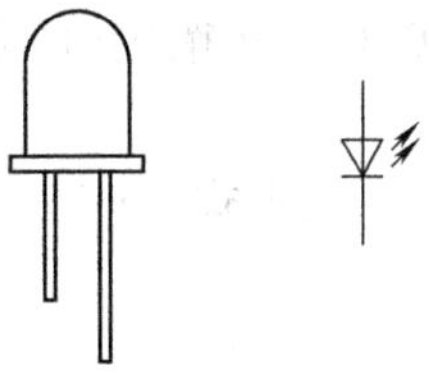

a)　　　　b)

图1-25　发光二极管
a) 外形图　b) 图形符号

例1-4　电路如图1-26所示。已知此发光二极管LED740-01AU的导通电压典型值 $U_{\mathrm{on}}=1.85\mathrm{V}$，正向工作电流一般取5～20mA。试问：为使发光二极管正常工作，电路中限流电阻 R 的取值范围是多少？

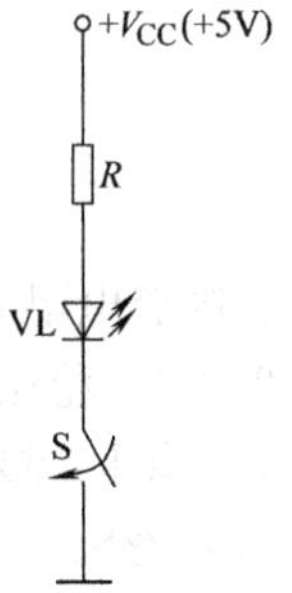

图1-26　发光二极管应用电路

解　因为 $I_{\mathrm{Dmin}}=5\mathrm{mA}$，$I_{\mathrm{Dmax}}=20\mathrm{mA}$，所以

$$R_{\max}=\frac{V_{\mathrm{CC}}-U_{\mathrm{on}}}{I_{\mathrm{Dmin}}}=\frac{5\mathrm{V}-1.85\mathrm{V}}{5\mathrm{mA}}=630\Omega$$

$$R_{\min}=\frac{V_{\mathrm{CC}}-U_{\mathrm{on}}}{I_{\mathrm{Dmax}}}=\frac{5\mathrm{V}-1.85\mathrm{V}}{20\mathrm{mA}}=158\Omega$$

限流电阻 R 的取值范围是158～630Ω。

只有限流电阻 R 取值合适，发光二极管才能正常发光而不损坏。

2. 光敏二极管

光敏二极管是一种光接收器件，其PN结工作在反偏状态，在其PN结处通过管壳上的一个玻璃窗口能接收外部的光照。光敏二极管的符号如图1-27所示。光敏二极管作为光电器件，广泛应用于光的测量和光电自动控制系统，如光纤通信中的光接收机、电视机和家庭音响的遥控接收。

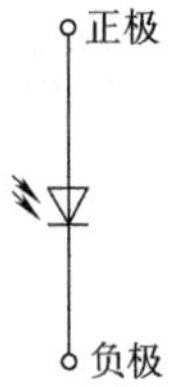

图1-27　光敏二极管符号

3. 光耦合器

光耦合器简称光耦，是由发光器件和光敏器件组合而成的一种电→光→电转换器件。其中，发光器件一般为发光二极管，而光敏器件的种类较多，有光敏二极管、光敏晶体管、光敏电阻等。图 1-28 所示为采用光敏二极管的光耦合器的内部电路。图中，将电信号加到光耦合器的输入侧，使发光二极管 VL 发光（发送信息），同时，光敏二极管 V 将会受到光的激发而产生光电流（接收信息）。这样，通过电→光和光→电的两次变换将电信号从输入侧传输到输出侧。只要输入侧和输出侧的电源和地相互独立，那么两个二极管之间是电隔离的，所以，光耦合器是用光传输信号的电隔离器件，应用十分广泛。

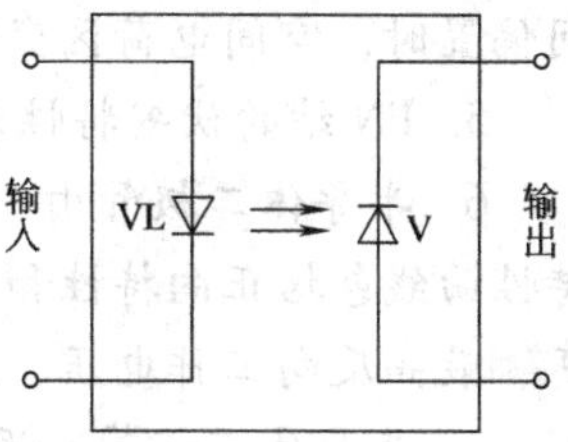

图 1-28　光耦合器

1.5.3　变容二极管

变容二极管是利用 PN 结的电容效应工作的，它工作于反向偏置状态，它的电容量与所加的反偏电压的大小有关。这种关系可以用变容二极管的电容电压特性曲线，即 C-U 特性曲线来反映。变容二极管的符号及 C-U 特性曲线如图 1-29 所示。

由图 1-29 可见，变容二极管的电容量与外加反向电压有关，是一压控电容，常在调谐回路中代替可变电容。图 1-30 是变容二极管的一种应用，是电视机的输入调谐回路，当调节电位器改变变容二极管 VD 两端的直流反向偏置电压 U_D 时，其结电容 C_j 改变。图中 C_1 的电容量远远大于 C_j，用来对直流电流进行隔离，以避免因电感 L 使二极管两端的直流偏置电压被短路。因此，输入回路的谐振频率 $f_0 = \dfrac{1}{2\pi\sqrt{LC_j}}$ 就随 U_D 的改变而改变，调节 U_D 就可准确选取欲观看的某一频道的电视信号，这就是所谓的电调谐。

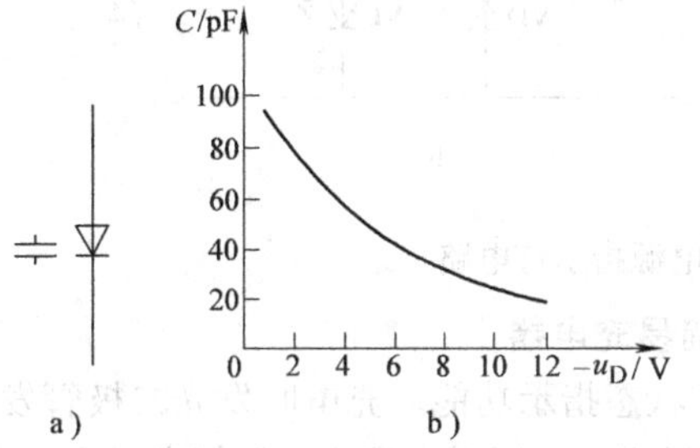

图 1-29　变容二极管的符号及 C-U 特性曲线

a）符号　b）C-U 特性曲线

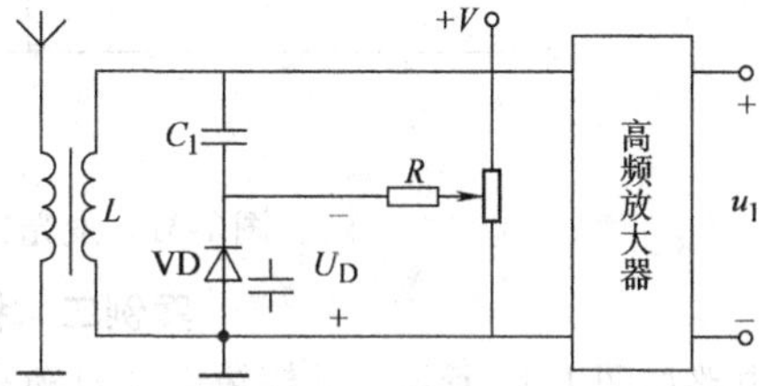

图 1-30　变容二极管的一种应用

本章小结

1. 硅和锗是两种常见的制造半导体器件的材料。在半导体中有自由电子和空穴两种载流子。

2. P 型半导体的多数载流子是空穴，少数载流子是自由电子。N 型半导体的多数载流子是自由电子，少数载流子是空穴。杂质半导体中多数载流子的浓度取决于掺入杂质元素原子的密度，而少数载流子的浓度与温度有关。

3. 半导体中载流子的基本运动形式是扩散运动和漂移运动，PN 结是由这两种运动达到平衡时形成的。PN 结具有单向导电性，它是半导体二极管和其他半导体器件的核心。

4. 当 PN 结正向偏置时，空间电荷区变窄，呈现为低电阻，处于导通状态；当 PN 结反问偏置时，空间电荷区变宽，呈现为高电阻，处于反向截止状态。

5. PN 结的伏安特性表达式为 $i = I_S\ (e^{u/U_T} - 1)$。

6. 半导体二极管由一个 PN 结构成，具有单向导电性，即开关特性。半导体二极管伏安特性曲线包括正向特性和反向特性两部分。二极管的主要参数有最大整流电流、反向击穿电压、最高反向工作电压、反向电流、最高工作频率等。

7. 半导体二极管可用于整流、限幅、钳位等电路。

8. 稳压二极管主要利用其在反向击穿状态下的恒压特性。稳压二极管稳压是直流稳压电源中最简单的形式。

实践案例

案例一　用发光二极管充当仪器设备的电源指示灯

电路如图 1-31 所示，VD 和 VL 分别是一只整流二极管和一只发光二极管，它们与限流电阻 *R* 组成了一个电源指示电路。当电源开关闭合时，发光二极管就发光，指示该设备已经处于通电状态。在图 1-31a 中，VD 可用耐压比较高的二极管，例如 1N4007。在图 1-31b 中，VD 可用耐压比较低的二极管，例如 1N4001 或者是 1N4148。*R* 为限流电阻，其取值范围由流经发光二极管的电流决定。在这个电路中，VD 和限流电阻 *R* 起着保护发光二极管的作用，否则发光二极管将会被反向击穿。

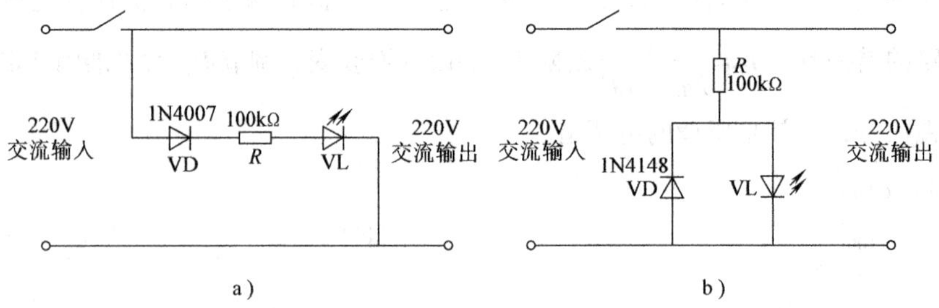

图 1-31　发光二极管充当电源指示灯电路

案例二　镍镉电池简易充电器

电路如图 1-32 所示，此镍镉电池自动充电器具有状态指示功能。充电时发光二极管发红光；充满电后，保护电路动作，自动切断充电电流，防止过充电，同时，发光二极管发绿光，指示电池已充满。该充电器只可对普通镍镉电池进行充电，并且不可空载。

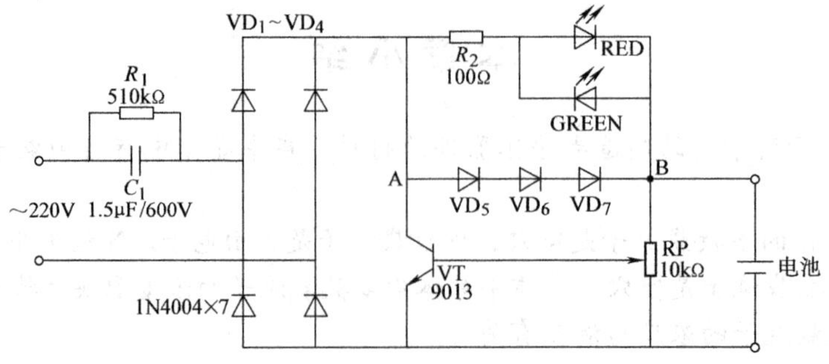

图 1-32　镍镉电池自动充电电路

该充电器工作原理如下：电容 C_1、二极管 $VD_1 \sim VD_4$ 构成降压、整流电路。由于 R_1 与 C_1 的并联阻抗较大，则输出近似为恒流，经二极管 VD_5 ~ VD_7 给电池充电，并在 VD_5 ~ VD_7 上产生约 2.1V 的电压降使红色发光二极管发光，作为充电指示。晶体管 VT 和电位器 RP 组成自动保护电路。当电池充满后，VT 饱和导通，自动切断充电电流。同时，A 点电位下降至 0.5V 左右，这时，$U_B > U_A$，使绿色发光二极管发光，表示充电结束。R_2 为限流电阻，其取值范围由流经发光二极管的电流决定。

思考题与习题

1-1　填空题

（1）纯净的半导体称为________，其载流子是____________和____________，两者数目____________。

（2）在纯净的半导体中掺入适量五价杂质元素，可形成________型半导体，其多子为________。

（3）在掺杂半导体中，多子的浓度主要取决于________，而少子的浓度受________的影响很大。

（4）PN 结在________时导通，________时截止，这种特性称为________________。

（5）在室温（27℃）时，硅二极管的死区电压约为____________V，锗二极管的死区电压约为________V，导通后在较大电流作用下，硅二极管的正向压降约为____V，锗二极管的正向压降约为____V。

（6）二极管的伏安特性可以表示为________________。

（7）当温度升高时，二极管的正向压降将________，反向饱和电流将________。

（8）击穿可分为两种，其中击穿电压低于4V 时，会产生____________，当击穿电压高于6V 时，会产生____________。

（9）稳压二极管稳压时工作在________________。

1-2　用万用表测量二极管的正向直流电阻 R_F，选用的量程不同，测得的电阻值相差很大。现用 MF30 型万用表测量某二极管的正向电阻，结果见表 1-2 所示，试分析所得阻值不同的原因。

表 1-2　题 1-2 表

电阻量程	×10	×100	×1k
测得电阻值	210Ω	1.1kΩ	11.5kΩ

1-3　电路如图 1-33 所示，已知 $u_i = 10\sin\omega t$V，二极管具有理想特性，电阻 R 取值适当，试画出 a、b、c 各电路中输出电压 u_O 的波形。

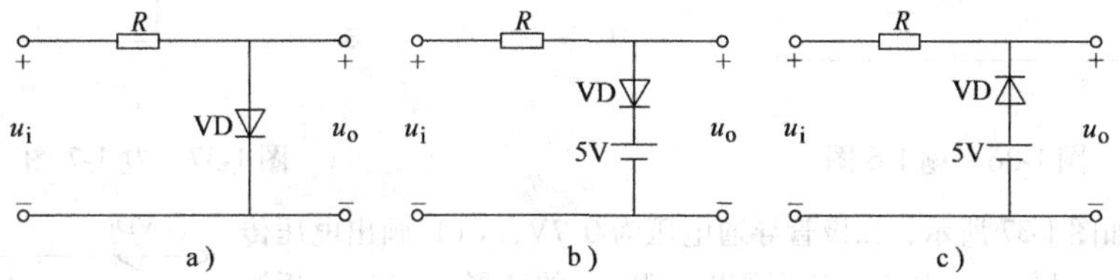

图 1-33　题 1-3 图

1-4　电路如图 1-34 所示，设二极管具有理想特性。试判断 a、b、c 各电路中二极管的状态是导通还是截止，并求出 Y 端的输出电压。

1-5　电路如图 1-35 所示，设二极管性能均为理想。试判断各电路中的二极管是导通还是截止，并求出 A、B 两点之间的电压值 U_{AB}。

1-6　电路如图 1-36 所示，二极管导通电压为 0.7V，试分别求 R 为 1kΩ 和 4kΩ 时，电路中的电流 I_1、I_2、I_O 和输出电压 U_O 的值。

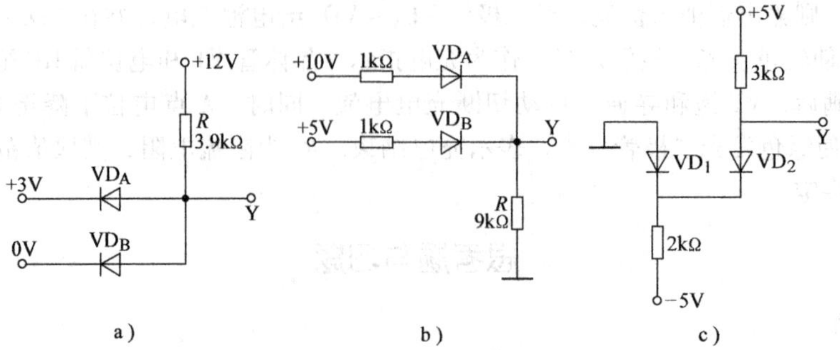

图1-34 题1-4图

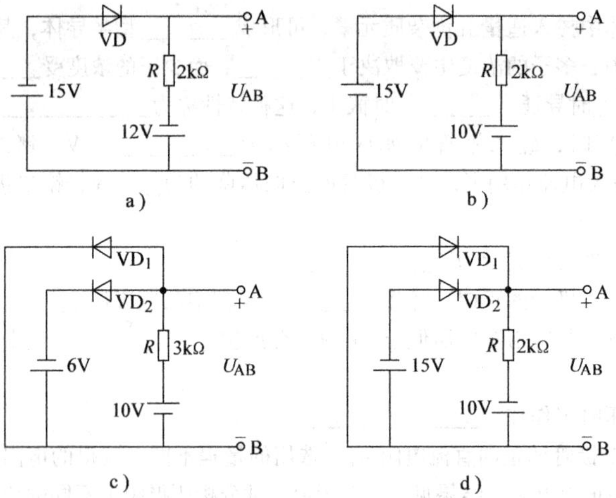

图1-35 题1-5图

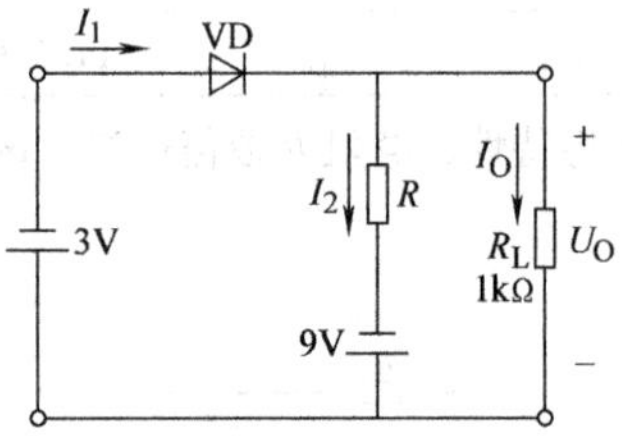

图1-36 题1-6图

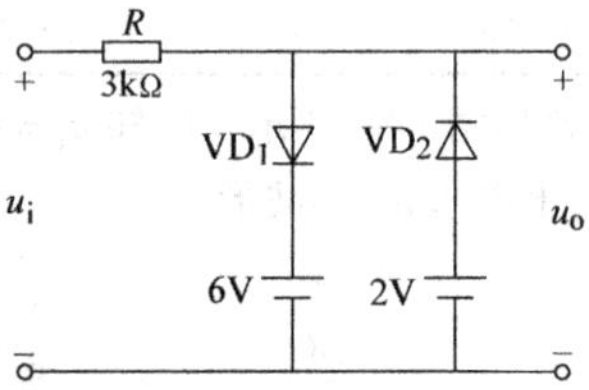

图1-37 题1-7图

1-7 电路如图1-37所示，二极管导通电压为0.7V，（1）画出电压传输特性曲线；（2）已知 $u_i = 10\sin\omega t$V，画出 u_i 和 u_O 的波形；（3）分析该电路的作用。

1-8 一限幅电路如图1-38所示，设二极管性能均为理想，输入电压 u_I 的变化范围为0～30V。试画出该电路的电压传输特性曲线。

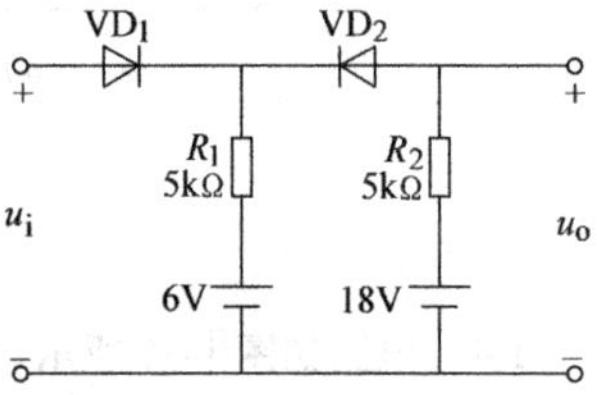

图1-38 题1-8图

1-9 电路如图1-39所示，其中限流电阻 R 为2kΩ，硅稳压二极管 VS_1 和 VS_2 的稳定电压分别为5V和10V，正向电压降为0.7V，动态电阻可以忽略。试求a、b、c、d各电路输出端电压 U_{AB} 的值。

1-10 硅稳压二极管稳压电路如图1-40所示，图中，限流电阻 $R = 1\text{k}\Omega$，稳压二极管的稳定电压 $U_Z = 6\text{V}$，最小稳定电流 $I_{Z\min} = 5\text{mA}$，最大稳定电流 $I_{Z\max} = 25\text{mA}$，负载电阻 $R_L = 500\Omega$，动态电阻 r_z 可忽略。试求：（1）当 U_I 分别为10V和35V时，输出电压 U_O、负载电流 I_O、I 及流过稳压二极管的管电流 I_Z 的值；

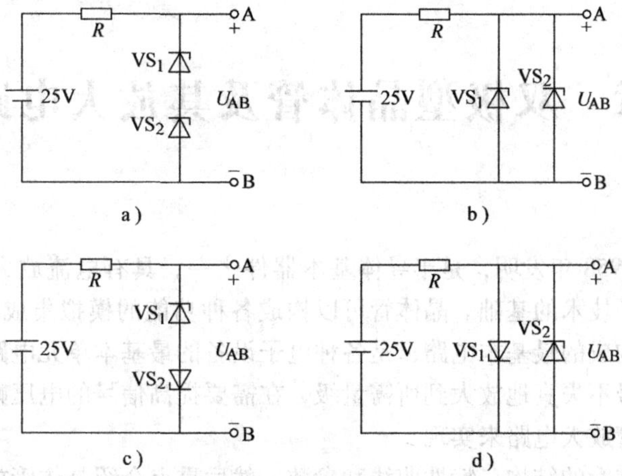

图 1-39　题 1-9 图

(2) 当 U_I 为 35V 且负载开路时，会有什么现象？为什么？

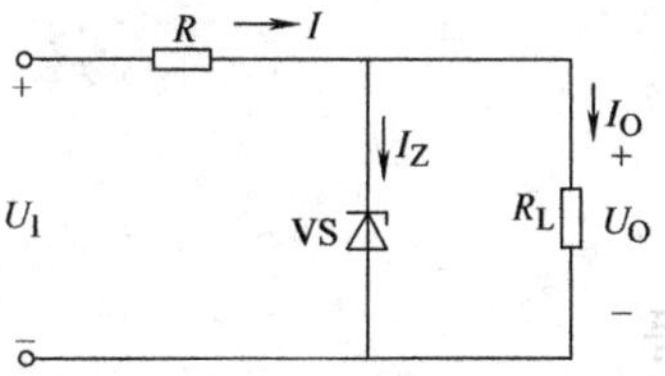

图 1-40　题 1-10 图

第 2 章　双极型晶体管及其放大电路基础

应用背景

双极型晶体管于 1958 年发明，是半导体基本器件之一，具有电流放大作用，是电子电路的核心器件，是现代电子技术的基础。晶体管可以构成各种功能的模拟集成电路、数字集成电路。放大电路是由晶体管构成的最基本电路，是各种电子设备的最基本单元电路。晶体管放大电路的作用是将微弱的电信号不失真地放大到所需量级，在需要提高信号的电压幅度、电流幅度或功率的场合都可以用晶体管放大电路来实现。

本章首先介绍晶体管的结构、特性曲线和参数，然后重点介绍晶体管放大电路的组成和分析方法，并分析共射、共集、共基三种基本放大电路的性能、特点和用途，最后简要介绍放大电路的频率响应。

2.1　晶体管

2.1.1　晶体管的结构与符号

双极型晶体管又称半导体晶体管，简称为晶体管，其种类很多。按半导体材料分有硅晶体管、锗晶体管；按导电类型分有 NPN 晶体管和 PNP 晶体管；按功率分有小功率晶体管、中功率晶体管、大功率晶体管；按频率分有高频晶体管、低频晶体管和开关晶体管等等。常见的晶体管外形如图 2-1 所示。

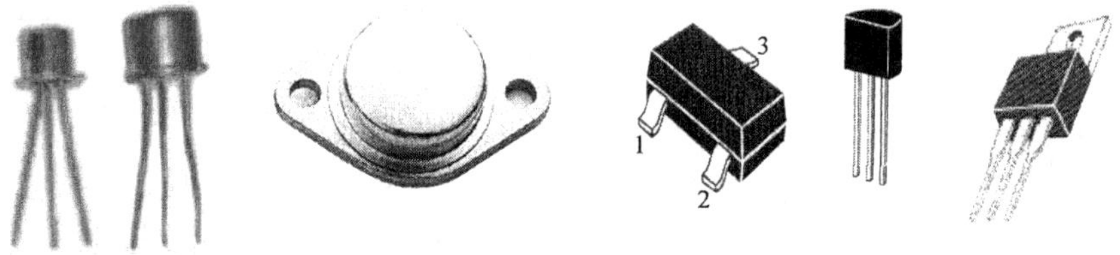

图 2-1　常见的晶体管外形

从外形看晶体管有三个电极，分别称之为发射极 E（Emitter）、基极 B（Base）、集电极 C（Collector）。三极管的内部结构示意图如图 2-2 所示。它由三块半导体、两个 PN 结构成。三块半导体分别是发射区、基区和集电区，两个 PN 结分别是发射结和集电结。

如果将三块半导体按不同顺序排列，则可以构成两种不同结构的晶体管，分别称为 NPN 型晶体管和 PNP 型晶体管。图 2-2a、b 所示是 NPN 型晶体管的结构示意图和电路符号，图 2-2 c、d 所示是 PNP 型晶体管的结构示意图和电路符号。

目前普遍使用平面工艺制造晶体管，其物理结构有如下特点：发射区相对于基区重掺杂；基区很薄，只有零点几到几微米；集电区面积大于发射区面积。上述特点是制造性能优良的晶体管的必要工艺条件。

2.1.2　晶体管的工作原理

1. 晶体管的工作电压

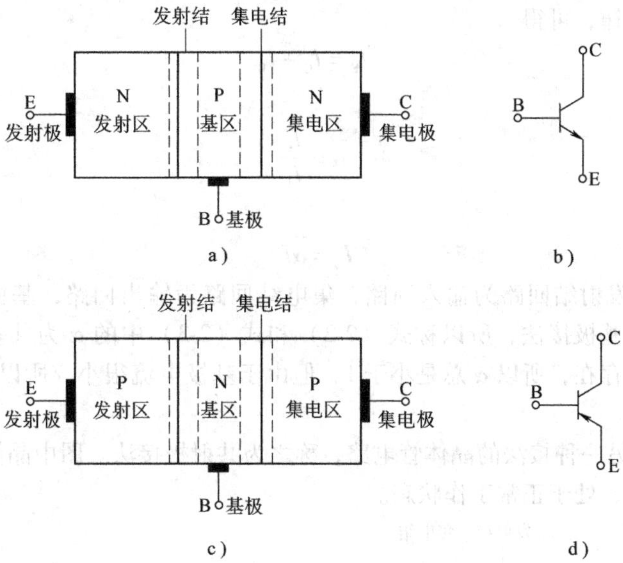

图 2-2　晶体管的结构示意图及符号

a）NPN 型晶体管的结构示意图　b）NPN 型晶体管的电路符号

c）PNP 型晶体管的结构示意图　d）PNP 型晶体管的电路符号

根据晶体管的三个电极（区）的名称，顾名思义，发射极（区）发射载流子，基极（区）渡越载流子，集电极（区）收集载流子。因此，晶体管正常工作时发射结应该加正向电压，使发射区的多数载流子能顺利通过发射结；集电结应该加反向电压，这样才能帮助到达集电结边缘的载流子顺利通过集电结被集电区所收集。如图 2-3 所示是 NPN 型晶体管正常工作时外加电压的情况，如果是 PNP 晶体管，则 V_{EE} 和 V_{CC} 都要反接。

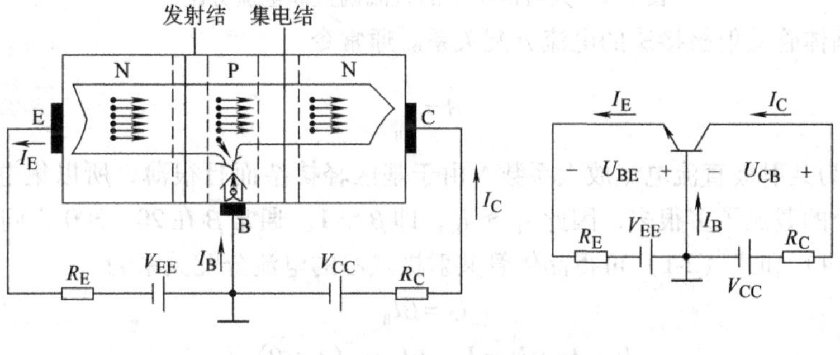

图 2-3　NPN 型晶体管的直流偏置和电流分配

2. 电流分配

从图 2-3 中的晶体管直流偏置图中可以看出，由于发射结正向偏置，其势垒降低，有利于多子（发射区的电子和基区的空穴）的扩散，因此有较大的正向电流流过发射结形成发射极电流 I_E。由于制作晶体管时发射区的掺杂浓度比基区高很多，所以这一正向电流主要是由发射区的多子（电子）扩散形成的。发射区的电子通过发射结到达基区后，一部分与基区的空穴复合，另一部分到达集电结边缘。在基区被复合的空穴由基极电源补充，形成基极电流 I_B。由于基区掺杂少，而且很薄，所以在基区被复合的载流子很少，即基极电流 I_B 很小。另一方面，由于发射区扩散到基区的电子在基区属于少子（称为非平衡少数载流子），且集电结反偏有利于少子漂移，因此，大部分非平衡少数载流子经集电结漂移到集电区，被集电极所收集形成集电极电流 I_C。那么，I_E、I_B、I_C 之间是什么关系呢？

根据节点电流定律，可得

$$I_E = I_C + I_B \tag{2-1}$$

通常令

$$\bar{\alpha} = \frac{I_C}{I_E} \tag{2-2}$$

即

$$I_C = \bar{\alpha} I_E \tag{2-3}$$

如图 2-3 所示，发射结回路为输入回路，集电结回路为输出回路，基极是两个回路的公共端，称这种接法为共基极接法，所以称式（2-2）和式（2-3）中的 $\bar{\alpha}$ 为共基极直流电流放大系数。由于基极电流的存在，所以 $\bar{\alpha}$ 总是小于 1，但由于基极电流很小，所以 $\bar{\alpha}$ 接近于 1。通常 $\bar{\alpha}$ 在 0.95 ~ 0.995 之间。

图 2-4 所示的是另一种接法的晶体管电路，称之为共射极接法。图中晶体管为 NPN 型，发射结正偏，集电结反偏，处于正常工作状态。

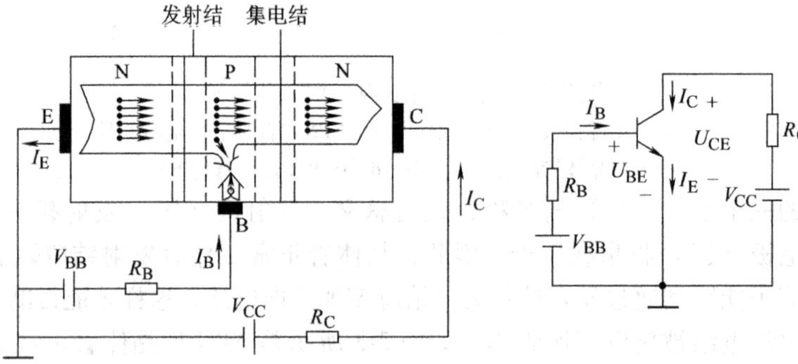

图 2-4　共射极接法的直流偏置和电流分配

下面讨论晶体管共射极接法的电流分配关系。通常令

$$\bar{\beta} = \frac{I_C}{I_B} \tag{2-4}$$

式（2-4）中 $\bar{\beta}$ 为共射极直流电流放大系数。由于基区轻掺杂而且很薄，所以集电极收集的载流子比在基区复合的载流子多很多，因此 $I_C \gg I_B$，即 $\bar{\beta} \gg 1$。通常 $\bar{\beta}$ 在 20 ~ 300 之间。

根据式（2-4）和式（2-1）可得晶体管共射极接法的电流分配关系为

$$I_C = \bar{\beta} I_B \tag{2-5}$$

$$I_E = I_B + I_C = I_B + \bar{\beta} I_B = (1 + \bar{\beta}) I_B \tag{2-6}$$

式（2-6）表明，发射区发射的载流子如果有一个载流子在基区复合形成基极电流，就将有 $\bar{\beta}$ 个被集电极所收集形成集电极电流。

$\bar{\alpha}$ 和 $\bar{\beta}$ 都是晶体管的主要电参数，根据式（2-1）、式（2-3）和式（2-5），可以得到它们之间的关系为

$$\bar{\beta} = \frac{\bar{\alpha}}{1 - \bar{\alpha}} \tag{2-7}$$

或

$$\bar{\alpha} = \frac{\bar{\beta}}{1 + \bar{\beta}} \tag{2-8}$$

3. 放大原理

晶体管的基本应用就是放大微弱的电信号。一简单的放大电路如图 2-5 所示，与图 2-4 相比，

该放大电路在输入回路中加入了一待放大的输入信号 u_i。这样，发射结电压除了直流电压源 V_{BB} 提供的直流偏置外，还加上了变化的信号 u_i，也就是说发射结电压 u_{BE} 将随 u_i 的变化而变化。由于发射结是一个正偏的 PN 结，根据 PN 结的伏安特性，结电压的变化将引起结电流的变化，所以 u_{BE} 的变化将引起 i_E 的变化。又因为晶体管载流子的运动规律是一定的，即 $i_E = i_B + i_C$ 和 $i_E = (1+\beta)\ i_B$，所以基极电流和集电极电流也要发生变化。假设 $\Delta u_i = 10\text{mV}$，引起的 i_E 的变化是 $\Delta i_E = 1\text{mA}$，若 $\beta = 99$，则 i_B 和 i_C 的变化分别是 $\Delta i_B = 0.01\text{mA}$ 和 $\Delta i_C = 0.99\text{mA}$，在负载电阻 R_C 上所得的电压变化是 $\Delta u_0 = \Delta i_C R_C = 1.98\text{V}$（假设负载 R_C 为 $2\text{k}\Omega$）。可见，输出信号 Δu_0 比输入信号 Δu_i 大了很多。

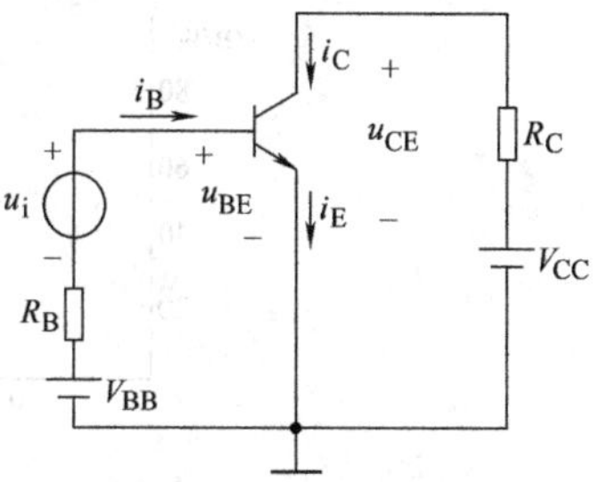

图 2-5　简单的放大电路

这个简单的例子说明了晶体管的电流控制和电流放大能力。正是这种能把小信号变成较大信号的放大特性，使得晶体管在现代电子技术中起着非常重要的、不可替代的作用。

2.1.3　晶体管的特性曲线

晶体管的性能可以由三个电极之间的电压和电流关系来反映，通常称为伏安特性。晶体管虽然有三个电极，但是在使用时总是有一个电极作为输入和输出回路的公共端，所以一般只研究另外两个电极的电压和电流之间的关系。下面以 NPN 型晶体管为例，研究其共射极接法的伏安特性曲线，包括基极回路的输入特性曲线和集电极回路的输出特性曲线。

1. 共射极输入特性曲线

共射极输入特性是指基极电流 i_B 与基极、发射极之间的电压 u_{BE} 之间的关系。由于这一关系也受到输出回路电压 u_{CE} 的影响，所以可以表示为

$$i_B = f(u_{BE})\Big|_{U_{CE}=\text{常数}} \tag{2-9}$$

图 2-6a 所示是 NPN 型硅晶体管的输入特性曲线，锗晶体管的特性曲线与此类似。

由输入特性曲线可见：

1）因为晶体管的发射结是一个正偏的 PN 结，所以和二极管的正向特性一样，也有死区。只有在外加电压大于死区电压时，晶体管才能导通，才会产生基极电流。硅晶体管的死区电压约为 0.5V，锗晶体管的死区电压约为 0.1V。晶体管导通后，硅晶体管的导通电压约为 0.6～0.7V，锗晶体管的导通电压约为 0.2～0.3V。

2）和二极管不同的是晶体管的输入特性还受输出回路电压 u_{CE} 的影响。当 u_{BE} 一定时（从发射区到基区的载流子数一定），如果 $u_{CE}=0$，发射结和集电结相当于两个并联的 PN 结，i_B 为两个正向偏置的 PN 结的电流之和。当 u_{CE} 逐渐增大时，集电结由正偏逐渐向反偏过渡，有越来越多的非平衡少数载流子到达集电区，因而 i_C 不断增加，i_B 逐渐减小，曲线发生右移。

3）当 u_{CE} 继续增大，通常大于 1V 后，绝大多数非平衡少数载流子几乎都漂移到集电区形成 i_C，所以当 u_{CE} 再继续增大时，i_B 几乎不再变化，曲线几乎重合在一起。

2. 共射极输出特性曲线

共射极输出特性曲线是指在基极电流 i_B 一定的情况下，晶体管集电极电流 i_C 与集电极、发射极之间的电压 u_{CE} 之间的关系曲线，可以表示为

$$i_C = f(u_{CE})\Big|_{I_B=\text{常数}} \tag{2-10}$$

图 2-6b 所示是 NPN 型硅晶体管的共射极输出特性曲线。由图可见，输出特性曲线将晶体管

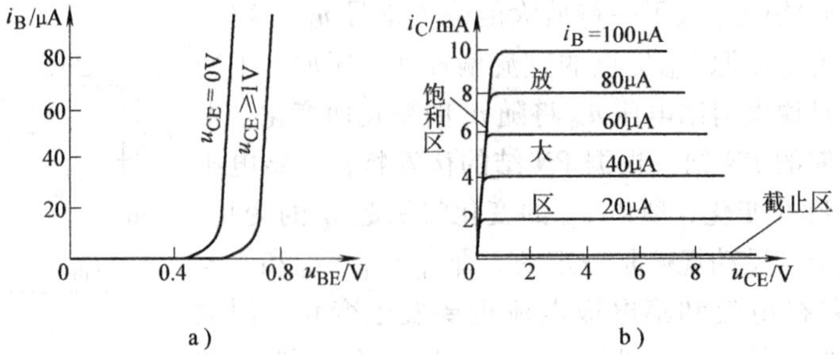

图 2-6　NPN 型硅晶体管的共射极伏安特性曲线

a）输入特性曲线　b）输出特性曲线

分为三个工作区，即饱和区、截止区和放大区。

1）饱和区是指输出特性曲线几乎垂直上升部分与纵轴之间的区域。这个区域 u_{CE} 较小，集电结处于由正偏向反偏的过渡状态，因此 i_C 随 u_{CE} 的增大而增加很快，且不满足式（2-5）的关系，i_C 不受 i_B 的控制。饱和区的特点是发射结正偏，集电结也正偏，$i_C<\beta i_B$，此时的 U_{CE} 称为晶体管饱和压降 U_{CES}。当晶体管工作在饱和区时，饱和压降越小，说明晶体管的饱和程度越深。一般情况下，小功率硅晶体管的饱和压降约为 0.3～0.5V。

2）截止区是指 $i_B=0$ 以下的区域。对硅晶体管而言，发射结电压小于 0.5V 时，晶体管已基本截止，但为了可靠截止，通常使发射结零偏或反偏。因此截止区的特点是发射结零偏或反偏，集电结反偏，$i_B=0$，$i_C\approx0$。

3）放大区是指饱和区和截止区之间的区域。在这个区域，晶体管处于放大状态，i_C 受 i_B 的控制作用明显，不同的 i_B 对应不同的曲线，因此在 i_C-u_{CE} 平面上输出特性是一个以 i_B 为参变量的曲线族。同时，由于此区域集电结反偏电场足够强，基区的非平衡载流子基本已经都经过集电结形成 i_C 电流，因此 i_C 几乎不随 u_{CE} 的改变而改变，曲线比较平坦，具有较好的恒流特性。放大区的特点是发射结正偏，集电结反偏，$i_C=\beta i_B$。

在放大区，定义共射极交流电流放大系数 β 来说明 i_B 对 i_C 的控制作用，即

$$\beta=\frac{\Delta i_C}{\Delta i_B} \tag{2-11}$$

从图 2-6b 中可以看出，β 的值基本上是常数，不随 i_C 的变化而变化。

晶体管的特性曲线可用晶体管特性图示仪测量，或者从晶体管手册中查到。PNP 型晶体管的特性与 NPN 型相似，但电压、电流极性均相反。

另外，从特性曲线上可以看出，当晶体管工作在饱和区时，$u_{CE}\approx0$，而 i_C 有一定的值，所以晶体管此时相当于一个很小的电阻，或者说相当于一个开关接通了；当晶体管工作在截止区时，$i_C\approx0$，所以晶体管此时相当于一个很大的电阻，或者说相当于开关断开。因此，晶体管除了具有放大特性外，还具有开关特性。在模拟电路中，晶体管通常工作在放大区，利用晶体管的电流控制作用（$i_C=\beta i_B$），使晶体管起放大作用；在数字电路中，晶体管通常工作在饱和区和截止区，利用晶体管的开关特性，使晶体管起开关作用。

晶体管在三种工作状态的电压、电流的情况见表 2-1。

表 2-1　NPN 型晶体管三种工作状态的电压、电流

项目 状态	PN 结偏压	U_{BE}	I_C	U_{CE}
放大状态	发射结正偏 集电结反偏	硅晶体管 0.6～0.8V 锗晶体管 0.2～0.3V	$I_C=\beta I_B$	$U_{CE}>U_{BE}$

（续）

状态 \ 项目	PN 结偏压	U_{BE}	I_C	U_{CE}
饱和状态	发射结正偏 集电结正偏	硅晶体管 0.6 ~ 0.8V 锗晶体管 0.2 ~ 0.3V	$I_C < \beta I_B$	硅晶体管 $U_{CES} \approx 0.3V$ 锗晶体管 $U_{CES} \approx 0.1V$
截止状态	发射结零偏 或反偏 集电结反偏	硅晶体管 $U_{BE} < 0.5V$ 锗晶体管 $U_{BE} < 0.1V$	$I_B = 0$ $I_C = I_{CEO}$	$U_{CE} \approx V_{CC}$

2.1.4 晶体管的主要电参数

晶体管除了可以用特性曲线表示其性能外，也可以用电参数来表示其性能和适用范围。生产厂家通常都会给出各种型号晶体管的参数，这些参数是设计电路时选用晶体管的依据。下面介绍晶体管的一些主要电参数，还有一些参数将在分析具体电路时引出。

1. 电流放大系数

（1）共基极电流放大系数

1）共基极直流电流放大系数 $\overline{\alpha}$：$\overline{\alpha} = \dfrac{I_C}{I_E}$。

2）共基极交流电流放大系数 α：$\alpha = \dfrac{\Delta i_C}{\Delta i_E}$。

（2）共射极电流放大系数

1）共射极直流电流放大系数 $\overline{\beta}$：$\overline{\beta} = \dfrac{I_C}{I_B}$。

2）共射极交流电流放大系数 β：$\beta = \dfrac{\Delta i_C}{\Delta i_B}$。

严格地讲，同一个晶体管在同一测试电流下得到的 $\overline{\alpha}$ 和 α、$\overline{\beta}$ 和 β 值并不相等，但质量好的晶体管，两者差别不大，所以一般可以认为 $\overline{\alpha} = \alpha$，$\overline{\beta} = \beta$。

需要说明的是，由于制造工艺及原材料性质的离散性，即使同一型号的晶体管，β 的值也会有差别。实际使用中，β 值不宜过高，否则会使电路的工作状态不稳定。一般选用 β 值在 40 ~ 150 之间为宜。

2. 极间反向电流

前面讨论晶体管内部载流子运动的时候，为简便起见，只讨论了多数载流子的运动情况。实际上，半导体是有两种载流子导电的物质，所以少数载流子的作用必定也会在晶体管的工作中体现出来。下面讨论由少数载流子的运动所形成的极间反向电流。

1）集电极-基极反向饱和电流 I_{CBO} 是指发射极开路时，在 C、B 之间加上一定反向电压时的集电极-基极回路中所形成的电流，如图 2-7 所示。

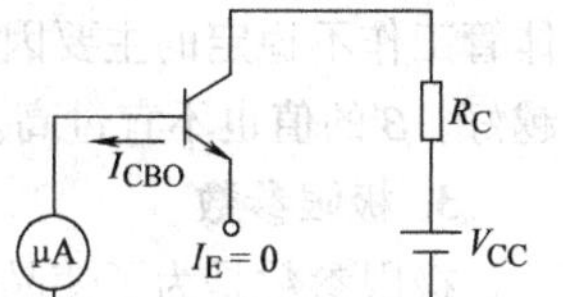

图 2-7　测量 I_{CBO} 的电路

由图 2-7 可见，在发射极开路的情况下，晶体管处于发射结零偏、集电结反偏状态，所以 I_{CBO} 实际上就是 PN 结（集电结）的反向饱和电流，是由少数载流子的漂移运动形成的，它只取决于晶体管的材料和温度。在一定温度下，I_{CBO} 基本上是个常数。硅晶体管的 I_{CBO} 比锗晶体管小。室温下，一般小功率硅晶体管的 I_{CBO} 在 1μA 以下，而锗晶体管则有几十微安。因此在温度变化大的工作环境中应选用硅晶体管。

2）集电极-发射极反向饱和电流 I_{CEO} 是指基极开路的情况下，C、E 之间加上一定电压时形成的集电极电流，如图 2-8 所示。由于这个电流从集电区穿过基区到达发射区，所以又称穿透电流。由下面的分析可知，穿透电流不是单纯的 PN 结的反向电流。

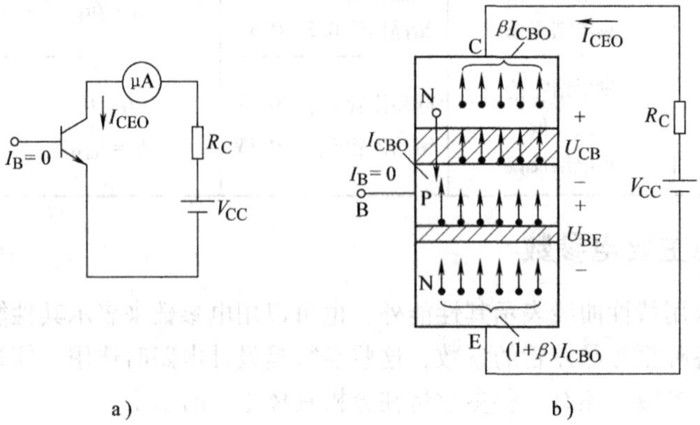

图 2-8　穿透电流 I_{CEO}

a）测量电路　b）载流子运动

由图 2-8b 可知，在 C、E 之间加上电压 V_{CC} 后，虽然基极开路，但发射结和集电结的工作电压仍然满足正常放大条件，即发射结正偏、集电结反偏。集电结在反向电压的作用下，集电区的少数载流子（空穴）要漂移到基区，它的大小就是 I_{CBO}；另一方面，发射结在正向电压作用下，发射区的多数载流子（电子）也要扩散到基区。由于基极开路，集电区的少子（空穴）漂移到基区后，不能由基极外部电源补充电子与其复合形成基极电流，而只能与发射区注入基区的电子复合。由此可见由发射区注入基区的电子，一部分与集电区到达基区的空穴复合而形成 I_{CBO}，其余大部分到达集电区。根据晶体管的电流分配规律：发射区每向基区提供一个复合用的载流子，就有 β 个载流子到达集电区，即到达集电极的电子数是基区复合的 β 倍。所以发射极总的电流为

$$I_{CEO}=I_{CBO}+\beta I_{CBO}=(1+\beta)I_{CBO} \tag{2-12}$$

在考虑了极间反向电流后，式（2-3）、式（2-5）和式（2-6）应修正为

$$I_C=\alpha I_E+I_{CBO} \tag{2-13}$$

$$I_C=\beta I_B+I_{CEO} \tag{2-14}$$

$$I_E=I_B+\beta I_B+I_{CEO}=(1+\beta)I_B+I_{CEO} \tag{2-15}$$

I_{CBO} 和 I_{CEO} 是衡量晶体管质量的重要参数。I_{CEO} 和 I_{CBO} 一样，也随温度增加而增加，是造成晶体管工作不稳定的主要因素之一。所以，从稳定的角度出发，选用晶体管的 I_{CBO}、I_{CEO} 的值越小越好，β 的值也不宜过高。

3. 极限参数

极限参数是为了使晶体管既能够得到充分利用，又可确保其安全工作而规定的参数。

（1）集电极最大允许电流 I_{CM}

集电极电流 I_C 超过一定值时，晶体管的 β 值会下降。β 值下降到测试条件规定值时所允许的最大集电极电流称为集电极最大允许电流 I_{CM}。当 $I_C>I_{CM}$ 时，并不表示晶体管一定会损坏，只是晶体管性能将显著下降，甚至有烧坏晶体管的可能。

（2）反向击穿电压

反向击穿电压是指晶体管某个电极开路时，另两个电极间的最大允许反向电压。超过这个电压晶体管就会击穿。反向击穿电压有多种，其中常用的反向击穿电压 $U_{(BR)CEO}$ 是指基极开路时，

加在集电极和发射极之间的最大允许电压。当 $U_{CE} > U_{(BR)CEO}$ 时，集电极电流会大幅上升，导致晶体管集电结雪崩击穿。手册中给出的 $U_{(BR)CEO}$ 一般是常温 25℃时的值，晶体管在高温下，其 $U_{(BR)CEO}$ 值将会降低，使用时应特别注意。

（3）集电极最大允许耗散功率 P_{CM}

晶体管工作时，集电结既承受较高的电压，又流过较大的电流，所以有较大的功率消耗，导致集电结发热，温度升高。当晶体管消耗的功率太大，散热条件又较差时，晶体管的结温超过了 PN 结最高允许温度时，就会破坏晶体管的正常工作，甚至烧坏。集电极最大允许耗散功率 P_{CM} 就是指集电结上允许损耗功率的最大值。对于大功率晶体管，为了提高 P_{CM}，常采用加装散热片的方法。

图 2-9 所示的是晶体管的安全工作区，由 P_{CM}、$U_{(BR)CEO}$ 和 I_{CM} 共同确定。为了保证晶体管安全、可靠地工作，其有关电压、电流的值不能超出极限参数，否则将导致晶体管的性能劣化或损坏。

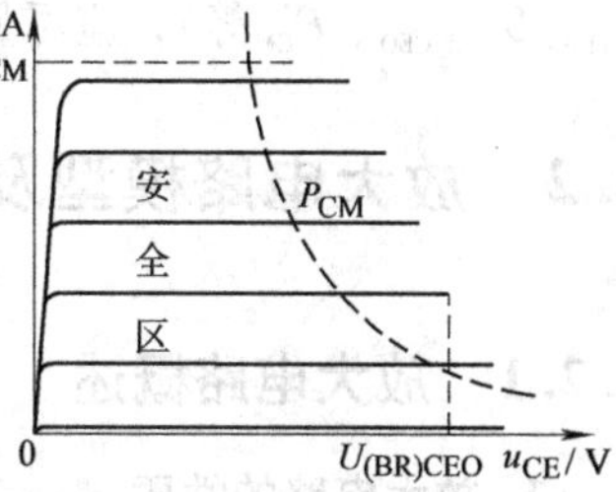

图 2-9　晶体管的安全工作区

2.1.5　温度对晶体管参数的影响

由于半导体的导电性能与温度有关，所以由半导体构成的晶体管的参数也将受温度的影响。相关实验证明，温度对晶体管的 β、I_{CBO}、U_{BE} 等参数影响较大。

（1）温度对 β 的影响

晶体管的 β 值随温度升高而增大，其温度系数常用温度每增加 1℃时 β 值的相对变化量来表示。通常 β 的温度系数为 $\frac{\Delta\beta}{\beta}\Big/\Delta T=(0.5\sim1)\%$，即温度每增加 1℃，$\beta$ 大约增加 $(0.5\sim1)\%$。

（2）温度对 I_{CBO} 的影响

温度升高，由本征激发产生的少子数量增加，所以由少子构成的反向饱和电流将随之增大。通常，温度每增加 10℃，I_{CBO} 增加一倍。由于穿透电流 $I_{CEO}=(1+\beta)I_{CBO}$，所以 I_{CEO} 受温度的影响更大一些。因为硅晶体管的 I_{CBO} 和 I_{CEO} 比锗晶体管小很多，所以温度变化时硅晶体管受到的影响比锗晶体管要小。

（3）温度对 U_{BE} 的影响

当温度升高时，U_{BE} 将减小，其温度系数为 $-(2\sim2.5)$ mV/℃，即温度每升高 1℃，U_{BE} 大约下降 2～2.5 mV。

2.1.6　晶体管实际使用应注意的问题

1. 晶体管的正确选用

实际放大电路中，为了保证晶体管正常工作，选用晶体管时应注意以下几点：

1）晶体管的工作电流、电压应小于其极限参数，即 $I_C < I_{CM}$，$U_{CE} < U_{(BR)CEO}$，$P_C < P_{CM}$。

2）电路需要输出较大功率时，应选用大功率晶体管，并且加装散热片；电路如果需要工作在频率较高场合时，则需要选用高频晶体管或超高频晶体管；而开关电路中则应选择开关晶体管；当直流电源的电压对地为正值时多选用 NPN 型晶体管组成的电路，为负值时多选用 PNP 型晶体管组成的电路。

3）应选反向电流小的晶体管，因为同型号晶体的反向电流越小，一般来说它的性能越好；而 β 值选几十到 150 左右的晶体管，β 值太大晶体管热稳定性不好。

4）由于硅晶体管的热稳定性比锗晶体管好，所以在工作温度高，要求热稳定性好的场合，应选用硅晶体管，而要求导通电压低的场合可选用锗晶体管。

2. 晶体管的替换

在修理电子设备时，如果发现晶体管损坏，应尽量用同型号的晶体管来替换。如果找不到同型号的晶体管而用其他型号的晶体管来替代时，则要注意晶体管的类型要相同，即硅晶体管和锗晶体管、NPN 型晶体和 PNP 型晶体管不能混用。另外，还要注意替代晶体管的主要参数（β、I_{CM}、$U_{(BR)CEO}$、P_{CM}等），应尽量与原晶体管匹配，或者优于原管。

2.2　放大电路模型及其技术指标

2.2.1　放大电路概述

1. 放大电路的性质

放大电路又称为放大器，是一种用来放大电信号的装置，是电子设备中使用最广泛的一种电路，在通信、广播、测量、自动控制等方面有着广泛的应用。放大电路的主要作用是把微弱的电信号放大到负载（如扬声器、电动机等）工作所需要的数值。具体地说，放大电路就是把输入端的小信号变成一个幅度较大、变化规律与输入信号完全相同的信号输出。扬声器是放大电路的一个典型例子，图 2-10 所示是扬声器的简单结构示意图。图中，传声器把语音信号转换为电信号，其值很小，约为几毫伏至几十毫伏。这一信号经扬声器中的放大器放大，并输出给扬声器，扬声器把放大器输出的电信号还原为语音信号。驱动扬声器需要几伏至几十伏的电压，并需要足够大的驱动功率，当然这一功率远大于传声器的输出功率。那么驱动扬声器的功率或者说能量是从哪里来的呢？实际上并不是来自于放大器，而是来自于直流电源。放大器不可能产生能量，它只是起了能量的控制和转换作用，把直流电源的电能转化为负载所需要的能量。所以任何电子放大器都需要直流电源提供能量，电子放大电路是一种能以小能量控制大能量，使直流电能转化为负载所需能量的装置。

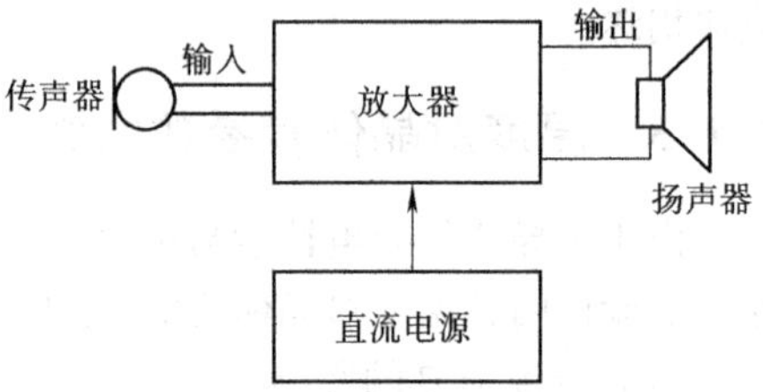

图 2-10　扬声器结构示意图

2. 放大电路分类

放大电路的种类很多，按器件可分为晶体管放大器、场效应晶体管放大器、集成运算放大器、电子管放大器等；按用途可分为电压放大器、电流放大器、功率放大器等；按工作频率可分为低频放大器、高频放大器、超高频放大器等；按放大器级数可分为单级放大器和多级放大器；按电路结构可分为直接耦合放大器和交流耦合放大器等等。

2.2.2　共射极放大电路及放大电路模型

1. 放大电路的组成

图 2-5 所示只是放大电路的雏形，并不能实际应用。该电路存在两个问题，即信号源与放大电路的连接和放大器与负载的连接问题。

信号源与放大电路的连接问题，即耦合问题。有的信号源输出端对直流呈现开路状态，这样V_{BB}就不能作用到基极和发射极之间，发射结不能得到正偏电压，晶体管不能工作于放大区；有的信号源输出端对直流虽然呈现了通路，但往往不希望晶体管基极电流的直流分量流入信号源的输出回路，否则会影响信号源的正常工作。

负载两端的电压信号中存在交流量和直流量，其中交流信号是希望得到的输出信号，但直流信号是不希望存在的，因为它将严重影响负载的正常工作。也就是说输出回路也存在信号的耦合问题。

如何在输入和输出回路中使有用信号顺利传输，又能使晶体管、信号源、负载的直流工作状态互不影响呢？放大电路的一般组成原则是：

1）要有直流通路，并保证有源器件有合适的直流偏置。对于晶体管放大电路，直流电源的设置要保证晶体管发射结处于正向偏置，集电结处于反向偏置，使之工作于放大状态。

2）要有交流通路，即待放大的输入信号能加到有源器件的输入端，而且放大了的信号也能从电路中取出。

图 2-11 所示是放大电路的原理框图。放大电路一般由有源器件、直流电源、偏置电路、信号源、负载、耦合电路和公共端等部分构成。各组成部分作用如下：

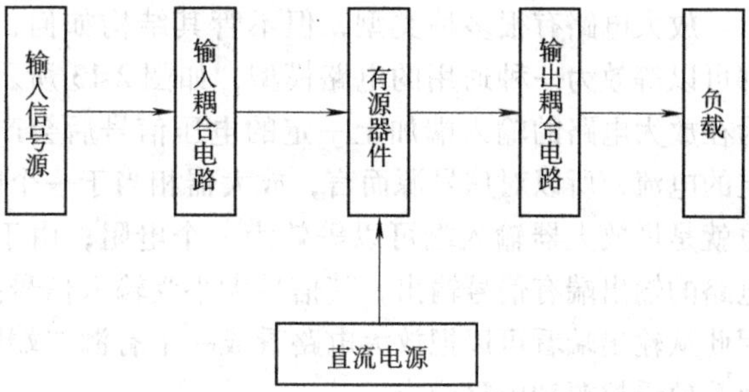

图 2-11　放大电路的原理框图

（1）有源器件

有源器件是放大电路的核心，通常是晶体管、场效应晶体管、集成运算放大器等。

（2）直流电源

直流电源和偏置电阻给有源器件提供合适的工作电流和电压，使之工作于放大状态。

（3）信号源

信号源给放大电路提供输入信号，实际应用时该信号随时间的变化是非正弦的，但为了方便电路分析和计算，通常都假定输入信号是正弦信号。

（4）负载

负载是接受放大电路输出的电路部分，通常用电阻模拟。

（5）耦合电路

耦合电路是输入信号到放大电路的传输通道或者输出信号到负载的传输通道，通常用电容、变压器、光耦或者导线直接连接。

（6）公共端

公共端通常又称为“地”，它是信号源、负载、直流电源、有源器件的公共点，也是输入电压、输出电压、电源电压的公共参考点。

2. 共射极放大电路

根据放大电路的组成原则，一个常用的共射极放大电路如图 2-12 所示。该放大电路为 NPN 型共射极放大电路，又称为固定偏置电路，是晶体管基本放大电路之一。电路中各元器件作用如下：

（1）晶体管 VT

晶体管是放大电路的核心器件，起电流控制和放大作用。

（2）直流电源 V_{CC}

电路中只画出了电源的正极，省略了电源的负极，这是放大电路的通常画法。省略的电源的负极实际上接在公共端“⊥”。V_{CC} 提供晶体管的直流偏置，使晶体管处于放大状态，即发射结正偏，集电结反偏；同时也是电路能量供给来源。若是 PNP 型晶体管，则应使用负电源。

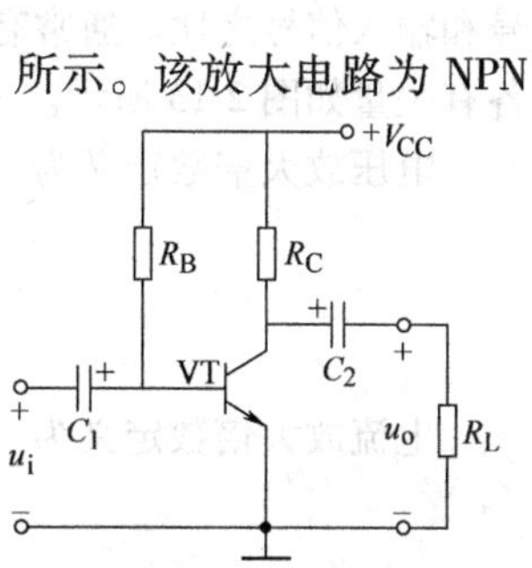

图 2-12　共射极放大电路

（3）基极偏置电阻 R_B

基极偏置电阻和直流电源一起给晶体管基极回路提供合适的直流偏置电压和电流。

(4) 集电极功耗电阻 R_C

一方面和直流电源一起给晶体管集电极回路提供合适的直流偏置电压和电流，另一方面把放大电路电流的变化转换成电压的变化。

(5) 耦合电容 C_1、C_2

通常使用微法量级的电解电容，起隔直流、通交流的作用。C_1 把输入交流信号耦合到晶体管基极，同时把基极直流信号和信号源隔离；C_2 把集电极输出的交流信号耦合到负载上输出，同时把集电极直流信号和负载隔离。C_1、C_2 起了耦合电路的作用，这种耦合方式称为电容耦合。

3. 放大电路模型

放大电路有很多种类型，但不管其结构如何，它们都可以等效为一种通用的电路模型，如图 2-13 所示。因为在放大电路的输入端加上一定的电压信号后会产生一定的电流，所以对信号源而言，放大器相当于一个电阻，也就是说放大器输入端可以等效为一个电阻；由于放大电路的输出端有信号输出，其信号大小受输入信号控制，因此从输出端看可以把放大电路看成一个有源二端网络，由等效受控源和内阻构成。

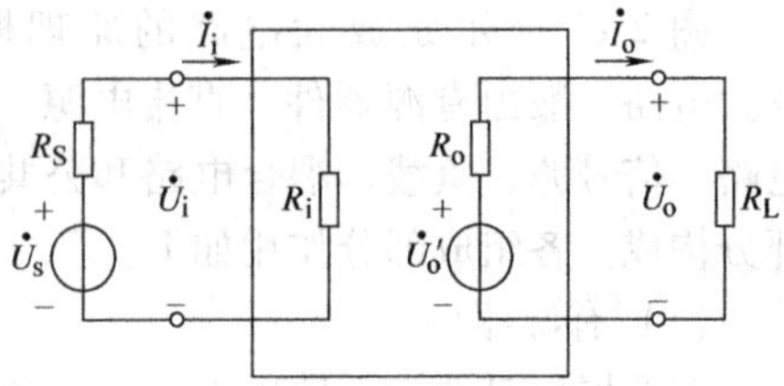

图 2-13　放大电路模型

4. 放大电路中电压、电流符号使用规定

放大电路在放大状态时，电路中的电压、电流都是由直流成分和交流成分叠加而成的。也就是说，放大电路中每个瞬间的电压、电流都可以分解为直流分量和交流分量。为了清楚地描述，作如下规定：

1）用大写字母和大写下标表示直流分量，如 I_{BQ} 表示基极直流电流；

2）用小写字母和小写下标表示交流分量，如 i_b 表示基极交流电流；

3）用小写字母和大写下标表示交、直流的混合量，如 i_B 表示基极电流总量，即 $i_B = I_{BQ} + i_b$；

4）用大写字母和小写下标表示交流分量的有效值，如 U_i 表示输入电压有效值。

2.2.3　放大电路的主要技术指标

为了描述放大器性能的优劣，人们根据放大电路的用途制定了若干性能指标。

1. 放大倍数 $\dot{A}$

放大倍数也称为增益，是衡量放大电路放大能力的一个性能指标，它等于放大电路的输出信号和输入信号之比。通常有三种形式：电压放大倍数、电流放大倍数和功率放大倍数。定义式中各有关量如图 2-13 所示。

电压放大倍数定义为

$$\dot{A}_u = \frac{\dot{U}_o}{\dot{U}_i} \tag{2-16}$$

电流放大倍数定义为

$$\dot{A}_i = \frac{\dot{I}_o}{\dot{I}_i} \tag{2-17}$$

功率放大倍数定义为

$$A_P = \frac{P_o}{P_i} = \frac{U_o I_o}{U_i I_i} \tag{2-18}$$

其中常用的是电压放大倍数。工程上，为了方便使用，常将电压放大倍数用对数表示为 G_u，单位为 dB，其定义为

$$G_u = 20\lg A_u \tag{2-19}$$

2. 输入电阻 R_i

如图 2-13 所示，放大器对信号源而言，相当于是信号源的负载，要从信号源索取电流，这种负载作用常用输入电阻来表示。输入电阻定义为输入电压与输入电流之比，即

$$R_i = \frac{\dot{U}_i}{\dot{I}_i} \tag{2-20}$$

输入电阻是从放大器输入端看进去的等效电阻。若输入电阻大，则从信号源索取的电流小；若输入电阻小，则从信号源索取的电流大。因此输入电阻的大小，表明了放大器对信号源的影响程度。

当考虑信号源内阻时，常用另一放大倍数——源电压放大倍数 $\dot{A}_{us}$来表示放大器对信号的放大情况。源电压放大倍数 $\dot{A}_{us}$定义为

$$\dot{A}_{us} = \frac{\dot{U}_o}{\dot{U}_s} = \frac{\dot{U}_o\dot{U}_i}{\dot{U}_i\dot{U}_s} = \dot{A}_u\frac{R_i}{R_i + R_s} \tag{2-21}$$

3. 输出电阻 R_o

当放大电路将信号放大后输出给负载时，对负载而言，放大器可以视为具有内阻的信号源，如图 2-13 所示，这个信号源的电压值就是放大器输出端开路时的输出电压，其内阻称为放大电路的输出电阻 R_o，定义为

$$R_o = \frac{\dot{U}_o}{\dot{I}}\Bigg|_{\substack{\dot{U}_s=0\\R_L=\infty}} \tag{2-22}$$

R_o 的定义式可以用图 2-14 来表示，移去信号源（即电压源短路、电流源开路），但保留其内阻，并使负载开路，在放大电路输出端加上电压源 u，从而产生电流 i。

图 2-14　定义 R_o 的示意图

式（2-22）是输出电阻的定义式，通常在分析计算放大电路输出电阻时使用。实际测量时，一般采用图 2-15 所示的方法。在保持信号源输出电压一定的条件下，测量出开关 S 断开（负载开路）时的放大器输出电压 $U_{o\infty}$，再测量出开关 S 接通（接上负载）时的放大器输出电压 U_{oL}，并用下式求出放大器的 R_o，即

$$R_o = \left(\frac{U_{o\infty}}{U_{oL}} - 1\right)R_L \tag{2-23}$$

和输入电阻一样，输出电阻 R_o 也是一个等效电阻，体现了放大器带载能力的大小。输出电阻 R_o 越小，则负载变化时，输出电压变化越小，表明放大器带载能力越强。反之，输出电阻 R_o 越大，则负载变化时，输出电压变化越大，表明放大器带载能力差。

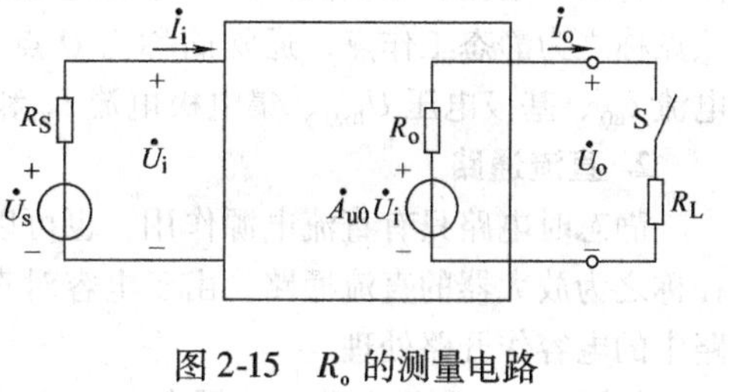

图 2-15　R_o 的测量电路

需要注意的是，放大倍数、输入电阻、输出电阻通常都是在正弦信号下的交流参数，只有放大电路处于放大状态且输出不失真的条件下才有意义。

4. 通频带 f_{BW}

在实际的放大电路中有电容、电感等电抗性元件，还有分布电容和分布电感以及晶体管的PN结的结电容，因此信号频率的变化会影响放大倍数的大小。实验证明，这些电抗元件对放大电路性能的影响可以用图2-16所示的曲线描述，该曲线称为放大器的幅频特性曲线。由图可见，在很大的频率变化范围（称为中频）内，放大器的放大倍数基本不变，但当信号频率很低或很高时，放大倍数将明显下降。将放大倍数下降到中频段放大倍数的$\frac{1}{\sqrt{2}}$（或者0.707倍）时所对应的频率称为下限截止频率（或下限频率）f_L 和上限截止频率（或上限频率）f_H。下限频率 f_L 和上限频率 f_H 之间的频率范围称为通频带，用 f_{BW} 表示，即

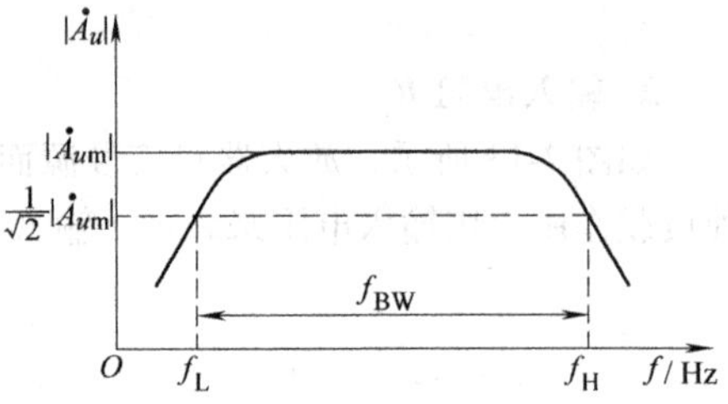

图2-16　放大电路的幅频特性曲线

$$f_{BW}=f_H-f_L \tag{2-24}$$

通频带是用来衡量放大电路对不同频率信号的放大能力的。通频带越宽，表示放大电路能够放大的频率范围越大。

5. 非线性失真系数 D

晶体管的输入特性和输出特性是非线性的，它的线性范围是有限的。当输入信号较大超过线性范围时，输出信号就会出现波形失真，即如果输入信号是正弦波时输出信号是非正弦波，这种情况称为非线性失真。非线性失真的程度用非线性失真系数 D 来描述。D 的定义式为

$$D=\frac{\sqrt{A_2^2+A_3^2+\cdots}}{A_1} \tag{2-25}$$

式中，A_1 为基波幅值，A_2、A_3、…为谐波分量幅值。D 值越小越好。

6. 最大不失真输出电压 U_{oPP}

最大不失真输出电压 U_{oPP} 是指输出波形的非线性失真在允许范围内的最大输出电压 u_o 的峰-峰值，也称之为动态范围。

限于篇幅，其他指标在这里不再逐一介绍。

2.3　放大电路的静态分析方法

2.3.1　静态、静态工作点和直流通路

1. 静态和静态工作点

当放大电路的输入信号为零（$u_i=0$）时，电路所处的工作状态称为静态。此时，电路中晶体管各极的电流、电压值都是恒定的直流分量，这些直流分量在特性曲线上可以表示为一个点，该点称之为静态工作点，通常简称为 Q 点（Quiescent Point）。Q 点可以用四个值描述，即基极电流 I_{BQ}、基极电压 U_{BEQ}、集电极电流 I_{CQ} 和集电极电压 U_{CEQ}，其中 U_{BEQ} 为晶体管导通电压。

2. 直流通路

静态时电路只有直流电源作用，也可以称之为直流工作状态。把放大器中直流电流流经的途径称之为放大器的直流通路。由于电容对直流信号的容抗为无穷大，所以在画直流通路时，把电路中的电容作开路处理。

把图2-17a所示电路中的耦合电容 C_1、C_2 作开路处理后，就得到该电路的直流通路，如图2-20b所示。该直流通路表示的是在直流电源的作用下晶体管的工作情况。

放大电路静态分析的目的就是分析计算静态工作点的值，以确定晶体管是否工作在正常的放大状态。如果不在放大状态，进一步分析该如何调整电路参数。静态分析方法通常有图解法和估算法两种。

2.3.2 图解法

图解法是分析非线性电路的最常用方法之一，也是放大电路的重要分析方法。利用直流通路和晶体管特性曲线可以方便直观地进行 Q 点的分析。下面以共射极放大电路及其直流通路（如图 2-17 所示）为例介绍图解分析方法。

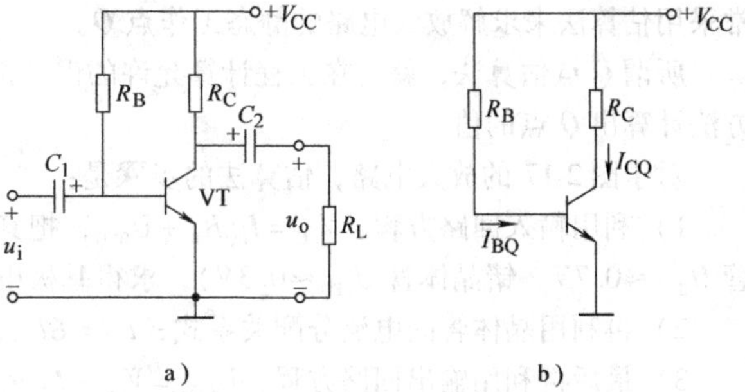

图 2-17　共射极放大电路的直流通路

a）共射极放大电路　b）直流通路

1. 输入回路

观察图 2-17 所示的直流通路，在输入回路（基极回路）中基极电压和电流的关系为

$$u_{BE} = V_{CC} - i_B R_B \tag{2-26}$$

式（2-26）是一直线方程，代表 i_B-u_{BE} 平面上的一条直线。画这条直线可以采用通过两点一直线的方法。当 $i_B = 0$ 时，$u_{BE} = V_{CC}$，可在横轴 u_{BE} 上得到 A 点（V_{CC}，0）；当 $u_{BE} = 0$ 时，$i_B = V_{CC}/R_B$，可在纵轴 i_B 上得到 B 点（0，V_{CC}/R_B）；将这两点连接，即可得到输入回路的直流负载线 AB，如图 2-18a 所示。

在输入回路中，晶体管的基极电压 u_{BE} 和基极电流 i_B 除了要满足式（2-26）外，还要符合晶体管的输入特性，所以晶体管只能工作在直流负载线和输入特性曲线相交的点上，即图 2-18a 中所示的 Q 点。由 Q 点可确定静态工作点的值 I_{BQ} 和 U_{BEQ}。

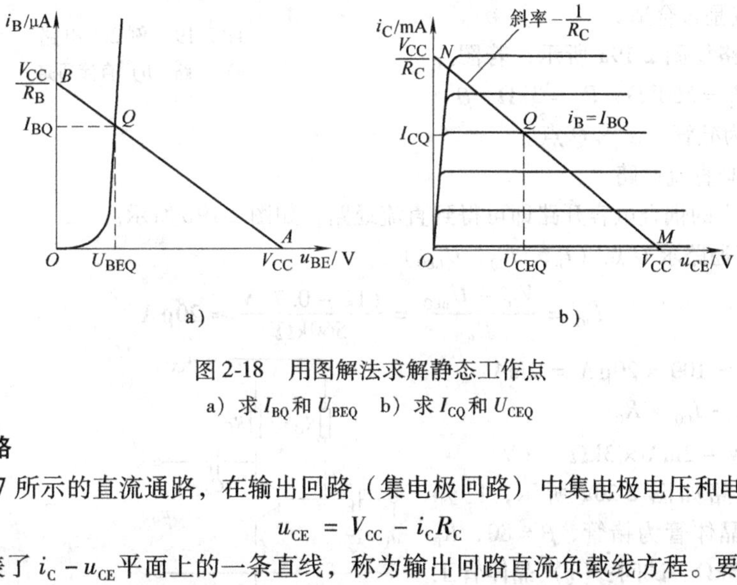

图 2-18　用图解法求解静态工作点

a）求 I_{BQ} 和 U_{BEQ}　b）求 I_{CQ} 和 U_{CEQ}

2. 输出回路

观察图 2-17 所示的直流通路，在输出回路（集电极回路）中集电极电压和电流的关系式为

$$u_{CE} = V_{CC} - i_C R_C \tag{2-27}$$

式（2-27）代表了 $i_C - u_{CE}$ 平面上的一条直线，称为输出回路直流负载线方程。要在 i_C-u_{CE} 平面上画出这一条直线，可以采用通过两点［$M(V_{CC},0)$，$N(0,V_{CC}/R_C)$］或者一点（V_{CC}，0）和一斜率（$-1/R_C$）的方法。输出回路直流负载线 MN 如图 2-18b 所示。晶体管接在电路中就必须满足式(2-26)，也就是说其电压、电流的值必须在输出回路直流负载线上；同时晶体管还要满足 $i_B = IB_Q$ 的晶体管输出特性，也就是说其电压、电流的值不能脱离输出特性，所以输出回路直流负载

线和晶体管输出特性曲线族中 $i_B = I_{BQ}$ 的这条曲线相交的点就是静态工作点 Q，对应的 U_{CEQ}、I_{CQ} 就是 Q 点的值。

2.3.3 估算法

用图解法求解静态工作点必须测量并且准确画出晶体管的输入、输出特性曲线，这不容易做到，所以图解法通常用在精度要求不高、只要能大致了解 Q 点位置的场合。在其他情况下，通常采用估算法来求解放大电路的静态工作点 Q。

所谓 Q 点估算法，就是在工程计算允许的误差范围内（通常为10%以内），通过快速便捷的方法计算出 Q 点的值。

对于图 2-17 的放大电路，估算法的步骤是：

1）利用输入回路方程，$V_{CC} = I_{BQ}R_B + U_{BEQ}$，把其中的基极导通电压 U_{BEQ} 当成已知量（硅晶体管 $U_{BEQ} \approx 0.7V$、锗晶体管 $U_{BEQ} \approx 0.3V$），求得基极电流 I_{BQ}。

2）再利用晶体管的电流分配关系式，$I_{CQ} = \beta I_{BQ}$，可以得到集电极电流 I_{CQ}。

3）最后再利用输出回路方程，$U_{CEQ} = V_{CC} - I_{CQ}R_C$，求得 U_{CEQ}。

需要说明的是，静态工作点 Q 没有统一的求解方法，不同的电路有不同的求解方法，有的是根据电路特定条件所得，有的是前人经验的总结。上述步骤是针对固定偏置电路而言的，其他电路要视具体情况而定。

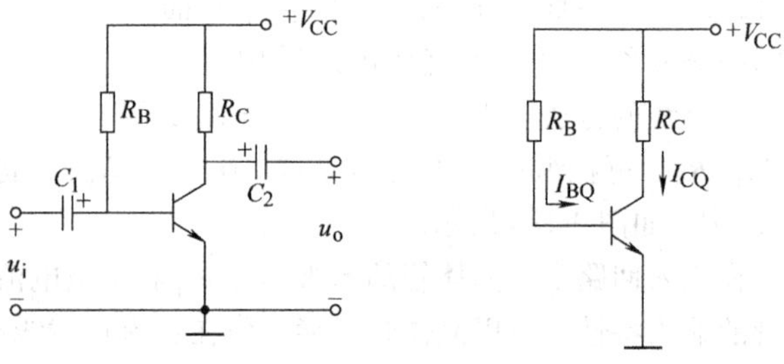

a)　　b)

图 2-19　例 2-1 电路

a）电路　b）直流通路

图解法可以在特性曲线上明确 Q 点的位置，估算法求解 Q 点值简单方便。对实际电路可以先用估算法求得 Q 点值，然后再在特性曲线上大致标注 Q 点位置，以直观判断 Q 点是否合适。

例 2-1　电路如图 2-19a 所示，若图中 $V_{CC} = 12V$，$R_B = 560k\Omega$，$R_C = 3k\Omega$，$\beta = 100$，晶体管为硅管，试求 Q 点。

解　（1）画直流通路

把图 2-19a 中的耦合电容开路即可得到直流通路，如图 2-19b 所示。

（2）由直流通路求 Q 点（I_{BQ}、I_{CQ}、U_{CEQ}）

$$I_{BQ} = \frac{V_{CC} - U_{BEQ}}{R_B} = \frac{(12 - 0.7)V}{560k\Omega} \approx 20\mu A$$

$$I_{CQ} = \beta I_{BQ} \approx 100 \times 20\mu A = 2mA$$

$$U_{CEQ} = V_{CC} - I_{CQ} \times R_C$$

$$\approx 12V - 2mA \times 3k\Omega = 6V$$

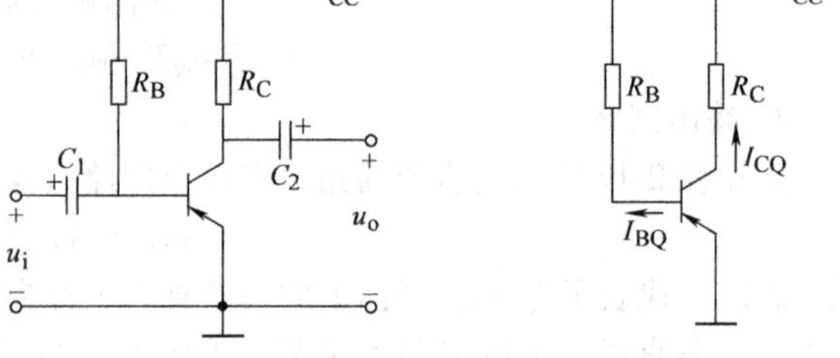

a)　　b)

图 2-20　例 2-2 电路

a）电路　b）直流通路

例 2-2　电路如图 2-20a 所示，已知 $-V_{CC} = -9V$，晶体管为锗管，$\beta = 80$，$R_B = 100k\Omega$，$R_C = 3k\Omega$。试问：（1）晶体管工作于什么状态？（2）若要求晶体管工作于放大状态，那么该如何调整电路参数？（3）若要求 $I_{CQ} = 1mA$，$U_{CEQ} = -3V$，则该如何选择电路参数？

解　(1) 画出直流通路如图 2-20b 所示，分析电路的工作状态，先假设晶体管工作于放大状态，则

$$I_{BQ} = \frac{0-(-V_{CC})-U_{EBQ}}{R_B} = \frac{(9-0.3)\text{V}}{100\text{k}\Omega} \approx 87\mu\text{A}$$

$$I_{CQ} = \beta I_{BQ} \approx 80 \times 87\mu\text{A} \approx 7\text{mA}$$

$$U_{CEQ} = -(V_{CC} - I_{CQ} \times R_C) = -(9\text{V} - 7\text{mA} \times 3\text{k}\Omega) = 12\text{V} > 0\text{V}$$

因为 PNP 型晶体管 U_{CEQ}应该是负值，不可能大于 0，所以可以判断 $I_{CQ} = \beta I_{BQ}$不成立，也就是说晶体管工作在放大状态的假设不成立。由于本电路中的晶体管发射结处于正向偏置，所以可以判断晶体管工作于饱和状态。

(2) 调整电路参数

分析使电路工作在饱和状态的原因，是因为基极电流过大。所以要使晶体管工作于放大状态，可以增加基极偏置电阻值，使基极电流下降。如何确定基极偏置电阻呢？可以按下述方法进行：

如果忽略晶体管的饱和压降，则其集电极临界饱和电流 I_{CS}和基极临界饱和电流 I_{BS}分别为

$$I_{CS} = \frac{0-(-V_{CC})-U_{ECS}}{R_C} \approx \frac{9\text{V}}{3\text{k}\Omega} = 3\text{mA}$$

$$I_{BS} = \frac{I_{CS}}{\beta} = \frac{3\text{mA}}{80} = 37.5\mu\text{A}$$

把基极临界饱和电流 I_{BS}代入输入回路方程可得

$$R_B \geqslant \frac{V_{CC} - U_{EBQ}}{I_{BS}} = \frac{(9-0.3)\text{V}}{37.5\mu\text{A}} = 232\text{k}\Omega$$

即只有当基极偏置电阻 $R_B \geqslant 232\text{k}\Omega$ 时，电路才能工作在放大状态。

(3) 选择基极电阻和集电极电阻

$$I_{BQ} = \frac{I_{CQ}}{\beta} = \frac{1\text{mA}}{80} = 12.5\mu\text{A}$$

$$R_B = \frac{V_{CC} - U_{EBQ}}{I_{BQ}} = \frac{(9-0.3)\text{V}}{12.5\mu\text{A}} \approx 700\text{k}\Omega$$

$$R_C = \frac{V_{CC}-(-U_{CEQ})}{I_{CQ}} = \frac{(9-3)\text{V}}{1\text{mA}} = 6\text{k}\Omega$$

所以要满足 Q 点 $I_{CQ} = 1\text{mA}$，$U_{CEQ} = -3\text{V}$ 的要求，则电路的基极偏置电阻 $R_B \approx 700\text{k}\Omega$，取 $680\text{k}\Omega$（标称值），集电极电阻 $R_C \approx 6\text{k}\Omega$，取 $5.6\text{k}\Omega$（标称值）。

2.4　放大电路的动态分析

对放大器的分析，目的是了解放大器的工作状态，同时对放大器的主要性能指标进行估算。静态分析可以知道放大器是否工作在放大状态，而动态分析是要在静态分析的基础上，对放大器的交流性能指标进行分析计算。

所谓动态，是指放大器在加入输入信号，即 $u_i \neq 0$ 的情况下，晶体管各极的电压、电流随输入信号的变化而变化，也即放大器中的信号处在随时变动的状态。此时放大器在直流电源 V_{CC}和交流输入信号 u_i 的共同作用下，各处的信号中既有直流成分又有交流成分，形成交直流信号共存于同一电路中的情况。信号中的直流成分即为 2.3 节讨论的静态工作点的电压、电流值，信号中的交流成分及其传输过程就是动态分析的内容。为分析方便起见，把交流信号通过的路径

（称为交流通路）从电路中划分出来，图 2-21b 为共射极电路图 2-21a 的交流通路。交流通路不是实际存在的电路，是为方便分析而引进的一种等效电路。

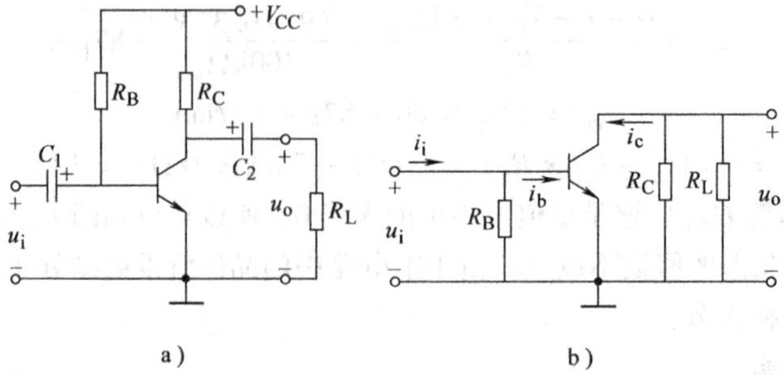

图 2-21　带负载的共射极放大电路及其交流通路

a）共射极放大电路　b）交流通路

画交流通路的原则是：由于耦合电容 C_1、C_2 足够大，其容抗与和它相串联的电阻相比很小，所以对交流可视为短路；由于直流电源 V_{CC} 的内阻很小，其电压的变化量基本等于零，所以对交流也可视为短路。

放大电路的动态分析常用方法有图解分析法和微变等效电路分析法。下面以共射极放大电路为例介绍放大电路的动态分析。

2.4.1　图解分析法

1. 输入和输出信号的波形分析

当正弦信号 $u_i = U_{im}\sin\omega t$ 接入放大器输入端后，放大电路就在直流电源和输入交流信号的共同作用下。晶体管的基极-发射极电压 u_{BE} 除了直流电源提供的静态电压 U_{BEQ} 外还叠加了交流信号 u_i。随着 u_{BE} 瞬时值的改变，工作点将在静态工作点 Q 附近沿晶体管输入特性曲线上下移动，i_B 也就跟着变化。如果把输入特性曲线的局部看成是线性的，则 i_B 的变化是在静态电流 I_{BQ} 基础上叠加正弦信号 i_b，如图 2-22a 所示。

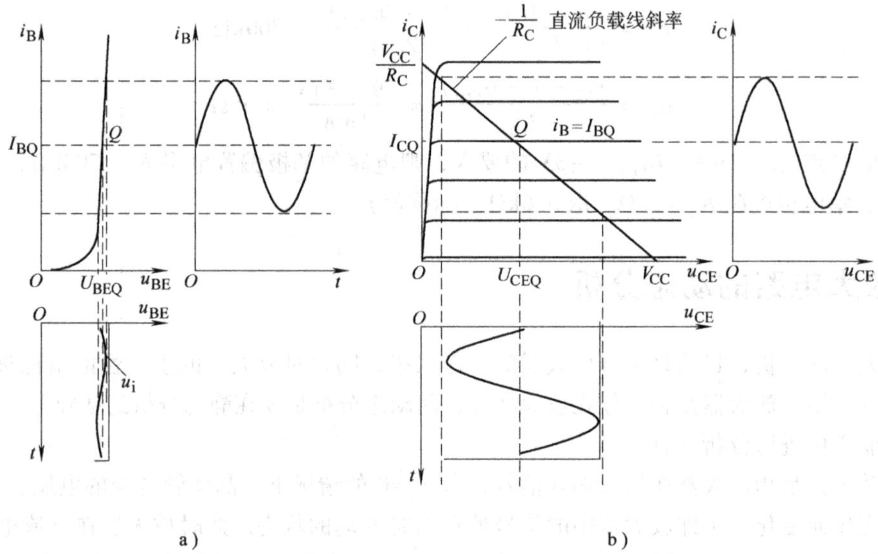

图 2-22　图解法进行动态分析（$R_L = \infty$）

a）输入回路动态分析　b）输出回路动态分析

由于晶体管的电流控制作用，$i_C = \beta i_B$，基极电流 i_B 的变化将引起集电极电流 i_C 的变化，即集电极电流 i_C 也将在原来静态电流 I_{CQ}的基础上叠加正弦信号 i_c。如果 $R_L = \infty$，则在信号输入后，晶体管集电极电流中的直流成分 I_{CQ}和交流成分 i_c 都将全部流经 R_C。根据输出回路方程，$u_{CE} = V_{CC} - i_C R_C$，因此直流负载线便是放大器在动态时工作点的运动轨迹。也就是说动态时，工作点将在静态工作点的上下沿直流负载线移动，如图 2-22b 所示。由图可见，u_{CE}也是在静态工作点 U_{CEQ}的基础上叠加交流信号 u_{ce}。因为晶体管的 u_{CE}通过耦合电容 C_2 后即是放大器的输出 u_o，耦合电容起隔直流的作用，因此放大器输出 u_o 就是 u_{CE}中的交流成分 u_{ce}。

放大器输入、输出电压及晶体管各极电压、电流的波形如图 2-23 所示。

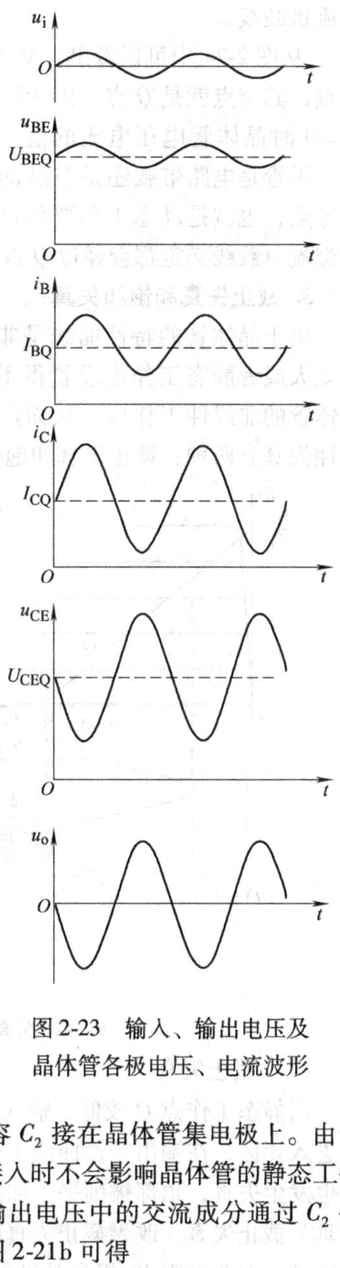

图 2-23　输入、输出电压及晶体管各极电压、电流波形

通过以上的分析，可以得出以下结论：

1）放大电路正常工作时，晶体管各极的电压、电流都是在静态值的基础上叠加一个交流量。

2）当输入信号为较小的正弦波时，电路中各交流分量都是与输入信号同频率的正弦波，其中 u_{be}、i_b、i_c 和输入信号 u_i 同相，u_{ce}、u_o 和输入信号反相。

3）输出电压的幅度比输入电压的幅度大，这说明输入信号经过放大器后得到了放大。

2. 直流负载线和交流负载线

所谓负载线就是指放大电路在动态时工作点的运动轨迹。如前所述，直流负载线是指负载开路（不接负载）时，其工作点的动态运动轨迹。但放大电路通常是在带载情况下工作的，此时的工作点的动态运动轨迹称为交流负载线。也就是说，直流负载线是交流负载线的一种特例，即当负载开路时的交流负载线称为直流负载线。

当放大电路带上负载后，如图 2-24 所示，负载电阻通过电容 C_2 接在晶体管集电极上。由于电容有隔直流作用，它对直流信号如同开路，所以当负载电阻接入时不会影响晶体管的静态工作点。但是电容对交流信号来说容抗较小，可视作短路，集电极输出电压中的交流成分通过 C_2 作用在负载上，形成输出电压 u_o。由共射极放大电路的交流通路图 2-21b 可得

$$u_o = u_{ce} = -i_c(R_C /\!/ R_L) = -i_c R'_L \tag{2-28}$$

式中 $R'_L = R_C /\!/ R_L$。

为了寻找 $i_C - u_{CE}$平面上的直线方程，将式（2-28）作如下变换

$$\begin{aligned} u_{CE} &= U_{CEQ} + u_{ce} = U_{CEQ} - i_c R'_L = U_{CEQ} - (i_C - I_{CQ}) R'_L \\ &= U_{CEQ} + I_{CQ} R'_L - i_C R'_L = V'_{CC} - i_C R'_L \end{aligned}$$

即

$$u_{CE} = V'_{CC} - i_C R'_L \tag{2-29}$$

式中 $V'_{CC} = U_{CEQ} + I_{CQ} R'_L$。

根据画直线的方法，通过一点（V'_{CC}，0）和斜率（$-1/R'_L$）可以很方便地在 $i_C - u_{CE}$平面上画出一条直线，如图 2-24 所示，这是带负载后晶体管集电极电压和集电极电流的运动轨迹，即

交流负载线。

从图 2-24 中可以看出，交流负载线和直流负载线有交点，其交点就是 Q 点。因为静态工作点 Q 是输入信号 $u_i = 0$ 时晶体管电压电流的值，而当电路加入输入信号后，不管是电路带载还是空载的情况，输入信号都要经过零点，也就是动态工作要经过 Q 点，所以直流负载线和交流负载线必定都会经过 Q 点，即相交于 Q 点。

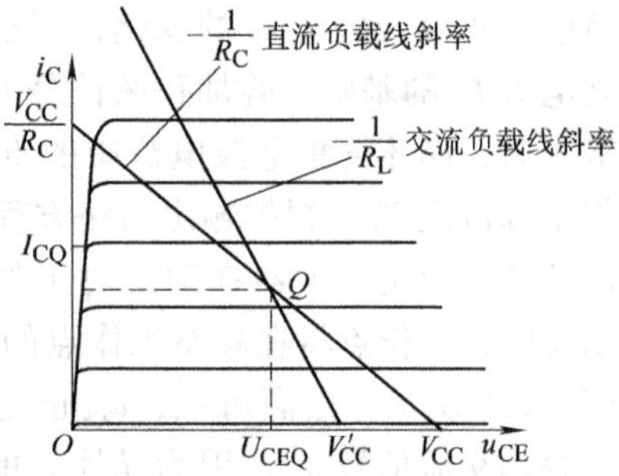

图 2-24　直流负载线和交流负载线

3. 截止失真和饱和失真

由于晶体管的特性曲线是非线性的，所以当输入信号太大或者静态工作点设置得不合适时，电路可能进入晶体管的非线性工作区，从而产生非线性失真。这种非线性失真有两种：截止失真和饱和失真。如图 2-25 所示。

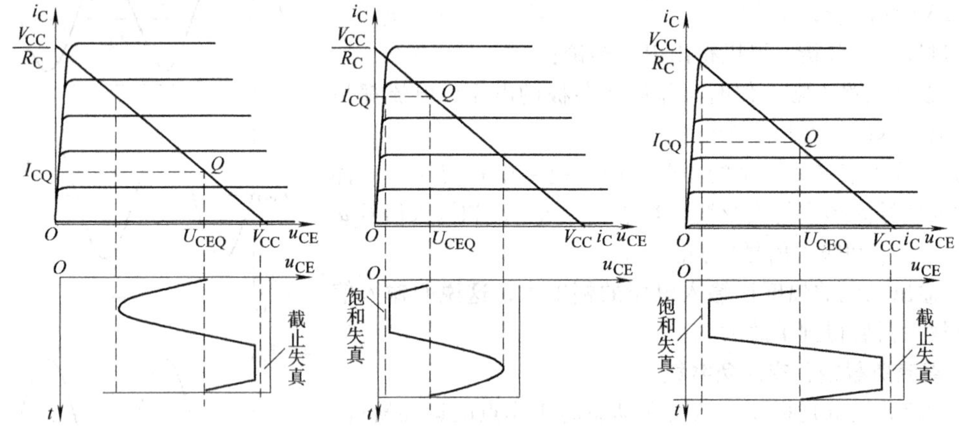

a)　　b)　　c)

图 2-25　晶体管的非线性失真

a）截止失真　b）饱和失真　c）截止失真、饱和失真同时发生

（1）截止失真

当静态工作点 Q 较低、输入信号 u_i 由小增大时，会在 u_i 的负半周使晶体管在输入特性曲线上进入死区，在输出特性曲线上进入截止区，从而使 u_{BE}、i_B、i_C、u_{CE} 的波形发生失真，输出波形也发生失真，顶部被削平，如图 2-25a 所示。由于是在晶体管截止区发生的失真，所以称这种失真为截止失真。改善截止失真的方法是提高电路的静态工作点，即可通过减小图 2-21 所示电路中基极偏置电阻 R_B 提高基极电流 I_{BQ}，从而提高静态工作电流 I_{CQ}，达到使 Q 点上移的目的。

（2）饱和失真

当静态工作点 Q 较高、输入信号 u_i 由小增大时，会在 u_i 的正半周使晶体管进入饱和区工作，使输出波形产生失真，负半周底部被削平，如图 2-25b 所示。由于是在晶体管饱和区发生的失真，所以称为饱和失真。改善饱和失真的方法是降低电路的静态工作点，即减小 I_{CQ}，可通过减小图 2-21 所示电路中的基极偏置电阻 R_B 达到目的。

如果输入信号太大，晶体管可能同时进入截止区和饱和区，使输出波形同时出现截止失真和饱和失真，输出电压正、负半周都失真，如图 2-25c 所示。因此，为保证输出信号不出现这种情况，对输入信号要进行限幅。

4. 最大不失真输出电压 U_{oPP}

放大电路的最大不失真输出电压幅度是指不产生截止失真和饱和失真时放大电路所能输出的最大电压幅度。因为输出电压是在 Q 点电压 U_{CEQ} 的基础上叠加的交流信号，见图 2-26，因此从图 2-25 上可以看出：从 Q 点到饱和区的最大输出幅度为 $U_{CEQ}-U_{CES}$（U_{CES} 为晶体管的饱和压降），从 Q 点到截止区的最大输出幅度为 $V'_{CC}-U_{CEQ}=I_{CQ}R'_L$。为保证输出电压既不产生截止失真，又不产生饱和失真，所以当放大器的 Q 点确定后，可估算其最大不失真输出电压峰-峰值 U_{oPP} 为

$$U_{oPP}=2\times\min\{U_{CEQ}-U_{CES},I_{CQ}R'_L\} \tag{2-30}$$

当 Q 点没有确定时，为使放大器获得最大不失真输出电压，应该把 Q 点设置在交流负载线的中央。

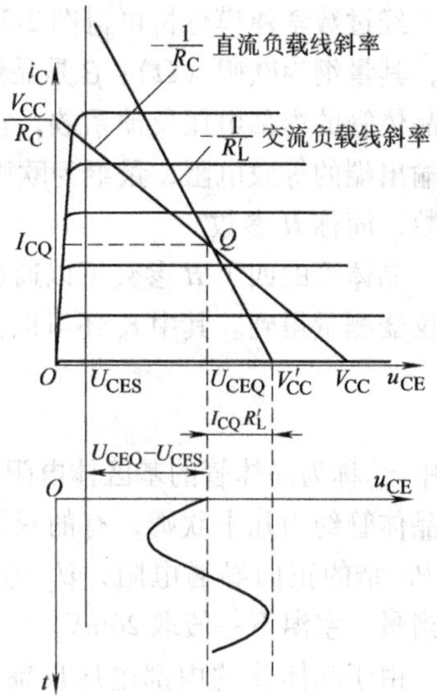

图 2-26　估算最大不失真电压

从以上的分析可见，如果 Q 点选择不当，很容易产生非线性失真。当 $U_{CEQ}<\frac{1}{2}V'_{CC}$ 时，输出信号容易产生饱和失真；当 $U_{CEQ}>\frac{1}{2}V'_{CC}$ 时，输出信号容易产生截止失真；当 Q 点选在负载线的中央时，理想情况下（不考虑晶体管的饱和压降）最大不失真输出电压峰-峰值为 $2U_{CEQ}$。

但是需要注意的是，除非电路需要有尽可能大的动态范围，即尽可能大的输出电压，否则不要把静态工作点取在交流负载线的中央。因为要考虑电路的静态功耗，静态电流大，静态功耗就大，所以在不失真的前提下，静态工作点应尽量取低一些。

由于晶体管的伏安特性是非线性的，因此晶体管放大电路是一个非线性电路，所以常用图解法进行分析。从上面分析可见，利用图解法可以了解晶体管各极电流以及极间电压的实际波形，从而了解晶体管放大电路的工作情况；通过图解法还可以了解放大电路静态工作点的设置情况，了解是否满足电路信号放大的要求，过低会产生截止失真，过高不但会产生饱和失真，而且会使静态功耗加大；通过图解法还可以分析出电路的最大不失真输出电压。但是，图解法作图过程很繁琐，而且输入信号很小时作图很难；另一方面，图解法也很难求解放大器的其他性能指标。因此寻求另外的分析方法——微变等效电路分析法来解决上述问题。

2.4.2　微变等效电路分析法

严格地讲，晶体管放大电路是非线性电路，但是通过观察晶体管输入特性曲线可以发现，在导通区域，如果工作范围很小，它非常接近于直线；而输出特性曲线，只要不在截止区和饱和区，晶体管的线性程度也很好。因此对于输入小信号，晶体管放大电路可等效为线性电路，这是微变等效电路分析法的基础。

1. 晶体管的 *H* 参数微变等效电路

所谓微变，是指很小的变化，也就是指晶体管的各极电压、电流的值在静态工作点的附近有微小的变化。在这种情况下，虽然晶体管是非线性器件，但是可以把它看成线性器件，用一个线性二端网络来等效，如图 2-27 所示。

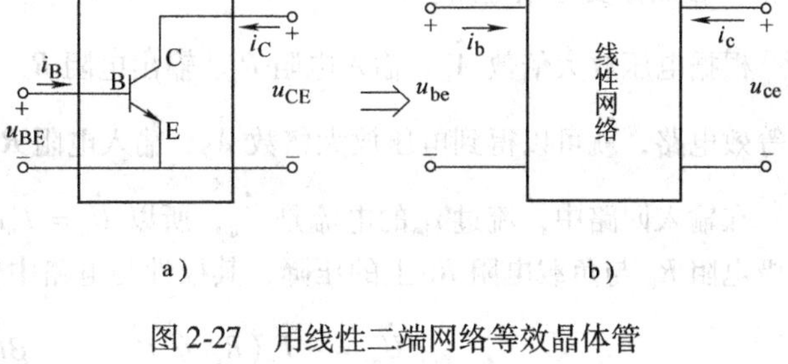

图 2-27　用线性二端网络等效晶体管
a）晶体管　b）线性二端网络

经过数学建模分析可得图 2-28a 所示的微变等效电路。图中，r_{be} 为晶体管输入端的等效电阻，其量纲为欧姆（Ω）；β 是晶体管的电流放大系数，表示 i_b 对 i_c 的控制作用，没有量纲；μ_r 为晶体管的内部电压反馈系数，它反映晶体管输出电压对输入回路的影响，没有量纲；r_{ce} 是晶体管输出端的等效电阻，量纲为欧姆（Ω）。因为这四个参数的量纲不同，所以称为混合（Hybrid）参数，简称 H 参数。

晶体管的四个 H 参数可以通过晶体管的输入特性曲线或输出特性曲线求得，也可以通过专用仪器测量得到。其中 r_{be} 还可以由式（2-31）计算得到，即

$$r_{be} = r_{bb'} + (1+\beta)\frac{U_T}{I_{EQ}} \tag{2-31}$$

式中 $r_{bb'}$ 称为晶体管的基区体电阻，低频小功率晶体管的 $r_{bb'}$ 值约为几百欧姆，高频晶体管及大功率晶体管约为几十欧姆，有的只有几欧姆。在估算中，$r_{bb'}$ 通常取 300Ω。U_T/I_{EQ} 为发射结电阻，是 PN 结的正向导通电阻，U_T 为温度电压当量，室温下一般取 26mV。

由于晶体管的内部电压反馈系数 μ_r 很小，而输出电阻 r_{ce} 很大，所以在忽略这两个参数的影响后，图 2-28a 所示的等效电路可以简化成图 2-28b 的形式。通常在分析放大电路时都采用简化的 H 参数等效电路。

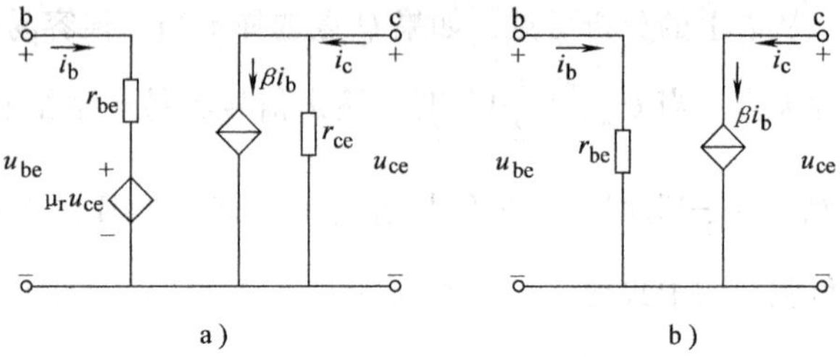

图 2-28　晶体管 H 参数微变等效电路

a）H 参数微变等效电路　b）简化的 H 参数微变等效电路

在使用 H 参数等效电路时，要注意以下几点：

1）晶体管 H 参数等效电路是交流小信号电路模型，只有当电路工作于交流小信号时才能应用。

2）H 参数等效电路中的 βi_b 是受控源，其大小和方向都受 i_b 的控制，如果 i_b 的方向是 b→e 的流向，那么受控源的方向就是 c→e；如果 i_b 的方向是 e→b 的方向，那么受控源的方向就是 e→c。

3）不管是 NPN 晶体管还是 PNP 晶体管，其 H 参数的形式都一样。

4）因为 H 参数等效电路是交流模型，所以只能用来求解电路的交流性能指标。

2. 用微变等效电路分析放大电路

用微变等效电路分析放大电路，主要是分析放大电路的交流性能指标，即电压放大倍数、输入电阻、输出电阻等。由于此时研究的是电路的动态情况，所以可以利用放大电路的交流通路和晶体管 H 参数微变等效电路来进行分析。把交流通路中的晶体管用晶体管 H 参数微变等效电路替代，即可得到放大电路的 H 参数微变等效电路。图 2-29 所示的是图 2-21 共射极电路的交流通路和 H 参数微变等效电路。

根据电压放大倍数 $\dot{A}_u$、输入电阻 R_i、输出电阻 R_o 的定义，再结合图 2-29b 所示的 H 参数微变等效电路，就可以得到电压放大倍数 $\dot{A}_u$、输入电阻 R_i、输出电阻 R_o 的计算公式。

在输入回路中，流过 r_{be} 的电流是 $\dot{I}_b$，所以 $\dot{U}_i = \dot{I}_b r_{be}$；在输出回路中，输出电压是 $\dot{I}_c$ 在集电极电阻 R_C 与负载电阻 R_L 上的压降，其极性与电路中假设的正方向相反，即

$$\dot{U}_o = -\dot{I}_c(R_C /\!/ R_L) = -\beta\dot{I}_b(R_C /\!/ R_L)$$

因此，电压放大倍数为

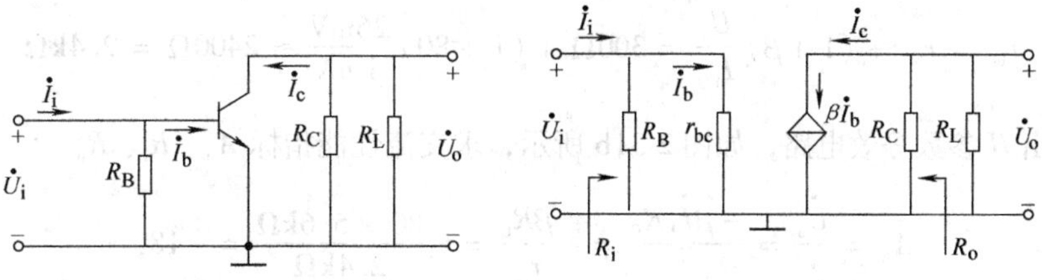

a)　　b)

图 2-29　共发射极电路的交流通路和 H 参数微变等效电路

a）交流通路　b）H 参数等效电路

$$\dot{A}_u = \frac{\dot{U}_o}{\dot{U}_i} = \frac{-\beta \dot{I}_b (R_C \mathbin{/\!/} R_L)}{\dot{I}_b r_{be}} = -\frac{\beta (R_C \mathbin{/\!/} R_L)}{r_{be}} \tag{2-32}$$

式中“－”号表示输出电压和输入电压的相位相反。

输入电阻为

$$R_i = \frac{\dot{U}_i}{\dot{I}_i} = R_B \mathbin{/\!/} r_{be} \tag{2-33}$$

通常 $R_B >> r_{be}$，所以

$$R_i \approx r_{be} \tag{2-34}$$

根据输出电阻 R_o 的定义，画出求输出电阻 R_o 的等效电路，如图 2-30 所示。由该图可见，当信号源 $\dot{U}_i=0$ 时，晶体管基极电流 $\dot{I}_b=0$，那么受控源 $\beta\dot{I}_b=0$，所以

$$R_o = \left.\frac{\dot{U}}{\dot{I}}\right|_{\substack{\dot{U}_i=0 \\ R_L=\infty}} = R_C \tag{2-35}$$

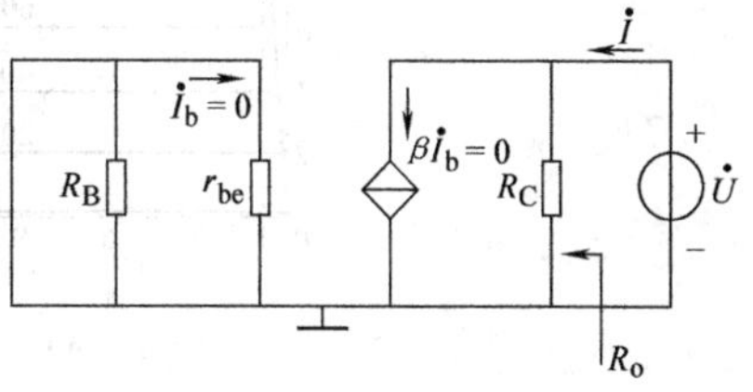

图 2-30　求 R_o 的等效电路

例 2-3　电路如图 2-31 所示，参数和例 2-2（3）相同，试求该放大电路的电压放大倍数 $\dot{A}_u$、输入电阻 R_i 和输出电阻 R_o。

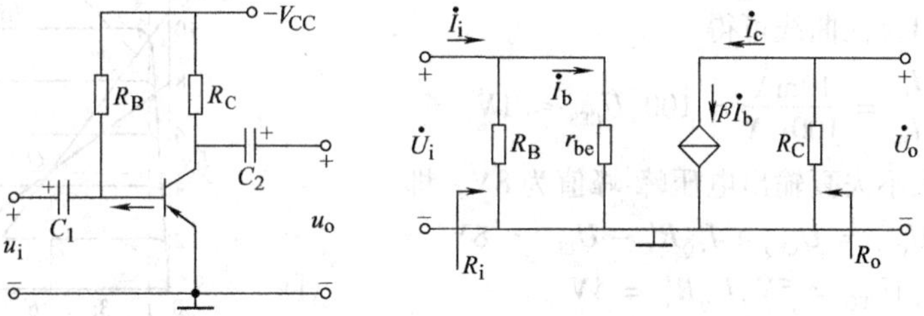

a)　　b)

图 2-31　例 2-3 电路

a）电路图　b）H 参数微变等效电路

解　（1）求 r_{be}

从例 2-2（3）中得知该电路的静态电流 $I_{CQ}=1\text{mA}$，$R_B=680\text{k}\Omega$，$R_C=5.6\text{k}\Omega$。因为

$$I_{EQ} \approx I_{CQ} = 1\text{mA}$$

所以

$$r_{be} = r_{bb'} + (1+\beta)\frac{U_T}{I_{EQ}} = 300\Omega + (1+80)\frac{26\text{mV}}{1\text{mA}} \approx 2400\Omega = 2.4\text{k}\Omega$$

（2）画出 H 参数等效电路，如图 2-31b 所示，求交流性能指标 $\dot{A}_u$、R_i、R_o

$$\dot{A}_u = \frac{\dot{U}_o}{\dot{U}_i} = \frac{-\beta\dot{I}_b R_C}{\dot{I}_b r_{be}} = -\frac{\beta R_C}{r_{be}} = -\frac{80\times 5.6\text{k}\Omega}{2.4\text{k}\Omega} = -187$$

$$R_i = \frac{\dot{U}_i}{\dot{I}_i} = R_B /\!/ r_{be} \approx r_{be} = 2.4\text{k}\Omega$$

$$R_o = \left.\frac{\dot{U}}{\dot{I}}\right|_{\substack{\dot{U}_i=0\\ R_L=\infty}} = R_C = 5.7\text{k}\Omega$$

例 2-4　设计一个固定偏置共射极放大电路，要求电路在带 2kΩ 负载时的最大不失真输出电压 $U_{oPP}=8\text{V}$，求电路参数以及该电路允许输入信号的范围。已知 $V_{CC}=12\text{V}$，晶体管输出特性如图 2-32a 所示。

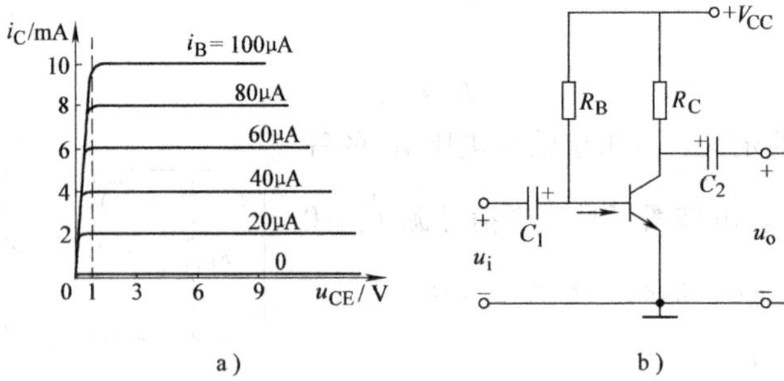

图 2-32　例 2-4 的图

a）晶体管特性曲线　b）固定偏置电路

解　首先画出固定偏置电路的电路图，如图 2-32b 所示。

（1）求 Q 点和电路参数

由晶体管输出特性曲线可得

$$\beta = \frac{I_C}{I_B} = \frac{10\text{mA}}{100\mu\text{A}} = 100, U_{CES} \approx 1\text{V}$$

因为要求最大不失真输出电压峰-峰值为 8V，即

$$V'_{CC} - U_{CES} = U_{CEQ} + I_{CQ}R'_L - U_{CES} = 8\text{V}$$

所以　$U_{CEQ} = 5\text{V}, I_{CQ}R'_L = 4\text{V}$　①

根据直流输出回路方程

$$V_{CC} = I_{CQ}R_C + U_{CEQ}$$

可得

$$I_{CQ}R_C = V_{CC} - U_{CEQ} = 7\text{V}$$　②

联立式①、②可得

$$R_C = 1.5\text{k}\Omega, I_{CQ} \approx 4.7\text{mA}, I_{BQ} \approx 47\mu\text{A}$$

由此画出 Q 点及交、直流负载线如图 2-33 所示。

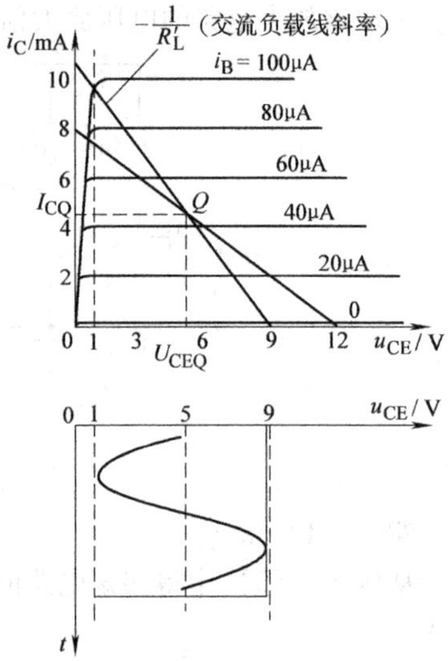

图 2-33　例 2-4 的分析电路

根据直流输入回路方程

$$V_{CC} = I_{BQ}R_B + U_{BEQ}$$

可得

$$R_B = \frac{V_{CC} - U_{BEQ}}{I_{BQ}} \approx 240\text{k}\Omega$$

所以电路的参数可以选择为 $R_B = 240\text{k}\Omega$，$R_C = 1.5\text{k}\Omega$。

（3）求输入信号的允许范围

$$r_{be} = r_{bb'} + (1+\beta)\frac{U_T}{I_{EQ}} = 300\Omega + (1+100)\frac{26\text{mV}}{4.7\text{mA}}$$

$$\approx 860\Omega = 0.86\text{k}\Omega$$

$$\dot{A}_u = \frac{\dot{U}_o}{\dot{U}_i} = -\frac{\beta R_C}{r_{be}} = -\frac{100 \times 1.5\text{k}\Omega}{0.86\text{k}\Omega} = -174$$

$$U_i = \frac{U_o}{|\dot{A}_u|} = \frac{U_{oPP}/2\sqrt{2}}{|\dot{A}_u|} = \frac{8\text{V}/2\sqrt{2}}{174} \approx 16\text{mV}$$

所以，输入信号的允许范围为 0～16mV（有效值）。

2.5　三种基本放大电路

晶体管有三个电极，分别是发射极 E、基极 B 和集电极 C。在 2.2 节中已经介绍了以发射极 E 为公共端、基极 B 为输入端、集电极 C 为输出端的共发射极电路（CE）。实际使用时放大电路还有以集电极 C 为公共端、基极 B 为输入端、发射极 E 为输出端的共集电极电路（CC）和以基极 B 为公共端、发射极 E 为输入端、集电极 C 为输出端的共基极电路（CB）。即放大电路有三种基本接法，或者说放大电路有三种基本形式：共射极电路、共集电极电路和共基极电路。这些电路的公共端是在交流通路中体现的，如图 2-34 所示。

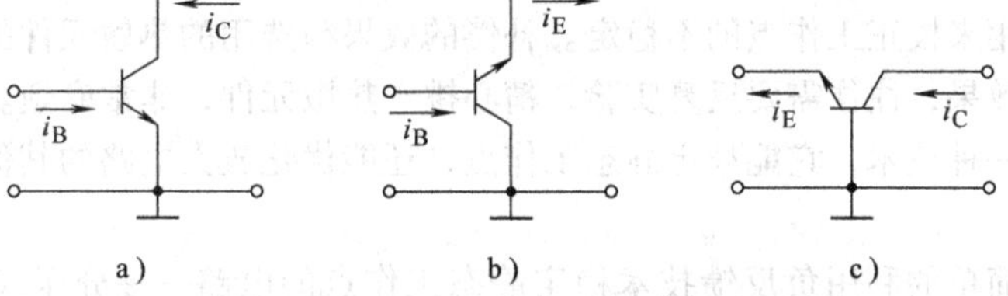

图 2-34　放大电路的三种连接方式

a) 共发射极（CE）　b) 共集电极（CC）　c) 共基极（CB）

2.5.1　共射极放大电路

图 2-12 是一种常用的共射极基本放大电路，由于基极偏置电阻 R_B 决定了放大器的工作电流，所以称其为固定偏置电路。2.2、2.3、2.4 节分别以固定偏置电路为例介绍了放大电路的组成原则、静态分析方法和动态分析方法。从前面的分析可以知道，放大器的静态工作点 Q 对放大电路的重要性，选取不当将造成工作波形的失真或者影响放大器的性能。下面将介绍温度对静态工作点的影响和一种能稳定静态工作点的共射极放大电路——分压式偏置共射极放大电路。

1. 温度对静态工作点的影响

（1）温度对静态工作点的影响

影响静态工作点的原因很多。例如有晶体管和其他元件长期使用后的“老化”现象，“老化”将使元件参数发生变化而影响到 Q 点，但这种变化过程十分缓慢，也就是它说对 Q 点的影响很小；也有电源电压的波动影响到 Q 点，但这可以通过技术手段使其稳定。所以说这些情况都不是影响 Q 点的主要因素，而影响 Q 点、使其不稳定的主要因素是晶体管本身。

因为晶体管是半导体器件，其参数和温度有着密切的关系。如 2.1.5 节所述，当温度变化时，晶体管的 β、I_{CBO}（I_{CEO}）、u_{BE}均会改变。当温度升高时，β、I_{CBO}（I_{CEO}）将增加，u_{BE}将下降。由于 $I_C=\beta I_B+I_{CEO}$，所以 β、I_{CBO}（I_{CEO}）的增加将使集电极电流增加。而 u_{BE}对 Q 点的影响可以通过图 2-35 来说明。图中是温度为 T_1、T_2 时的两条输入特性曲线，$T_2>T_1$。在相同的基极电流 i_B 时，由于温度升高时 u_{BE}下降，所以特性曲线左移。在放大电路图解法进行静态分析时，作出斜率为 $-1/R_B$ 的输入回路直流负载线，它与两种温度下的输入特性曲线的交点分别为 Q_1 和 Q_2。由图可见，温度为 T_2 时的基极电流较大，集电极电流也会较大，也就是说温度增加，将使集电极电流增加。

综合以上分析，可以得到以下结论：温度升高时晶体管的参数 β、I_{CBO}（I_{CEO}）、u_{BE}的变化所导致的结果是使放大电路的静态工作电流 I_{CQ}增加，从而使 Q 点升高，导致电路工作不稳定。

（2）稳定静态工作点的途径

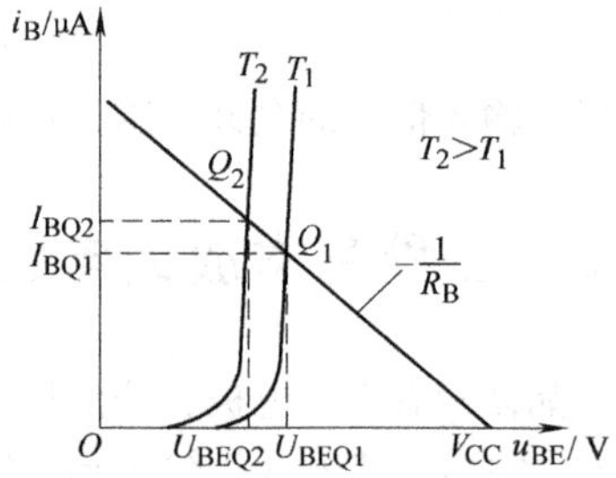

图 2-35　温度对 Q 点的影响

温度的变化引起的 Q 点的变化将导致放大器动态性能的变化，因此要设法稳定 Q 点。稳定 Q 点的主要途径有：

1）从元器件入手。由于硅晶体管的热稳定性比锗晶体管好，所以尽可能选择硅晶体管；电阻、电容等元件选择温度系数小的元件；另外，还可以经过一定的“老练”工艺来稳定元器件的参数，即在元器件使用前先让其承受一定的电压、电流，在其额定功耗情况下工作到工艺条件规定的时间。

2）从环境入手。可以采取恒温措施，让晶体管和其他对温度敏感的元器件置于恒温槽内，保持温度恒定，使元器件参数不变。当然，这种方法需要较高的成本，只有在精度要求较高的电路中才会使用。

3）从电路入手。可以采用温度补偿技术和负反馈技术。所谓补偿技术就是使用热敏元件，把它接入电路中，用来校正工作点的不稳定。补偿的效果与选用的热敏元件的温度特性有关。所以要得到好的补偿效果，往往需要反复实验，精心挑选热敏元件，非常麻烦。负反馈技术是现代电子技术中常用的一种技术，它能稳定静态工作点，还能优化放大电路的其他性能指标，这将在第 5 章中详细讲述。

下面介绍一种简单的利用负反馈技术稳定静态工作点的电路——分压式偏置共射极放大电路。

2. 稳定静态工作点的共射极放大电路—分压式偏置共射极放大电路

（1）分压式偏置共射极放大电路

分压式偏置共射极放大电路如图 2-36a 所示。与固定偏置共射极放大电路相比，电路中增加了发射极电阻 R_E 和发射极旁路电容 C_E，同时基极有上偏置电阻 R_{B1}和下偏置电阻 R_{B2}。该电路是一种典型的共发射极放大电路。

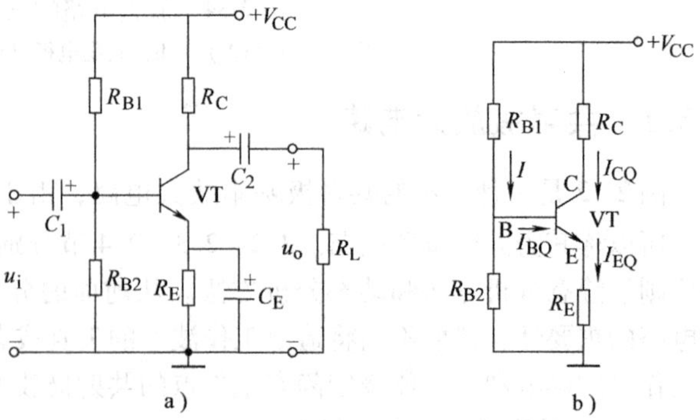

图 2-36　分压式偏置共射极放大电路及其直流通路

a）分压式偏置共射极放大电路　b）直流通路

（2）分压式偏置共射极放大电路的设计条件

分压式偏置共射极放大电路的直流通路如图 2-36b 所示。为了到达稳定静态工作点的目的，设计分压式偏置共射极放大电路时一般要求

$$\begin{cases} I >> I_{BQ} \\ U_{BQ} >> U_{BEQ} \end{cases} \tag{2-36}$$

式（2-36）中的 I 是流过基极上偏置电阻 R_{B1} 的电流，U_{BQ} 是基极对“地”电位。为了使静态工作点稳定，I 越大于 I_{BQ}、U_{BQ} 越大于 U_{BEQ} 越好。但考虑到静态功耗等因素，I、U_{BQ} 也不宜过大。综合两方面因素，实际设计电路时通常按照式（2-37）或者式（2-38）的要求来选取 I 和 U_{BQ}。

$$\text{硅晶体管}\begin{cases} I = (5 \sim 10) I_{BQ} \\ U_{BQ} = (3 \sim 5)\text{V} \end{cases} \tag{2-37}$$

$$\text{锗晶体管}\begin{cases} I = (10 \sim 20) I_{BQ} \\ U_{BQ} = (1 \sim 3)\text{V} \end{cases} \tag{2-38}$$

（3）稳定静态工作点的原理

当环境温度上升时，由于晶体管自身的原因，集电极电流 I_{CQ}、发射极电流 I_{EQ} 都将增大，发射极电阻 R_E 上的电压降 U_{EQ} 也将随之增大。由于 $I >> I_{BQ}$，可以忽略 I_{BQ}，于是 U_{BQ} 就由两个基极偏置电阻 R_{B1} 和 R_{B2} 分压得到，即 $U_{BQ} \approx \frac{R_{B2}}{R_{B1}+R_{B2}} V_{CC}$。因为电阻值基本不受温度的影响，所以 U_{BQ} 基本不变。这样 $U_{BEQ}(=U_{BQ}-U_{EQ})$ 就随 U_{EQ} 增大而减小，I_{BQ} 也随之减小，I_{CQ} 也减小，也就是说抑制了集电极电流由温度升高而引起增大的趋势，从而稳定了静态工作点。这一过程可以用下面的信号作用过程来描述，即

$$T\uparrow \rightarrow \begin{cases} \beta \uparrow \\ I_{CEO}\uparrow \\ u_{BE}\uparrow \end{cases} \rightarrow I_{CQ}\uparrow \rightarrow I_{EQ}\uparrow \rightarrow U_{EQ}(=I_{EQ}R_E)\uparrow \rightarrow U_{BEQ}(=\underset{\text{不变}}{U_{BQ}}-U_{EQ})\downarrow \rightarrow I_{BQ}\downarrow$$

$$\rightarrow I_{CQ}\downarrow$$

不难看出，在稳定静态工作点的过程中，R_E 起着重要作用。当晶体管的输出回路电流 I_{CQ} 变化时，通过发射极电阻 R_E 上产生电压的变化来影响输入回路的 U_{BEQ}，从而使 I_{BQ} 向相反的方向变化，达到稳定工作点的目的。这种将输出量（I_{CQ}）通过一定的方式引回到输入回路来影响输入量（U_{BEQ}）的措施称为反馈。由于反馈的结果使输出量的变化减小，故称为负反馈。分压式共射极放大电路是采用负反馈技术使静态工作点稳定的。

（4）分压式偏置共射极放大电路的分析

1）静态工作点的估算。在工程估算时，通常采用近似手段，在工程近似允许的范围内，忽略次要因素，抓住主要问题，使复杂问题简单化，从而达到快速解决问题的目的。

图 2-36b 所示的直流通路中，因为 $I >> I_{BQ}$，所以工程估算时通常忽略 I_{BQ}，得到式（2-39），然后再通过晶体管的电流分配关系和电路的直流输入、输出回路方程可以得到式（2-40）、式（2-41）和式（2-42）。式（2-40）中的 U_{BEQ} 是晶体管的导通电压，通常硅晶体管取 0.7V，锗晶体管取 0.3V。

$$U_{BQ} \approx \frac{R_{B2}}{R_{B1}+R_{B2}} V_{CC} \tag{2-39}$$

$$I_{CQ} \approx I_{EQ} = \frac{U_{BQ}-U_{BEQ}}{R_E} \tag{2-40}$$

$$I_{BQ} = \frac{I_{CQ}}{\beta} \tag{2-41}$$

$$U_{CEQ} \approx V_{CC} - I_{CQ}(R_C + R_E) \tag{2-42}$$

2）交流性能指标的分析估算。分压式偏置共射极放大电路中的耦合电容 C_1、C_2 一般取值为 10μF，对交流信号呈现很小的阻抗，所以 C_1、C_2 对交流信号可视为短路；电路中的旁路电容 C_E 通常取 47μF 或者 100μF，与 R_E 电阻相比，C_E 对交流信号的阻抗很小，交流信号将从 C_E 流过而不通过 R_E，所以称 C_E 为旁路电容，C_E 对交流信号也视为短路，晶体管发射极直接接“地”。另一方面，因为直流电压源 V_{CC} 对交流来说也视为短路，所以电源正极处在交流通路中相当于“地”。把电容和电源短路后，分压式偏置共射极放大电路的交流通路如图 2-37a 所示。把图中的晶体管用晶体管 H 参数微变等效电路替代，就可得到放大电路的 H 参数微变等效电路，如图 2-37b 所示。

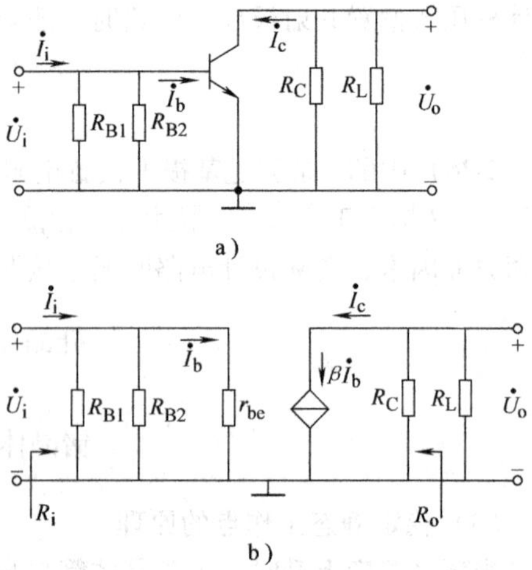

图 2-37　分压式偏置放大电路的等效电路
a）交流通路　b）H 参数微变等效电路

根据电压放大倍数 $\dot{A}_u$、输入电阻 R_i、输出电阻 R_o 的定义和 H 参数等效电路，可以很方便求得这些性能指标。

$$\dot{A}_u = \frac{\dot{U}_o}{\dot{U}_i} = \frac{-\beta\dot{I}_b(R_C /\!/ R_L)}{\dot{I}_b r_{be}} = \frac{-\beta(R_C /\!/ R_L)}{r_{be}} = -\frac{\beta R'_L}{r_{be}} \tag{2-43}$$

式中 $R'_L = R_C /\!/ R_L$

$$R_i = \frac{\dot{U}_i}{\dot{I}_i} = R_{B1} /\!/ R_{B2} /\!/ r_{be} \tag{2-44}$$

$$R_o = \left.\frac{\dot{U}}{\dot{I}}\right|_{\substack{\dot{U}_i=0 \\ R_L=\infty}} = R_C \tag{2-45}$$

特别要说明的是，共射极放大电路的电压放大倍数 $\dot{A}_u$ 的表达式中都有负号，表示输出信号和输入信号相位相差 180°，而且其值较大，这是共射极电路的特点，即输出和输入倒相，放大倍数较高。

例 2-5　分压式偏置共射极放大电路如图 2-36a 所示。其中 $V_{CC}=12V$，$R_{B1}=39k\Omega$，$R_{B2}=20k\Omega$，$R_E=3.3k\Omega$，$R_C=2.7k\Omega$，$R_L=3k\Omega$，$C_1=C_2=10\mu F$，$C_E=47\mu F$，晶体管 VT 为硅管，其 $\beta=100$，$r_{bb'}=300\Omega$。试求：（1）静态工作点 Q 的值；（2）$\dot{A}_u$、R_i、R_o 的值；（3）如果信号源内阻为 2kΩ，求源电压放大倍数 $\dot{A}_{us}$。

解　（1）静态工作点 Q 的分析

方法一　采用工程近似估算的方法。先画出直流通路，如图 2-36b 所示。由直流通路可以得到

$$U_{BQ} \approx \frac{R_{B2}}{R_{B1}+R_{B2}}V_{CC} = \frac{20k\Omega}{39k\Omega+20k\Omega} \times 12V \approx 4V$$

$$I_{CQ} \approx I_{EQ} = \frac{U_{BQ}-U_{BEQ}}{R_E} = \frac{4V-0.7V}{3.3k\Omega} = 1mA$$

$$I_{BQ} = \frac{I_{CQ}}{\beta} = \frac{1mA}{100} = 10\mu A$$

$$U_{CEQ} \approx V_{CC} - I_{CQ}(R_C + R_E) = 12V - 1mA \times (2.7 + 3.3)k\Omega = 6V$$

方法二　利用戴维南定理作较精确分析。首先把直流通路简化为如图 2-38 所示的电路。

由图中可知

$$R_B = R_{B1} // R_{B2} = \frac{20k\Omega \times 39k\Omega}{20k\Omega + 39k\Omega} = 31.2k\Omega$$

$$V_{BB} = \frac{R_{B2}}{R_{B1} + R_{B2}} V_{CC} = \frac{20k\Omega}{39k\Omega + 20k\Omega} \times 12V \approx 4V$$

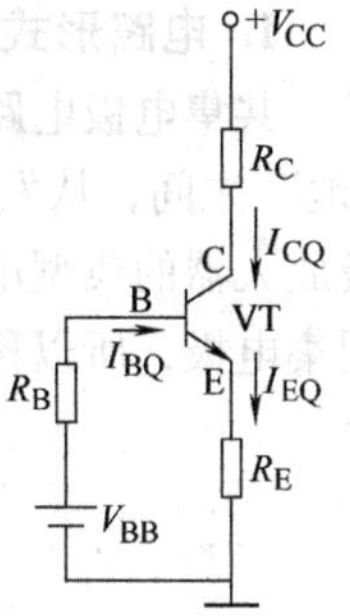

图 2-38　例 2-5 的直流通路

根据图 2-38，可以列出基极回路方程和集电极回路方程，分别为

$$V_{BB} = I_{BQ}R_B + U_{BEQ} + I_{EQ}R_E = I_{BQ}R_B + U_{BEQ} + (1+\beta)I_{BQ}R_E$$

$$V_{CC} = I_{CQ}R_C + U_{CEQ} + I_{EQ}R_E$$

将 V_{BB}、R_B、R_E 等已知参数值代入上式，则可得到 Q 点值为

$$I_{BQ} = \frac{V_{BB} - U_{BEQ}}{R_B + (1+\beta)R_E} = \frac{4V - 0.7V}{31.2k\Omega + (1+100) \times 3.3k\Omega} = 9.1\mu A$$

$$I_{CQ} = \beta I_{BQ} = 100 \times 9.1\mu A = 0.91mA$$

$$U_{CEQ} \approx V_{CC} - I_{CQ}(R_C + R_E) = 12V - 0.91mA \times (2.7 + 3.3)k\Omega = 6.54V$$

比较两种计算方法的结果，可见约有 10% 左右的误差。考虑到实际元器件与其标称值也往往有 (5 ~ 10)% 的误差，所以 10% 的计算误差在工程实际中是允许的。因为方法一比较简单，所以常被采用。

(2) $\dot{A}_u$、R_i、R_o 的分析

画出放大电路的交流通路和 H 参数等效电路，如图 2-37a、b 所示。

先求 r_{be}，有

$$r_{be} = r_{bb'} + (1+\beta)\frac{U_T}{I_{EQ}} = 300\Omega + (1+100)\frac{26mV}{1mA} \approx 2900\Omega = 2.9k\Omega$$

由 H 参数等效电路可得

$$\dot{A}_u = \frac{\dot{U}_o}{\dot{U}_i} = \frac{-\beta(R_C // R_L)}{r_{be}} = -\frac{100 \times \frac{2.7k\Omega \times 3k\Omega}{2.7k\Omega + 3k\Omega}}{2.9k\Omega} \approx -49$$

$$R_i = \frac{\dot{U}_i}{\dot{I}_i} = R_{B1} // R_{B2} // r_{be} \approx r_{be} = 2.9k\Omega$$

$$R_o = \left.\frac{\dot{U}}{\dot{I}}\right|_{\substack{\dot{U}_i = 0 \\ R_L = \infty}} = R_C = 2.7k\Omega$$

分析计算结果，可见共射极放大电路的放大倍数较高，输入电阻和输出电阻值在几千欧左右。

(3) 求源电压放大倍数 $\dot{A}_{us}$

放大器对信号源而言，相当于一个等效电阻，即放大器等效为输入电阻 R_i，其等效电路如图 2-39 所示。

$$\dot{A}_{us} = \frac{\dot{U}_o}{\dot{U}_s} = \frac{\dot{U}_o}{\dot{U}_i}\frac{\dot{U}_i}{\dot{U}_s} = \dot{A}_u \frac{R_i}{R_i + R_s} = -49\frac{2.9k\Omega}{2.9k\Omega + 2k\Omega}$$

$$\approx -29$$

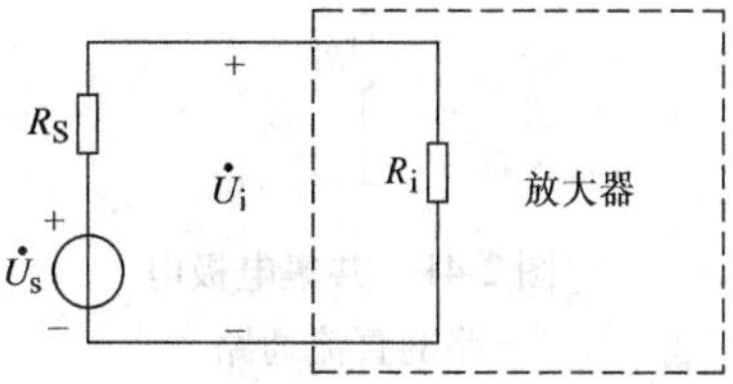

图 2-39　求 $\dot{A}_{us}$ 的等效电路

2.5.2　共集电极放大电路

1. 电路形式

共集电极电路是另一种常用的基本放大电路，这种放大电路把输入信号接在基极和公共端“地”之间，从发射极和“地”之间输出信号，所以也称为射极输出器。图 2-40a 所示为共集电极放大器的典型电路，图 2-40b 是其交流通路。从交流通路中可以看出，输入回路和输出回路共用集电极，所以称之为共集电极电路。

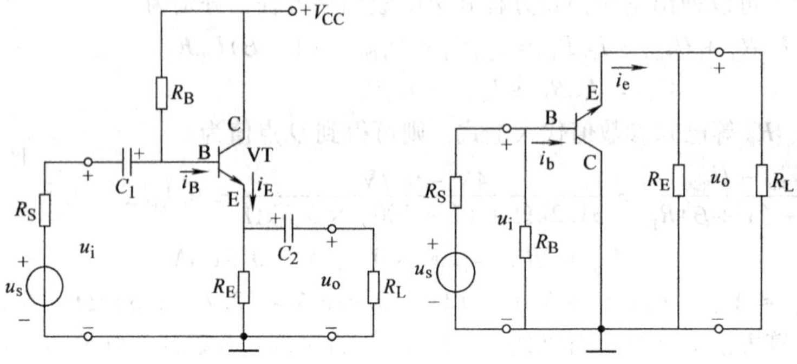

a)　　b)

图 2-40　共集电极放大电路

a) 电路　b) 交流通路

2. 静态分析

共集电极放大器的直流通路如图 2-41 所示。由图可得输入回路直流方程为

$$V_{CC} = I_{BQ}R_B + U_{BEQ} + I_{EQ}R_E = I_{BQ}R_B + U_{BEQ} + (1+\beta)I_{BQ}R_E$$

整理后可得

$$I_{BQ} = \frac{V_{CC} - U_{BEQ}}{R_B + (1+\beta)R_E} \tag{2-46}$$

根据晶体管的电流分配原则可得

$$I_{EQ} = (1+\beta)I_{BQ} \approx \beta I_{BQ} \tag{2-47}$$

再由输出回路可得

$$U_{CEQ} = V_{CC} - I_{EQ}R_E \tag{2-48}$$

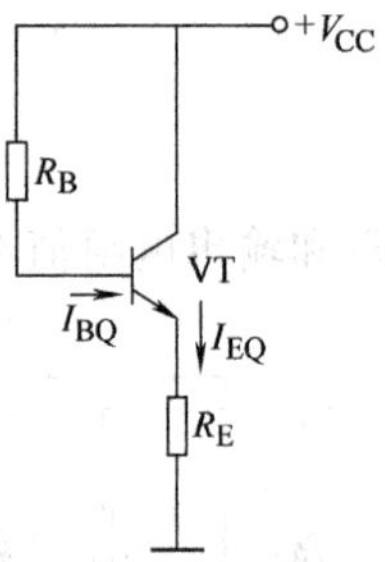

图 2-41　共集电极电路的直流通路

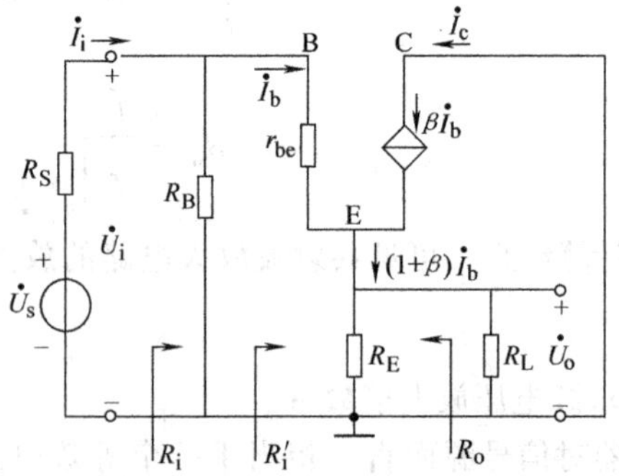

图 2-42　共集电极电路的 H 参数微变等效电路

3. 动态分析

共集电极电路的交流通路如图 2-40b 所示，把图中的晶体管用晶体管 H 参数等效电路替代，

即可得到共集电极电路的 H 参数微变等效电路。按照习惯画法，把集电极 C 画在上方，发射极 E 画在下方，如图 2-42 所示。

(1) 放大倍数

由图 2-42 可得

$$\dot{A}_u = \frac{\dot{U}_o}{\dot{U}_i} = \frac{(1+\beta)\dot{I}_b(R_E \,/\!/\, R_L)}{\dot{I}_b r_{be} + (1+\beta)\dot{I}_b(R_E \,/\!/\, R_L)} = \frac{(1+\beta)R'_L}{r_{be} + (1+\beta)R'_L} \tag{2-49}$$

式中 $R'_L = R_E /\!/ R_L$。通常 $(1+\beta)\ R'_L >> r_{be}$，所以

$$\dot{A}_u = \frac{\dot{U}_o}{\dot{U}_i} = \frac{(1+\beta)R'_L}{r_{be} + (1+\beta)R'_L} \approx 1 \tag{2-50}$$

由式（2-50）可见，共集电极放大电路的电压放大倍数小于 1，但接近于 1；且输出电压 u_o 和输入电压 u_i 同相。也就是说输出信号 u_o 和输入信号 u_i 的幅度和相位几乎完全相同。又由于该电路从发射极输出信号，所以又称这种电路为射极跟随器。射极跟随器虽然没有电压放大能力，但 $\dot{A}_i = \frac{\dot{I}_o}{\dot{I}_i} \approx \frac{\dot{I}_e}{\dot{I}_b} = 1 + \beta >> 1$，即它具有电流放大能力和功率放大能力。

(2) 输入电阻

根据输入电阻的定义和图 2-42 所示，可得输入电阻为

$$R_i = \frac{\dot{U}_i}{\dot{I}_i} = R_B \,/\!/\, R'_i$$

式中

$$R'_i = \frac{\dot{U}_i}{\dot{I}_b} = \frac{\dot{I}_b r_{be} + (1+\beta)\dot{I}_b R'_L}{\dot{I}_b} = r_{be} + (1+\beta)R'_L$$

所以

$$R_i = \frac{\dot{U}_i}{\dot{I}_i} = R_B \,/\!/\, [r_{be} + (1+\beta)R'_L] \tag{2-51}$$

由式（2-51）可见，射极跟随器的输入电阻较大，一般可高达几十千欧到几百千欧。

(3) 输出电阻

为求输出电阻 R_o，首先画出求输出电阻 R_o 的等效电路如图 2-43 所示。根据 R_o 的定义在信号源短路时应保留其内阻 R_S，简化的等效电路中 $R'_S = R_S /\!/ R_B$。

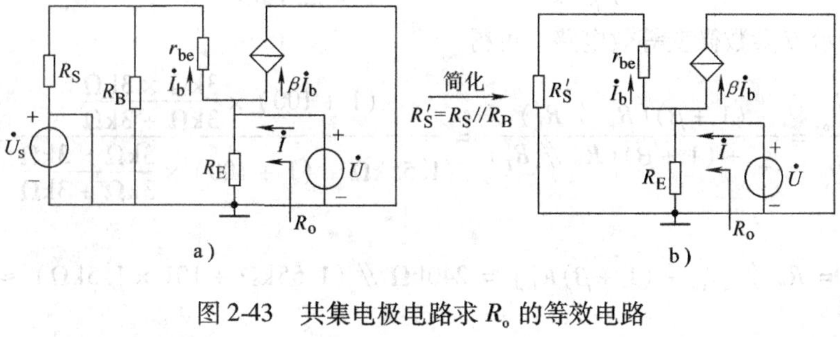

图 2-43　共集电极电路求 R_o 的等效电路

由图 2-43 可见，由于晶体管输入电阻 r_{be} 上有电压 $\dot{U}$，所以就有基极电流 $\dot{I}_b$，也就存在受控源电流 $\beta\dot{I}_b$。另外，为了方便计算，改变了基极电流和受控源电流的方向。

$$\dot{I}=\frac{\dot{U}}{R_E}+\dot{I}_b+\beta\dot{I}_b=\frac{\dot{U}}{R_E}+(1+\beta)\dot{I}_b=\frac{\dot{U}}{R_E}+(1+\beta)\frac{\dot{U}}{r_{be}+R'_S}$$

整理后可得

$$R_o=\left.\frac{\dot{U}}{\dot{I}}\right|_{\substack{\dot{U}_s=0\\R_L=\infty}}=\frac{1}{\dfrac{1}{R_E}+\dfrac{1}{\dfrac{r_{be}+R'_S}{1+\beta}}}=R_E\,//\,\frac{r_{be}+R'_S}{1+\beta}\tag{2-52}$$

式（2-52）说明，射极跟随器的输出电阻很小，一般为几欧到几百欧。

4. 共集电极放大电路的特点和用途

1）电压放大倍数小于1，但是接近于1，输出和输入同相跟随。

2）输入电阻较大，可以在多级放大器中作输入级使用，以减小对信号源的影响；如果是测量仪器中的放大器，其输入电阻越大，对被测电路的影响越小，测量精度越高。

3）输出电阻较小，可以在多级放大器中作输出级使用。当负载电流变动较大时，其输出电压变化较小，因此带负载的能力较强。即当放大电路接入的负载变化时，对放大电路的影响小，有利于输出电压的稳定。

4）高的输入电阻和低的输出电阻可以作阻抗变换，在两级放大电路之间或者在高内阻信号源和低阻抗负载之间起缓冲作用。

5）共集电极放大电路没有电压放大能力，但有电流放大和功率放大能力。

例 2-6 电路如图 2-40a 所示。已知 $V_{CC}=12V$，$R_B=240k\Omega$，$R_E=3k\Omega$，$R_L=3k\Omega$，$R_S=2k\Omega$，晶体管为硅管，$\beta=100$。试求：（1）静态工作点 Q；（2）电压放大倍数，输入电阻，输出电阻；（3）源电压放大倍数；（4）电路的动态范围。

解 （1）Q 点的估算

根据图 2-41 所示直流通路，可得

$$I_{BQ}=\frac{V_{CC}-U_{BEQ}}{R_B+(1+\beta)R_E}=\frac{(12-0.7)V}{360k\Omega+(1+100)\times3k\Omega}\approx21\mu A$$

$$I_{EQ}=(1+\beta)I_{BQ}\approx\beta I_{BQ}=100\times21\mu A=2.1mA$$

$$U_{CEQ}=V_{CC}-I_{EQ}R_E=12V-2.1mA\times3k\Omega=5.7V$$

（2）交流指标的估算

先计算晶体管的输入电阻 r_{be}，则有

$$r_{be}=r_{bb'}+(1+\beta)\frac{U_T}{I_{EQ}}=300\Omega+(1+100)\frac{26mA}{2.1mA}\approx1550\Omega=1.55k\Omega$$

根据图 2-42 所示 H 参数微变等效电路，可得

$$\dot{A}_u=\frac{\dot{U}_o}{\dot{U}_i}=\frac{(1+\beta)(R_E\,//\,R_L)}{r_{be}+(1+\beta)(R_E\,//\,R_L)}=\frac{(1+100)\times\dfrac{3k\Omega\times3k\Omega}{3k\Omega+3k\Omega}}{1.55k\Omega+(1+100)\times\dfrac{3k\Omega\times3k\Omega}{3k\Omega+3k\Omega}}=0.99$$

$$R_i=\frac{\dot{U}_i}{\dot{I}_i}=R_B\,//\,[r_{be}+(1+\beta)R'_L]=240k\Omega\,//\,(1.55k\Omega+101\times1.5k\Omega)\approx93.5k\Omega$$

$$R_o = \left.\frac{\dot{U}}{\dot{I}}\right|_{\substack{\dot{U}_s=0\\R_L=\infty}} = R_E \,//\, \frac{r_{be}+R'_S}{1+\beta} \approx 3k\Omega \,//\, \frac{1.55k\Omega+2k\Omega}{100} \approx 35\Omega$$

从 $\dot{A}_u$、R_i 和 R_o 的计算结果可以看出，$\dot{A}_u$略小于 1；与共射极电路相比，输入电阻 R_i 很大，输出电阻 R_o 很小。

（3）求源电压放大倍数

$$\dot{A}_{us} = \frac{\dot{U}_o}{\dot{U}_s} = \frac{\dot{U}_o}{\dot{U}_i}\frac{\dot{U}_i}{\dot{U}_s} = \dot{A}_u\frac{R_i}{R_S+R_i} \approx 1\times\frac{93.5k\Omega}{2k\Omega+93.5k\Omega}$$
$$\approx 0.98$$

从计算结果可以看出，共集电极电路的 $\dot{A}_u$和 $\dot{A}_{us}$很接近，比较共射极放大电路，说明共集电极电路对信号源的影响很小。

（4）求最大不失真输出电压，即动态范围 U_{oPP}

假设晶体管的饱和压降 U_{CES}为 1V，则根据式（2-30）可得

$$U_{oPP} = 2\times\min[(U_{CEQ}-U_{CES}), I_{CQ}R'_L]$$
$$= 2\times\min[4.7V, 3.15V] = 6.3V$$

动态范围如图 2-44 所示。

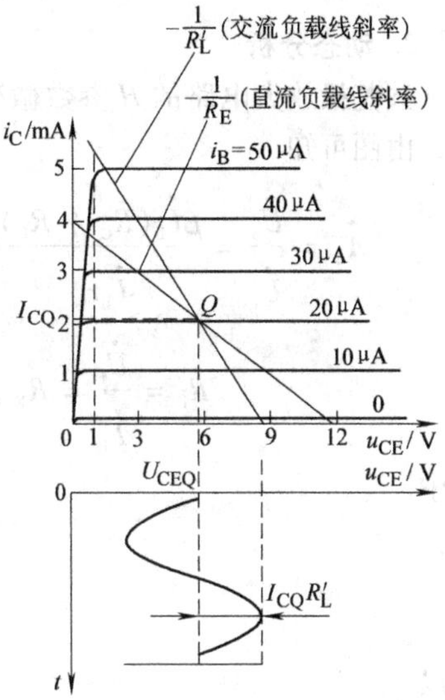

图 2-44　动态范围

2.5.3　共基极放大电路

1. 电路组成

共基极放大电路是三种基本放大电路之一，图 2-45a 所示为共基极放大电路的典型电路。图中 C 为基极旁路电容，交流视为短路，所以晶体管基极交流接“地”。图 2-45b 为直流通路，图 2-45c 为交流通路。从交流通路中可以看出，输入信号 u_i 加在发射极、基极之间，输出信号 u_o 从集电极、基极之间取出，输出回路和输入回路共用基极，所以该电路称为共基极放大电路。

2. 静态分析

比较图 2-36b 和图 2-45b 所示电路可知，共基极放大电路的直流通路和分压式共发射极放大电路的直流通路完全相同，也是采用分压式偏置电路提供合适的工作点。因此，共基极放大电路的静态工作点 Q 的估算方法与前述方法相同，所以在满足 $I >> I_{BQ}$，$U_{BQ} >> U_{BEQ}$的条件下，静态工作点 Q 可以按如下方法计算，即

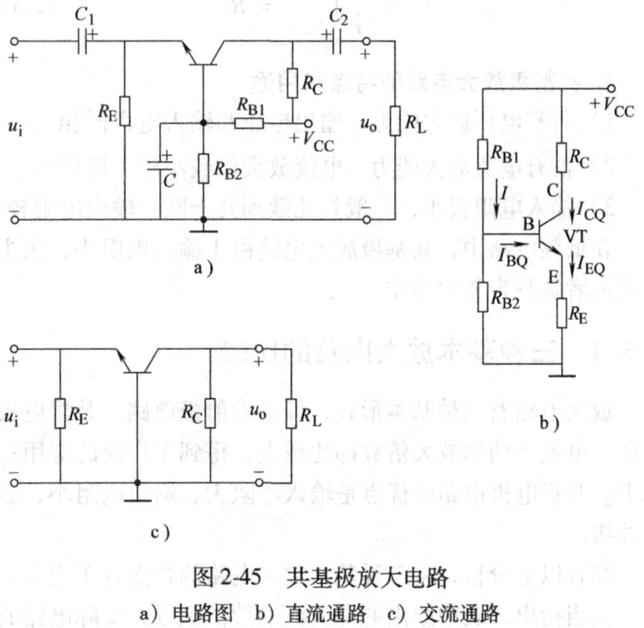

图 2-45　共基极放大电路
a）电路图　b）直流通路　c）交流通路

$$U_{BQ} \approx \frac{R_{B2}}{R_{B1}+R_{B2}}V_{CC}$$

$$I_{CQ} \approx I_{EQ} = \frac{U_{BQ}-U_{BEQ}}{R_E}$$

$$U_{CEQ} \approx V_{CC} - I_{CQ}(R_C + R_E)$$

3. 动态分析

共基极放大电路的 H 参数微变等效电路如图 2-46 所示，由图可知

$$\dot{A}_u = \frac{\dot{U}_o}{\dot{U}_i} = \frac{\beta\dot{I}_b(R_C /\!/ R_L)}{\dot{I}_b r_{be}} = \frac{\beta(R_C /\!/ R_L)}{r_{be}} \quad (2\text{-}53)$$

$$R_i = \frac{\dot{U}_i}{\dot{I}_i} = R_E /\!/ R_i'$$

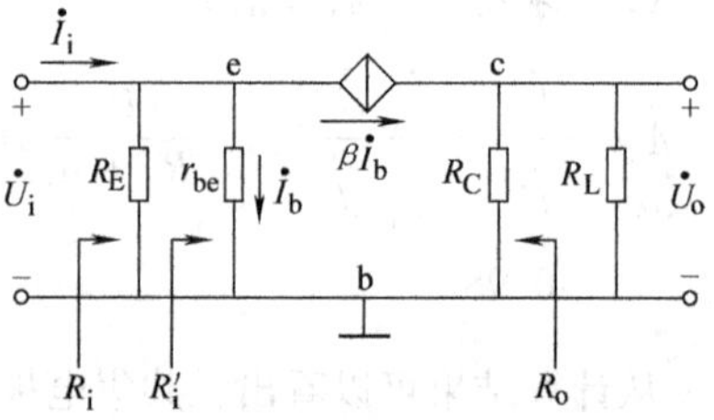

图 2-46　共基极电路的 H 参数微变等效电路

式中

$$R_i' = \frac{\dot{U}_i}{(1+\beta)\dot{I}_b} = \frac{r_{be}}{1+\beta}$$

所以

$$R_i = \frac{\dot{U}_i}{\dot{I}_i} = R_E /\!/ R_i' = R_E /\!/ \frac{r_{be}}{1+\beta} \quad (2\text{-}54)$$

根据 R_o 的定义，画出求 R_o 的等效电路如图 2-47 所示。

由于 $\dot{U}_i=0$，所以受控源 $\beta\dot{I}_b=0$，因此

$$R_o = \frac{\dot{U}}{\dot{I}}\bigg|_{\substack{\dot{U}_i=0\\R_L=\infty}} = R_C \quad (2\text{-}55)$$

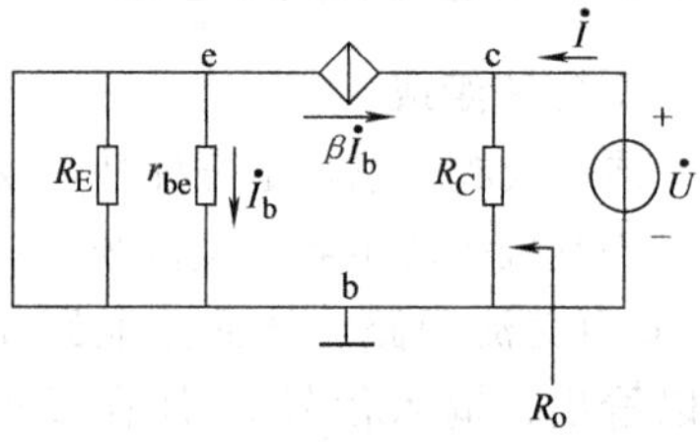

图 2-47　共基极电路求 R_o 的等效电路

4. 共基极放大电路的特点和用途

1）具有电压放大能力，输出电压和输入电压同相。

2）没有电流放大能力，电流放大倍数小于 1 但接近于 1，所以也称该电路为电流跟随器。

3）输入电阻很小，一般是几欧到几十欧；输出电阻较大。

在低频电路中，共基极放大电路由于输入电阻小，很少被选用。共基极放大电路经常被用在高频或者宽频带放大器中。

2.5.4　三种基本放大电路的比较

放大电路有三种基本形式，即共发射极电路、共集电极电路和共基极电路。共发射极电路的电压、电流、功率放大倍数都比较大，得到了广泛的应用；共基极电路常用于宽频带或者高频情况下；共集电极电路的优点是输入电阻大、输出电阻小，多用于多级放大器的输入级、输出级或缓冲级。

综合以上分析，将三种基本放大电路的特点列于表 2-2 中，以便比较。

应当指出，表中给出的是大概的数值范围，实际电路的数值可能超出这个范围。

表 2-2　三种基本放大电路的性能比较

组态	共射电路	共集电路	共基电路
典型电路	图 2-12/图 2-36a	图 2-40a	图 2-45a
信号输入端	基极 B	基极 B	发射极 E
信号输出端	集电极 C	发射极 E	集电极 C
电压放大倍数	大（几十至一百以上）	略小于 1	大（几十至一百以上）
相位关系	u_o 和 u_i 反相	u_o 和 u_i 同相	u_o 和 u_i 同相
输入电阻	中（几百欧至几千欧）	大（可大于一百千欧）	小（可小于一百欧）
输出电阻	较大（几百欧至十几千欧）	小（可小于一百欧）	较大（几百欧至十几千欧）
电流放大倍数	β 较大	$1+\beta$ 较大	略小于 1
通频带	较窄	较宽	宽
用途	放大交流信号 用作多级放大器的中间级	缓冲、隔离 用作多级放大器的输入级、输出级和中间缓冲级	提高频率特性 用作宽带放大器

2.6　放大电路的频率响应

2.6.1　频率响应的基本概念

1. 研究放大电路频率响应的必要性

在前面几节分析基本放大电路的特性和性能指标时，均忽略了电抗性元件的影响，实际上一个放大器总不可避免地存在着电抗性元件，如耦合电容、旁路电容、器件的极间电容等。由于它们的电抗值都是随频率变化而变化的，所以当输入信号由不同频率成分组成时，放大器对不同频率分量的信号放大的效果不完全一致，即放大倍数会随信号频率变化而变化，或者说放大倍数是信号频率的函数。2.2 节中所介绍的“通频带”就是用来描述放大电路对不同频率信号适应能力的一个参数。每一个具体的放大电路，都有一个确定的通频带，说明该电路仅适用于一定的信号频率范围。如果放大电路的通频带没有覆盖信号的频率范围，会致使信号在放大过程中产生失真。因此，只有放大电路的通频带覆盖了信号的频率范围，才能真正地放大信号。所以，必须根据信号频率范围选择合适的放大电路。

2. 频率响应的基本概念

（1）频率响应

频率响应是指放大电路在输入端加入频率不同、但幅度相同的正弦波信号时，输出信号的幅度与相位随信号频率变化而变化的特性。频率响应可以用式（2-56）表示，式中 $A_u(f)$、$\varphi(f)$ 分别称为幅频响应和相频响应函数。频率响应也可以用图的形式表达，如图 2-48a、b 所示就是一般放大器的幅频特性曲线和相频特性曲线。

$$\dot{A}_u = A_u(f)\mathrm{e}^{\mathrm{j}\varphi(f)} \tag{2-56}$$

图 2-48a 中 A_{um} 为中频段的电压放大倍数，其值基本不随频率改变而改变。在低频段，放大倍数会下降，通常定义放大倍数 A_u 下降到中频段放大倍数 A_{um} 的 $1/\sqrt{2}$（即 0.707 倍）时所对应的频率称为下限截止频率，简称下限频率，用 f_L 表示，此时相位移 φ 为 $-135°$（即附加相位移 $\Delta\varphi$ 为 $+45°$）；在高频段，放大倍数也会下降，通常定义放大倍数 A_u 下降到中频段放大倍数 A_{um}

的 $1/\sqrt{2}$（即 0.707 倍）时所对应的频率称为上限截止频率，简称上限频率，用 f_H 表示，此时相位移 φ 为 $-225°$（即附加相移 $\Delta\varphi$ 为 $-45°$）；上限频率和下限频率之差定义为通频带（或称频带宽度），用 f_{BW} 表示，即

$$f_{BW} = f_H - f_L \tag{2-57}$$

在研究放大电路的频率响应时，加在放大电路的输入端的测试信号的频率范围常常设置在几赫兹到上百兆赫兹，甚至更宽。信号频率的变化过程中，放大电路的放大倍数变化范围可从几倍到上百万倍。为了在同一坐标系中表示如此宽的变化范围，在画频率特性曲线时常采用对数坐标。采用对数坐标而作的幅频特性曲线和相频特性曲线称为波特图。如图 2-49 所示即为放大电路的波特图。图中，横轴采用对数刻度 lg$f$，但常标注为 f；纵轴采用 $20\lg|\dot{A}_u|$ 表示，单位是分贝（dB）；相频特性曲线的纵轴仍用线性刻度表示。因为 $20\lg0.707 \approx -3$dB，所以在 f_L 和 f_H 处放大倍数下降了 3dB，因此 f_L 和 f_H 也被称为 3dB 点，通频带也称为 3dB 带宽。

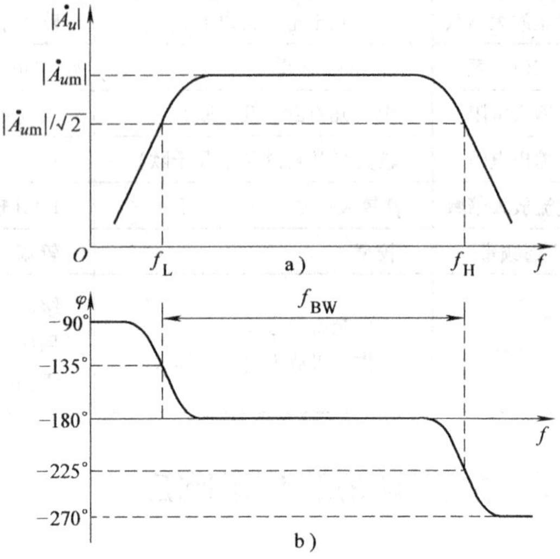

图 2-48　频率响应曲线

a）幅频响应曲线　b）相频响应曲线

（2）频率失真

由于放大电路的 A_u 和 φ 均为信号频率的函数，因此在输入非正弦波信号时，由于非正弦信号频谱中含有不同频率分量，放大电路会因为对不同频率分量具有不同放大能力和相位移，而使输出波形与输入波形产生差异，这种现象称为频率失真。发生频率失真时，晶体管工作在放大区，是由于耦合电容、旁路电容、PN 结电容等线性元件造成的失真，所以频率失真是线性失真。

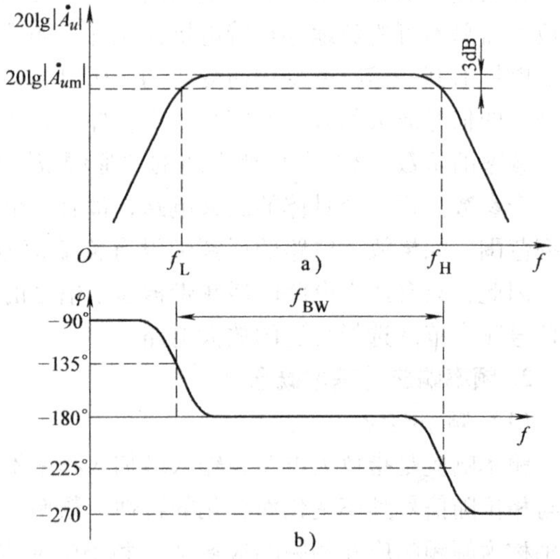

图 2-49　放大电路频率响应波特图

a）幅频特性波特图　b）相频特性波特图

频率失真分为幅度失真（又称幅频失真）和相位失真（又称相频失真）。幅度失真是放大电路对输入信号中不同频率分量有不同放大倍数造成的；相位失真是放大电路对输入信号中不同频率分量的不同相位移所造成的。这两种失真可用图 2-50 所示予以说明。

在图 2-50 中，输入信号 u_i（实线）中含有基波（虚线）和三次谐波（虚线）。当放大电路既无非线性失真、对两个频率分量又有相同的相对相位移、但有不同的放大倍数时，输出电压 u_o 波形如图 2-50a 所示，输出产生了明显的失真，称这种失真为幅度失真；当放大电路既无非线性失真、对两个频率分量又有相同的放大倍数、但有不同的相对相位移时，输出电压 u_o 波形如图 2-50b 所示，输出也产生了明显的失真，称这种失真为相位失真。

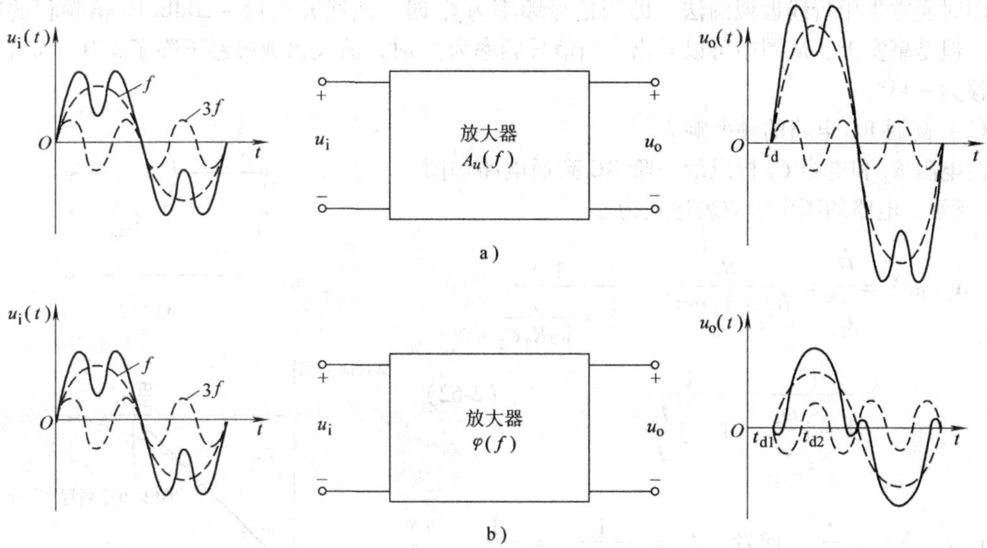

图 2-50　放大电路的频率失真波形

a）幅度失真　b）相位失真

在实际放大电路工作时，幅度失真和相位失真往往是同时产生的。

3. 简单 RC 电路的频率响应

（1）低通 RC 电路的频率响应

由电阻 R_1 和电容 C_1 构成的一阶 RC 低通电路如图 2-51a 所示。电路的频率响应表达式为

$$\dot{A}_u(\mathrm{j}\omega)=\frac{\dot{U}_o}{\dot{U}_i}=\frac{\frac{1}{\mathrm{j}\omega C_1}}{R_1+\frac{1}{\mathrm{j}\omega C_1}}=\frac{1}{1+\mathrm{j}\omega R_1C_1}$$

$$=\frac{1}{1+\mathrm{j}\frac{\omega}{\omega_H}}=\frac{1}{1+\mathrm{j}\frac{f}{f_H}} \tag{2-58}$$

式中

$$\omega_H=\frac{1}{R_1C_1}=\frac{1}{\tau_H}\text{ 或者 }\quad f_H=\frac{1}{2\pi R_1C_1}=\frac{1}{2\pi\tau_H} \tag{2-59}$$

式中，τ_H 称为回路时间常数，ω_H 称为上限截止角频率，f_H 称为上限截止频率。

幅频响应的表达式为

$$A_u(f)=\frac{1}{\sqrt{1+(f/f_H)^2}} \tag{2-60}$$

相频响应的表达式为

$$\varphi(f)=-\arctan(f/f_H) \tag{2-61}$$

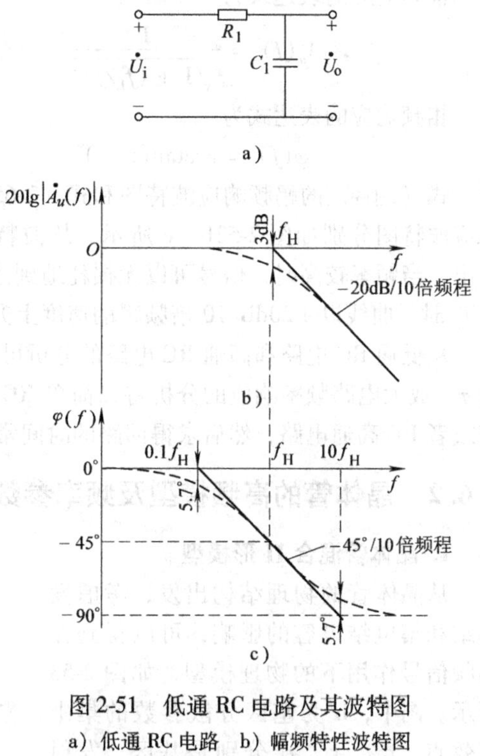

图 2-51　低通 RC 电路及其波特图

a）低通 RC 电路　b）幅频特性波特图　c）相频特性波特图

式（2-60）的幅频响应波特图和式（2-61）的相频响应波特图分别如图 2-51b、c 所示。从波特图中可以看出，当频率较低时，信号可以无损耗地到达输出端，所以称此电路为低通电路。另外，图中虚线为实际曲线，实线为折线近似画法。由于两条曲线很接近，所以为简单起见，画

波特图时通常采用折线近似画法，即当信号频率为f_H时，曲线开始以 -20dB/10 倍频程的速度下降。但是事实上，从图中可以看出，当信号频率为f_H时，放大倍数已经下降了3dB，而且此时相位移为$-45°$。

（2）高通 RC 电路的频率响应

由电阻R_2和电容C_2构成的一阶 RC 高通电路如图 2-52a 所示。电路的频率响应表达式为

$$\dot{A}_u(j\omega)=\frac{\dot{U}_o}{\dot{U}_i}=\frac{R_2}{R_2+1/j\omega C_2}=\frac{1}{1+\dfrac{1}{j\omega R_2C_2}}$$

$$=\frac{1}{1-j\dfrac{\omega_L}{\omega}}=\frac{1}{1-j\dfrac{f_L}{f}} \tag{2-62}$$

式中

$$\omega_L=\frac{1}{R_2C_2}=\frac{1}{\tau_L}\quad 或者\quad f_L=\frac{1}{2\pi R_2C_2}=\frac{1}{2\pi\tau_L} \tag{2-63}$$

式中，τ_L称为回路时间常数；ω_L称为下限截止角频率；f_L称为下限截止频率。

幅频响应的表达式为

$$A_u(f)=\frac{1}{\sqrt{1+(f_L/f)^2}} \tag{2-64}$$

相频响应的表达式为

$$\varphi(f)=\arctan(f_L/f) \tag{2-65}$$

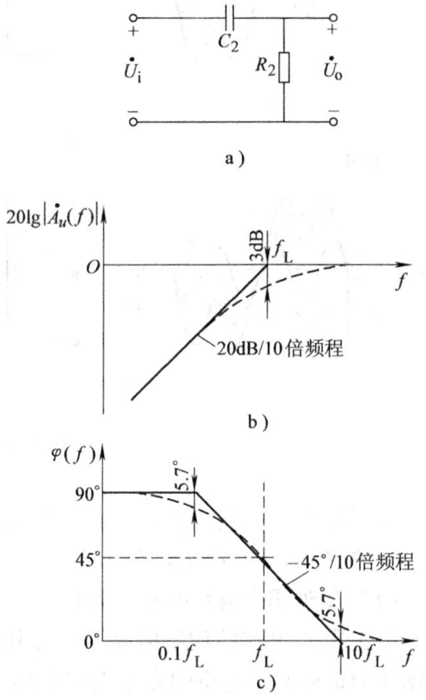

图 2-52　高通 RC 电路及其波特图

a）高通 RC 电路　b）幅频特性波特图　c）相频特性波特图

式（2-64）的幅频响应波特图和式（2-65）的相频响应波特图分别如图 2-52b、c 所示。从波特图中可以看出，当频率较高时，信号可以无损耗地到达输出端，所以称此电路为高通电路。当信号频率小于f_L时，曲线以 +20dB/10 倍频程的速度上升，f_L为 3dB 点，此时相位移为 +45°。

从低通 RC 电路和高通 RC 电路的分析可知，电路的截止频率取决于电容所在回路的时间常数τ。放大电路频率响应的分析将以简单 RC 电路为基础，把复杂的电路简化等效为 RC 低通电路或者 RC 高通电路，然后求得回路的时间常数，从而得到电路的上限频率和下限频率。

2.6.2　晶体管的高频模型及频率参数

1. 晶体管混合 Π 形模型

从晶体管的物理结构出发，考虑发射结和集电结电容的影响，可以得到在高频信号作用下的物理模型，如图 2-53 所示。图中，b′为基区分散参数的集中等效点，$r_{bb'}$、r_e、r_c分别是基区、发射区、集电区的体电阻，其中r_e、r_c数值较小，可以忽略不计。$r_{b'e}$、$r_{b'c}$分别是发射结电阻和集电结电阻，由于集电结反偏，所以$r_{b'c}$的值很大，可视为开路。

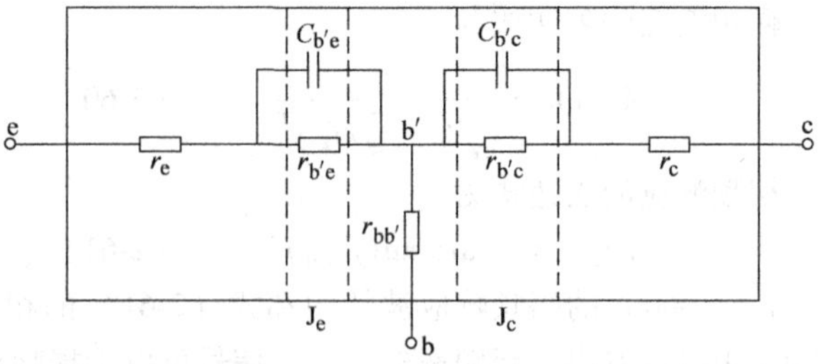

图 2-53　晶体管物理结构示意图

$C_{b'c}$为集电结电容，$C_{b'e}$为发射结电容。

由图2-53可知，由于有结电容的影响，晶体管基极电流不能全部用来控制集电极电流，一部分要对结电容充、放电。经过研究可知，在高频时，晶体管的集电极电流将与发射结电阻$r_{b'e}$两端的电压成正比。因此在图2-53中，引进了一个新参数g_m来表示晶体管的电流控制作用。g_m称为跨导，单位为西门子（S），它在Q点一定、小信号作用下是一个常数，与频率无关。

图2-54所示为晶体管在高频时简化的等效模型，因其电路形式像"Π"，且电路参数量纲不同，所以称之为混合Π形等效模型。图中$g_m\dot{U}_{b'e}$为受控源，表示晶体管的电流放大作用。

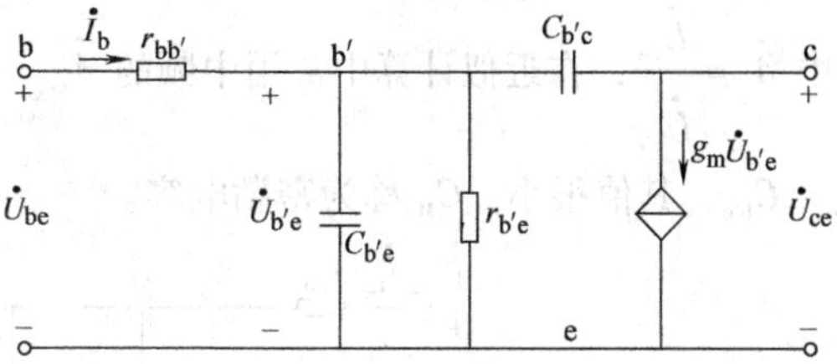

图2-54　晶体管混合Π形等效模型

2. 混合Π形等效模型中的参数

在低频时，晶体管的结电容$C_{b'c}$、$C_{b'e}$因电容量很小，容抗很大，可以看做开路，这时混

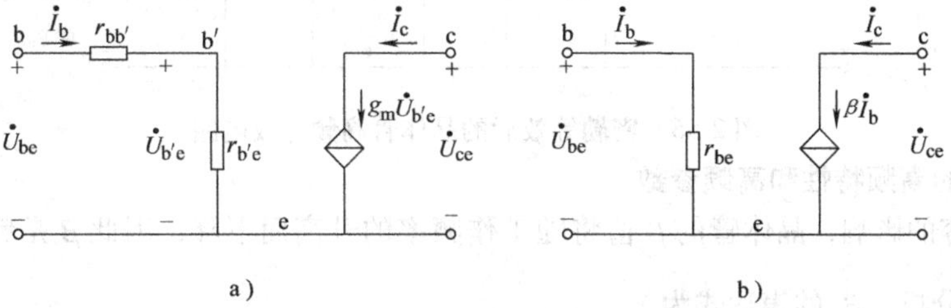

图2-55　低频时晶体管的两种等效电路

a) 混合Π形等效电路　b) H参数等效电路

合Π形等效电路可以用图2-55a表示。如图2-55b所示，因为在低频时H参数等效电路和混合Π形等效电路都能等效同一晶体管，所以两者在低频时参数可以相互转换。比较图2-55a、b的两种低频等效电路，可以得到

$$r_{be} = r_{bb'} + r_{b'e} \tag{2-66}$$

由于

$$r_{be} = r_{bb'} + (1+\beta)\frac{U_T}{I_{EQ}},$$

所以

$$r_{b'e} = (1+\beta)\frac{U_T}{I_{EQ}} \tag{2-67}$$

其中U_T为温度的电压当量，常温下通常取26mV。

又因为

$$\dot{I}_c = g_m\dot{U}_{b'e} = \beta_0\dot{I}_b$$

所以

$$g_m = \frac{\beta_0\dot{I}_b}{\dot{U}_{b'e}} = \frac{\beta_0}{r_{b'e}} \approx \frac{I_{EQ}}{U_T} \tag{2-68}$$

在半导体器件手册中可以查得参数C_{ob}，它是晶体管为共基极接法且发射极开路时c-b间的结电容，其值与$C_{b'c}$近似，在分析估算时，可以用C_{ob}取代$C_{b'c}$。$C_{b'e}$的数值可由手册中给出的特征频率f_T和Q点求解得到。

3. 混合Π形等效电路的密勒变换

在高频时，因$C_{b'e}$、$C_{b'c}$容抗不大，所以不能忽略。由于$C_{b'c}$跨接在输入与输出回路之间，因而输入回路的变化将通过$C_{b'c}$直接传递到输出回路。同样，输出回路的变化也将通过$C_{b'c}$直接传递到输入回路，所以使得电路的分析变得十分复杂。因此，为简单起见，可以应用密勒定理（见附录）将$C_{b'c}$分别等效在输入回路（用C_M表示）和输出回路（用C'_{ce}表示），把混合Π形等

效电路作单向化处理，晶体管高频等效电路如图 2-56 所示。其中

$$C_M = C_{b'c}(1 - \dot{A}) \tag{2-69}$$

$$C'_{ce} = C_{b'c}\left(1 - \frac{1}{\dot{A}}\right) \tag{2-70}$$

式中 $\dot{A} = \frac{\dot{U}_{ce}}{\dot{U}_{b'e}}$，在近似计算中常用中频的 $\dot{A}_m = \frac{\dot{U}_{ce}}{\dot{U}_{b'e}}$ 替代。由于共发射极的 $|\dot{A}_m|$ 通常很大，所以 $C'_{ce} \approx C_{b'c}$，其值很小。C_M 称为密勒电容。

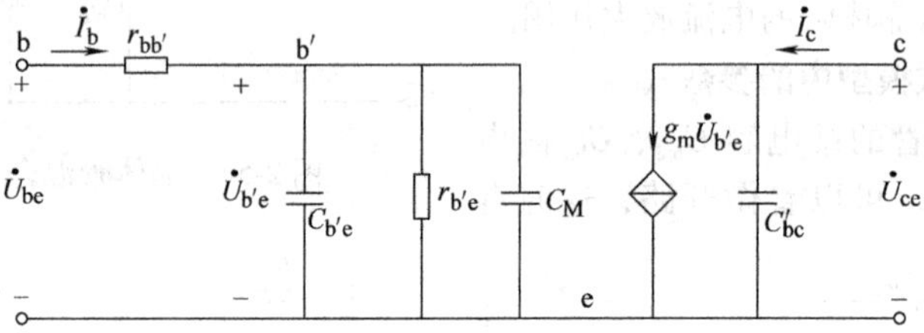

图 2-56　密勒等效后的晶体管高频等效电路

4. 晶体管的高频特性和高频参数

由于结电容的影响，晶体管的 β 值将随工作频率的升高而下降，因此 β 是频率的函数，用 $\dot{\beta}$ 表示。经过分析，$\dot{\beta}$ 的表达式为

$$\dot{\beta} = \frac{\beta_0}{1 + jf/f_\beta} \tag{2-71}$$

式中 β_0 是中频时的 β 值，f_β 称为 β 的上限截止频率，且

$$f_\beta = \frac{1}{2\pi r_{b'e}(C_{b'e} + C_{b'c})} \tag{2-72}$$

可见，β 的上限截止频率 f_β 与晶体管的 $C_{b'c}$、$C_{b'e}$ 有关。

由式（2-71）可得 β 的幅频响应和相频响应的表达式为

$$|\dot{\beta}| = \frac{\beta_0}{\sqrt{1 + (f/f_\beta)^2}} \tag{2-73}$$

$$\varphi_\beta = -\arctan\frac{f}{f_\beta} \tag{2-74}$$

β 的幅频特性波特图如图 2-57 所示。当 $f = f_\beta$，即工作频率等于上限频率时，β 比中频段时下降了 3dB，此时晶体管仍有较好的电流放大能力。当 $\beta = 1$，即 $20\lg\beta = 0$dB 时，晶体管无电流放大能力，定义此时的工作频率为晶体管特征频率，记作 f_T。由式（2-73）可求得

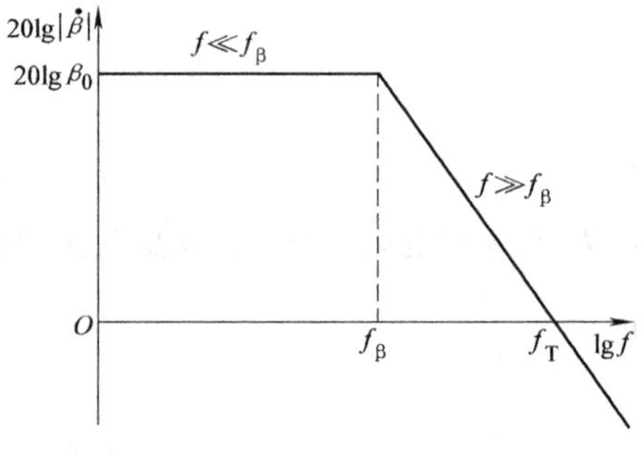

图 2-57　β 的幅频特性波特图

$$f_T \approx \beta_0 f_\beta = \frac{g_m}{2\pi(C_{b'e} + C_{b'c})} \tag{2-75}$$

特征频率 f_T 是晶体管的重要参数，是衡量晶体管高频特性的最常用指标。根据特征频率，可以求得混合 Π 形等效电路中的 $C_{b'e}$，即

$$C_{b'e} \approx \frac{g_m}{2\pi f_T} \tag{2-76}$$

2.6.3　共射极电路的频率响应

在放大电路中存在电抗性元件（如耦合电容、旁路电容）、电抗性的分布参数（如引线之间的分布电容、分布电感、负载中的容性分量）及晶体管的结电容等，它们的电抗大小与频率有关。因此，当信号频率改变时，放大电路的放大倍数也会随之改变。分析放大电路的频率响应是很复杂而繁琐的工作，为了能较快地得到分析结果，在分析电路时会大量使用近似的手段，忽略次要因素化，突出主要矛盾，使问题简单化。具体来说，分析放大电路频率响应的思路是先画出交流等效电路图，然后在此基础上分别画出在中频、低频、高频情况下的等效电路图并进行分析，最后综合三种情况，画出波特图。其中低频等效电路以高通 RC 电路如图 2-52a 所示为模式等效，高频等效电路以低通 RC 电路如图 2-51a 所示为模式等效。

下面以图 2-58a 所示的固定偏置共射电路为例，介绍放大电路的频率响应及其分析方法。图 2-58b 是其混合 Π 形等效电路。

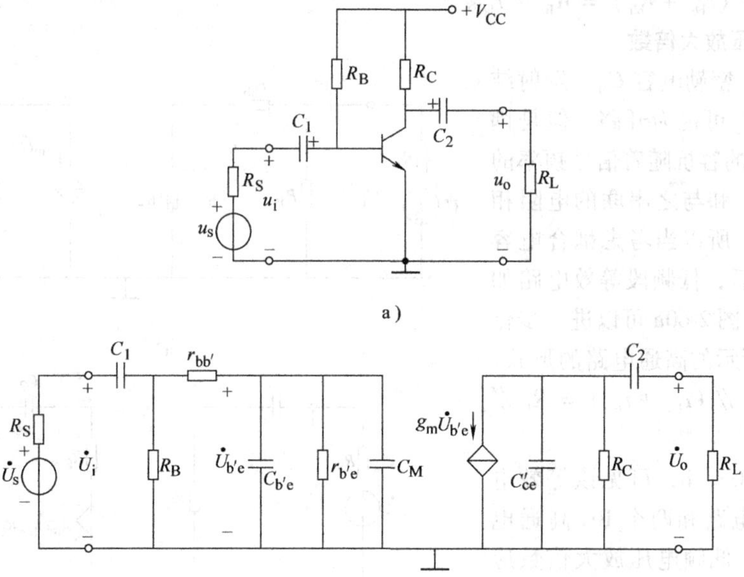

图 2-58　共射放大电路及其等效电路

a）共射放大电路　b）混合 Π 形交流等效电路

1. 中频电压放大倍数

在中频段，$r_{b'e} << \dfrac{1}{\omega(C_{b'e}+C_M)}$，所以密勒电容 C_M 和发射结电容 $C_{b'e}$ 可视为开路。同时耦合电容 C_1、C_2 的容抗较小，都远小于与之串联的电阻值，所以可视为短路。共射极放大电路的中频等效电路如图 2-59 所示。中频电压放大倍数为

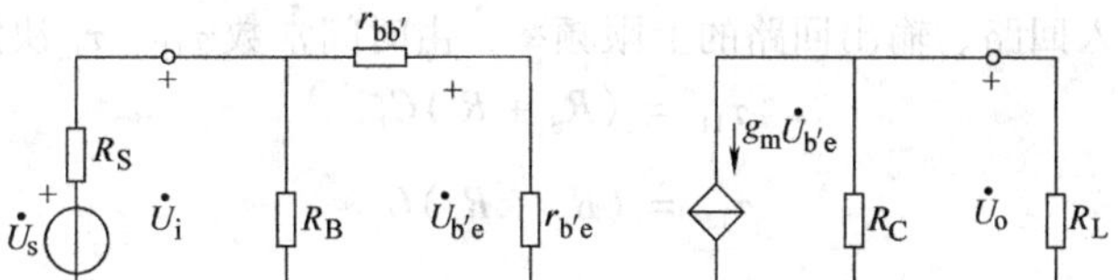

图 2-59　共射放大电路的中频等效电路

$$\dot{A}_{um}=\frac{\dot{U}_o}{\dot{U}_i}=\frac{\dot{U}_o}{\dot{U}_{b'e}}\frac{\dot{U}_{b'e}}{\dot{U}_i}=-\frac{g_m\dot{U}_{b'e}(R_C /\!/ R_L)}{\dot{U}_{b'e}}\frac{r_{b'e}}{r_{bb'}+r_{b'e}}=-\frac{g_m r_{b'e}(R_C /\!/ R_L)}{r_{bb'}+r_{b'e}} \tag{2-77}$$

把式（2-66）和式（2-68）代入式（2-77）中，可得中频电压放大倍数的表达式为

$$\dot{A}_{um}=-\frac{\beta_0(R_C /\!/ R_L)}{r_{be}}$$

考虑信号源内阻后，中频源电压放大倍数为

$$\dot{A}_{ums}=\frac{\dot{U}_o}{\dot{U}_s}=\frac{R_i}{R_i+R_S}\dot{A}_{um}=\frac{R_i}{R_i+R_S}\left(-\frac{g_m r_{b'e}(R_C /\!/ R_L)}{r_{bb'}+r_{b'e}}\right)$$

$$=\frac{R_i}{R_i+R_S}\left(-\frac{\beta_0(R_C /\!/ R_L)}{r_{be}}\right) \tag{2-78}$$

式中 $R_i=R_B /\!/ (r_{bb'}+r_{b'e})=R_B /\!/ r_{be}$。

2. 低频电压放大倍数

在低频段，密勒电容 C_M、发射结电容 $C_{b'e}$ 以及 C'_{ce} 可视为开路。但是耦合电容 C_1、C_2 的容抗随着信号频率的减小不断增加，和与之串联的电阻相比不能再忽略。所以当考虑耦合电容 C_1、C_2 的影响后，低频段等效电路如图 2-60a 所示。图 2-60a 可以进一步化简成图 2-60b 所示的高通电路的形式，图中的 $R_i=R_B /\!/ (r_{bb'}+r_{b'e})=R_B /\!/ r_{be}$。

观察图 2-60a、b，可见该等效电路由中频等效电路和两个 RC 高通电路构成。那么，低频电压放大倍数应为中频电压放大倍数再加上两个高通电路的作用。所以结合中频电压放大倍数式（2-78）和高通电路的表达式（2-62），可得放大电路的低频放大倍数为

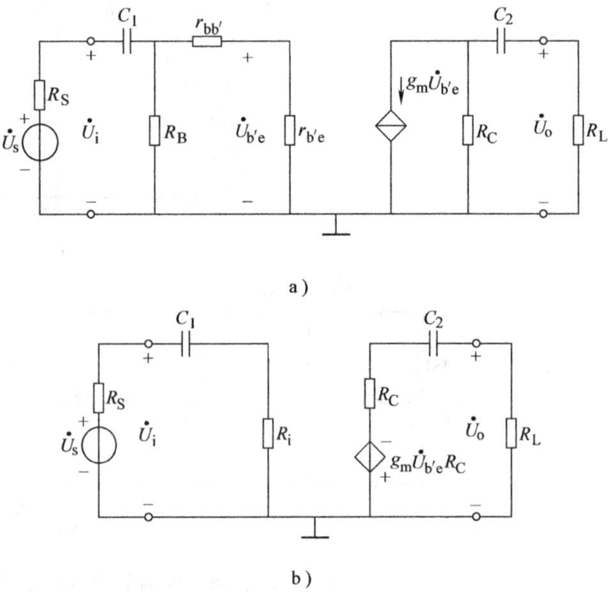

图 2-60　共射放大电路的低频等效电路

a）低频等效电路　b）简化的低频等效电路

$$\dot{A}_{uLs}=\frac{\dot{U}_o}{\dot{U}_s}=\frac{\dot{A}_{ums}}{\left(1-j\frac{f_{L1}}{f}\right)\left(1-j\frac{f_{L2}}{f}\right)} \tag{2-79}$$

其中 f_{L1}、f_{L2} 分别是输入回路、输出回路的上限频率，由时间常数 τ_{L1}、τ_{L2} 决定。由于

$$\tau_{L1}=(R_S+R_i)C_1 \tag{2-80}$$

$$\tau_{L2}=(R_C+R_L)C_2 \tag{2-81}$$

所以

$$f_{L1}=\frac{1}{2\pi\tau_{L1}}=\frac{1}{2\pi(R_S+R_i)C_1} \tag{2-82}$$

$$f_{L2}=\frac{1}{2\pi\tau_{L2}}=\frac{1}{2\pi(R_C+R_L)C_2} \tag{2-83}$$

从式（2-79）中可知，电路有两个转折频率点，分别是f_{L1}、f_{L2}。如果这两个频率相差较大（一般相差 4 倍以上，即可认为相差较大），则大的一个是电路的下限频率；如果这两个频率比较接近，则它们共同决定电路的下限频率。

3. 高频电压放大倍数

在高频段，耦合电容 C_1、C_2 的容抗很小，可以视为短路。但是密勒电容 C_M 和发射结电容 $C_{b'e}$随着信号频率的增加不断减小，和 $r_{b'e}$相比不能忽略，同样 C'_{ce}也不能忽略。所以当考虑结电容的影响后，高频段交流等效电路如图 2-61a 所示。

在图 2-61a 中，因为回路的时间常数决定了上限频率，且输出回路中的 C'_{ce}比输入回路中的密勒电容 C_M 小很多，所以可以忽略，再把输入回路作等效，变换成低通 RC 电路的形式，如图 2-61b 所示。图中

$$C_i=C_M+C_{b'e} \tag{2-84}$$

$$R'_S=(R_S\,/\!/\,R_B+r_{bb'})\,/\!/\,r_{b'e}\approx(R_S+r_{bb'})\,/\!/\,r_{b'e} \tag{2-85}$$

$$\dot{U}'_S=\frac{r_{b'e}}{R_S\,/\!/\,R_B+r_{bb'}+r_{b'e}}\dot{U}_S\approx\frac{r_{b'e}}{R_S+r_{bb'}+r_{b'e}}\dot{U}_S \tag{2-86}$$

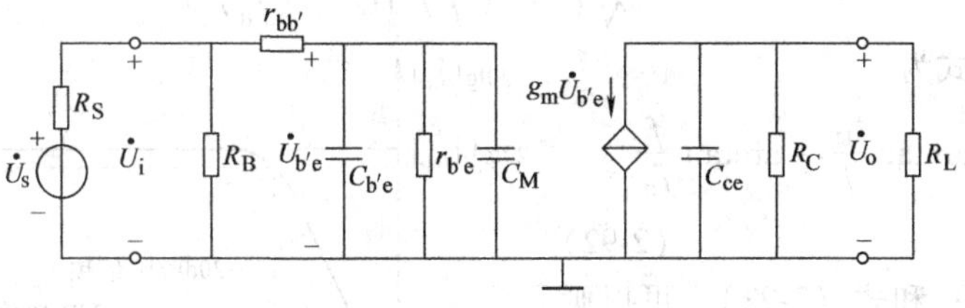

a）

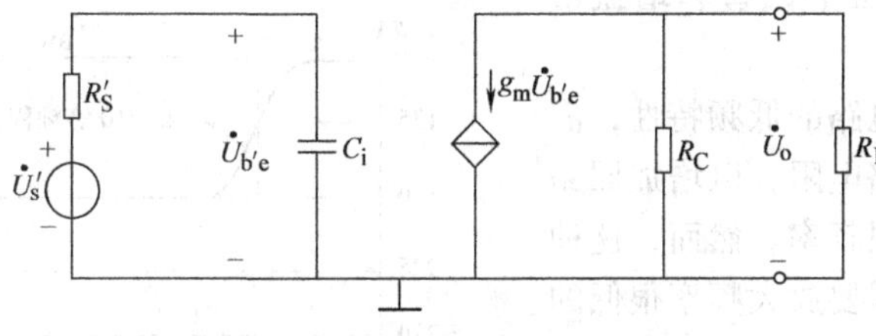

b）

图 2-61　共射放大电路的高频等效电路

a）高频等效电路　b）简化的等效电路

观察图 2-61a、b，可见，高频等效电路由中频等效电路和 RC 低通电路组成，其中低通电路的时间常数为

$$\tau_H=R'_SC_i \tag{2-87}$$

所以，结合中频电压放大倍数式（2-78）和低通 RC 电路的表达式（2-58），可得放大电路的高频放大倍数为

$$\dot{A}_{uHs}=\frac{\dot{U}_o}{\dot{U}_s}=\frac{\dot{A}_{ums}}{\left(1+j\dfrac{f}{f_H}\right)} \tag{2-88}$$

式中

$$f_H = \frac{1}{2\pi\tau_H} = \frac{1}{2\pi R'_S C_i} \tag{2-89}$$

从式（2-89）可见，由于密勒电容 C_M 较大，所以上限频率 f_H 主要由密勒电容决定。顺便说明，由于共集电极电路和共基极电路中的结电容不需要作密勒变换，所以不存在较大的密勒电容，因此其上限频率较高，即带宽较宽。

4. 共射放大电路的频率响应及波特图

综上所述，当考虑了耦合电容以及结电容的影响后，对于频率从零到无穷大的输入信号，电压放大倍数的表达式为（假设 $f_{L1} >> f_{L2}$）

$$\dot{A}_{us} = \frac{\dot{U}_o}{\dot{U}_s} = \frac{\dot{A}_{ums}}{\left(1 - j\frac{f_{L1}}{f}\right)\left(1 + j\frac{f}{f_H}\right)} \tag{2-90}$$

式中 $\left(1 - j\frac{f_{L1}}{f}\right)$ 是耦合电容对低频的影响因子，$\left(1 + j\frac{f}{f_H}\right)$ 是结电容对高频的影响因子。

幅频响应表达式为

$$|\dot{A}_{us}| = \frac{|\dot{A}_{ums}|}{\sqrt{\left[1 + \left(\frac{f_{L1}}{f}\right)^2\right]\left[1 + \left(\frac{f}{f_H}\right)^2\right]}} \tag{2-91}$$

相频响应表达式为

$$\varphi = -180° + \arctan\frac{f_{L1}}{f} - \arctan\frac{f}{f_H} \tag{2-92}$$

根据式（2-91）和式（2-92），可以画出共射放大电路的波特图，如图 2-62 所示。

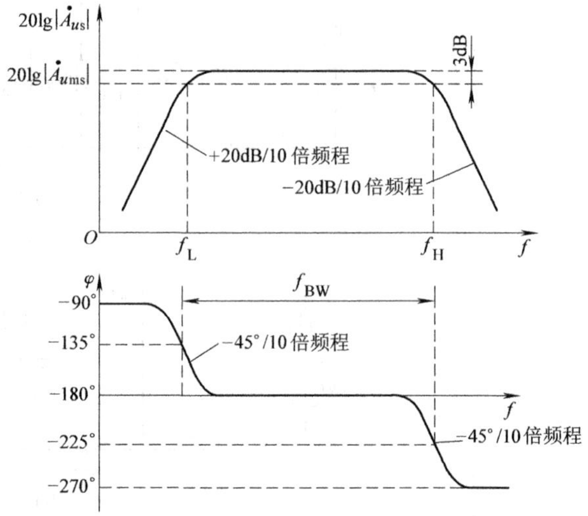

图 2-62　共射放大电路的波特图

5. 放大电路频率响应的改善和增益带宽积

为了改善共射放大电路的低频特性，需要加大耦合电容及其回路电阻，以增加回路时间常数，从而降低下限频率。然而，这种改善是有限的。因此在需要放大频率很低的信号时，应考虑选用直接耦合电路。

为了改善共射放大电路的高频特性，需要减小密勒电容和发射结及其回路电阻，以减小回路时间常数，从而增大上限频率。但是根据式（2-69），$C_M = C_{b'c}(1 - A)$，可见密勒电容与放大倍数 A 有关。因此为了使上限频率增加，需要减小密勒电容，但这势必要减小放大倍数。可见上限频率的提高和放大倍数的增大是互相矛盾的。

对于大多数放大电路，$f_H >> f_L$，因而通频带 $f_{BW} = f_H - f_L \approx f_H$。也就是说，上限频率与放大倍数的矛盾就是带宽与增益的矛盾，即增益提高时，带宽将变窄；带宽增加时，增益将减小。为了综合考虑带宽和增益这两方面的性能，引入一个新的参数——增益带宽积。

根据式（2-78）和式（2-89）分析，可得共射放大电路的增益带宽积为

$$|\dot{A}_{ums} f_{BW}| \approx \frac{1}{2\pi(r_{bb'} + R_S)C_{b'c}} \tag{2-93}$$

式（2-93）表明，当晶体管（$r_{bb'}$和 $C_{b'c}$）和信号源（R_S）确定后，增益带宽积几乎是常数，即增益增大多少倍，带宽就会变窄多少倍，这个结论具有普遍性。因此，改善电路的高频特性的基本方法是选用 $r_{bb'}$和 $C_{b'c}$（或 C_{ob}）均小的高频晶体管，在宽带放大器中应考虑选择共基极电路。

例 2-7　放大电路的等效电路如图 2-63 所示，其中 C_2 为耦合电容，数值为 10μF，中频时可视为短路，C_L 为负载电容，数值为 33pF，中频时可视为开路，$g_m = 6\text{mS}$，$R_S = 1\text{k}\Omega$，$R_i = 10\text{k}\Omega$，$R_C = R_L = 5.1\text{k}\Omega$。试求：（1）中频时的电压放大倍数；（2）低频时的频率响应表达式及下限频率；（3）高频时的电压放大倍数和上限频率。

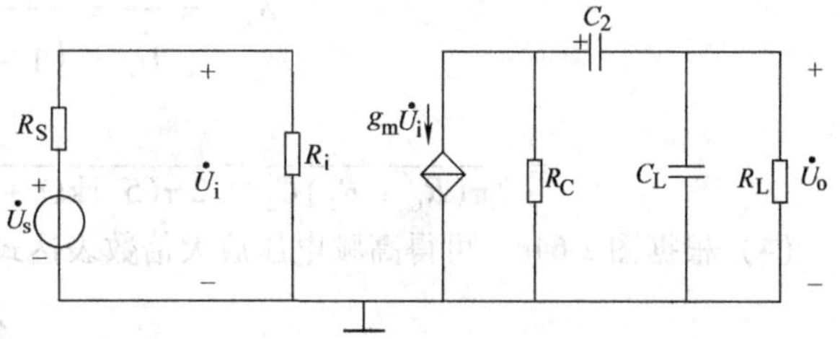

图 2-63　例 2-10 的电路

解　（1）画出中频、低频和高频等效电路如图 2-64 所示。

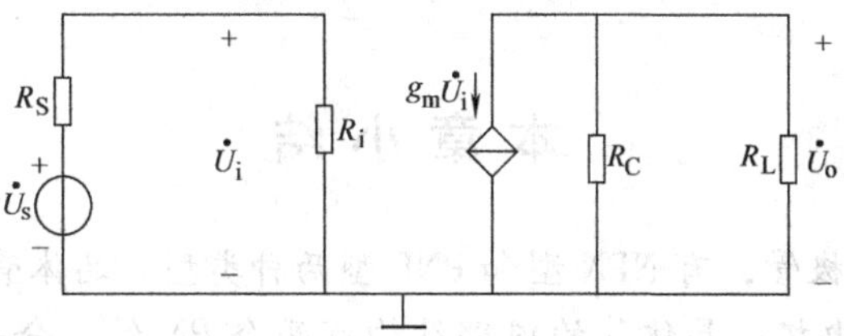

a)

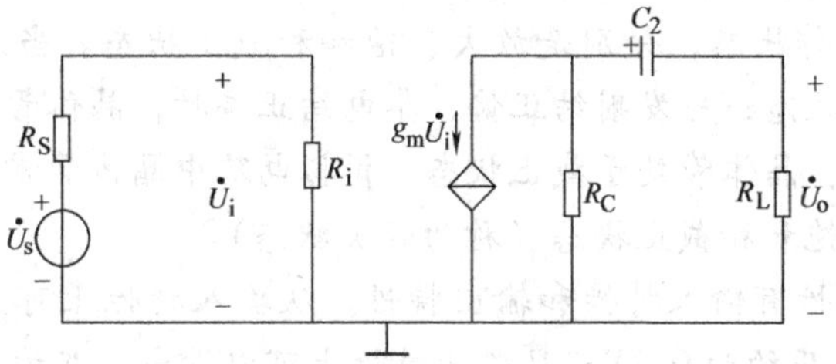

b)

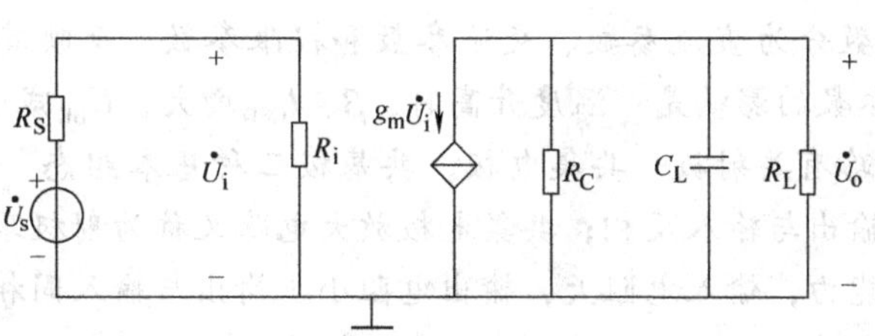

c)

图 2-64　例 2-7 的中频、低频、高频等效电路

a）中频　b）低频　c）高频

（2）根据图 2-64a，可得中频时的电压放大倍数为

$$\dot{A}_{ums} = \frac{\dot{U}_o}{\dot{U}_s} = \frac{\dot{U}_i}{\dot{U}_s}\frac{\dot{U}_o}{\dot{U}_i} = \frac{R_i}{R_i + R_S}\left(-\frac{g_m\dot{U}_i(R_C /\!/ R_L)}{\dot{U}_i}\right) = -\frac{R_i}{R_i + R_S}g_m(R_C /\!/ R_L)$$

$$= -\frac{10\text{k}\Omega}{1\text{k}\Omega + 10\text{k}\Omega} \times 6\text{mS} \times \frac{5.1\text{k}\Omega}{2} \approx -14$$

(3) 根据图2-64b，可得低频电压放大倍数表达式及下限频率为

$$\dot{A}_{u\text{Ls}} = \frac{\dot{U}_\text{o}}{\dot{U}_\text{s}} = \frac{\dot{A}_{u\text{ms}}}{\left(1 - \text{j}\dfrac{f_\text{L}}{f}\right)}$$

$$f_\text{L} = \frac{1}{2\pi(R_\text{C} + R_\text{L})C_2} = \frac{1}{2\pi(5.1\text{k}\Omega + 5.1\text{k}\Omega) \times 10\mu\text{F}} \approx 1.6\text{Hz}$$

(4) 根据图2-64c，可得高频电压放大倍数表达式及上限频率为

$$\dot{A}_{u\text{Hs}} = \frac{\dot{U}_\text{o}}{\dot{U}_\text{s}} = \frac{\dot{A}_{u\text{ms}}}{\left(1 + \text{j}\dfrac{f}{f_\text{H}}\right)}$$

$$f_\text{H} = \frac{1}{2\pi(R_\text{C} /\!/ R_\text{L})C_\text{L}} = \frac{1}{2\pi \times \dfrac{5.1}{2}\text{k}\Omega \times 33\text{pF}} \approx 1.89\text{MHz}$$

本章小结

1. 晶体管也称为三极管，有NPN型和PNP型两种类型。晶体管的外形有三个电极，分别是发射极、基极和集电极；晶体管的内部结构有两个PN结，分别称为发射结和集电结；常用的晶体管有硅管和锗管。

2. 晶体管有三种工作状态，分别是放大、饱和和截止状态。当发射结正偏、集电结反偏时，晶体管处于放大状态；当发射结正偏，集电结正偏时，晶体管处于饱和状态；当发射结反偏，集电结反偏时，晶体管处于截止状态。模拟电路中晶体管常工作于放大状态；数字电路中晶体管常工作于饱和和截止状态（称为开关状态）。

3. 晶体管的伏安特性有输入特性和输出特性。从输入特性上可见，硅管的导通电压约为0.7V，锗管的导通电压约为0.3V；从输出特性上可以看出，在放大区，有$i_\text{C} = \beta i_\text{B}$，即较小的基极电流可以控制较大的集电极电流，所以通常称晶体管是一种电流控制器件。

4. 晶体管的电参数分为直流参数、交流参数和极限参数。反映其放大能力的参数是α和β。温度对晶体管参数的影响是：温度升高时，β、I_CEO增大，U_BE减小。

5. 晶体管放大电路有共射极、共集电极、共基极三种基本组态，共射极放大电路有电压和电流放大能力，输出与输入反相；共集电极放大电路又称为射极跟随器，有电流放大能力，但没有电压放大能力，输入电阻大，输出电阻小，输出与输入同相；共基极放大电路有电压放大能力，没有电流放大能力，输入电阻小，输出与输入同相。

6. 放大电路的静态通过直流通路分析，分析方法有图解法和估算法，分析的目的是获得静态工作点Q的值。

7. 放大电路的动态分析方法有图解法和微变等效电路分析法。图解法在输出特性曲线上作图分析可以获得电路的最大动态范围；微变等效电路分析法通过微变等效电路可以获得放大电路的主要性能指标：电压放大倍数、输入电阻、输出电阻、带宽等。

8. 放大电路的失真分线性失真和非线性失真。频率失真属于线性失真，分为幅度失真和相位失真，主要是由于外接电容和晶体管的结电容等线性元件等造成的；截止失真和饱和

失真属于非线性失真，是由于输入信号过大或者 Q 点不适合使晶体管工作在非线性区而造成的。

9. 影响放大电路频率特性的主要因素是外接电容和晶体管结电容。耦合电容、旁路电容等外接电容造成了放大倍数低频段的下降，晶体管结电容、分布电容等造成了放大倍数高频段的下降。放大电路的频率特性可以用波特图表示，分为幅频特性波特图和相频特性波特图。从波特图上可以得到放大电路的三个参数：上限频率 f_H、下限频率 f_H 和通频带 f_{BW}。

实践案例

电子生日蜡烛

电子生日蜡烛采用热敏电阻和微型传声器做灯芯，发光二极管作烛光，并利用晶体管的通断来控制语音芯片播放生日歌。

电子生日蜡烛电路原理图如图 2-65 所示。图中，Rt 为热敏电阻，当用火给其加热时，其阻值迅速减小。VT_3、VT_4 构成双稳态触发电路，通常情况下一个管子饱和，另一个管子截止。当 Rt 阻值下降后，VT_4 集电极电位下降→VT_3 基极电位下降→VT_3 截止→VT_3 集电极电位上升→VT_4 基极电位上升→VT_4 集电极电位进一步下降→VT_4 饱和。VT_4 集电极输出的低电平使 VT_5 管饱和导通，发光二极管 LED 导通发光，同时音乐 IC 也接通，开始演奏“祝你生日快乐”乐曲。

MIC 为驻极体传声器，当嘴对其吹气时，MIC 感应出的电信号经 VT_1（共射放大电路）、VT_2（射极跟随器）放大后，由二极管 VD 整流为正脉冲加至 VT_3 管基极，使 VT_3 管基极电位升高→VT_3 管集电极电位降低→VT_4 基极电位降低→VT_4 集电极电位升高→VT_3 基极电位进一步升高，双稳态电路发生翻转，VT_3 饱和，VT_4 截止。VT_4 输出的高电平使 VT_5 截止，LED 灯熄灭，音乐 IC 也停止播放。

制作该电路时，VT_1、VT_2、VT_3、VT_4 可选择普通小功率管（9013），VT_5 可选择中功率管（9015），VD 可选择普通整流二极管（1N4148），LED 选用红色的，IC 选用内储“祝你生日快乐”的音乐集成电路 KD9300，其余元器件参数参见图中标注。

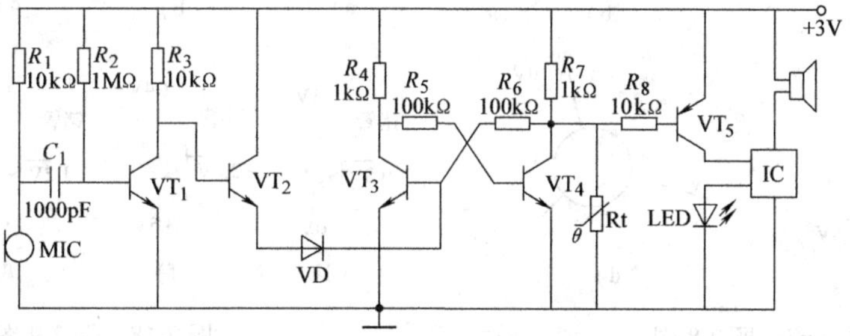

图 2-65　电子生日蜡烛电路原理图

思考题与习题

2-1　晶体管是否可用两个背靠背连接的二极管替代？为什么？

2-2　能否将晶体管的 C、E 两个电极交换使用？为什么？

2-3　一个晶体管放大电路，电源电压为 24V，若只有三只晶体管可供选择，其参数见表 2-3，试从中选用一只，并简述理由。

2-4　何谓晶体管电路的直流通路和交流通路？它们各有何用途？如何画晶体管电路的直流通路和交流通路？

2-5　什么情况下可采用晶体管简化小信号模型分析电路？简述分析晶体管放大电路的一般步骤。

2-6 怎样使用万用表判断晶体管的三个电极和类型（NPN 型或 PNP 型）？

表 2-3 题 2-3 表

三极管参数	VT_1	VT_2	VT_3
β	80	150	200
$I_{CBO}/\mu A$	0.01	0.1	0.02
$U_{(BR)CEO}/V$	50	50	20

2-7 有两只晶体管，现测得它们两个电极的电流大小和方向如图 2-66 所示。

（1）试求另一电极的电流大小，并标出该电流的实际流向。

（2）判断两个晶体管的类型（NPN 型或 PNP 型），并在图中标出每个晶体管的三个电极。

（3）若 I_{CBO} 均为零，试求各管的 $\bar{\alpha}$ 及 $\bar{\beta}$ 值。

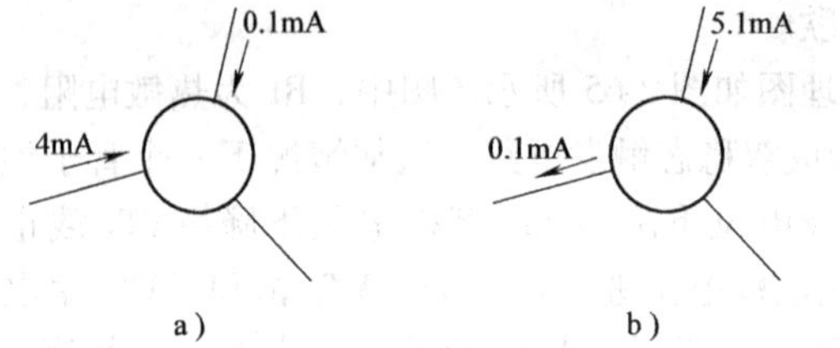

图 2-66 题 2-7 图

2-8 测得放大电路中处于放大状态的四只晶体管各电极对“地”的电压如图 2-67 所示，试判断各晶体管的类型（NPN 型或 PNP 型）及三个电极，并分别说明它们是硅管还是锗管。

2-9 测得各晶体管静态时三个电极对“地”的电压如图 2-68 所示，试判断各晶体管的工作状态。

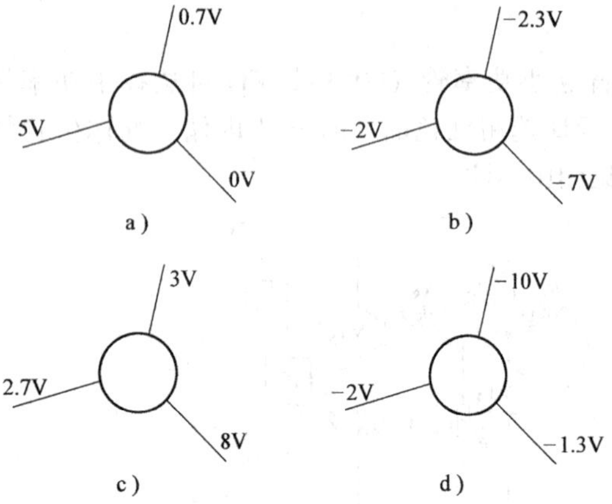

图 2-67 题 2-8 图

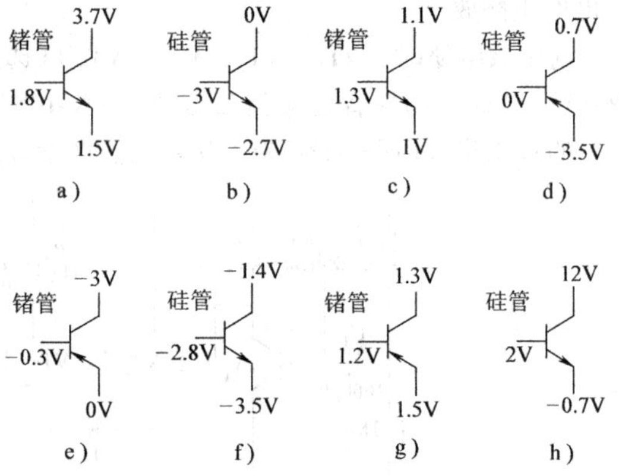

图 2-68 题 2-9 图

2-10 分析如图 2-69 所示电路中各晶体管的工作状态，假设晶体管和二极管均为硅管。

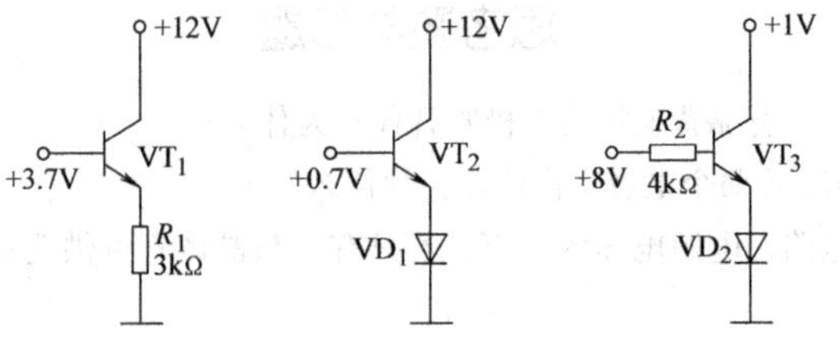

图 2-69 题 2-10 图

2-11 电路如图 2-70 所示，设三极管 VT 的 $\beta = 100$，$U_{BEQ} = 0.2V$，$r_{bb'} = 200\Omega$，电容器 C_1、C_2 的电容量均足够大。试求：

（1）静态工作点 I_{BQ}、I_{CQ} 和 U_{CEQ} 的值；（2）电路的电压放大倍数 A_u、输入电阻 R_i 和输出电阻 R_o 的值；（3）若输出电压波形出现底部削平的失真，分析晶体管产生了截止失真还是饱和失真？若要使失真消失，应该调整电路中的哪个参数？

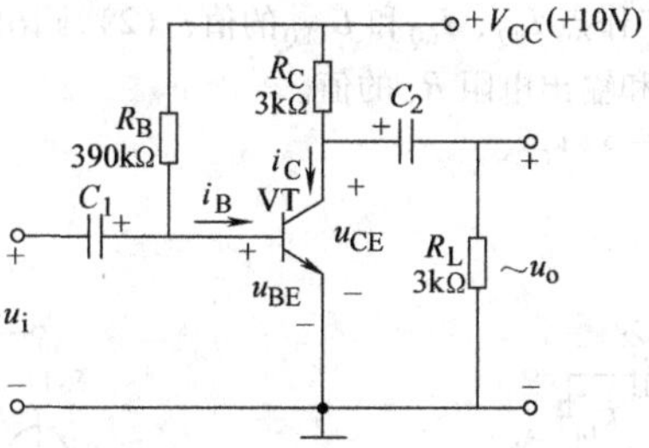

图 2-70　题 2-11 图

2-12　某固定偏流放大电路如图 2-71a 所示，电路中晶体管为硅管，其输出特性曲线及交、直流负载线如图 2-71b 所示，试求：（1）电源电压 V_{CC}、工作点 I_{BQ}、I_{CQ} 和 U_{CEQ} 的值；（2）电阻 R_B、R_C 的值；（3）输出电压的最大不失真幅度。

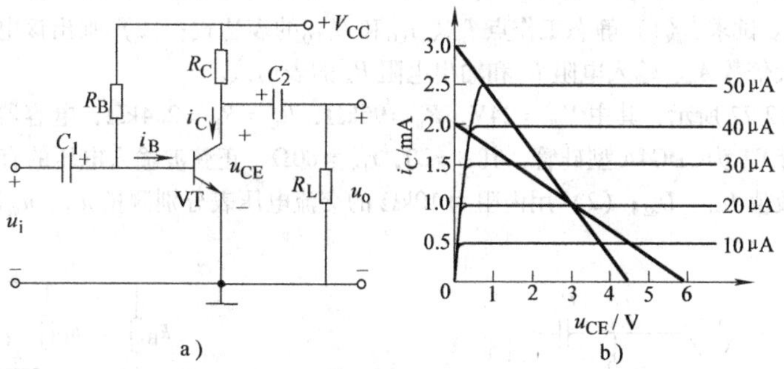

图 2-71　题 2-12 图

2-13　电路如图 2-72 所示，其中 $V_{CC}=15V$，$R_{B1}=60k\Omega$，$R_{B2}=20k\Omega$，$R_C=3k\Omega$，$R_E=2k\Omega$，电容 $C_1=C_2=10\mu F$，$C_E=47\mu F$，晶体管 VT 为硅管，其 $\beta=60$，$r_{bb'}=200\Omega$，$U_{BEQ}=0.7V$，负载电阻 $R_L=3k\Omega$。试求：（1）电路静态时的 I_{CQ}、U_{CQ} 和 U_{EQ} 的值；（2）画出该电路的微变等效电路，并求出 r_{be} 的值；（3）电路的电压放大倍数 A_u、输入电阻 R_i 和输出电阻 R_o 的值。

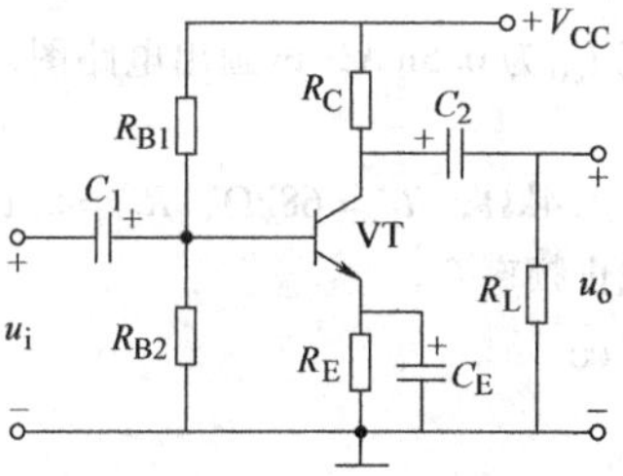

图 2-72　题 2-13 图

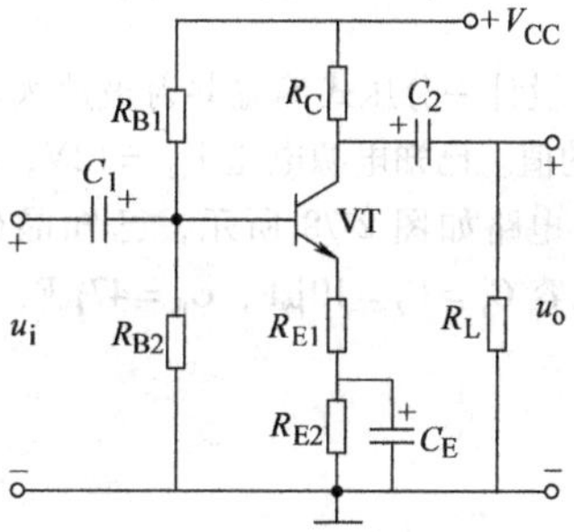

图 2-73　题 2-14 图

2-14　电路如图 2-73 所示，其中 $V_{CC}=24V$，$R_{B1}=62k\Omega$，$R_{B2}=15k\Omega$，$R_C=3k\Omega$，$R_{E1}=100\Omega$，$R_{E2}=1k\Omega$，电容 $C_1=C_2=10\mu F$，$C_E=47\mu F$，晶体管 VT 的 $\beta=50$，$r_{be}=1k\Omega$，负载电阻 $R_L=3k\Omega$。试求：

（1）画出该电路的微变等效电路；（2）电路的电压放大倍数 A_u、输入电阻 R_i 和输出电阻 R_o 的值。

2-15　射极跟随器如图 2-74 所示，其中 $V_{CC}=15V$，电容器 C_1、C_2 的电容量均足够大，晶体管 VT 为硅管，其 $\beta=100$，$r_{bb'}=300\Omega$，$U_{BEQ}=0.7V$。试求：（1）静态工作点 I_{BQ}、I_{CQ} 和 U_{CEQ} 的值；（2）画出该电路的微变等效电路，并求出 r_{be} 的值；（3）电路的电压放大倍数 A_u、输入电阻 R_i 和输出电阻 R_o 的值；（4）如

果要增加电路的跟随范围，可以调整哪个元件参数？

2-16　电路如图2-75所示，其中 $-V_{CC}=-6V$，$R_B=43k\Omega$，$R_C=100\Omega$，$R_E=150\Omega$，信号源的内阻 $R_S=1k\Omega$，电容器 C_1、C_2 的电容量均足够大，晶体管VT为锗管，其 $\beta=80$，$r_{bb'}=80\Omega$，$U_{BEQ}=-0.2V$，负载电阻 $R_L=2k\Omega$。试求：(1) 静态工作点 I_{BQ}、I_{CQ} 和 U_{CEQ} 的值；(2) 画出该电路的微变等效电路；(3) 电路的电压放大倍数 A_u、输入电阻 R_i 和输出电阻 R_o 的值。

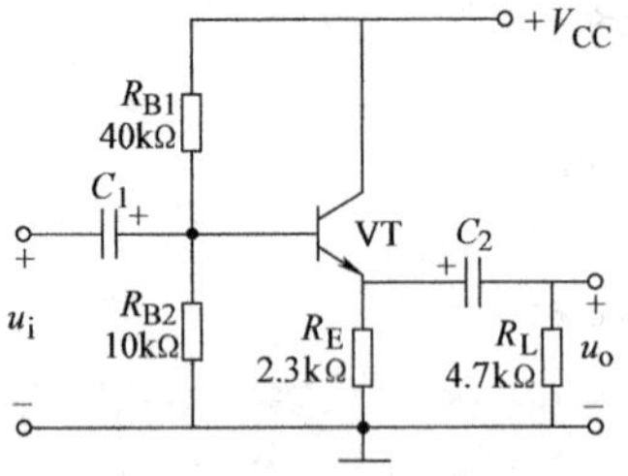

图2-74　题2-15图

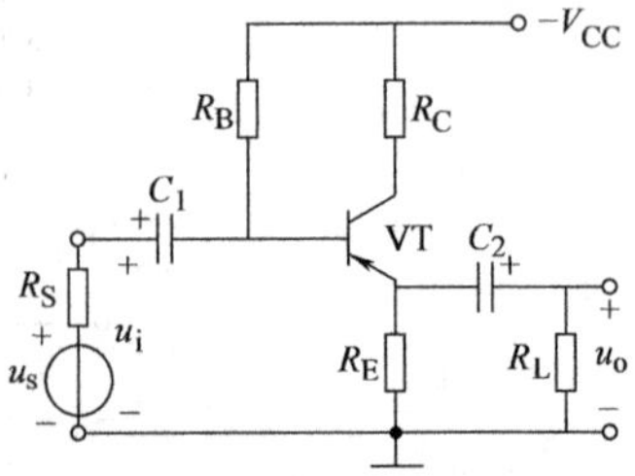

图2-75　题2-16图

2-17　电路如图2-76所示，其中电容器 C_1、C_2、C_3 的电容量均足够大，晶体管VT为3DG4A型硅管，其 $\beta=20$，$r_{bb'}=80\Omega$。试求：(1) 静态工作点 I_{BQ}、I_{CQ} 和 U_{CEQ} 的表达式；(2) 画出该电路的微变等效电路；(3) 电路的电压放大倍数 A_u、输入电阻 R_i 和输出电阻 R_o 的表达式。

2-18　电路如图2-77所示，其中 $V_{CC}=24V$，$R_B=96k\Omega$，$R_C=R_E=2.4k\Omega$，电容器 C_1、C_2、C_3 的电容量均足够大，晶体管VT为3DG4A型硅管，其 $\beta=20$，$r_{bb'}=80\Omega$，正弦波输入电压的有效值 $U_i=1V$。试求：(1) 输出电压的有效值 U_{o1}、U_{o2}；(2) 用内阻为10kΩ的交流电压表分别测量 u_{o1}、u_{o2} 时，表的读数各为多少？

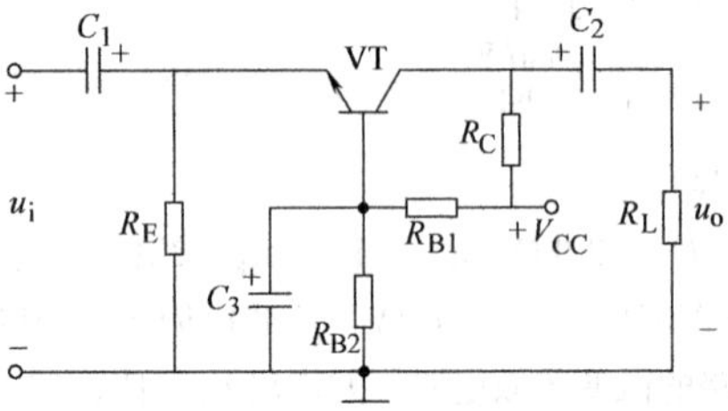

图2-76　题2-17图

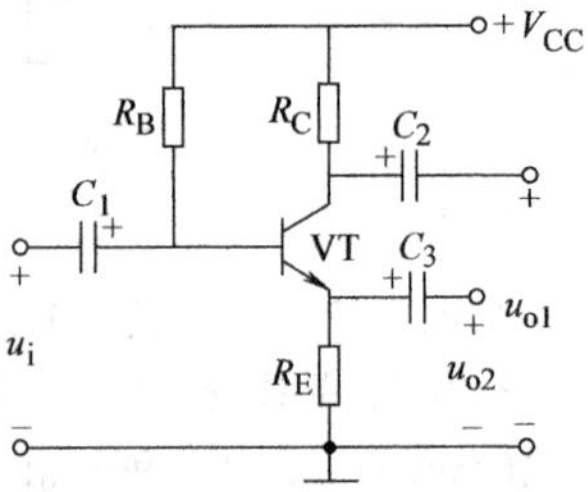

图2-77　题2-18图

2-19　设计一分压式偏置共射极放大电路，要求集电极电流 I_{CQ} 为0.5mA，试画出电路图，选择各电阻、电容的值。已知电源电压 $V_{CC}=12V$，晶体管的 $\beta=50$。

2-20　电路如图2-78所示，已知晶体管的 $\beta_0=100$，$r_{be}=1.4k\Omega$，$R_B=68k\Omega$，$R_C=5.1k\Omega$，$R_E=1.8k\Omega$，电容 $C_1=C_2=10\mu F$，$C_E=47\mu F$，试估算该电路的下限截止频率 f_L。

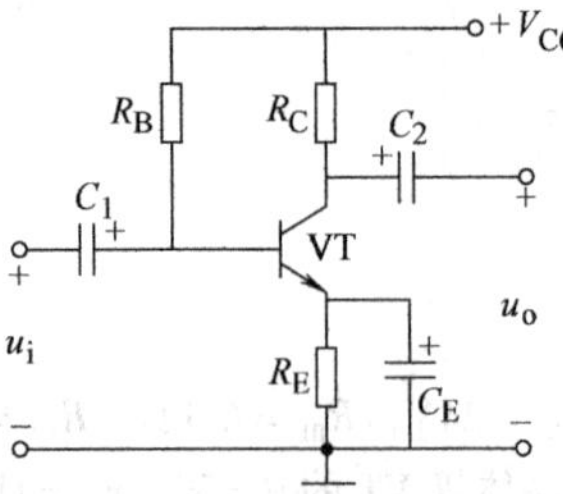

图2-78　题2-20图

2-21　一放大电路的等效电路如图2-79所示，其中 C_1 为耦合电容，R_L 和 C_L 分别为负载电阻和负载电容。中频时，C_1 对交流信号可视作短路，C_L 可视作开路。设电路中频增益为 $|\dot{A}_{ums}|\angle-180°$。

（1）写出该电路的 $\dot{A}_{uLs}$（低频时的 $\dot{U}_o/\dot{U}_s$）及 $\dot{A}_{uHs}$（高频时的 $\dot{U}_o/\dot{U}_s$）的表达式；

（2）若 $R_s=1\mathrm{k}\Omega$，$R_i=10\mathrm{k}\Omega$，$R_C=R_L=10\mathrm{k}\Omega$，为了使 $|\dot{A}_{ums}|=10$，g_m 的值应为多大？

（3）若要求电路的 $f_L=6\mathrm{Hz}$，电容 C_1 的电容量应多大？

（4）若要求电路的 $f_H=1\mathrm{MHz}$，电容 C_L 的电容量不应超过什么数值？

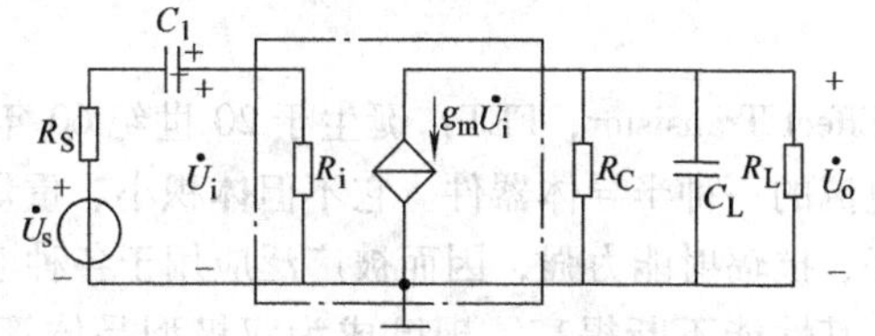

图 2-79　题 2-21 图

第 3 章　场效应晶体管及其放大电路

应用背景

场效应晶体管（Field Effect Transistor，FET）诞生于 20 世纪 60 年代，它是利用输入回路的电场效应来控制输出回路电流的一种半导体器件。它不但体积小、重量轻、寿命长，而且输入电阻大、噪声低、热稳定性好、抗辐射能力强，因而被广泛应用于各种电子电路中。随着场效应晶体管工艺水平的不断改进，其性能不断提高，现已成为双极型晶体管和功率晶体管的强大竞争者。场效应晶体管不仅可应用于放大电路，而且可用做可变电阻、恒流源、电子开关等，现在场效应晶体管已经被大量应用于大规模、超大规模集成电路中。

本章首先介绍场效应晶体管的结构、工作原理及其伏安特性，然后重点介绍由场效应晶体管组成的放大电路，最后讨论多级放大器的组成及其技术指标的计算。

3.1　场效应晶体管

FET 分为结型场效应晶体管（Junction FET，JFET）和金属-氧化物-半导体场效应晶体管（Metal-Oxide-Semiconductor FET，MOSFET）两种类型。

3.1.1　结型场效应晶体管

1. 结型场效应晶体管的结构和符号

结型场效应晶体管分为 N 沟道和 P 沟道两种类型。如图 3-1a 所示，在一块 N 型半导体的两侧分别扩散出两个 P^+ 型区，形成两个 PN 结，将两个 P^+ 型区连接后形成一个电极称为栅极（G），从 N 型半导体的上下两端各引出一个电极，分别称为源极（S）和漏极（D）。由于 D、S 间存在由 N 型半导体构成的电流通道，故称为 N 沟道结型场效应晶体管，其电路符号如图 3-1b 所示，符号中的箭头是当栅-源极间加正向电压时的电流流向。P 沟道结型场效应晶体管的结构与 N 沟道型类似，其结构图和图形符号分别如图 3-1c、d 所示。

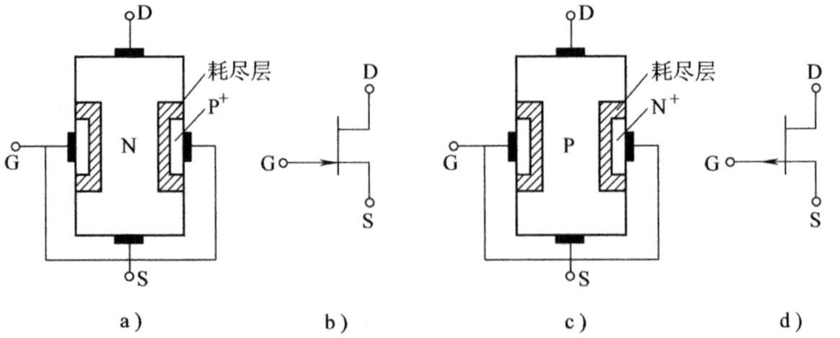

图 3-1　结型场效应晶体管的结构示意图和图形符号

a）N 沟道结构示意图　b）N 沟道图形符号

c）P 沟道结构示意图　d）P 沟道图形符号

2. 结型场效应晶体管的工作原理

现以 N 沟道结型场效应晶体管为例，分析其工作原理。

N 沟道结型场效应晶体管正常工作时，其直流偏置电路如图 3-2 所示。在栅-源极之间加负电压（即 $u_{GS}<0V$），使栅-源极间的 PN 结反偏。此时，栅极电流 $i_G\approx0$，场效应晶体管呈现很高的输入电阻。在漏-源极之间加正向电压（即 $u_{DS}>0V$），使 N 沟道中的多数载流子（自由电子）在电场作用下由源极向漏极作定向移动，形成漏极电流 i_D。

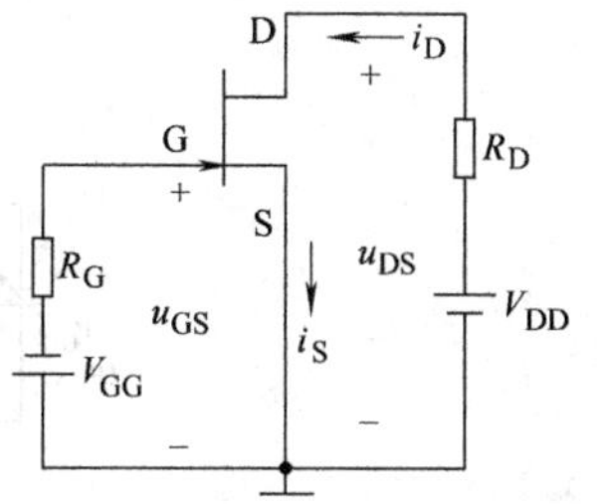

图 3-2　N 沟道结型场效应晶体管直流偏置电路

i_D 的大小主要受栅-源电压 u_{GS} 控制，同时也受漏-源电压 u_{DS} 的影响。因此，讨论场效应晶体管的工作原理就是讨论栅-源电压 u_{GS} 对漏极电流 i_D 的控制作用，以及漏-源电压 u_{DS} 对漏极电流 i_D 的影响。

（1）当 $u_{DS}=0V$ 时，u_{GS} 对导电沟道的控制作用

当栅-源电压 $u_{GS}=0V$ 时，PN 结的耗尽层很窄，沟道较宽，沟道电阻较小，如图 3-3a 所示。

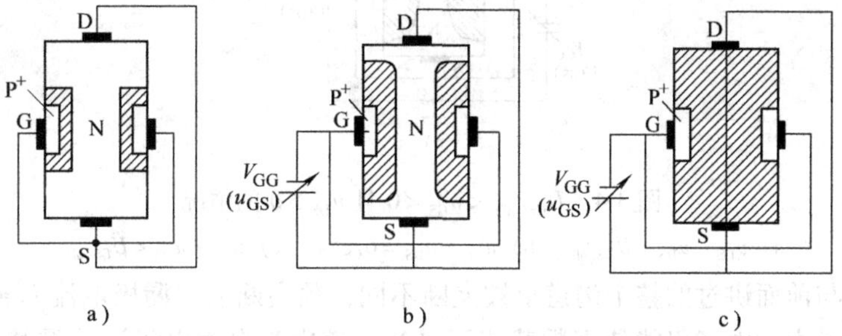

图 3-3　$u_{DS}=0V$ 时，u_{GS} 对导电沟道的控制作用

a）$u_{GS}=0V$　b）$U_{GS(off)}<u_{GS}<0V$　c）$u_{GS}\leqslant U_{GS(off)}$

当 $u_{GS}<0V$ 时，即输入端 PN 结反偏，耗尽层将加宽。由于 N 区掺杂浓度远小于 P^+ 区，因此，随着 $|u_{GS}|$ 的增加，耗尽层将主要向 N 区扩展，使沟道变窄，沟道电阻增大，如图 3-3b 所示。

当 $|u_{GS}|$ 进一步增大到一定值时，两侧的耗尽层将在沟道中央合拢，沟道全部被夹断，如图 3-3c 所示。由于耗尽层中没有载流子，因此这时漏-源极间的电阻将趋于无穷大，即使加上一定的电压 u_{DS}，漏极电流 i_D 也将为零。这时的栅-源电压称为夹断电压，用 $U_{GS(off)}$ 表示。

上述分析表明，改变栅-源电压 u_{GS} 的大小，可以有效地控制沟道电阻的大小。若同时在漏-源极之间加上固定的正向电压 u_{DS}，则漏极电流 i_D 将受 u_{GS} 的控制，$|u_{GS}|$ 增大时，沟道电阻增大，i_D 减小。

（2）当 $U_{GS(off)}<u_{GS}<0V$ 时，u_{DS} 对漏极电流 i_D 的影响

当漏-源电压 $u_{DS}=0V$ 时，虽有导电沟道存在，但多子不会产生定向移动，因而漏极电流 i_D 为零。

当漏-源电压 u_{DS} 从零开始增大时，沟道中有电流 i_D 流过。由于沟道存在一定的电阻，因此，i_D 沿沟道产生的电压降使沟道内各点的电位不再相等，漏极端电位最高，源极端电位最低。这就使栅极与沟道内各点间的电位差不再相等，其绝对值沿沟道从漏极到源极逐渐减小，在漏极端最大（为 $|u_{GD}|$），即加到该处 PN 结上的反偏电压最大，这使得沟道两侧的耗尽层从源极到漏极逐渐加宽，沟道宽度不再均匀，而呈楔形，如图 3-4a 所示。

在 u_{DS} 较小时，它对 i_D 的影响应从两个角度来分析：一方面 u_{DS} 增加时，沟道的电场强度增大，i_D 增加；另一方面，随着 u_{DS} 的增加，沟道的不均匀性增大，即沟道电阻增加，i_D 应该下降，但是在 u_{DS} 较小时，沟道的不均匀性不明显，在漏极附近的区域内沟道仍然较宽，即 u_{DS} 对沟道电阻影响不大，故 i_D 随 u_{DS} 增加而几乎呈线性增加。随着 u_{DS} 的进一步增加，靠近漏极一端的 PN 结上承受的反向电压增大，这里的耗尽层相应变宽，沟道电阻相应增加，i_D 随 u_{DS} 上升的速度趋缓。

当 u_{DS} 增加到使 $u_{GD}=U_{GS(off)}$ 时，漏极附近的耗尽层即在 A 点处合拢，如图 3-4b 所示，这种状

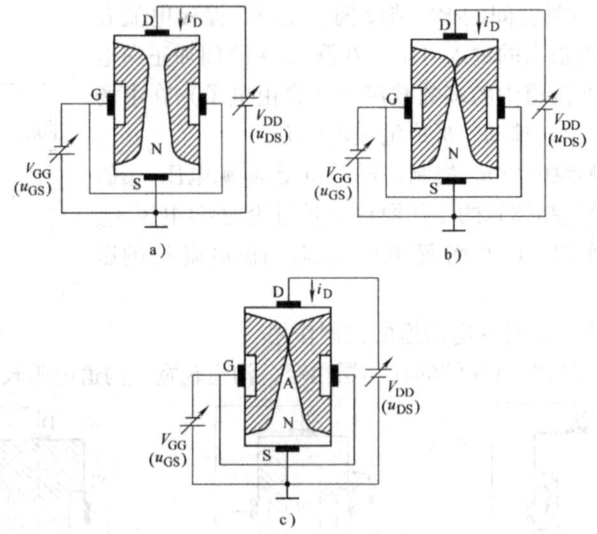

图 3-4 $U_{GS(off)} < u_{GS} < 0$ 且 $u_{DS} > 0$ 的情况

a) $u_{GS} - u_{DS} > U_{GS(off)}$ b) $u_{GS} - u_{DS} = U_{GS(off)}$ c) $u_{GS} - u_{DS} < U_{GS(off)}$

态称为预夹断。与前面讲过的整个沟道全被夹断不同，预夹断后，漏极电流 $i_D \neq 0$。因为这时沟道仍然存在，沟道内的电场仍能使多数载流子（N 沟道中为自由电子）作漂移运动，并被强电场拉向漏极。

若 u_{DS}继续增加，使 $u_{GS} - u_{DS} < U_{GS(off)}$，即 $u_{GD} < U_{GS(off)}$时，耗尽层合拢部分会增加，即自 A 点向源极方向延伸，如图 3-4c 所示，夹断区的电阻越来越大，但漏极电流 i_D 不随 u_{DS}的增加而增加，i_D 基本趋于饱和。因为这时夹断区电阻很大，u_{DS}的增加量主要降落在夹断区电阻上，沟道电场强度增加不多，因而 i_D 基本不变。但当 u_{DS}增加到大于某一极限值（漏-源击穿电压 $U_{(BR)DS}$）后，漏极一端 PN 结上反向电压将使 PN 结发生雪崩击穿，i_D 会急剧增加。正常工作时 u_{DS}不能超过最大漏-源电压 $U_{(BR)DS}$。

从结型场效应晶体管工作原理可知：

1）结型场效应晶体管栅极与沟道之间的 PN 结是反向偏置，因此，栅极电流 $i_G \approx 0$，输入阻抗很高。

2）漏极电流 i_D 受栅-源电压 u_{GS}控制，所以场效应晶体管是电压控制电流型器件。

3）预夹断前，即 u_{DS}较小时，i_D 与 u_{DS}间基本呈线性关系；预夹断后，i_D 趋于饱和。

关于 P 沟道结型场效应晶体管工作原理，读者可自行分析。

3. 结型场效应晶体管的特性曲线

由于结型场效应晶体管的栅极输入电流 $i_G \approx 0$，因此，不再讨论输入特性曲线。常用的特性曲线有输出特性曲线和转移特性曲线。

（1）输出特性曲线

输出特性曲线用来描述当 u_{GS}为常数时，电流 i_D 和电压 u_{DS}间的关系。其函数关系式为

$$i_D = f(u_{DS})\Big|_{U_{GS}=\text{常数}} \tag{3-1}$$

改变 u_{GS}，会得到一簇输出特性曲线。图 3-5 所示是 N 沟道结型场效应晶体管的输出特性曲线。

由输出特性曲线，可将场效应晶体管的工作状态划分为四个区域，下面分别进行讨论。

1）可变电阻区。位于输出特性曲线的起始部分，如图 3-5 中 I 区所示，它表示 u_{DS}较小、晶体管预夹断前，电压 u_{DS}与漏极电流 i_D 间的关系。

在此区域内有 $U_{GS(off)}<u_{GS}\leqslant 0$，$u_{DS}<u_{GS}-U_{GS(off)}$。当 u_{GS}一定、u_{DS}较小时，u_{DS}对沟道影响不大，沟道电阻基本不变，i_D 与 u_{DS}之间基本呈线性关系。若 $|u_{GS}|$增加，则沟道电阻增大，输出特性曲线斜率减小。所以，在 u_{DS}较小时，源-漏极间可以看做是一个受 u_{GS}控制的可变电阻，故称这一区域为可变电阻区。利用该特点，场效应晶体管常被作为压控电阻而广泛应用。

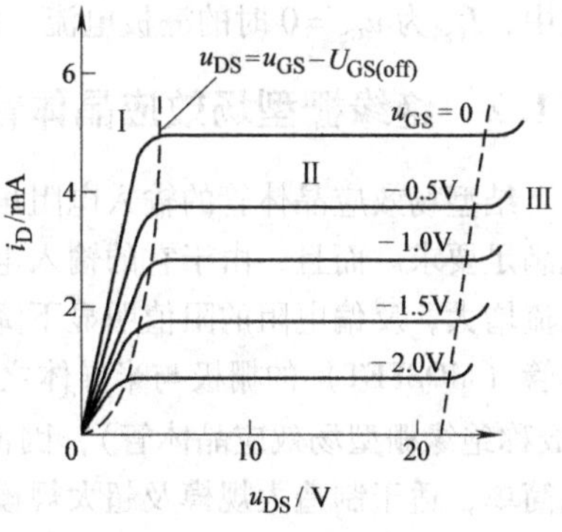

图 3-5　场效应晶体管的输出特性曲线

2）恒流区（也称饱和区、放大区）。当 $U_{GS(off)}<u_{GS}\leqslant 0$ 且 $u_{DS}\geqslant u_{GS}-U_{GS(off)}$时，N 沟道结型场效应晶体管进入恒流区，如图 3-5 中Ⅱ区所示，输出特性曲线几乎成为水平的直线。它表示晶体管预夹断后，电压 u_{DS}与漏极电流 i_D 间的关系。恒流区的特点是 i_D 几乎不随 u_{DS}的变化而变化，i_D 已趋于饱和，但它受 u_{GS}的控制。$|u_{GS}|$增加，沟道电阻增加，i_D 减小。场效应晶体管作线性放大器件使用时工作在恒流区，所以，该区域也成为线性放大区。

应当指出，图 3-5 中可变电阻区与恒流区的分界线是结型场效应晶体管的预夹断点（$u_{DS}=u_{GS}-U_{GS(off)}$）的轨迹。显然，预夹断点随 u_{GS}改变而变化，u_{GS}绝对值越大，预夹断时的 u_{DS}越小。

3）击穿区。晶体管预夹断后，若 u_{DS}继续增大，当栅-漏极间 PN 结上的反偏电压 u_{GD}增大到使 PN 结发生击穿时，i_D 将急剧上升，特性曲线进入击穿区，如图 3-5 中Ⅲ区所示。晶体管被击穿后再不能正常工作。

4）截止区（又称夹断区）。当 $u_{GS}<U_{GS(off)}$时，沟道全部被夹断，$i_D\approx 0$，即图中靠近横轴的部分称为夹断区（图中未画出），这时场效应晶体管处于截止状态。

（2）转移特性曲线

转移特性曲线用来描述当 u_{DS}为常数时，电流 i_D 和电压 u_{GS}间的关系。其函数关系式为

$$i_D=f(u_{GS})\Big|_{U_{DS}=常数} \tag{3-2}$$

它反映了栅-源电压 u_{GS}对 i_D 的控制作用。

由于转移特性曲线和输出特性曲线都是用来描述 u_{GS}、u_{DS}及 i_D 间的关系的，所以转移特性曲线可以根据输出特性曲线绘出。图 3-6 所示的是某一 N 沟道 JFET 工作在恒流区（$u_{DS}=10V$）时的转移特性曲线。在恒流区，漏极电流可以近似表示为

$$i_D=I_{DSS}\left(1-\frac{u_{GS}}{U_{GS(off)}}\right)^2\quad (U_{GS(off)}<u_{GS}<0) \tag{3-3}$$

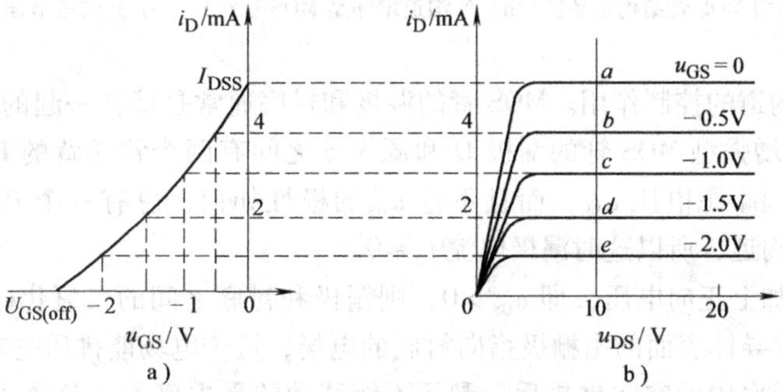

图 3-6　从输出特性曲线到转移特性曲线

a）转移特性曲线（$u_{DS}=10V$ 时）　b）输出特性曲线

式中，I_{DSS}为 $u_{GS}=0$ 时的漏极电流，称为漏极饱和电流。

3.1.2 绝缘栅型场效应晶体管

结型场效应晶体管的输入电阻虽然可达 $10^6 \sim 10^9\Omega$，但在要求输入电阻更高的场合，还是不能满足要求。而且，由于它的输入电阻是 PN 结的反偏电阻，在高温条件下工作时，PN 结反向电流增大，反偏电阻的阻值明显下降。与结型场效应晶体管不同，金属-氧化物-半导体场效应晶体管（MOSFET）的栅极与半导体之间隔有二氧化硅（SiO_2）绝缘介质，使栅极处于绝缘状态（故称绝缘栅型场效应晶体管），因而它的输入电阻可达 $10^9 \sim 10^{15}\Omega$。它的另一个优点是制造工艺简单，适于制造大规模及超大规模集成电路。

MOSFET 也有 N 沟道（NMOSFET）和 P 沟道（PMOSFET）两种，而且每一种又分为增强型和耗尽型，两者的区别是增强型 MOS 管在栅-源电压 $u_{GS}=0$ 时，漏-源极之间没有导电沟道存在，即使加上电压 u_{DS}（在一定的数值范围内），也没有漏极电流产生（$i_D=0$）。而耗尽型 MOS 管在 $u_{GS}=0$ 时，漏-源极间就有导电沟道存在。在集成电路中常利用 NMOS 和 PMOS 电压极性的互补性结合使用构成电路，这种电路称为 CMOS 电路。

1. N 沟道增强型 MOS 管

（1）结构

如图 3-7a 所示，在一块掺杂浓度较低的 P 型硅衬底上，用光刻、扩散等工艺制作两个高掺杂浓度的 N^+区，并用金属引出两个电极，分别作漏极 D 和源极 S。然后在半导体表面覆盖一层很薄的二氧化硅（SiO_2）绝缘层，在漏-源极间的绝缘层上引出一个金属电极，作为栅极 G。另外，在衬底上也引出一个电极，这就构成了一个 N 沟道增强型 MOS 管。显然它的栅极与其他电极间是绝缘的。图 3-7b 是它的符号，符号中的箭头方向表示由 P（衬底）指向 N（沟道）。P 沟道增强型 MOS 管的箭头方向与上述相反，如图 3-7c 所示。

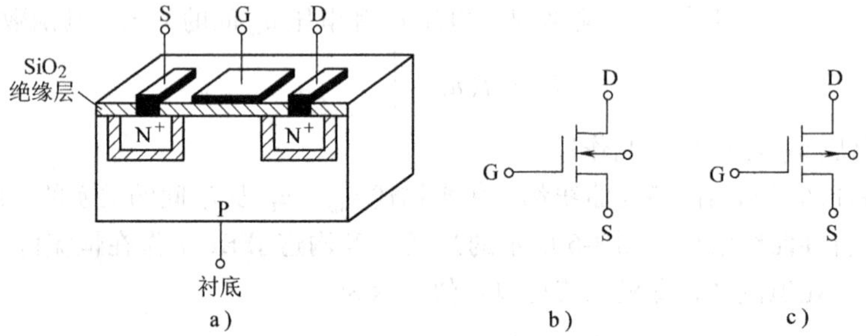

图 3-7　增强型 MOS 管结构示意图和图形符号

a）N 沟道增强型 MOS 管结构示意图　b）N 沟道增强型 MOS 管符号　c）P 沟道增强型 MOS 管符号

（2）工作原理

1）u_{GS}对 i_D 及沟道的控制作用。MOS 管的源极和衬底通常是接在一起的（大多数 MOS 管在出厂前已连接好）。增强型 MOS 管的漏极 D 和源极 S 之间有两个背靠背的 PN 结。当栅-源电压 $u_{GS}=0$ 时，即使加上漏-源电压 u_{DS}，而且不论 u_{DS}的极性如何，总有一个 PN 结处于反偏状态，漏-源极间没有导电沟道，所以这时漏极电流 $i_D\approx0$。

若在栅-源极间加上正向电压，即 $u_{GS}>0$，则栅极和衬底之间的二氧化硅（SiO_2）绝缘层中便产生一个垂直于半导体表面的由栅极指向衬底的电场，这个电场能排斥空穴而吸引电子，因而使栅极附近的 P 型衬底中的空穴被排斥，剩下不能移动的受主离子（负离子）形成耗尽层，同时 P 衬底中的自由电子（少子）被吸引到衬底表面。当 u_{GS}数值较小，吸引电子的能力不强时，漏-源极之间仍无导电沟道出现，如图 3-8a 所示。u_{GS}增加时，吸引到 P 衬底表面层的电子就增多，当 u_{GS} 达到某一数值时，这些电子在栅极附近的 P 衬底表面便形成一个 N 型薄层，且与两个 N^+ 区相连通，在漏-源极间形成 N 型导电沟道，其导电类型与 P 衬底相反，故称为反型层，如图 3-8b 所示。u_{GS} 越大，作用于半导体表面的电场就越强，吸引到 P 衬底表面的电子就越多，导电沟道越厚，沟道电阻越小。开始形成沟道时的栅-源极电压称为开启电压，用 $U_{GS(th)}$ 表示。

由上述分析可知，N 沟道增强型 MOS 管在 $u_{GS} < U_{GS(th)}$ 时，不能形成导电沟道，管子处于截止状态。只有当 $u_{GS} \geqslant U_{GS(th)}$ 时，才有沟道形成，此时在漏-源极间加上正向电压 u_{DS}，才有漏极电流产生。而且 u_{GS} 增大时，沟道变厚，沟道电阻减小，i_D 增大。这种必须在 $u_{GS} \geqslant U_{GS(th)}$ 时才能形成导电沟道的 MOS 管称为增强型 MOS 管。

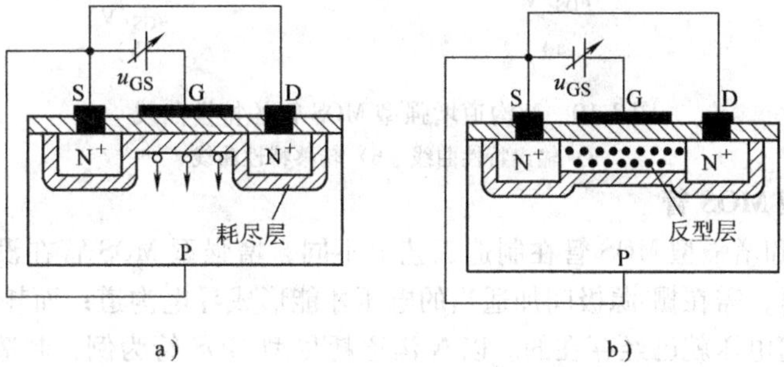

图 3-8　u_{DS} = 0V 时，u_{GS} 对导电沟道的控制作用

a）耗尽层的形成　b）导电沟道的形成

2）u_{DS} 对 i_D 及沟道的控制作用。如图 3-9a 所示，当 $u_{GS} > U_{GS(th)}$ 且为一确定值时，漏-源电压 u_{DS} 对导电沟道及电流 i_D 的影响与结型场效应晶体管相似。漏极电流 i_D 沿沟道产生的电压降使沟道内各点与栅极间的电压不再相等，靠近源极一端的电压最大，沟道最厚；漏极一端电压最小，其值为 $u_{GD} = u_{GS} - u_{DS}$，沟道最薄。但当 u_{DS} 较小（$u_{DS} < u_{GS} - U_{GS(th)}$）时，它对沟道的影响不大，这时只要 u_{GS} 一定，沟道电阻几乎也是一定的，所以 i_D 随 u_{DS} 近似呈线性变化。

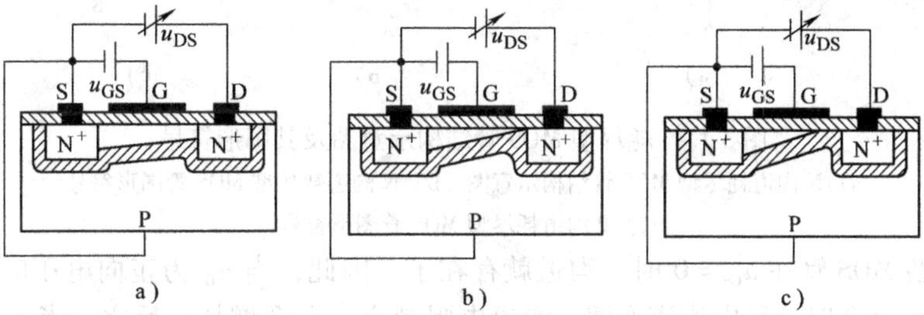

图 3-9　沟道开启后，u_{DS} 对 i_D 的影响

a）$u_{DS} < u_{GS} - U_{GS(th)}$　b）$u_{DS} = u_{GS} - U_{GS(th)}$　c）$u_{DS} > u_{GS} - U_{GS(th)}$

随着 u_{DS} 的增大，靠近漏极的沟道越来越薄，当 u_{DS} 增加到使 $u_{GD} = u_{GS} - u_{DS} = U_{GS(th)}$（或 $u_{DS} = u_{GS} - U_{GS(th)}$）时，沟道在漏极一端出现预夹断，如图 3-9b 所示。再继续增大 u_{DS}，夹断点将向源极方向移动，如图 3-9c 所示。由于 u_{DS} 的增加部分几乎全部降落在夹断区，故 i_D 几乎不随 u_{DS} 增大而增加，管子进入饱和区，i_D 几乎仅由 u_{GS} 决定。

(3) 特性曲线

N 沟道增强型 MOS 管的输出特性曲线如图 3-10a 所示。与结型场效应晶体管一样，其输出特性曲线也可分为可变电阻区、恒流区、截止区和击穿区四部分。转移特性曲线如图 3-10b 所示。在恒流区内，i_D 与 u_{GS} 的近似关系式为

$$i_D = I_{D0}\left(\frac{u_{GS}}{U_{GS(th)}} - 1\right)^2 \quad （当 u_{GS} > U_{GS(th)} 时） \tag{3-4}$$

式中，I_{D0}为$u_{GS}=2U_{GS(th)}$时的漏极电流i_D。

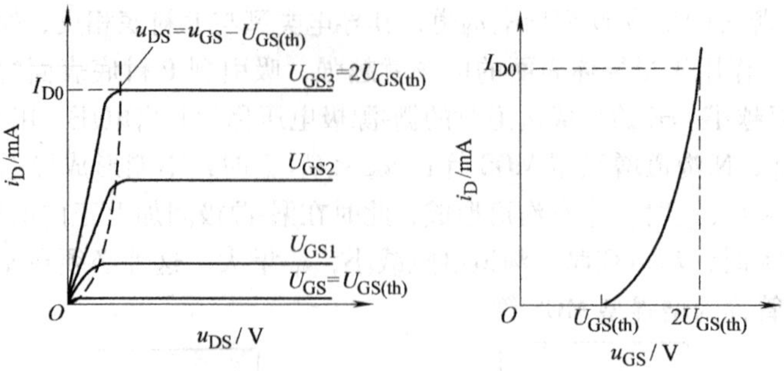

a) b)

图 3-10 N沟道增强型MOS管的特性曲线

a）输出特性曲线 b）转移特性曲线

2. N沟道耗尽型MOS管

耗尽型MOS管和增强型MOS管在制造工艺上不同，增强型MOS管在没有加栅极电压时没有导电沟道，工作时，需在栅-源极间加适当的电压才能形成导电沟道；而耗尽型MOS管的导电沟道是不需要加任何电压就已经存在的。以N沟道耗尽型MOS管为例，制造时在二氧化硅绝缘层中掺入了大量的正离子，由于正离子的作用，能在P型衬底靠近栅极的表面形成反型层，即形成与栅、源极相连的N型导电沟道，其结构和图形符号如图3-11所示。

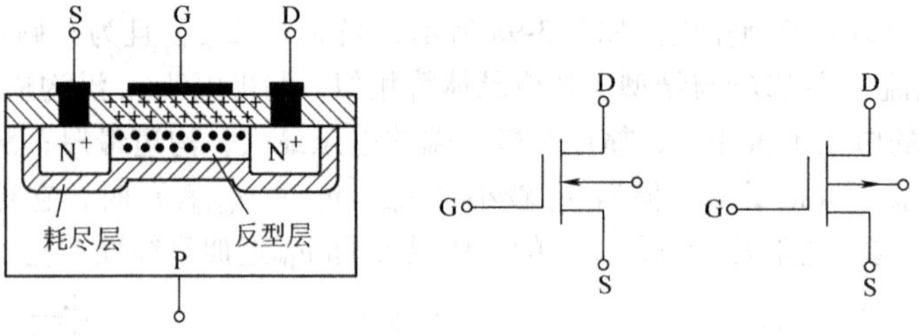

a) b) c)

图 3-11 耗尽型MOS管结构示意图及其图形符号

a）N沟道耗尽型MOS管结构示意图 b）N沟道耗尽型MOS管图形符号

c）P沟道耗尽型MOS管图形符号

由于耗尽型MOS管在$u_{GS}=0$时，沟道就存在了，因此，当u_{DS}为正向电压时，就有电流i_D流过沟道。当$u_{GS}>0$时，导电沟道变宽，沟道电阻减小，i_D会增加；反之，当$u_{GS}<0$时，导电沟道变窄，i_D会减小。当$u_{GS}=U_{GS(off)}$时，沟道会被完全夹断。当工作于放大区时，耗尽型MOS管的漏极电流也可用式（3-3）表示。

N沟道和P沟道耗尽型MOS管的伏安特性曲线见表3-1。

表 3-1 场效应晶体管的符号和伏安特性曲线

结构类型	工作方式	符号	输出特性曲线	转移特性曲线
绝缘栅型N沟道	耗尽型	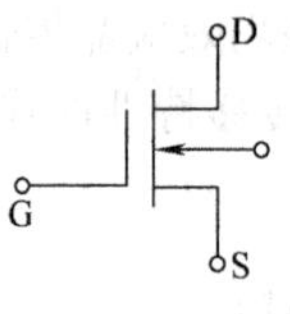	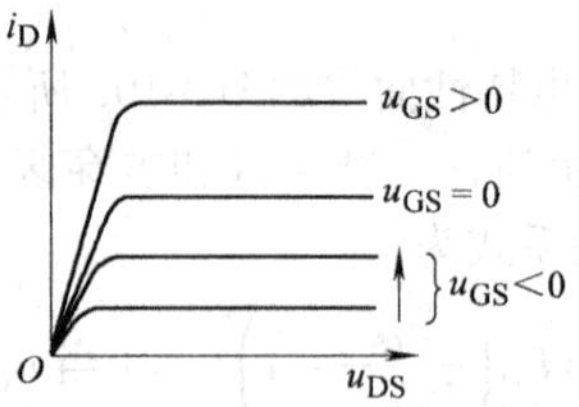	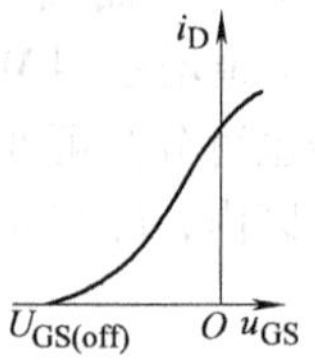

（续）

结构类型	工作方式	符号	输出特性曲线	转移特性曲线
绝缘栅型N沟道	增强型	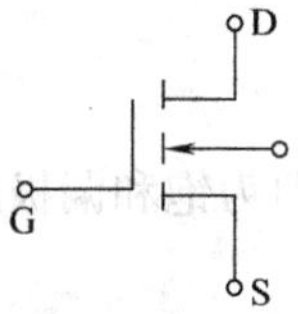	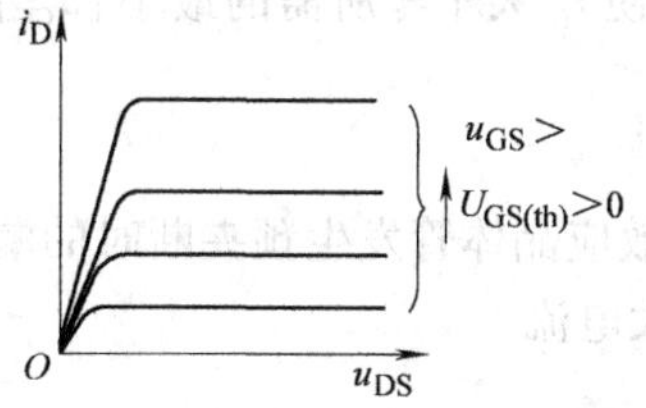	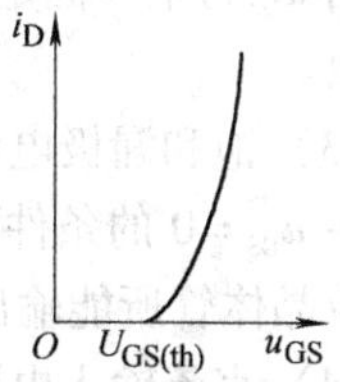
绝缘栅型P沟道	耗尽型	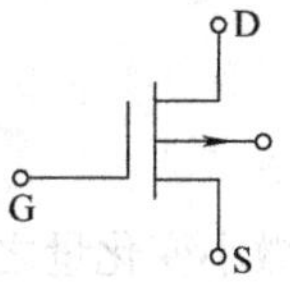	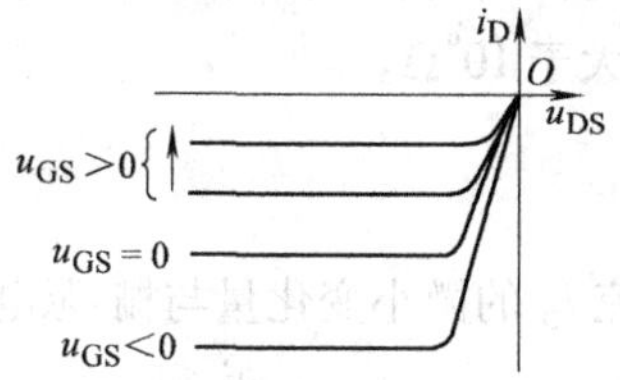	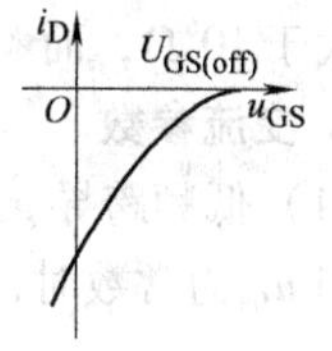
	增强型	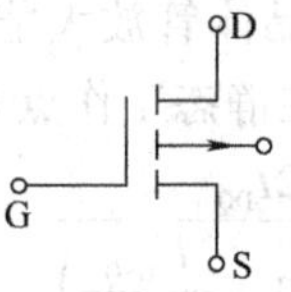	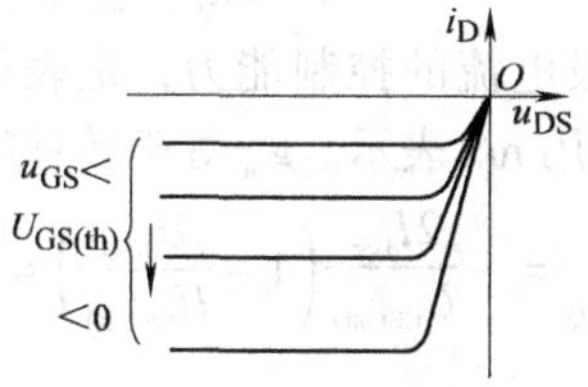	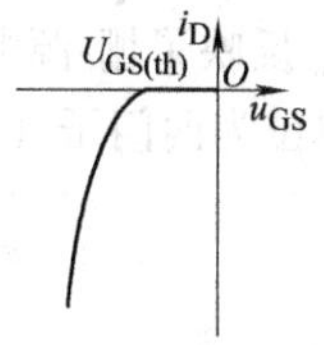
结型N沟道	耗尽型	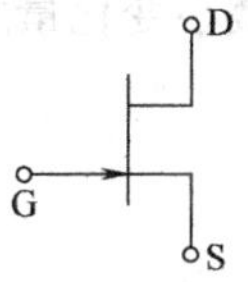	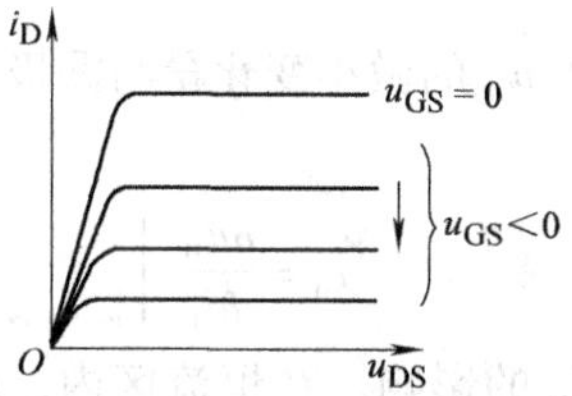	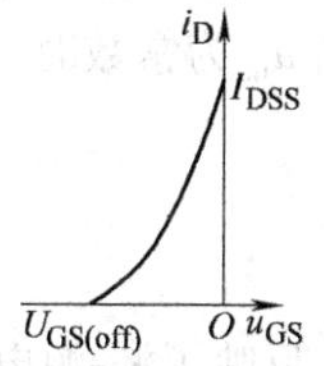
结型P沟道	耗尽型	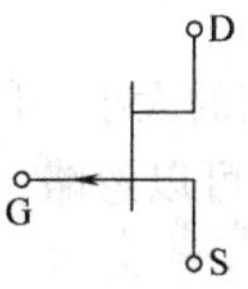	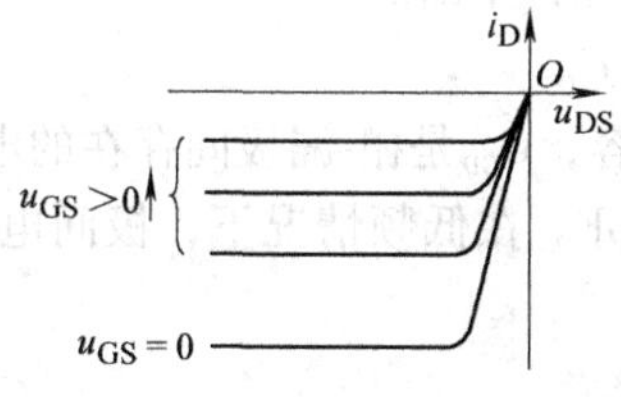	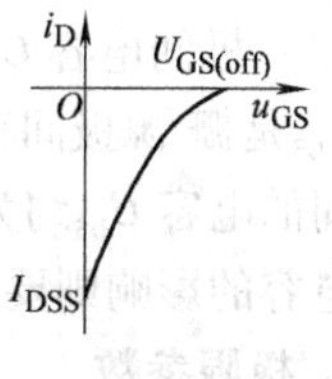

使用时需注意的是：FET 通常制成漏极与源极可以互换的形式，而其伏安特性没有明显变化。但有些产品出厂时已将源极和衬底连在一起，这时源极和漏极不能对调。JFET 的栅源电压不能接反，但可以在开路状态下保存。而 MOSFET 不使用时，由于它的输入电阻非常高，须将各电极短路，以免外电场作用而使管子损坏。焊接时，电烙铁必须有外接地线，以屏蔽交流电场，防止损坏管子。

3.1.3　场效应晶体管的主要电参数及特点

1. 直流参数

(1) 夹断电压 $U_{GS(off)}$

当 u_{DS} 为某一固定值（例如 10V） 使 i_D 等于某一微小电流（例如 50μA）时，栅-源极间所加的电压即为夹断电压。它是结型场效应晶体管和耗尽型 MOS 管的参数。

（2）开启电压 $U_{GS(th)}$

当 u_{DS} 为某一固定值时，使 i_D 大于零所需的最小 $|u_{GS}|$ 值即为开启电压。它是增强型 MOS 管的参数。

（3）饱和漏极电流 I_{DSS}

在 $u_{GS}=0$ 的条件下，场效应晶体管发生预夹断时的漏极电流即为饱和漏极电流。I_{DSS} 是结型场效应晶体管所能输出的最大电流。

（4）直流输入电阻 R_{GS}

它是在漏-源极间短路的条件下，栅-源极间加一定电压时栅-源极间的直流电阻。JFET 的 R_{GS} 一般大于 $10^6\Omega$，而 MOS 管的大于 $10^9\Omega$。

2. 交流参数

（1）低频跨导 g_m

当 u_{DS} 为常数时，漏极电流 i_D 的微小变化量与栅-源电压 u_{GS} 的微小变化量之比称为跨导，即

$$g_m = \left.\frac{\partial i_D}{\partial u_{GS}}\right|_{u_{DS}=\text{常数}} \tag{3-5}$$

g_m 反映了栅-源电压对漏极电流的控制能力，是表征场效应晶体管放大能力的一个重要参数，单位为西门子（S），通常用 mS 表示。g_m 等于转移特性曲线在静态工作点 Q 处的斜率，即

$$g_m = \left.\frac{di_D}{du_{GS}}\right|_Q = -\frac{2I_{DSS}}{U_{GS(off)}}\left(1-\frac{U_{GSQ}}{U_{GS(off)}}\right) = -\frac{2I_{DQ}}{U_{GS(off)}\left(1-\dfrac{U_{GSQ}}{U_{GS(off)}}\right)} \tag{3-6}$$

（2）输出电阻 r_d

当 u_{GS} 为常数时，漏-源电压 u_{DS} 的微小变化量与漏极电流 i_D 的微小变化量之比称为输出电阻 r_d，即

$$r_d = \left.\frac{\partial u_{DS}}{\partial i_D}\right|_{u_{GS}=\text{常数}} \tag{3-7}$$

r_d 反映了漏-源电压 u_{DS} 对 i_D 的影响。在恒流区内，i_D 几乎不随 u_{DS} 的变化而变化，因此，r_d 数值很大，一般为几十千欧至几百千欧。

（3）极间电容 C_{GS}、C_{GD}、C_{DS}

C_{GS} 是栅-源极间存在的电容，C_{GD} 是栅-漏极间存在的电容。它们的大小一般为 1～3pF，而漏-源极间的电容 C_{DS} 约为 0.1～1pF。在低频情况下，极间电容的影响可以忽略，但在高频应用时，极间电容的影响则要考虑。

3. 极限参数

（1）最大漏极电流 I_{DM}

I_{DM} 是晶体管正常工作时漏极电流的上限值。

（2）最大漏-源电压 $U_{(BR)DS}$

$U_{(BR)DS}$ 是指晶体管沟道发生雪崩击穿引起 i_D 急剧上升时的 u_{DS} 值。$U_{(BR)DS}$ 的大小与 u_{GS} 有关，对 N 沟道而言，$|u_{GS}|$ 的值越大，则 $U_{(BR)DS}$ 越小。

（3）最大栅-源电压 $U_{(BR)GS}$

$U_{(BR)GS}$ 是指栅-源极间的 PN 结发生反向击穿时的 u_{GS} 值，这时栅极电流由零急剧上升。

（4）漏极最大耗散功率 P_{DM}

漏极耗散功率 P_D（$=u_{DS}i_D$）变为热能使晶体管的温度升高，为了限制晶体管的温度，就需

要限制晶体管的耗散功率不能超过最大耗散功率 P_{DM}。

例 3-1　在图 3-12b 所示电路中，场效应晶体管的输出特性曲线如图 3-12a 所示，$R_D = 5k\Omega$。试分析 u_i 为 0V、8V 和 10V 三种情况下，u_o 分别为多少？

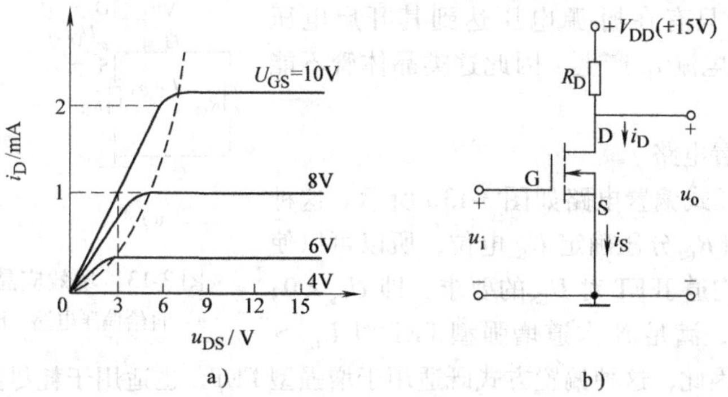

图 3-12　例 3-1 的图

a）输出特性曲线　b）电路图

解　（1）当 $u_{GS} = u_i = 0V$ 时，管子处于夹断状态，因而 $i_D = 0$。而 $u_o = u_{DS} = V_{DD} - i_D R_D = V_{DD} = 15V$。

（2）当 $u_{GS} = u_i = 8V$ 时，从输出特性曲线可知，管子工作在恒流区，$i_D = 1mA$，所以 $u_o = u_{DS} = V_{DD} - i_D R_D = 15V - 1mA \times 5k\Omega = 10V$。

（3）当 $u_{GS} = u_i = 10V$ 时，假设管子工作在恒流区，则 i_D 约为 2.2mA，因而 $u_o = u_{DS} = V_{DD} - i_D R_D = 15V - 2.2mA \times 5k\Omega = 4V$。但是，此时 $u_{DS} < u_{GS} - U_{GS(th)} = 6V$，说明管子已不工作在恒流区，而是工作在可变电阻区。从输出特性曲线可得 $u_{GS} = 10V$ 时漏-源间的等效电阻约为 $r_{ds} = \frac{\Delta u_{DS}}{\Delta i_D} \approx \frac{3V}{1mA} = 3k\Omega$，因而 $u_o = \frac{r_{ds}}{r_{ds} + R_D} V_{DD} = \frac{3k\Omega}{3k\Omega + 5k\Omega} \times 15V \approx 5.6V$。

3.2　场效应晶体管放大电路

场效应晶体管与晶体管一样，也是具有放大能力的器件，因此，其构成的放大电路的形式以及分析方法均与晶体管放大电路类似。与共射、共集和共基这三种晶体管放大电路相对应，场效应晶体管放大电路有共源、共漏和共栅电路。常用的分析方法也是图解法和微变等效电路分析法，与晶体管不同的是场效应晶体管是电压控制器件，在表示器件放大能力时不再用电流放大系数 β 而是用跨导 g_m。

3.2.1　直流偏置电路及其静态分析

与晶体管电路一样，由场效应晶体管组成放大电路时，也要建立合适的静态工作点 Q，而且场效应晶体管是电压控制器件，因此需要有合适的栅-源偏置电压。常用的直流偏置电路有两种形式：自给偏压电路和分压式偏置电路。

1. 直流偏置电路

（1）自给偏压电路

图 3-13a 所示电路是一个自给偏压电路，其中场效应晶体管的栅极通过电阻 R_G 接地，源极通过电阻 R_S 接地。静态时，源极电位 $U_S = I_D R_S$。由于栅极电流为零，R_G 上没有电压降，栅极电位 $U_G = 0$，所以栅源偏置电压 $U_{GS} = U_G - U_S = -I_D R_S$。这种偏置方式靠漏极电流 I_D 在源极电阻 R_S

上产生的电压为栅-源极间提供偏置电压 U_{GS}，故称为自给偏压电路。耗尽型 MOS 管也可采用这种形式的偏置电路。

增强型 MOS 管只有在栅-源电压达到其开启电压 $U_{GS(th)}$时，才有漏极电流 i_D 产生，因此这类晶体管不能采用自给偏压电路。

（2）分压式偏置电路

N 沟道 FET 分压式偏置电路如图 3-13b 所示。这种偏置电路是由 R_{G1}和 R_{G2}分压确定 U_G 电位，所以可以使 $I_DR_S > U_G$，满足 N 沟道 JFET 对 U_{GS}的要求，即 $U_{GS} < 0$；也可以使 $I_DR_S < U_G$，满足 N 沟道增强型 FET 对 $U_{GS} > U_{GS(th)} > 0$ 的要求。因此，这种偏置方式既适用于增强型 FET，也适用于耗尽型 FET。

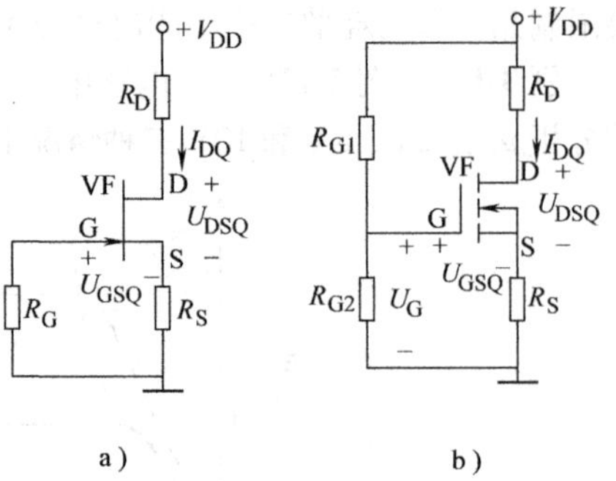

图 3-13　场效应晶体管的偏置电路
a）自给偏压电路　b）分压式偏置电路

2. 静态工作点的确定

对场效应晶体管放大电路的静态分析也可以采用图解法或公式估算法，图解法的步骤与双极型晶体管放大电路的图解法相似。这里仅讨论用公式估算法分析静态工作点。

对于图 3-13a 所示电路，可联立求解方程组

$$\begin{cases} U_{GSQ} = -I_{DQ}R_S \\ I_{DQ} = I_{DSS}\left(1 - \dfrac{U_{GSQ}}{U_{GS(off)}}\right)^2 \end{cases} \tag{3-8}$$

得到静态工作点 I_{DQ}和 U_{GSQ}。

管电压降为

$$U_{DSQ} = V_{DD} - I_{DQ}\ (R_D + R_S) \tag{3-9}$$

只有当求得的 Q 点值满足 $U_{DSQ} > U_{GSQ} - U_{GS(off)}$时，FET 才工作于放大区，否则，所求得的 Q 点值没有意义。

对于图 3-13b 所示电路，可联立求解方程组

$$\begin{cases} U_{GSQ} = \dfrac{R_{G2}V_{DD}}{R_{G1} + R_{G2}} - I_{DQ}R_S \\ I_{DQ} = I_{D0}\left(\dfrac{U_{GSQ}}{U_{GS(th)}} - 1\right)^2 \end{cases} \tag{3-10}$$

得到 I_{DQ}和 U_{GSQ}。管电压降可以由式（3-9）求得。同样，只有当求得的 Q 点值满足 $U_{DSQ} > U_{GSQ} - U_{GS(th)}$时，FET 才工作于放大区，否则，所求得的 Q 点值没有意义。

例 3-2　在图 3-13a 所示电路中，$V_{DD} = 30V$，$R_D = 3k\Omega$，$R_S = 1k\Omega$，$R_G = 1M\Omega$，FET 的 $I_{DSS} = 7mA$，$U_{GS(off)} = -8V$。试求 U_{GSQ}、I_{DQ}和 U_{DSQ}。

解　将数据 $R_S = 1k\Omega$，$I_{DSS} = 7mA$，$U_{GS(off)} = -8V$ 代入式（3-8）可得

$$\begin{cases} U_{GSQ} = -I_{DQ} \times 1k\Omega \\ I_{DQ} = 7mA \times \left(1 - \dfrac{U_{GSQ}}{-8V}\right)^2 \end{cases}$$

求解方程组后得 $I_{DQ1} = 2.9mA$，$U_{GSQ1} = -2.9V$ 和 $I_{DQ2} = 22.3mA$，$U_{GSQ2} = -22.3V$ 两组数值，由于 $U_{GSQ2} < U_{GS(off)}$，所以这组数值不符合要求，舍弃。

再将求得的 I_{DQ}代入式（3-9）可得

$$U_{DSQ} = V_{DD} - I_{DQ}\ (R_D + R_S) = 30V - 2.9mA \times\ (3k\Omega + 1k\Omega) = 18.4V$$

Q 点值满足 $U_{DSQ} > U_{GSQ} - U_{GS(off)}$条件，所以 FET 工作于放大区。

其静态工作点的值为 $U_{GSQ}=-2.9V$，$I_{DQ}=2.9mA$，$U_{DSQ}=18.4V$。

3.2.2　场效应晶体管的微变等效电路

由于场效应晶体管的输入电阻极高，输入电流几乎为零，所以可认为栅-源间几乎开路。当场效应晶体管工作在恒流区时，漏极电流仅仅取决于栅-源电压，因而可以认为输出回路是一个由电压控制的电流源。因此，场效应晶体管的微变等效电路如图 3-14a 所示。在放大电路中，r_{DS} 的阻值往往远大于等效负载电阻 R'_L，可以忽略不计，于是微变等效电路简化为如图 3-14b 所示的形式。

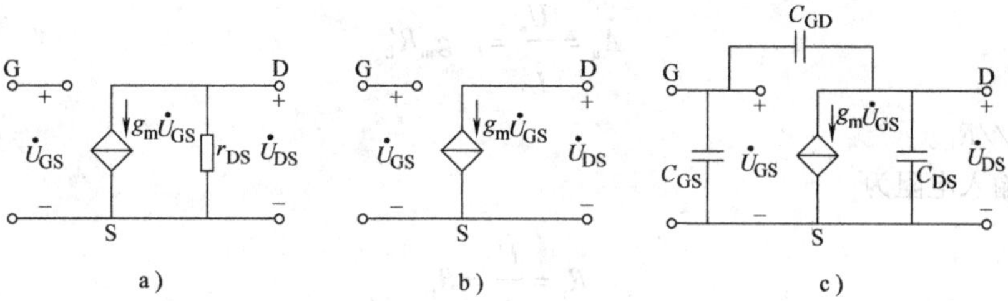

图 3-14　场效应晶体管的微变等效电路

a）微变等效电路　b）简化微变等效电路　c）高频模型

在 FET 用在高频或脉冲电路时，极间电容的影响不能忽略，这时 FET 需要用高频模型表示，如图 3-14c 所示。

3.2.3　场效应晶体管的三种基本放大电路

1. 共源极放大电路

典型的共源极放大电路如图 3-15a 所示，图 3-15b 所示为其微变等效电路。

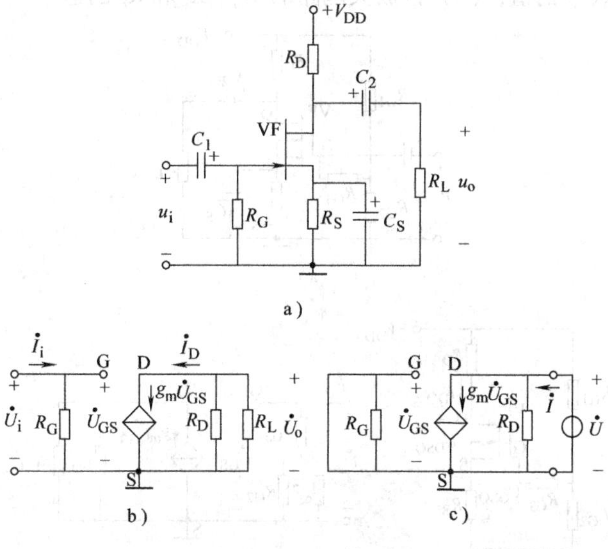

图 3-15　共源极放大电路

a）电路　b）微变等效电路　c）求 R_o 等效电路

由图 3-15b 可得电路的中频电压放大倍数，当输入电压 $\dot{U}_i$ 作用时，栅-源电压为

$$\dot{U}_{GS} = \dot{U}_i$$

漏极电流为

$$\dot{I}_D = g_m \dot{U}_{GS} = g_m \dot{U}_i$$

输出电压是 $\dot{I}_D$在漏极电阻 R_D 与负载电阻 R_L 上的压降，其极性与电路中假设的正方向相反，即

$$\dot{U}_o = -\dot{I}_d R'_L = -g_m \dot{U}_{GS} R'_L$$

因此，电压放大倍数为

$$\dot{A}_u = \frac{\dot{U}_o}{\dot{U}_i} = -g_m R'_L \tag{3-11}$$

式中 $R'_L = R_D // R_L$。

电路的输入电阻为

$$R_i = \frac{\dot{U}_i}{\dot{I}_i} = R_G \tag{3-12}$$

根据放大电路输出电阻的定义式 $R_o = \left.\frac{\dot{U}}{\dot{I}}\right|_{\substack{\dot{U}_s=0 \\ R_L=\infty}}$，由图 3-15c 可得

$$R_o = \left.\frac{\dot{U}}{\dot{I}}\right|_{\substack{\dot{U}_s=0 \\ R_L=\infty}} = R_D \tag{3-13}$$

例 3-3　在如图 3-16a 所示电路中，已知 $V_{DD}=15\text{V}$，$R_D=5\text{k}\Omega$，$R_S=500\Omega$，$R_{G1}=300\text{k}\Omega$，$R_{G2}=150\text{k}\Omega$，$R_{G3}=2\text{M}\Omega$，$R_L=5\text{k}\Omega$，MOS 管的 $I_{D0}=2\text{mA}$，$U_{GS(th)}=2\text{V}$，各电容器的电容量足够大。试求：（1）静态工作点 Q 的值；（2）该放大电路的 $\dot{A}_u$、R_i 和 R_o 的值。

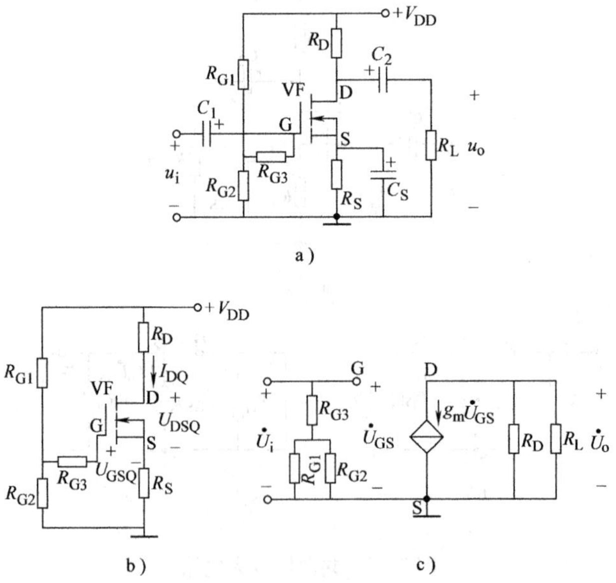

图 3-16　例 3-3 电路

a）电路　b）直流通路　c）微变等效电路

解　(1) 求静态工作点 Q 的值

画出该电路的直流通路，如图 3-16b 所示。由图 3-16b 可得

$$\begin{cases} U_{GSQ}=\dfrac{R_{G2}V_{DD}}{R_{G1}+R_{G2}}-I_{DQ}R_S=\dfrac{150k\Omega}{300k\Omega+150k\Omega}\times 15-I_{DQ}\times 500\Omega \\ I_{DQ}=I_{D0}\left(\dfrac{U_{GSQ}}{U_{GS(th)}}-1\right)^2=2mA\left(\dfrac{U_{GSQ}}{2V}-1\right)^2 \end{cases}$$

得出 U_{GSQ} 的两个解分别是 +4V 和 −4V，舍去负值，得出静态工作点为

$$U_{GSQ}=4V,\ I_{DQ}=2mA$$

$$U_{DSQ}=V_{DD}-I_{DQ}\ (R_D+R_S)\ =15V-2mA\times\ (5k\Omega+0.5k\Omega)\ =4V$$

(2) 求 $\dot{A}_u$、R_i 和 R_o 的值

画出该电路的微变等效电路，如图 3-16c 所示，其中 g_m 可根据式 (3-6) 求得

$$g_m=\frac{di_D}{du_{GS}}\bigg|_Q=\frac{2I_{D0}}{U_{GS(th)}}\left(\frac{U_{GSQ}}{U_{GS(th)}}-1\right)=\frac{2\times 2mA}{2V}\left(\frac{4V}{2V}-1\right)=2mS$$

则

$$\dot{A}_u=-g_mR'_L=-2mS\times\ (5k\Omega//5k\Omega)\ =-5$$

$$R_i=R_{G3}+R_{G1}//R_{G2}=2.1M\Omega$$

$$R_o=R_D=5k\Omega$$

可见，场效应晶体管共源极放大电路与晶体管共射极放大电路的性能相似，具有电压放大能力；输出电压与输入电压反相；输出电阻较高。但共源极放大电路的电压放大能力通常低于共射极放大电路，而且输入电阻 R_i 很大。

2. 共漏极放大电路

共漏极放大电路又称为源极输出器，其电路如图 3-17a 所示，图 3-17b 所示为其微变等效电路。

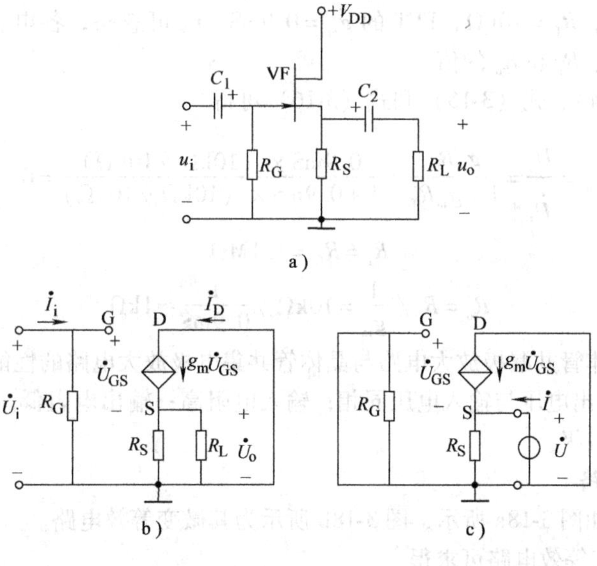

图 3-17　共漏极放大电路

a) 电路　b) 微变等效电路　c) 求 R_o 等效电路

由图 3-17b 可见，当输入电压 $\dot{U}_i$ 作用时，栅-源电压 $\dot{U}_{GS}$ 与 $\dot{U}_i$ 的关系为

$$\dot{U}_i = \dot{U}_{GS} + \dot{I}_D\ (R_S /\!/ R_L)$$

漏极电流为

$$\dot{I}_D = g_m \dot{U}_{GS}$$

输出电压是 $\dot{I}_D$在源极电阻 R_S 与负载电阻 R_L 上的压降，其极性与电路中假设的正方向相同，即

$$\dot{U}_o = \dot{I}_D\ (R_S /\!/ R_L) = g_m \dot{U}_{GS}\ (R_S /\!/ R_L)$$

因此，电压放大倍数为

$$\dot{A}_u = \frac{\dot{U}_o}{\dot{U}_i} = \frac{g_m \dot{U}_{GS}\ (R_S /\!/ R_L)}{\dot{U}_{GS} + g_m \dot{U}_{GS}\ (R_S /\!/ R_L)} = \frac{g_m R'_L}{1 + g_m R'_L} \tag{3-14}$$

式中 $R'_L = R_S /\!/ R_L$。

电路的输入电阻为

$$R_i = \frac{\dot{U}_i}{\dot{I}_i} = R_G \tag{3-15}$$

根据放大电路输出电阻的定义式 $R_o = \left.\frac{\dot{U}}{\dot{I}}\right|_{\substack{\dot{U}_s = 0 \\ R_L = \infty}}$，由图 3-17c 可得

$$R_o = \left.\frac{\dot{U}}{\dot{I}}\right|_{\substack{\dot{U}_s = 0 \\ R_L = \infty}} = \frac{\dot{U}}{\dfrac{\dot{U}}{R_S} - g_m \dot{U}_{GS}} = \frac{\dot{U}}{\dfrac{\dot{U}}{R_S} + g_m \dot{U}} = \frac{1}{\dfrac{1}{R_S} + g_m} = R_S /\!/ \frac{1}{g_m} \tag{3-16}$$

例 3-4　在如图 3-17a 所示的电路中，已知 V_{DD}的大小足以满足管子能正常工作于恒流区，$R_G = 1.1\text{M}\Omega$，$R_S = 10\text{k}\Omega$，$R_L = 10\text{k}\Omega$，FET 的 $g_m = 0.9\text{mS}$，r_{DS}可忽略，各电容器的电容量足够大。试求该放大电路的 A_u、R_i 和 R_o 的值。

解　根据式（3-14）、式（3-15）和式（3-16）可得

$$\dot{A}_u = \frac{\dot{U}_o}{\dot{U}_i} = \frac{g_m R'_L}{1 + g_m R'_L} = \frac{0.9\text{mS} \times\ (10\text{k}\Omega /\!/ 10\text{k}\Omega)}{1 + 0.9\text{mS} \times\ (10\text{k}\Omega /\!/ 10\text{k}\Omega)} = 0.82$$

$$R_i = R_G = 1.1\text{M}\Omega$$

$$R_o = R_S /\!/ \frac{1}{g_m} = 10\text{k}\Omega /\!/ \frac{1}{0.9\text{mS}} \approx 1\text{k}\Omega$$

可见，场效应晶体管共漏极放大电路与晶体管共集电极放大电路的性能相似，没有电压放大能力，即 $|A_u| < 1$；输出电压与输入电压同相；输入电阻高；输出电阻低。共漏极放大电路常作为多级放大电路的输入级。

3. 共栅极放大电路

共栅极放大电路如图 3-18a 所示，图 3-18b 所示为其微变等效电路。

由图 3-18b 的微变等效电路可求得

$$\dot{A}_u = \frac{\dot{U}_o}{\dot{U}_i} = g_m R'_L \tag{3-17}$$

式中 $R'_L = R_D /\!/ R_L$。

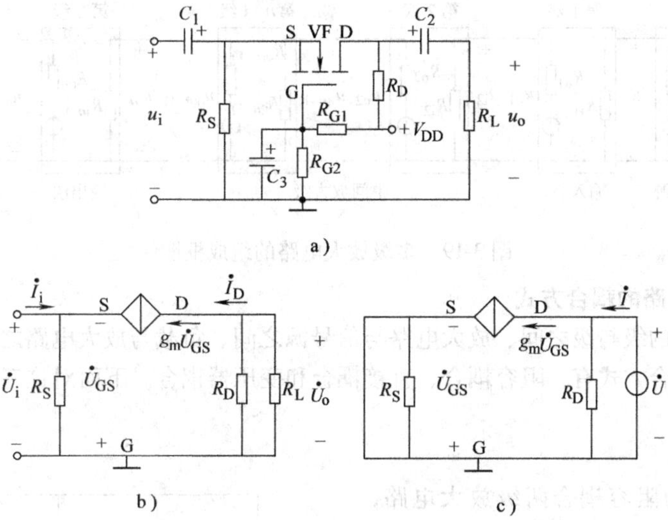

图 3-18　共栅极放大电路

a）电路　b）微变等效电路　c）求 R_o 等效电路

电路的输入电阻为

$$R_i = \frac{\dot{U}_i}{\dot{I}_i} = R_S // \frac{1}{g_m} \tag{3-18}$$

由图 3-18c 可求得输出电阻为

$$R_o = \frac{\dot{U}}{\dot{I}}\bigg|_{\substack{\dot{U}_s = 0 \\ R_L = \infty}} = R_D \tag{3-19}$$

可见，场效应晶体管共栅极放大电路与晶体管共基极放大电路的性能相似，具有电压放大能力；输出电压与输入电压同相；输入电阻低；输出电阻较高。

由于共栅极电路失去了场效应晶体管电路高输入电阻的特点，所以极少使用。

3.3　多级放大电路

使用实际的电压放大电路时，往往要求其输入电阻大，以减少放大电路从信号源索取的电流，即可获得尽可能大的输入电压；输出电阻要小，使负载尽可能多的获得输出回路等效电压源的电压，即有足够的带负载能力；电压放大倍数要大，即有足够的电压放大能力。由于任何一种单管放大电路都很难满足上述性能要求，所以，实际应用中常选择多个基本放大电路相级联的方式，这种放大电路称为多级放大电路。

3.3.1　多级放大电路的组成及耦合方式

1. 多级放大电路的组成

多级放大电路由 n（$n \geqslant 2$）级基本放大电路级联而成，其框图如图 3-19 所示，它由输入级、中间放大级和输出级等组成。

输入级要求输入电阻大，噪声和漂移尽可能小；输出级要求输出电阻小，能够输出足够大的输出电压和输出电流，以给负载提供足够大的输出功率；中间级应有足够大的电压放大倍数和足够大的电流输出以驱动输出级。

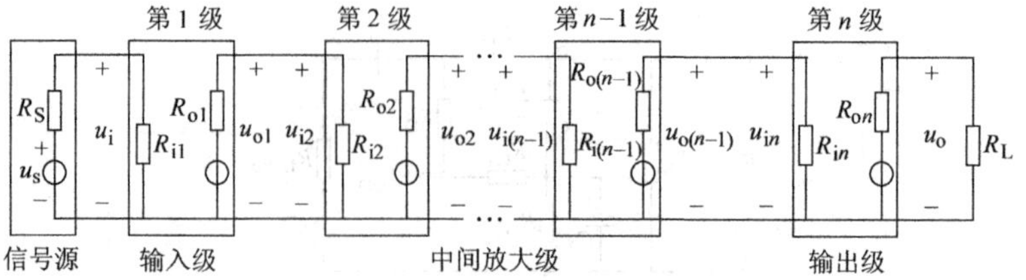

图 3-19　多级放大电路的组成框图

2. 多级放大电路的耦合方式

多级放大电路的级与级之间、放大电路与信号源之间、负载与放大电路之间的连接称为信号的耦合。常用的耦合方式有：阻容耦合、直接耦合和变压器耦合。下面对这三种耦合方式进行分析。

（1）阻容耦合

图 3-20 所示为阻容耦合两级放大电路，第一级是共源极放大电路，第二级是共射放大电路。输入信号通过电容器 C_1 耦合到第一级，两级放大电路之间由电容器 C_2 耦合，第二级放大电路与负载之间经 C_3 耦合。这种耦合方式称为阻容耦合。

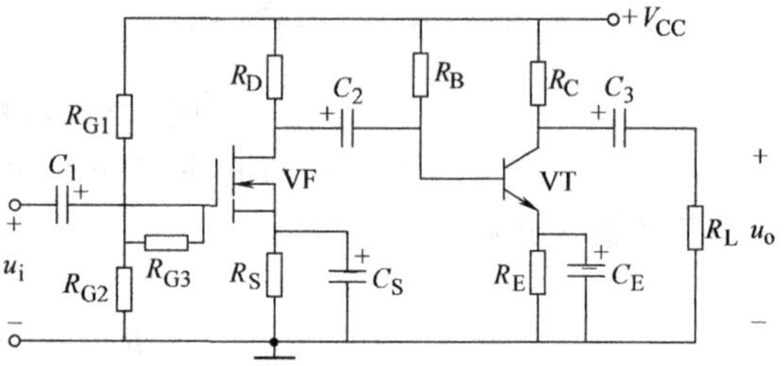

图 3-20　阻容耦合两级放大电路

由于耦合电容的“隔直”作用，所以各级间的静态工作点相互独立，分析和调整静态工作点方便。但由于耦合电容对低频信号呈现很大的阻抗，因此，阻容耦合放大电路的低频特性差，不能放大变化缓慢的信号。

另外集成芯片不能制作大容量的电容，所以阻容耦合放大电路不能集成化，而只能用于分立元件电路。

（2）直接耦合

将前级放大电路的输出信号直接连接到后一级放大电路的输入端的耦合方式称为直接耦合。这种放大电路既能放大交流信号，又能放大直流信号，具有很好的低频特性，能放大变化缓慢的信号，便于集成化。但由于前后级电路直接相连，各级静态工作点之间会相互影响，调节不方便。由 NPN 型和 PNP 型晶体管组成的直接耦合两级放大电路如图 3-21 所示。

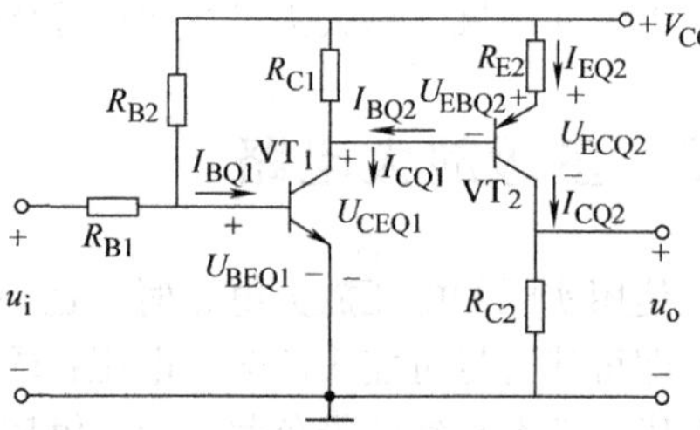

图 3-21　直接耦合两级放大电路

（3）变压器耦合

前级的输出信号经过变压器耦合到后一级输入端的耦合方式称为变压器耦合。图 3-22 所示为变压器耦合多级放大电路，电阻 R_L 是实际的负载，或是下一级放大电路的输入电阻。

变压器耦合放大电路可实现阻抗变换，与阻容耦合放大电路一样，各级电路的静态工作点相互独立，但低频特性差，不能放大变化缓慢的信号。另外，所采用的变

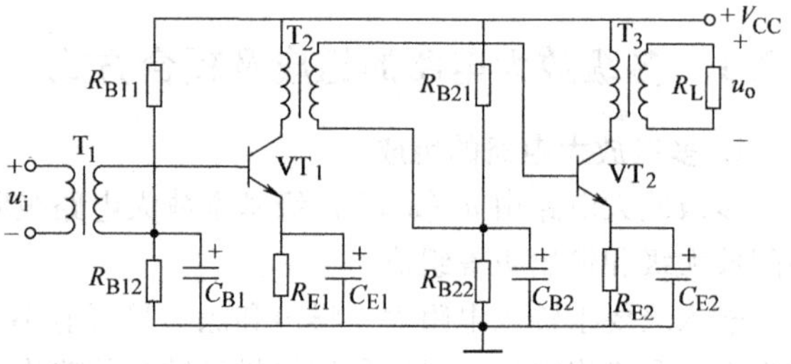

图 3-22　变压器耦合多级放大电路

压器还有体积大、重量重、费用高、不宜集成化等缺点，所以现在已很少使用。

3.3.2 多级放大器技术指标的计算

由 n 级放大电路级联而成的多级放大电路如图 3-19 所示，其中，u_{i1}，u_{i2}，…，u_{in} 为各级放大电路的输入电压，R_{i1}，R_{i2}，…，R_{in} 为各级放大电路的输入电阻，R_{o1}，R_{o2}，…，R_{on} 为各级放大电路的输出电阻，u_{o1}，u_{o2}，…，u_{on} 为各级放大电路的输出电压。

1. 电压放大倍数

$$\dot{A}_u=\frac{\dot{U}_o}{\dot{U}_i}=\frac{\dot{U}_{o1}}{\dot{U}_i}\cdot\frac{\dot{U}_{o2}}{\dot{U}_{o1}}\cdot\cdots\cdot\frac{\dot{U}_{on}}{\dot{U}_{o(n-1)}}=\frac{\dot{U}_{o1}}{\dot{U}_i}\cdot\frac{\dot{U}_{o2}}{\dot{U}_{i2}}\cdot\cdots\cdot\frac{\dot{U}_{on}}{\dot{U}_{in}}$$
$$=\dot{A}_{u1}\cdot\dot{A}_{u2}\cdot\cdots\cdot\dot{A}_{un} \tag{3-20}$$

即多级放大电路的电压放大倍数等于各级放大电路电压放大倍数之积。值得注意的是，在计算各级放大电路的电压放大倍数时，应将后级放大电路的输入电阻作为其负载电阻考虑。

2. 输入电阻

根据输入电阻的定义，多级放大电路的输入电阻等于第一级的输入电阻，即

$$R_i=\frac{\dot{U}_i}{\dot{I}_i}=\frac{\dot{U}_{i1}}{\dot{I}_{i1}}=R_{i1} \tag{3-21}$$

当共集放大电路作输入级时，R_i 将与第二级的输入电阻（即输入级的负载）有关。

3. 输出电阻

根据输出电阻的定义，多级放大电路的输出电阻等于输出级的输出电阻，即

$$R_o=\left.\frac{\dot{U}}{\dot{I}}\right|_{\substack{\dot{U}_s=0\\ R_L=\infty}}=R_{on} \tag{3-22}$$

当共集放大电路作输出级时，R_o 将与倒数第二级的输出电阻（即输出级的信号源内阻）有关。

4. 带宽

放大电路的带宽 f_{BW} 与上限截止频率 f_H 和下限截止频率 f_L 的关系为

$$f_{BW}=f_H-f_L \tag{3-23}$$

对于一个 n 级放大电路，设组成它的各级放大电路的下限截止频率为 f_{L1}，f_{L2}，…，f_{Ln}，上限截止频率为 f_{H1}，f_{H2}，…，f_{Hn}，通频带为 f_{BW1}，f_{BW2}，…，f_{BWn}；设该多级放大电路的下限截止频率为 f_L，上限截止频率为 f_H，通频带为 f_{BW}，那么

$$\begin{cases}f_L>f_{Lk}\\ f_H<f_{Hk}\\ f_{BW}<f_{BWk}\end{cases}\quad(k=1\sim n) \tag{3-24}$$

增加多级放大电路的级数可获得更高的增益，但下限截止频率将增大、上限截止频率将减小，即带宽变窄。

例 3-5　在图 3-20 所示电路中，设静态工作点合适，其中各电容器的电容量均足够大，场效应晶体管和晶体管的 g_m、β、r_{be} 已知。试求该放大电路的 $\dot{A}_u$、R_i 和 R_o 的值。

解　画出该电路的微变等效电路，如图 3-23 所示。

（1）求解 $\dot{A}_u$

第二级输入电阻为　$R_{i2}=R_B/\!/r_{be}$

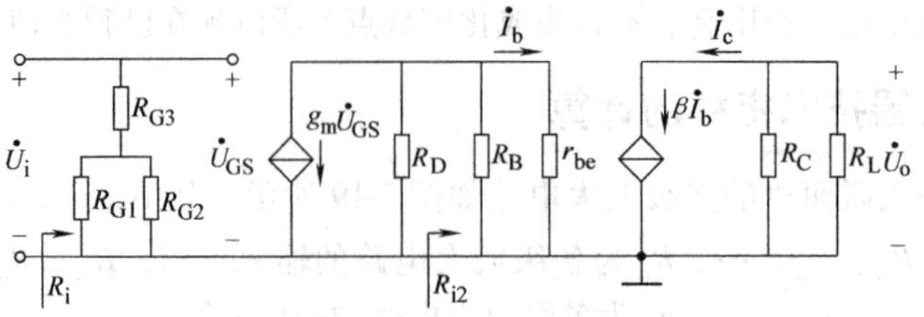

图 3-23　图 3-20 所示电路的微变等效电路

第一级电压放大倍数为

$$\dot{A}_{u1}=\frac{\dot{U}_{o1}}{\dot{U}_i}=-g_m(R_D/\!/R_{i2})=(-g_m(R_D/\!/(R_B/\!/r_{be})))$$

第二级电压放大倍数为

$$\dot{A}_{u2}=\frac{\dot{U}_o}{\dot{U}_{i2}}=-\frac{\beta(R_C/\!/R_L)}{r_{be}}$$

根据式（3-20）可得

$$\dot{A}_u=\dot{A}_{u1}\cdot\dot{A}_{u2}=(-g_m(R_D/\!/(R_B/\!/r_{be})))\left(-\frac{\beta(R_C/\!/R_L)}{r_{be}}\right)$$

（2）求解 R_i

$$R_i=R_{G3}+R_{G1}/\!/R_{G2}$$

（3）求解 R_o

$$R_o=R_C$$

本章小结

1. 场效应晶体管有结型和绝缘栅型两种类型，它们都有 N 沟道和 P 沟道两类。绝缘栅型场效应晶体管又分为增强型和耗尽型。结型场效应晶体管只有耗尽型。

2. 场效应晶体管是电压控制型器件，而半导体晶体管是电流控制型器件，区别在于场效应晶体管是通过栅-源电压 u_{GS} 控制漏极电流 i_D，体现这种控制作用的是跨导 g_m。

3. 场效应晶体管可以工作于三种状态：可变电阻区、恒流区和截止区。

4. 场效应晶体管正常工作时栅极几乎没有电流通过，故输入电阻很大，适合作为多级放大电路的输入级。

5. 场效应晶体管的直流偏置方式有自给偏压式和分压偏置式两种，前者只适用于耗尽型 FET。FET 静态工作点的估算有图解法和公式估算法两种，常用估算法。

6. 场效应晶体管有共源极放大电路、共漏极放大电路（源极输出器）和共栅极放大电路三种组态。共源极放大电路具有电压放大能力，输出电阻较高；共漏极放大电路没有电压放大能力，输出电阻低。这两种电路都具有很高的输入电阻。共栅极电路较少使用。

实践案例

双极性正弦脉冲宽度 BSPWM 逆变器

为克服大功率 MOSFET 的导通电阻对其功率容量的限制，出现了采用 MOS 管与双极型晶体管相结合的绝缘栅双极型晶体管，简称 IGBT。它具有输入阻抗高、工作速度快、通态电阻低、阻断电阻高、承受电流大的特点，所以发展快、应用广，成为当前功率半导体器件发展的重要方向。

IGBT 的等效电路及符号如图 3-24 所示。图 3-24a 中 VT 是 PNP 型晶体管，VF 是增强型 MOS 管。IGBT 在加入正栅极电压后形成导电沟道，VF 管导通并形成 VT 管基极电流，则 IGBT 导通；当栅极电压为负时，沟道消失，VT 管基极电流切断，使 IGBT 关断。

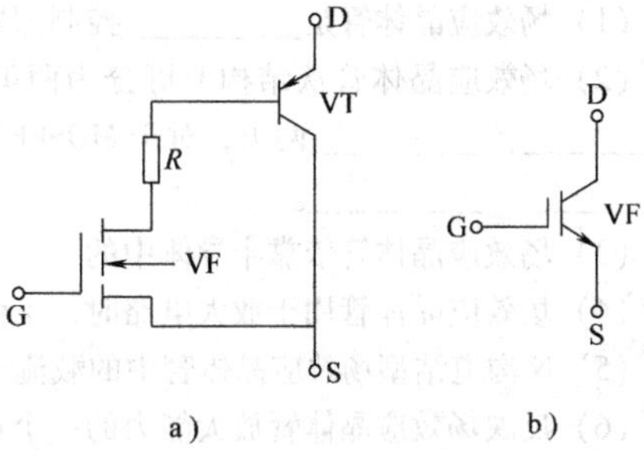

图 3-24　IGBT 的等效电路及符号
a）等效电路　b）符号

直流-交流电功率变换称为逆变。逆变器由主电路和控制系统两部分组成。由 IGBT 构成的单相逆变电路如图 3-25a 所示，四个开关器件 V_1 ~ V_4 的驱动信号由图 3-25b 所示正弦波与三角波比较电路生成。其中，正弦波 v_r 被称为正弦参考电压，其幅值为 V_{rm}，频率为 f_r。三角波 v_c 被称为高频三角载波，其最大值为 $\pm V_{cm}$，频率为 f_c。v_r 和 v_c 的瞬时值决定了四个开关管的驱动信号及通断状态。当瞬时值 $v_r > v_c$ 时，比较器输出电压 V_G 为正，以此作为 V_1、V_4 的驱动信号 V_{G1}、V_{G4}，由于 $V_{G1} > 0$，$V_{G4} > 0$，V_1、V_4 同时处于导通状态。同时，V_{G2}、V_{G3} 为负值，V_2、V_3 截止，逆变器输出电压 $v_{ab} = +V_D$。同理可推知当瞬时值 $v_r < v_c$ 时，V_1、V_4 截止，V_2、V_3 导通，逆变器输出电压 $v_{ab} = -V_D$。

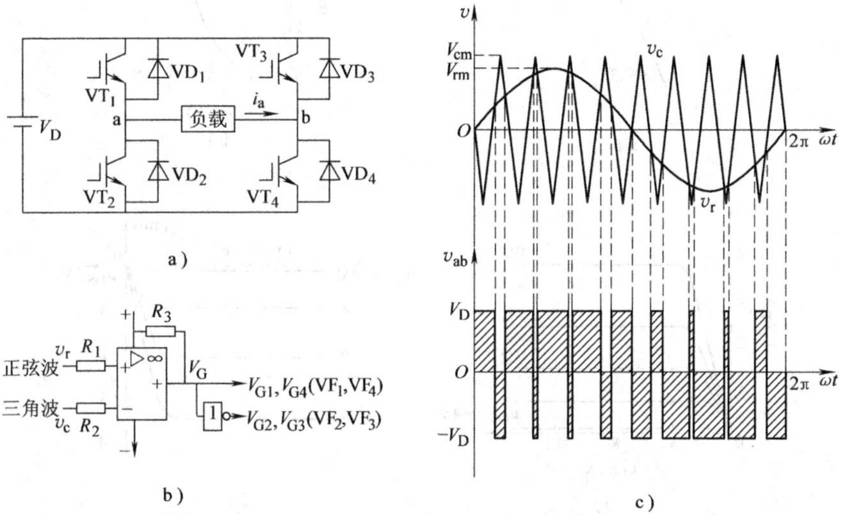

图 3-25　单相逆变器 BSPWM 控制原理及波形图
a）单相逆变电路　b）驱动信号产生电路　c）输出波形

由图 3-25c 所示波形可知逆变器输出电压 v_{ab} 由多个不同宽度的双极性脉冲电压方波组成，其中每半个周期中正负脉冲共有 N 个（N 为载波比，图 3-25 中 $N = f_c/f_r = 9$）。若固定三角波频率 f_c，则改变 f_r，即可改变输出交流电压基波频率 f（$f = f_r$），同时 v_{ab} 的起始相位角也是 v_r 的起始相位角；固定三角波电压幅值 V_{cm}，改变 v_r 幅值 V_{rm}，即可改变调制比 M（$M = V_{rm}/V_{cm}$，$M \leqslant 1$），则改变正弦波和三角波的交点，从而改变每个脉冲电压的宽度，改变 v_{ab} 中基波和谐波的数值。因此，逆变器输出电压的大小、频率和相位都可以由正弦参考电压 v_r 控制。

思考题与习题

3-1　填空题

（1）场效应晶体管是________控制型器件，双极型晶体管是________控制型器件。

（2）场效应晶体管从结构上可分为两类：________、________；根据导电沟道的不同又可分为________、________两类；对于 MOSFET，根据栅-源电压为零时是否存在导电沟道，又可分为两类：________、________。

（3）场效应晶体管依靠半导体中的________导电，所以称为单极型器件。

（4）场效应晶体管用于放大电路时，工作在________区。

（5）N 沟道结型场效应晶体管中的载流子是________。

（6）反映场效应晶体管放大能力的一个重要参数是________。

（7）在构成放大电路时，可以采用自给偏压电路的场效应晶体管是________。

（8）当场效应晶体管工作于恒流区时，其漏极电流 i_D 只受电压________的控制，而与电压________几乎无关。i_D 的数学表达式为：耗尽型________，增强型________。

3-2　有四种场效应晶体管，其输出特性曲线或恒流区转移特性曲线如图 3-26 所示，试判断它们的类型并画出电路符号；对增强型晶体管，求开启电压 $U_{GS(th)}$；对耗尽型晶体管，求夹断电压 $U_{GS(off)}$ 和饱和漏极电流 I_{DSS}。

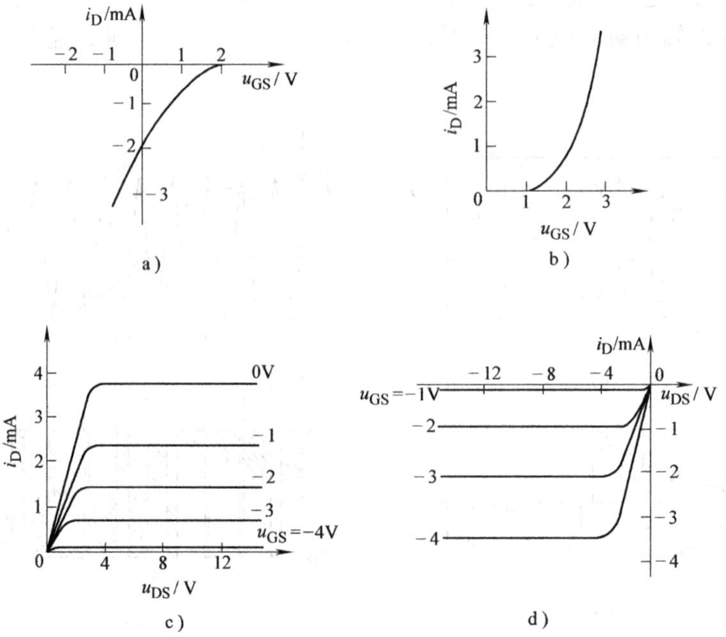

图 3-26　题 3-2 图

3-3　如图 3-27 所示电路中，已知 $V_{DD}=12V$，$V_{GG}=2V$，$R_D=1k\Omega$，$R_G=100k\Omega$，场效应晶体管的 $I_{DSS}=8mA$，$U_{GS(off)}=-4V$。试求该晶体管的 I_{DQ} 及静态工作点处 g_m 的值。

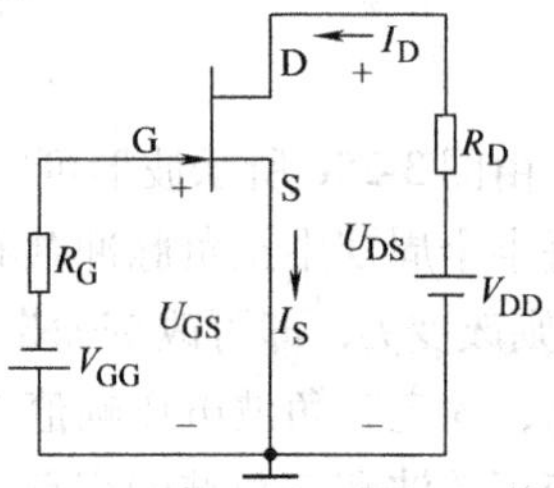

图 3-27　题 3-3 图

3-4　如图 3-28 所示四种电路中，已知 $V_{DD}=10V$，$V_{GG}=2V$，R_D 均为 3.3kΩ，R_G 均为 100kΩ，又已知：VF_1 的 $I_{DSS}=3mA$，$U_{GS(off)}=-5V$；VF_2 的 $U_{GS(th)}=3V$；VF_3 的 $I_{DSS}=-6mA$，$U_{GS(off)}=4V$；VF_4 的 $I_{DSS}=-2mA$，$U_{GS(off)}=2V$。试分析各电路中的场效应晶体管工作于放大区、可变电阻区、截止区中的哪一个工作区？

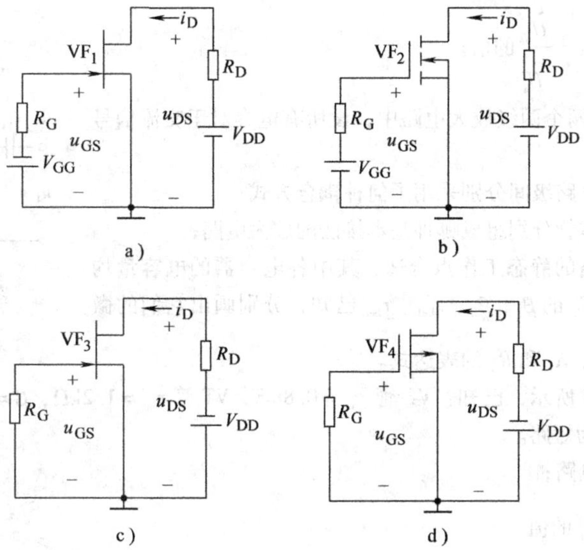

图 3-28　题 3-4 图

3-5　如图 3-29 所示电路中，已知 $-V_{DD}=-40V$，$R_D=12k\Omega$，$R_G=1M\Omega$，$R_S=1k\Omega$，场效应晶体管的 $I_{DSS}=-6mA$，$U_{GS(off)}=6V$，各电容器的电容量均足够大。试求：

（1）静态工作点 Q 的值；（2）该放大电路的 $\dot{A}_u$、R_i 和 R_o 的值。

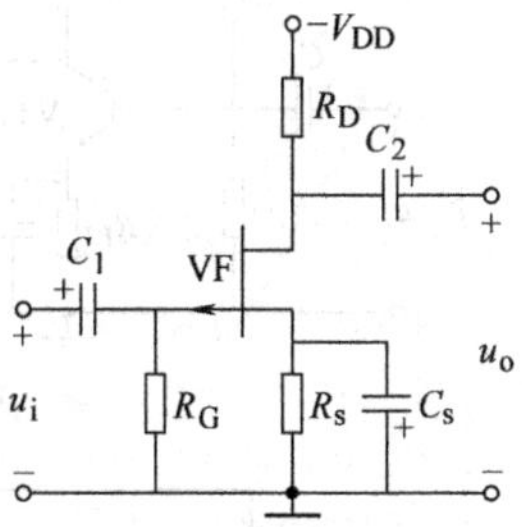

图 3-29　题 3-5 图

3-6　如图 3-30a 所示电路中，已知 $V_{DD}=12V$，$R_D=3k\Omega$，$R_{G1}=2M\Omega$，$R_{G2}=1M\Omega$，$R_L=3k\Omega$。电容 $C_1=C_2=10\mu F$。MOS 管的转移特性曲线如图 3-30b 所示。试求：（1）静态工作点 Q 的值；（2）该放大电路的 $\dot{A}_u$、R_i 和 R_o 的值。

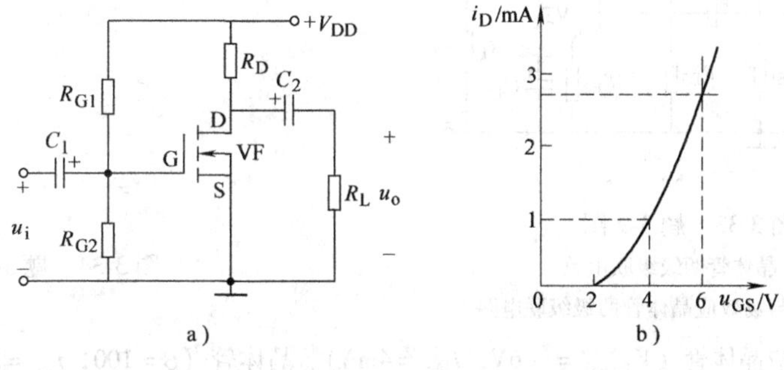

图 3-30　题 3-6 图

a）电路　b）转移特性曲线

3-7　如图 3-31 所示电路中，已知 $V_{DD}=12V$，$R_S=3k\Omega$，$R_{G1}=1M\Omega$，$R_{G2}=1M\Omega$，$R_L=3k\Omega$。电容 $C_1=C_2=10\mu F$。MOS 管的转移特性曲线如图 3-30b 所示。试求：（1）静态工作点 Q 的值；（2）该放大电路的 $\dot{A}_u$、R_i 和 R_o 的值。

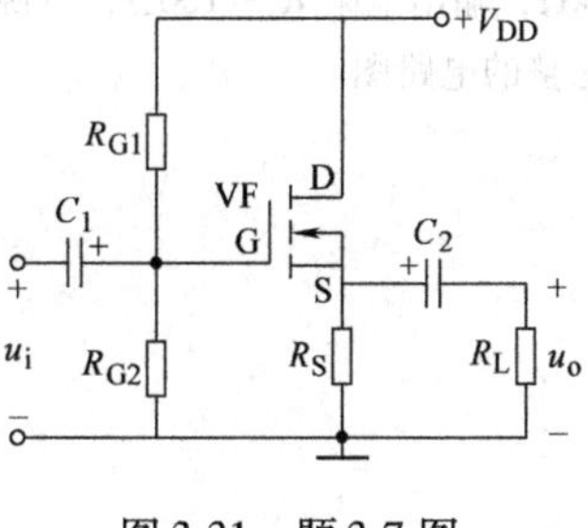

图 3-31　题 3-7 图

3-8　如图 3-32 所示电路中，已知 $V_{DD}=24V$，$R_D=5.1k\Omega$，$R_{G2}=1M\Omega$，$R_S=5.1k\Omega$，场效应晶体管的 $I_{DSS}=2.4mA$，$U_{GS(off)}=-6V$，各电容器的电容量均足够大。若要求晶体管的 $U_{GSQ}=-1.8V$，试求：

（1）R_{G1}、I_{DQ} 的值；

（2）$\dot{A}_{u1}=\dfrac{\dot{U}_{o1}}{\dot{U}_i}$及 $\dot{A}_{u2}=\dfrac{\dot{U}_{o2}}{\dot{U}_i}$的值。

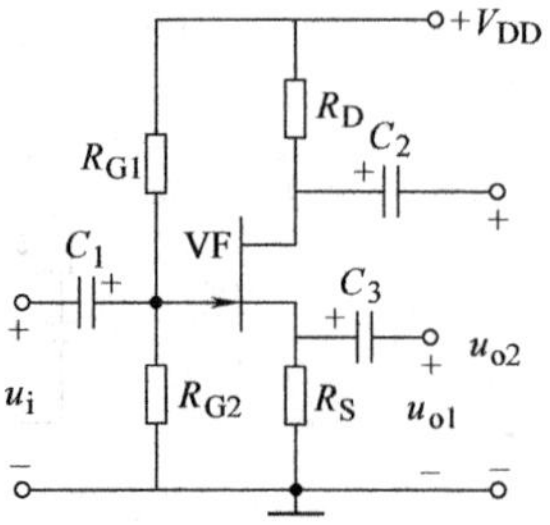

图 3-32　题 3-8 图

3-9　如图 3-33 所示两个两级放大电路中，设所有电容对于交流信号均可视为短路。

（1）判断两个放大电路级间分别采用了何种耦合方式；

（2）判断图中各晶体管分别组成哪种基本接法的放大电路；

（3）设图中两个电路的静态工作点合适，其中各电容器的电容量均足够大，晶体管 VT_1、VT_2 的 β_1、β_2、r_{be1}、r_{be2} 已知，分别画出它们的微变等效电路，并写出 $\dot{A}_u$、R_i 和 R_o 的表达式。

3-10　电路如图 3-34 所示，已知：VF 管 $g_m=0.8\text{mS}$，VT 管 $r_{be}=1.2\text{k}\Omega$，$\beta=100$，电容 C_1、C_2、C_3、C_S 对于交流信号均可视为短路。

（1）画出微变等效电路；

（2）求 $\dot{A}_u$、R_i 和 R_o 的值。

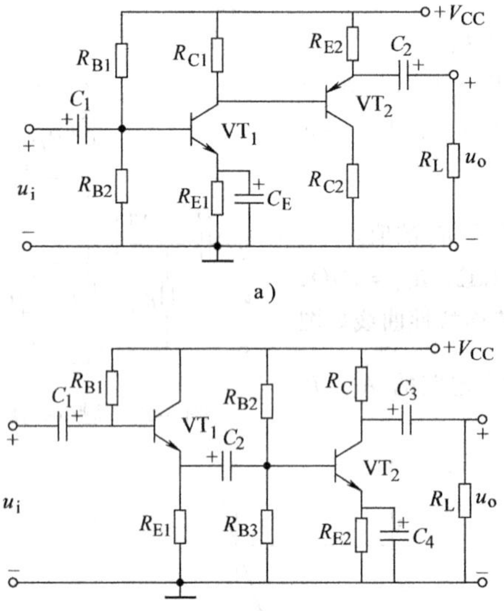

图 3-33　题 3-9 图

a）晶体管两级级联电路

b）晶体管与场效应晶体管两级级联电路

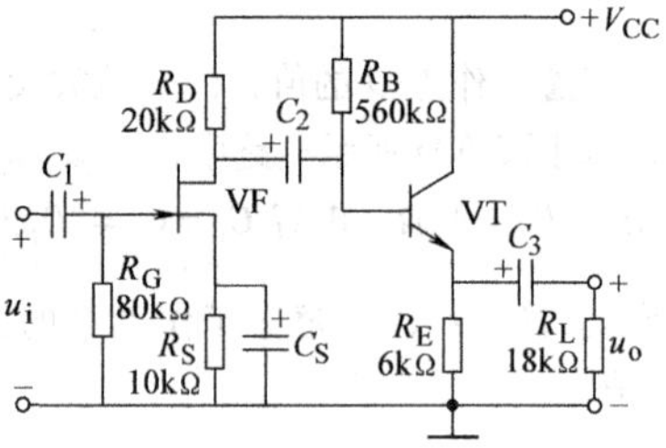

图 3-34　题 3-10 图

3-11　请用场效应晶体管（$V_{GS(off)}=-6\text{V}$，$I_{DSS}=4\text{mA}$）、晶体管（$\beta=100$，$r_{bb'}=300\Omega$，$U_{BEQ}=0.7\text{V}$）设计一个多级放大电路，输入正弦信号电压有效值 $U_i=1\sim10\text{mV}$，要求放大电路 $\dot{A}_u\geqslant50$，输入电阻 $R_i\geqslant500\text{k}\Omega$，输出电阻 $R_o\leqslant100\Omega$，电源电压 $V_{CC}=12\text{V}$，负载电阻 $R_L=3\text{k}\Omega$。要求说明各级电路设计过程，并给出完整的电路图。

第 4 章　集成运算放大电路

应用背景

随着电子工业的迅速发展，集成电路已逐步取代了分立元件电路。在各类电子仪器和设备中，集成运算放大电路是应用最为普遍的电子器件之一，不仅在工业、民用电子设备如收录机、电视机、计算机等方面得到广泛运用，同时在军事、通信、遥控等方面也得到广泛应用。此外，用集成电路装配的电子设备，其装配密度比晶体管提高几十到几万倍，设备的稳定工作时间也可大大提高。

本章主要讨论模拟集成运算放大器的结构、工作原理、技术参数以及基本单元电路，最后介绍通用型集成运放的实际电路。

4.1 集成运算放大电路概述

把整个电路中的元器件制作在一块硅基片上，构成特定功能的电子电路，称为集成电路(IC)。由于集成电路中所有元器件在结构上已组成一个整体，元器件密度高、连线短、体积小、性能好、功耗低，外部连线及焊点大为减少，实现了元器件、电路和系统的三结合，为电子技术的应用开辟了一个新时代。集成电路按其功能来分，有模拟集成电路和数字集成电路。模拟集成电路用来产生、放大和处理各种模拟信号（指幅值随时间连续变化的信号）；数字集成电路用来产生、处理各种数字信号（指在时间上和幅值上离散取值的信号）。下面介绍模拟集成电路的特点、结构以及它们的分类等。

4.1.1 集成电路中元器件的特点

集成电路和由分立元件组成的具有同样功能的电路相比有以下特点：

1）集成电路中的元器件是在相同的工艺条件下制造的，邻近的器件具有良好的一致性和同向偏差，因此，特别有利于实现需要对称结构的电路。

2）由于集成电路中的电容是用 PN 结的结电容构成的，所以只能制作几十皮法以下的电容。因此，集成电路中的放大器都采用直接耦合的方式。如需大电容，需要外接。至于电感则更难制造，只有外接。

3）为了克服直接耦合电路的温度漂移，采用了温度补偿的手段。典型的补偿电路是差分放大电路，即利用两个晶体管参数的对称性来抑制温度漂移。

4）尽量采用晶体管或场效应晶体管构成恒流源电路，代替高阻值（几百千欧以上）的电阻。

5）集成电路中，常采用复合管的接法以改进单管的性能。

4.1.2 集成运放的典型结构

集成运算放大器简称集成运放，通常由输入级、中间级和输出级经直接耦合级联而成，典型结构框图如图 4-1 所示。输入级的作用是提供与输出端成同相关系和反相关系的两个输入端 u_P 和 u_N，并尽量减小温漂，一般采用差分放大电路，要求输入电阻要大。中间级的作用是提供较高的电压放大倍数，一般采用带有源负载的共发射极电压放大器。输出级要求输出电阻低、带载能力强、能输出足够大的电压和电流、波形失真小，一般采用互补推挽电路，作用是进行功率放大，以驱动负载工作。除此以外还有一些辅助电路，例如，偏置电路提供各级静态工作电流；电平偏移电路调节各级的电压配合，使输入端对地电压为零时，输出端对地电压也为零；短路保护（或过电流保护）电路防止输出端对地（或其他电源）短路时损坏内部晶体管。

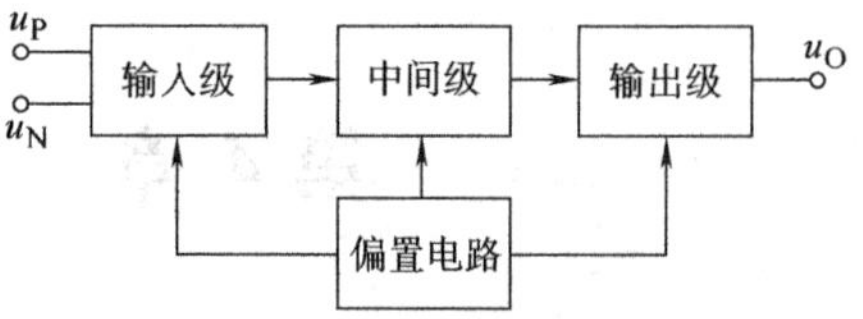

图 4-1　集成运放的典型结构

4.1.3　集成运放的种类及特点

模拟集成电路从诞生至今，已有 40 多年的历史了。最早的工艺是采用硅 NPN 工艺，后来改进为硅 NPN-PNP 工艺（后面称为标准硅工艺）。在结型场效应晶体管技术成熟后，又进一步的加入了结型场效应晶体管工艺。当 MOS 管技术成熟后，特别是 CMOS 技术成熟后，模拟集成电路有了质的飞跃，一方面解决了低功耗的问题，另一方面通过混合模拟与数字电路技术，解决了直流小信号直接处理的难题。模拟集成电路种类繁多，有运算放大器、宽频带放大器、功率放大器、模拟乘法器、模-数和数-模转换器、稳压电源和音像设备中常用的其他模拟集成电路等。

经过多年的发展，模拟运算放大器技术已经日趋成熟，性能日臻完善，对于市场上已有的数千个品种、数万个型号的集成运算放大器，根据不同的特性有不同的分类方法。集成电路按单个芯片上能集成的元器件数目的多少可分为小规模（SSI）、中规模（MSI）、大规模（LSI）和超大规模（VLSI）；按单片芯片上运放的集成度可分为单运放、双运放和四运放；按制造工艺的不同又分为双极型、CMOS 型和 BICMOS 型；按技术指标可以分为通用型、高速型、宽带型、高精度型、高输入电阻型、低功耗型和大功率型等。双极型运算放大器一般输入偏置电流及器件功耗较大，但由于采用多种改进技术，所以种类多、功能强。CMOS 型运算放大器输入阻抗高、功耗小，可在低电源电压下工作，初期产品精度低、增益小、速度慢，但目前已有低失调电压、低噪声、高速度、驱动能力强的产品。BICMOS 型运算放大器采用双极型管和单极型管混合搭配的生产工艺，以场效应晶体管作输入级，使输入电阻高达 $10^{12}\Omega$ 以上，带负载能力也大幅度提高。由于集成运放种类繁多，所以使用时应根据电路所需选择合适的器件。下面就通用型集成运放及几种特殊用途集成运放进行简要介绍。

1. 通用型集成运放

通用型集成运放实际就是具有最基本功能的最廉价的运放。这类运放用途广泛，使用量最大。通用型集成运放经过了几代的演变，其性能已大有提高。以典型的通用型集成运放 μA741 为例：输入失调电流为 20nA、输入失调电压为 1 ~ 2mV、开环增益为 100dB、共模抑制比为 90dB、差模输入电阻为 2MΩ、输出电阻为 100Ω、共模输入电压的范围 ±13V、转换速率为 0.5V/μs。

2. 高速型集成运放

高速型集成运放是指转换速度较高的运放。一般转换速度在 100V/μs 以上。高速型集成运放用于高速模-数（A-D）、数-模（D-A）转换器、高速滤波器、高速采样保持、锁相环电路、模拟乘法器、比较器、视频电路中。目前最高转换速度已经可以做到 6000V/μs。高速型集成运放在对信号进行测量或处理时，有时需要放大电路的反应速度快，以保证精度。为此，在集成电路的设计中采取一定的措施（如加大电流）以提高转换速度。国产的 3554 是超高速型集成运放，它的转换速率可达 1000V/μs，建立时间为 150ns（0.1% 精度），单位增益带宽为 90MHz，失调电压温漂为 ±20μV/℃。国外的 AM-500GC 的转换速率也为 1000V/μs，但单位增益带宽为 100MHz，失调电压温漂为 5μV/℃。

3. 高输入阻抗型集成运放

在测量电路中往往需要高输入电阻或低输入电流的高阻型集成运放，这可通过输入级采用超 β 管或场效应晶体管等措施来实现。国产高阻型集成运放如 F3140，它的差模输入电阻为 10^{10} ~ $10^{12}\Omega$，它的输入失调电流为 10^{-12}A，开环增益为 100dB。国外这类产品有 ICH8500A，它的输入失调电流为 10^{-14}A，开环增益为 81dB。高阻型集成运放的用途十分广泛，除了可用于测量放大器，还广泛应用于采样保持电路、积分器、对数放大器、带通滤波器等。

4. 高精度型集成运放

高精度是指集成运放低失调、低温漂、低噪声、高电压放大倍数、高共模抑制比。国产的超低噪声高精度运放 F5037（对应于 CAW5037）的失调电压为 10μV，失调电流为 7.0nA，失调电压的温漂为 0.2μV/℃，开环增益约为 105dB。又如 CF725（对应于 μA7245）也属于高精度型集成运放。

5. 低功耗型集成运放

在空间技术和军事科学等领域中，常常需要集成电路能在电源电压较低（如 1 ~ 2V）时工作，或者只取很微弱的电流（如 10 ~ 100μA），这时就需要低功耗型集成运放。国产的 F3078I，在电源电压为 ±6V 时，电源电流是 20μA，静态功耗是 240μW（相当于运放 CA3078 的性能）。

6. 大功率型集成运放

随着集成工艺的不断发展，集成电路的输出功率范围逐渐扩大，已有输出几十瓦功率的集成电路。比如国产的 FX0021，在电源电压为 ±15V 时，最大输出电流可达 1.2A，最大输出电压幅值为 ±12V。它的性能相当于运放 LH0221。MCEL165 在 18V 电压下输出电流可达 3.5A。

4.2 集成运放中的偏置电路

4.2.1 镜像电流源电路

镜像电流源电路可以提供恒定的电流，主要用于集成电路中。它是在同一硅片上制造两个相邻的晶体管，并要求两个晶体管具有一致的发射结电压降和放大倍数。镜像电流源电路如图 4-2 所示，由于两管的工艺、参数等一致，而且两管的基极和发射极分别接在一起，VT_1 管的基极和集电极也接在一起，所以有 $U_{BE1}=U_{BE2}=U_{BE}$，$I_{B1}=I_{B2}=I_B$，$I_{C1}=I_{C2}=I_C$。

由图 4-2 可知

$$I_R=I_{C1}+2I_B=I_{C1}+\frac{2I_{C1}}{\beta}=I_C\left(1+\frac{2}{\beta}\right)$$

通常 $\beta>>1$，所以有

$$I_{C1}=I_{C2}\approx I_R=\frac{V_{CC}-U_{BE1}}{R}\approx\frac{V_{CC}}{R} \tag{4-1}$$

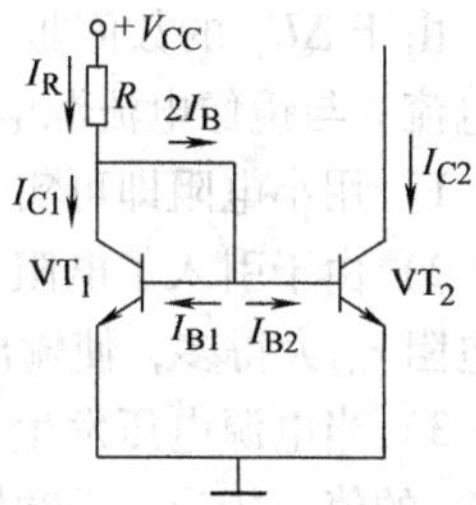

图 4-2　镜像电流源电路

由式（4-1）可见，由 V_{CC} 和 R 确定的电流 I_R 与 VT_2 的集电极电流 I_{C2} 成镜像关系，所以称这种电路为镜像电流源。这种电路的优点是结构简单，并且具有一定的温度补偿作用，但是也存在以下缺点：

1）I_R 受电源变化的影响大。当电源变化时，I_{C2} 几乎也同样随之变化，因此不适合在电源电压有大幅度变动下运行。

2）由于恒流特性不够理想，晶体管 C、E 极间电压变化时，I_{C2} 也会做相应变化，即电流源的输出电阻还不够大。

3）输出电流 I_{C2} 与基准电流 I_R 的精度取决于 β，特别是当 β 值不够大时，两者之间误差更大。

4）该电路只适用于较大工作电流（mA 数量级）的场合。

4.2.2 比例电流源电路

在集成电路中，常常需要电流源输出电流 I_{C2} 不等于参考电流 I_R，而是成一定的比例关系。如图 4-3 所示的电路是在镜像电流源的 VT_1 和 VT_2 的发射极分别接电阻 R_{E1} 和 R_{E2} 构成的，如果改变 R_{E1} 和 R_{E2} 阻值的比例，即可得到不同比例的电流，故称之为比例电流源电路。

在图 4-3 中，VT_1 和 VT_2 的特性完全相同，即 $U_{BE1}=U_{BE2}=U_{BE}$，$I_{B1}=I_{B2}=I_B$，VT_1 只起一个二极管的作用，VT_2 工作在放大状态。由图 4-3 可得

$$U_{BE1}+I_{E1}R_{E1}=U_{BE2}+I_{E2}R_{E2}$$

$$I_{E1}R_{E1}\approx I_{E2}R_{E2}$$

即

$$(I_R-2I_B)R_{E1}\approx I_{C2}R_{E2}$$

当 $\beta>>1$ 时，得

$$I_{C2}\approx\frac{R_{E1}}{R_{E2}}I_R \tag{4-2}$$

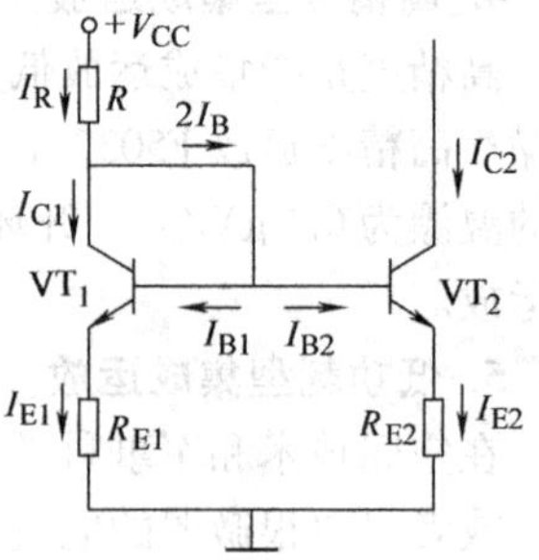

图 4-3　比例电流源电路

可见，在参考电流 I_R 一定的情况下，只要合理选择两个晶体管的发射极电阻的比例，即可得到合适的 I_{C2} 和 I_R。

4.2.3 微电流源电路

在上面两种电流源电路中，输出电流与参考电流都较大（mA 级）。如果要获得微安级输出电流，则偏置电阻 R 的取值要大，但集成电路中制作大电阻比较困难。为了在不使用大电阻的条件下能够获得微安级的小电流，在镜像电流源电路中 VT_2 的发射极接入一个电阻 R_E，如图 4-4 所示，就可以满足输出小电流的要求，称其为微电流源电路。由图 4-4 可得

$$\Delta U_{BE}=U_{BE1}-U_{BE2}\approx I_{E2}R_E \tag{4-3}$$

所以

$$I_{C2}\approx I_{E2}=\frac{U_{BE1}-U_{BE2}}{R_E}=\frac{\Delta U_{BE}}{R_E} \tag{4-4}$$

由于 ΔU_{BE} 的数值非常小，用阻值不大的 R_E 即可得到微小的工作电流。与镜像电流源电路相比，微电流源电路有以下优点：

1）用小电阻即可实现微电流源。

2）由于引入了电阻 R_E，因此微电流源的输出电阻比 VT_2 的输出电阻 r_{ce2} 大得多，使输出电流 I_{C2} 更加稳定。

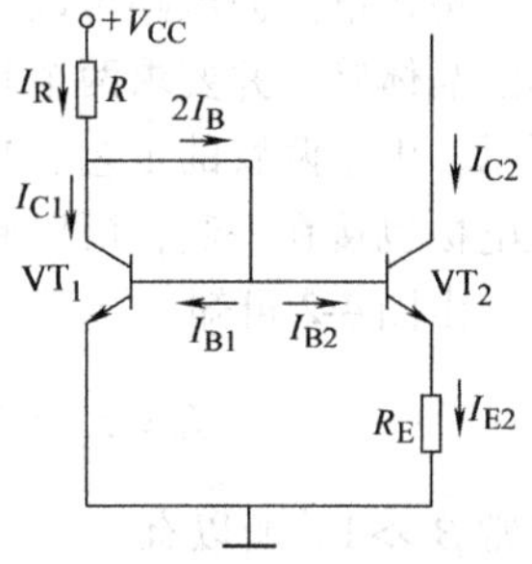

图 4-4　微电流源电路

3）当电源电压发生变化时，参考电流 I_R 和 ΔU_{BE} 也将变化，由于 R_E 的值一般为数千欧姆，使 $U_{BE2}<<U_{BE1}$，以致 VT_2 的 U_{BE2} 值很小而工作在输入特性曲线的弯曲部分，则 I_{C2} 的变化远小于 I_R 的变化，故电源电压波动对 I_{C2} 的影响不大。

例 4-1　电路如图 4-4 所示，已知 $V_{CC}=12V$，$U_{BE1}=0.7V$，若测得 $I_{C2}=16\mu A$，$I_{C1}=0.64mA$，试估算电阻 R_E 和 R 的值。

解　由二极管的伏安特性方程可得

$$I_E=I_S(e^{U_{BE}/U_T}-1)$$

在 U_{BE} 正向偏置的条件下，上式可近似为

$$I_E\approx I_Se^{U_{BE}/U_T}$$

式中 I_S 为二极管的反向饱和电流。

因 I_C 可视为 I_E，于是 U_{BE} 可写为

$$U_{BE}\approx U_T\ln\frac{I_C}{I_S}$$

由电路可得

$$U_{BE1}=U_{BE2}+I_{E2}R_E\approx U_{BE2}+I_{C2}R_E$$

于是

$$I_{C2}R_E=U_{BE1}-U_{BE2}=U_T\left(\ln\frac{I_{C1}}{I_{S1}}-\ln\frac{I_{C2}}{I_{S2}}\right)$$

因为有 $I_{S1}=I_{S2}$，上式即为

$$I_{C2}R_E=U_T\ln\frac{I_{C1}}{I_{C2}}$$

在 $I_{C2}=16\mu A$，$I_{C1}=0.64mA$ 的条件下，有

$$R_E=\frac{U_T\ln\frac{I_{C1}}{I_{C2}}}{I_{C2}}=\frac{26\ln\frac{0.64mA}{0.016mA}}{0.016mA}\approx 6k\Omega$$

$$R\approx\frac{V_{CC}-U_{BE1}}{I_{C1}}=\frac{12V-0.7V}{0.64mA}\approx 18k\Omega$$

4.2.4　电流源电路的作用

电流源电路除了能给放大电路提供稳定的工作电流外，它还具有交流等效电阻较大的特点。因此，可以利用电流源电路代替放大电路的负载电阻，这时电流源称之为有源负载。

从前面放大电路的知识可以知道，基本共射极电路的集电极电阻越大，电压放大倍数越大，但在集成电路中不采用大电阻。首先，当电源电压不变时，采用大电阻将导致电路的静态工作点变化，若要使得 Q 点不变，需提高电源电压；其次，集成电路中不适合制作大的电阻。因此，为了达到提高放大倍数的目的，通常利用电流源电路交流内阻大、直流电压降小的特点，把它用作有源负载替代集电极电阻。图 4-5a 所示为使用镜像恒流源作为有源负载的共射极放大电路，图 4-5b 所示为其交流等效电路。

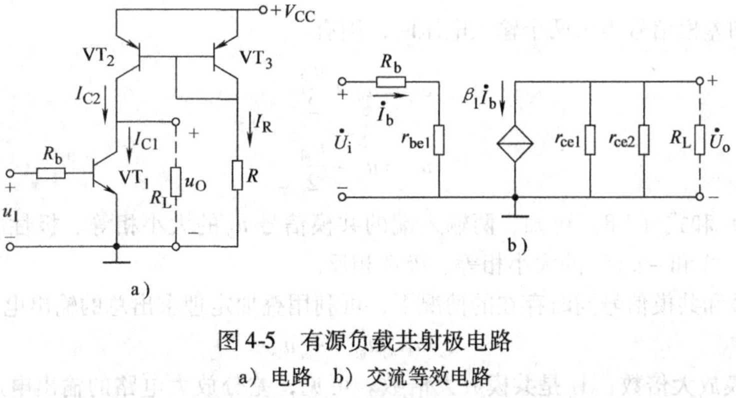

图 4-5　有源负载共射极电路

a）电路　b）交流等效电路

基本共射极电路中 u_I 变化时所引起的 i_{C1} 的变化量有一部分会分流到集电极电阻上，只有一部分变化量引起输出 u_O 的变化；而对于如图 4-5a 所示电路，若 I_{C2} 电流恒定不变，则当 u_I 变化时所引起的 i_{C1} 的变化量 Δi_{C1} 将全部加在 R_L 上，引起输出 u_O 的变化，从而提高电压放大倍数。从另一方面来说，可以认为电流源有很大的交流内阻，恒流源支路可看成开路，若 $R_L\ll(r_{ce1}//$

r_{ce2})，这样，电路的电压放大倍数 $A_u \approx \frac{-\beta R_L}{R_b + r_{be}}$，说明晶体管集电极的动态电流 $\beta \dot{I}_b$ 几乎全部流向负载，有源负载使共射极电路的放大倍数大大提高。

利用电流源电路代替集电极负载电阻构成的有源负载放大电路，这种电路不仅单级电路电压放大倍数高，还可以改善放大电路的其他性能。因此，这种有源负载放大电路已成为模拟集成电路的设计特色之一。

4.3 集成运放中的输入级单元电路——差分放大电路

4.3.1 基本差分放大电路

1. 电路组成

差分放大电路又称差动放大电路，在集成电路中应用非常普遍，一般作为输入级电路使用。基本差分电路的结构如图 4-6 所示。它有两个独立的输入端和两个输出端，射极连接在一起。两个输入信号 u_{i1} 和 u_{i2} 从差分对晶体管的两个基极加入（称为双端输入），或从其中任何一个基极对地加入（称为单端输入）。输出信号从两个集电极之间取出（称为双端输出，见图 4-6 中的 u_o），或从其中任何一个集电极对地输出（称为单端输出，见图 4-6 中的 u_{o1} 或 u_{o2}）。R_E 为差分放大电路的公共发射极电阻，$-V_{EE}$ 的作用是抵消 R_E 对 V_{CC} 的分压，并为基极提供直流偏置，保证放大电路有合适的静态工作点和足够的动态范围。

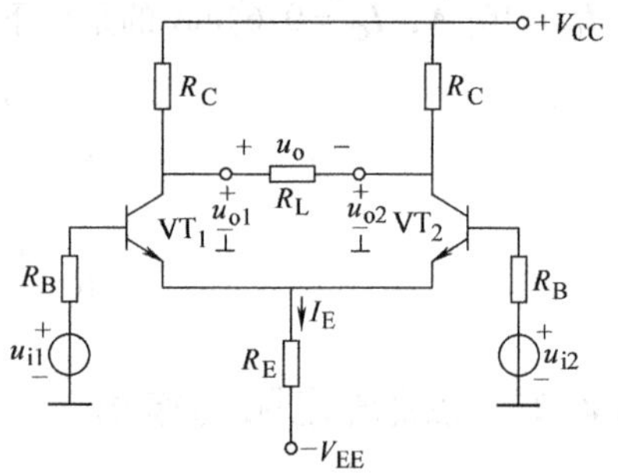

图 4-6　基本差分放大电路

通常定义差模信号 u_{id} 是两输入信号之差，即

$$u_{id} = u_{i1} - u_{i2} \tag{4-5}$$

共模信号 u_{ic} 是两输入信号算术平均值，即

$$u_{ic} = \frac{1}{2}(u_{i1} + u_{i2}) \tag{4-6}$$

当用共模信号和差模信号表示两个输入电压时，则有

$$u_{i1} = u_{ic} + \frac{u_{id}}{2} \tag{4-7}$$

$$u_{i2} = u_{ic} - \frac{u_{id}}{2} \tag{4-8}$$

由式（4-7）和式（4-8）可知，两输入端的共模信号 u_{ic} 的大小相等、极性相同，两输入端的差模电压 $+u_{id}/2$ 和 $-u_{id}/2$ 的大小相等、极性相反。

在差模信号和共模信号同时存在的情况下，可利用叠加定理求出总的输出电压，即

$$u_o = A_{ud}u_{id} + A_{uc}u_{ic} \tag{4-9}$$

式中，A_{ud} 是差模放大倍数；A_{uc} 是共模放大倍数。可见，差分放大电路的输出电压不仅取决于两个输入信号 u_{i1} 和 u_{i2} 的差模信号 u_{id}，还与两个输入信号的共模信号 u_{ic} 有关。

2. 静态分析

静态时，输入信号为零。图 4-6 所示电路的直流等效电路如图 4-7 所示。由于电路的对称性，$U_{BEQ1} = U_{BEQ2} = U_{BEQ}$，则两晶体管的基极电流为

$$I_{BQ1}=I_{BQ2}=\frac{0V-U_{BEQ}-(-V_{EE})}{R_B+(1+\beta)2R_E} \tag{4-10}$$

两晶体管的集电极电流为

$$I_{CQ1}=I_{CQ2}\approx\beta I_{BQ1} \tag{4-11}$$

$$U_{CEQ1}=U_{CEQ2}=V_{CC}-(-V_{EE})-I_{CQ1}(R_C+2R_E) \tag{4-12}$$

两晶体管的集电极对地电压为

$$\begin{cases}U_{CQ1}=V_{CC}-I_{CQ1}R_C\\U_{CQ2}=V_{CC}-I_{CQ2}R_C\end{cases} \tag{4-13}$$

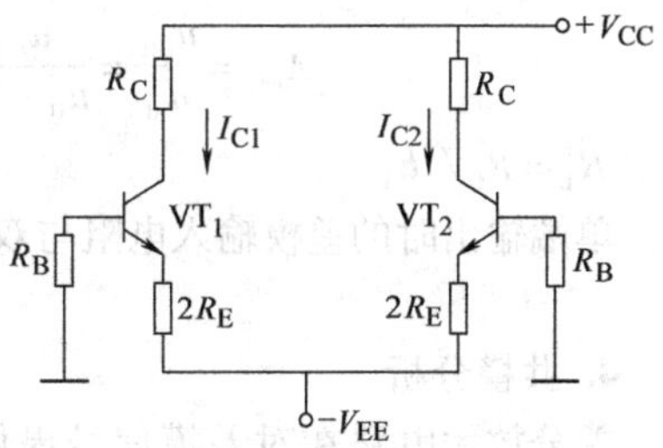

图 4-7　基本差分电路的直流等效电路

因此，静态时两晶体管集电极之间的输出电压为 $U_O=U_{CQ1}-U_{CQ2}=0$，即输入信号为零时，输出信号也为零。

3. 差模分析

在差分放大电路的两个输入端加上大小相等、极性相反的信号，称为差模输入方式。此时，$u_{i1}=u_{id1}$，$u_{i2}=u_{id2}=-u_{id1}$。在差模输入信号的作用下，差分对晶体管的两集电极电流变化量大小相等、方向相反，流过 R_E 时相互抵消，所以流经 R_E 的电流不变，仍等于静态电流 I_{EQ}，R_E 两端的电压几乎不变，即对于差模输入信号来说 R_E 相当于短路。另一方面，由于差分对晶体管的两集电极电流变化量大小相等、方向相反，所以两晶体管集电极电位的变化量也是大小相等、方向相反，因此负载电阻的中点电位不变，也相当于交流零电位，故将 R_L 分为两个相等的部分。基本差分放大电路交流通路如图 4-8a 所示，图 4-8b 所示为其半边微变等效电路。

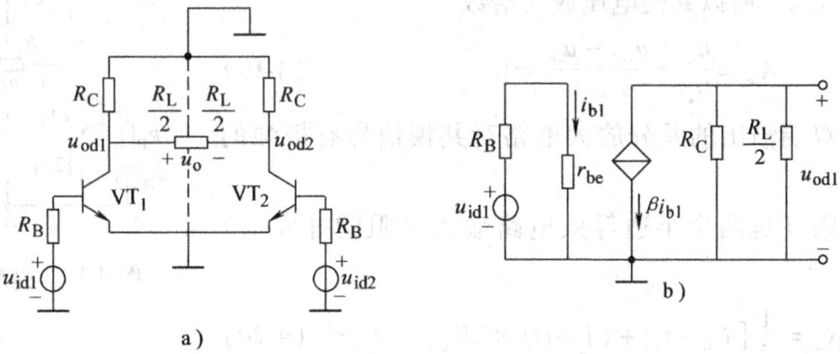

图 4-8　差模特性分析
a）差模信号交流通路　b）半边差模信号微变等效电路

如果输出信号从两个集电极之间输出，即所谓的双端输出的情况，此时的差模电压放大倍数等于差模输出电压 u_{od}与差模输入电压 u_{id}之比，即

$$A_{ud}=\frac{u_{od}}{u_{id}}=\frac{u_{o1}-u_{o2}}{u_{i1}-u_{i2}}=\frac{2u_{od1}}{2u_{id1}}=-\frac{\beta\left(R_C/\!/\frac{R_L}{2}\right)}{R_B+r_{be}}=-\frac{\beta R_L'}{R_B+r_{be}} \tag{4-14}$$

式中 $R_L'=R_C/\!/\frac{R_L}{2}$。

双端输出时差模输入电阻是从两个输入端看进去的交流等效电阻，为两个半边等效电路差模输入电阻之和，即

$$R_{id}=2(R_B+r_{be}) \tag{4-15}$$

双端输出时差模输出电阻是从两个输出端看进去的交流等效电阻，即

$$R_{od}=2R_C \tag{4-16}$$

如果输出信号仅从 VT_1 或 VT_2 的集电极输出，称为单端输出。此时的电压放大倍数为

$$A_{ud1}=\frac{u_{od1}}{u_{id}}=\frac{u_{od1}}{u_{i1}-u_{i2}}=\frac{u_{od1}}{2u_{id1}}=-\frac{\beta(R_C/\!/R_L)}{2(R_B+r_{be})}=-\frac{\beta R_L'}{2(R_B+r_{be})} \tag{4-17}$$

式中 $R_L'=R_C/\!/R_L$。

单端输出时的差模输入电阻与双端输出时的输入电阻相同。单端输出时差模输出电阻为

$$R_{od1}=R_C \tag{4-18}$$

4. 共模分析

差分放大电路在对差模信号提供高增益的同时，还应该对共模信号具有很低的放大倍数。当在差分放大电路的两个输入端加上大小相等、极性相同的信号时，称为**共模输入方式**。折合到输入端的漂移电压，或者伴随输入信号一起引入到两晶体管基极相同的干扰信号都是共模信号。假设，$u_{I1}=u_{I2}=u_{IC}$，如图 4-9 所示。若电路的对称性好，则两晶体管集电极电位总是相等，因此负载 R_L 可看为开路；两晶体管集电极电流的变化是大小相等、方向相同的，流过发射极电阻 R_E 上的总电流约为 $2i_c$，它在 R_E 上的电压降约为

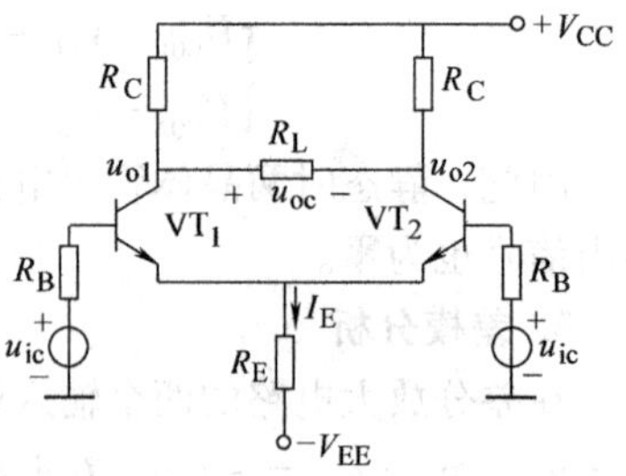

图 4-9　双端输出共模分析

$$u_e=2i_cR_E=i_c\times 2R_E$$

从电压等效观点看，只要 u_e 不变，则可认为每个晶体管发射极回路串接了 $2R_E$ 的电阻。

若电路为双端输出，则图 4-9 所示电路的交流等效电路如图 4-10 所示。$u_{oc1}=u_{oc2}$，所以共模电压放大倍数

$$A_{uc}=\frac{u_{oc}}{u_{ic}}=\frac{u_{oc1}-u_{oc2}}{u_{ic}}=0 \tag{4-19}$$

式（4-19）说明双端输出的差分放大电路对共模信号有极强的抑制作用。

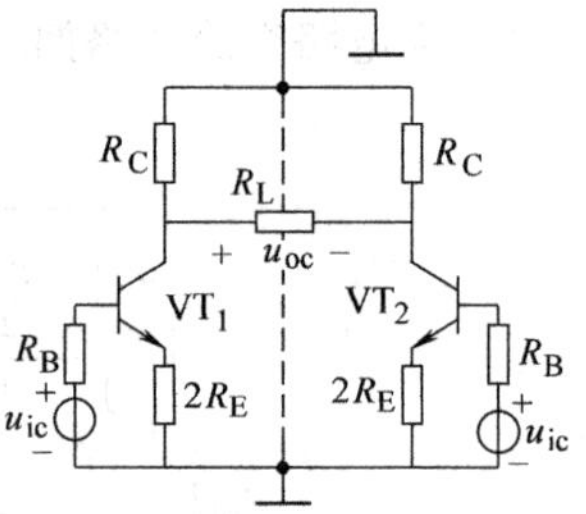

图 4-10　共模交流通路

共模输入电阻（是两个半边等效电路输入电阻的并联值）为

$$R_{ic}=\frac{1}{2}[R_B+r_{be}+(1+\beta)\times 2R_E] \tag{4-20}$$

共模输出电阻为

$$R_{oc}=2R_C \tag{4-21}$$

若电路为单端输出，则图 4-9 所示电路的交流电路如图 4-11 所示，图 4-12 所示为其半边微变等效电路。共模电压放大倍数为

$$A_{uc}=\frac{u_{oc1}}{u_{ic}}=\frac{u_{oc2}}{u_{ic}}=-\beta\frac{R_L'}{R_B+r_{be}+(1+\beta)\times 2R_E} \tag{4-22}$$

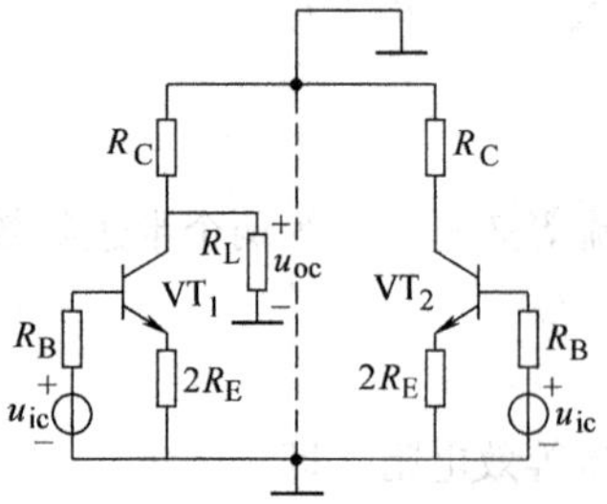

图 4-11　单端输出共模信号交流通路

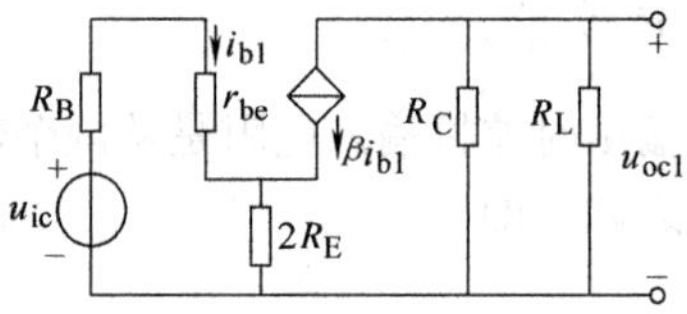

图 4-12　单端输出共模信号半边微变等效电路

式中 $R_L' = R_C // R_L$。通常$(1+\beta)\times 2R_E >> R_B + r_{be}$，所以式（4-22）可简化为

$$A_{uc} \approx -\frac{R_L'}{2R_E} \tag{4-23}$$

在实际电路中，由于 $2R_E > R_L'$，故 $|A_{uc}| < 1$。说明单端输出电路对共模信号的抑制能力不如双端输出电路强，但仍有较强的抑制作用，且 R_E 越大，$|A_{uc}|$ 越小，对共模信号的抑制能力越强。

单端输出时的共模输入电阻与双端输出时的输入电阻相同。共模输出电阻为

$$R_{oc} = R_C \tag{4-24}$$

5. 共模抑制比

为了综合衡量一个差分放大电路对差模信号的放大能力和对共模信号的抑制能力，通常用共模抑制比 K_{CMR} 来表征，它定义为差模电压增益 A_{ud} 与共模电压增益 A_{uc} 之比的绝对值，即

$$K_{CMR} = \left|\frac{A_{ud}}{A_{uc}}\right| \tag{4-25}$$

用分贝(dB)表示为

$$K_{CMR}(\mathrm{dB}) = 20\lg\left|\frac{A_{ud}}{A_{uc}}\right| \tag{4-26}$$

若采用双端输出，因为 $A_{uc} = 0$，所以 K_{CMR} 为无穷大。

若采用单端输出，则

$$K_{CMR} = \left|\frac{A_{ud}}{A_{uc}}\right| \approx \frac{\beta R_E}{R_B + r_{be}} \tag{4-27}$$

由此可见，为了提高电路对共模信号的抑制能力，必须选用大的 R_E。因此常采用直流电阻小、交流电阻大的电流源代替 R_E。

6. 差分放大电路的作用——抑制零点漂移

当电源电压波动或温度变化时，两晶体管集电极电流和电压的变化量相同，尽管每只晶体管都存在“零点漂移”，但两晶体管的漂移信号（ΔU_{C1} 和 ΔU_{C2}）在输出端恰好能互相抵消，使得输出端不出现“零点漂移”，这就是差分放大电路能抑制“零点漂移”的原理。但实际上电路的元器件参数很难完全对称，因此就达不到预期的效果。由于温漂的变化是同时作用于这个电路的两部分，所以 VT_1 和 VT_2 的 i_c 变化情况相同。这种作用，可以看成是在两输入端同时输入一对同极性、同幅值的信号的结果。这种信号即为共模信号 ΔU_{IC}。如电路对称性好，则对应的共模信号输入时的输出电压 ΔU_{OC} 将很小，也就是温漂小。衡量的办法是用 $A_{uc} = \frac{\Delta U_{OC}}{\Delta U_{IC}}$ 来表示。A_{uc} 越小表示电路抑制温漂的能力越强。

4.3.2　带恒流源的差分放大电路

通过前面的分析可知，差分放大电路能比较有效地抑制温漂，R_E 越大，抑制温漂的效果愈好。尤其对于单端输出电路来说，增大 R_E 来抑制温漂更为重要。但 R_E 增大是有限的，一方面当 V_{EE} 选定后，R_E 太大会使 I_C 下降太多，影响电路的放大倍数；另一方面，在集成电路中制造大电阻也十分困难。为了达到既能增大交流等效电阻，又使直流电压降不太大，也不要求 V_{EE} 过高的目的，所以提出了恒流源差分放大电路。

如图 4-13 所示，在恒流源差分放大电路中，使用恒流晶体管 VT_3 代替图 4-6 所示的电阻 R_E。对于晶体管来说，在放大区的很大范围内，集电极电流 i_C 基本上取决于 i_B 的值，而与 u_{CE} 的大小无关。在这个区域内，晶体管 VT_3 相当于一个内阻很大的电流源。在图 4-13 所示的恒流源式差

分放大电路中，恒流晶体管 VT_3 的基极电位 U_{B3} 由电阻 R_{B1} 和 R_{B2} 分压决定，基本上不随温度的变化而变化，其发射极电压 $U_{E3}=U_{B3}-U_{BE3}$，也基本不受温度变化的影响，故当温度变化时发射极电流 I_{E3} 可以基本保持稳定，而放大管的电流 I_{C1} 和 I_{C2} 之和近似等于 I_{C3}。因此，电流 I_{C1} 和 I_{C2} 就不会随温度的升降而同时增大或减小。

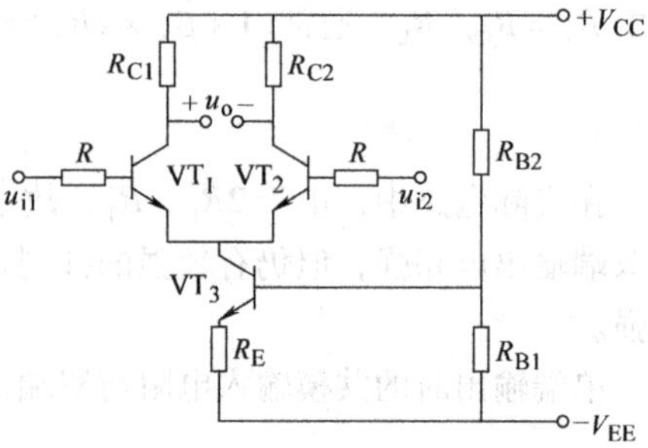

图 4-13　带恒流源的差分电路

实际电路的元器件不可能完全对称，会造成输入电压 $u_i=0$ 时，$u_o\neq0$。解决的办法是在电路中用一个电位器进行调节，如图 4-14 所示。当 $u_i=0$ 时，调节电位器 RP，使 $I_{C1}R_{C1}=I_{C2}R_{C2}$，从而使 $u_o=0$。其中，图 4-14a 所示电路可以调节工作电流 I_C，图 4-14b 所示电路可以调节集电极电阻 R_C。但这两种调节都只适用于两边电路性能差别不太大的情况。如果差别太大，说明电路参数失调比较严重，应更换元器件。

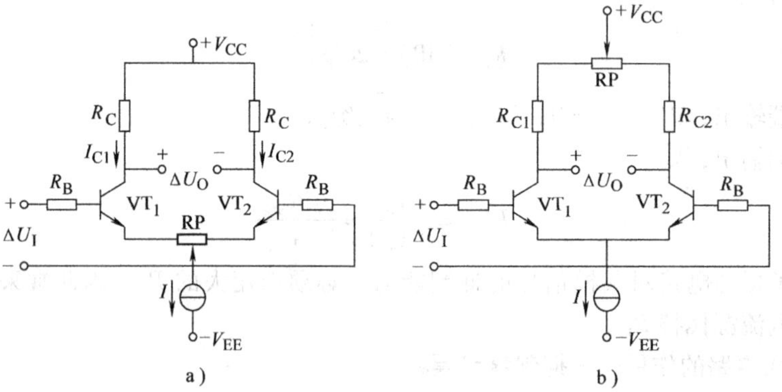

图 4-14　带调零措施的差放电路

a）调节 I_C 的电路　b）调节 R_C 的电路

例 4-2　在如图 4-15 所示电路中，设 VT_1、VT_2 的 $\beta=100$，$r_{bb'}=500\Omega$，$R_C=15k\Omega$，$V_{CC}=12V$，电流源电流 $I=1mA$。试求：（1）静态时 VT_1 和 VT_2 的 I_{BQ}、I_{CQ}、U_{CEQ}；（2）差模电压增益 A_{ud}；（3）差模输入电阻 R_{id} 和输出电阻 R_{od}；（4）共模电压增益 A_{uc} 和共模抑制比 K_{CMR}。

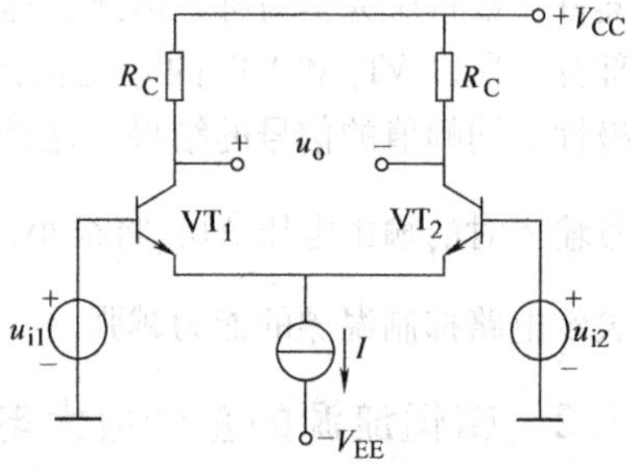

图 4-15　例 4-2 的电路

解　（1）差分对管的集电极电流和电压分别为

$$I_{CQ1}=I_{CQ2}=\frac{1}{2}I=0.5mA$$

$$I_{BQ}=\frac{I_{CQ}}{\beta}=\frac{0.5mA}{100}=5\mu A$$

由于 VT_1 和 VT_2 的 $U_{BQ}=0V$，$U_{BEQ}=0.7V$，所以 $U_{EQ}=-0.7V$，因此

$$U_{CEQ}=V_{CC}-I_{CQ}R_C-U_{EQ}=12V-0.5mA\times15k\Omega-(-0.7V)=5.2V$$

（2）差分放大电路采用双端输入、双端输出方式，由于

$$r_{be}=r_{be1}=r_{be2}=500\Omega+(1+100)\frac{26mV}{0.5mA}\approx5.8k\Omega$$

所以差模电压增益为

$$A_{ud}=\frac{-\beta R_C}{r_{be}}=\frac{-100\times15\text{k}\Omega}{5.8\text{k}\Omega}\approx-259$$

（3）差模输入电阻和输出电阻为

$$R_{id}=2r_{be}=11.6\text{k}\Omega$$

$$R_o=2R_C=30\text{k}\Omega$$

（4）共模电压增益为 $A_{uc}\approx0$

共模抑制比为 $K_{CMR}\approx\infty$

例 4-3　差分放大电路如图 4-16 所示，已知晶体管的 $\beta_1=\beta_2=\beta=60$，$\beta_3=80$，$r_{bb'}=300\Omega$，$R_B=1\text{k}\Omega$，$R_{C1}=R_{C2}=R_C=10\text{k}\Omega$，$R_{E3}=3\text{k}\Omega$，$R_{C3}=12\text{k}\Omega$，$VT_1$、$VT_2$ 为硅管，VT_3 为锗管，$+V_{CC}=+12\text{V}$，$-V_{EE}=-12\text{V}$。当输入信号 $U_i=0\text{V}$ 时，测得输出 $U_o=0\text{V}$。试求：(1) 估算 VT_1、VT_2 的工作电流 I_{C1}、I_{C2} 和电阻 R_E 的大小；(2) 当 $U_i=10\text{mV}$ 时，输出电压 U_o 的值。

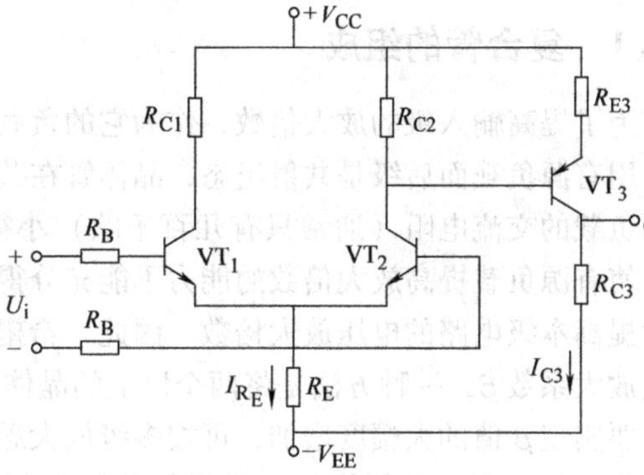

图 4-16　例 4-3 的电路

解　(1) VT_1、VT_2 的工作电流 I_{C1}、I_{C2} 和电阻 R_E 的计算

由图可知，当输入信号 $U_i=0\text{V}$ 时，测得输出 $U_o=0\text{V}$，则电阻 R_{C3} 上的电压降应为 12V，所以

$$I_{C3}=\frac{U_O-(-V_{EE})}{R_{C3}}=\frac{12\text{V}}{12\text{k}\Omega}=1\text{mA}\approx I_{E3}$$

$$U_{R_{C2}}\approx I_{E3}R_{E3}+U_{EB3}=1\text{mA}\times3\text{k}\Omega+0.2\text{V}=3.2\text{V}$$

$$I_{C1}=I_{C2}\approx\frac{U_{R_{C2}}}{R_{C2}}=\frac{3.2\text{V}}{10\text{k}\Omega}=0.32\text{mA}$$

$$I_{R_E}\approx I_{C1}+I_{C2}=0.64\text{mA}$$

$$R_E=\frac{U_{E1}-(-V_{EE})}{I_{R_E}}=\frac{(-0.7+12)\text{V}}{0.64\text{mA}}=17.7\text{k}\Omega$$

（2）当 $U_i=10\text{mV}$ 时，计算输出电压 U_o 的值

因为第一级电路是差分电路，且为单端输出，所以差模放大倍数为

$$A_{ud2}=\frac{\beta(R_C/\!/R_{i2})}{2(R_B+r_{be2})}$$

其中

$$r_{be2}=300\Omega+(1+60)\times\frac{26\text{mV}}{0.32\text{mA}}=5.3\text{k}\Omega$$

$$r_{be3}=300\Omega+(1+80)\times\frac{26\text{mV}}{1\text{mA}}=2.4\text{k}\Omega$$

$$R_{i2}=r_{be3}+(1+\beta_3)R_{E3}\approx245\text{k}\Omega$$

所以

$$A_{ud2}=\frac{\beta(R_C/\!/R_{i2})}{2(R_B+r_{be2})}=\frac{60(10\text{k}\Omega/\!/245\text{k}\Omega)}{2\times(1\text{k}\Omega+5.3\text{k}\Omega)}\approx46$$

第二级电路放大倍数

$$A_{u2} = -\frac{\beta_3 R_{C3}}{r_{be3} + (1+\beta_3)R_{E3}} = -\frac{80 \times 12\text{k}\Omega}{2.4\text{k}\Omega + 81 \times 3\text{k}\Omega} \approx -4$$

因为多级放大器的电压放大倍数等于各级电压放大倍数的乘积，所以

$$U_o = A_{ud2} A_{u2} U_I \approx 46 \times (-4) \times 10\text{mV} \approx -1.8\text{V}$$

4.4 集成运放中的中间级单元电路

4.4.1 复合管的组成

为了提高输入级的放大倍数，作为它的负载的中间级电路应具有较高的输入电阻。若前级放大采用有源负载而后级是共射组态，晶体管在共射接法下，它的输入电阻，通常只有几千欧，比有源负载的交流电阻（通常只有几百千欧）小得多。所以总的负载将近似等于第二级的输入电阻，使有源负载提高放大倍数的能力不能充分得到发挥。另外，如果能提高晶体管的β值，则可大大提高本级电路的电压放大倍数。因此，希望能采取某些措施提高后一级的输入电阻或者提高电流放大系数β，一种方法是将两个以上的晶体管连接在一起组成所谓的复合管。

要实现β值的大幅度增加，可按多级放大思想提出必须遵循的两条原则：第一，要使总的β是多管β的乘积，必须将前一只晶体管的发射极接到后一只晶体管的基极（同一种导电类型NPN或PNP），或者将前一级的集电极接到下一个晶体管的基极（不同导电类型NPN与PNP），以实现多次电流放大；第二，要保证所用晶体管都工作在放大区。按照上述原则构成的复合管如图4-17所示。从图中可以看出，当这种类型的晶体管复合时，复合管的类型和前面晶体管的类型相同。

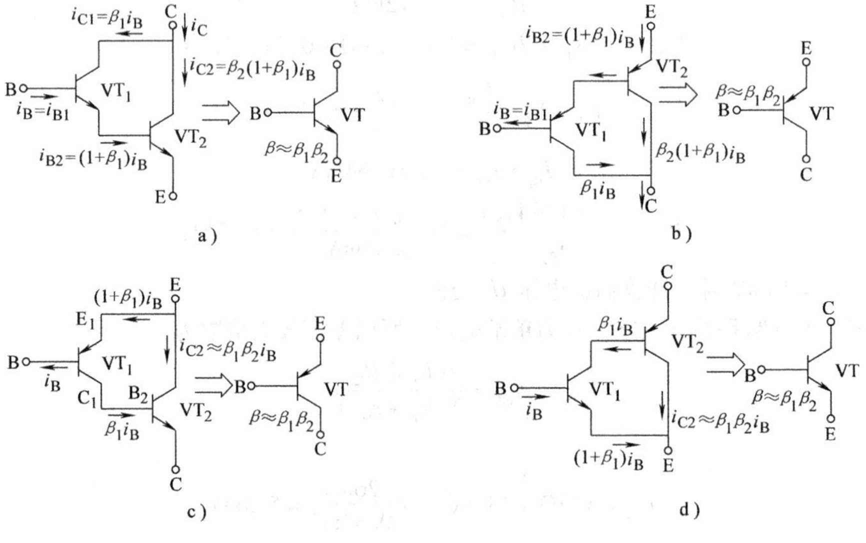

图4-17　复合管

a）两只NPN型晶体管组成的复合管　b）两只PNP型晶体管组成的复合管

c）PNP和NPN型晶体管组成的复合管　d）NPN和PNP型晶体管组成的复合管

以图4-17a为例，复合管的集电极电流为

$$\begin{aligned} i_C &= i_{C1} + i_{C2} = \beta_1 i_{B1} + \beta_2 i_{B2} = \beta_1 i_B + \beta_2(1+\beta_1)i_B \\ &= (\beta_1 + \beta_2 + \beta_1\beta_2) i_B = \beta i_B \end{aligned} \tag{4-28}$$

式（4-28）中，$\beta=\beta_1+\beta_2+\beta_1\beta_2$ 为复合管的电流放大系数。一般有 $\beta_1>>1$，$\beta_2>>1$，$\beta_1\beta_2>>\beta_1+\beta_2$，所以

$$\beta\approx\beta_1\beta_2 \tag{4-29}$$

式（4-29）说明，复合管的电流放大系数近似等于各组成管电流放大系数的乘积，即复合管具有很高的电流放大系数。

由图 4-17a、b 可知，对于同类型复合管其输入电阻为

$$r_{be}=r_{be1}+(1+\beta_1)r_{be2} \tag{4-30}$$

由图 4-17c、d 可知，对于不同类型复合管其输入电阻为

$$r_{be}=r_{be1} \tag{4-31}$$

式（4-30）和式（4-31）说明，同类型的晶体管构成复合管时，其输入电阻会增加，不同类型复合管其输入电阻是第一个晶体管的输入电阻。

组成复合管不仅用两个晶体管，需要时还可由多个晶体管组合而成。图 4-18a 所示的是由三只晶体管组成的复合管。另外，场效应晶体管也能和晶体管组成复合管，如图 4-18b 所示，该复合管的目的不是为了提高 β 值，而是提高输入电阻并将等效跨导提高（$1+\beta$）倍。其他形式的复合管这里不再一一叙述。

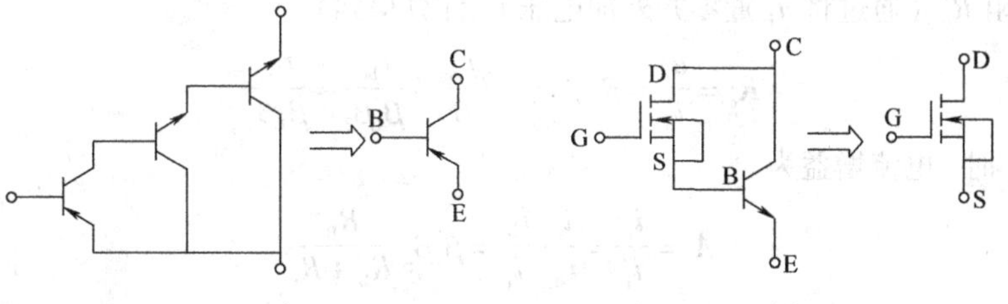

图 4-18　复合管

a）三只 NPN 型晶体管组成的复合管　b）场效应晶体管和晶体管组成的复合管

4.4.2　复合管放大电路

图 4-19 所示是一种复合管组成的共集电极放大电路。用 PNP 型晶体管驱动 NPN 型晶体管，这两个晶体管复合类似于一个 PNP 型晶体管。为了更好地理解其工作原理，下面介绍其直流偏置和交流工作情况。

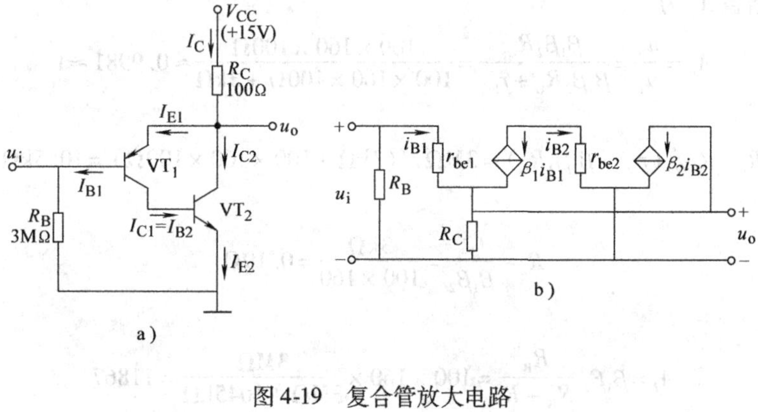

图 4-19　复合管放大电路

a）复合管放大电路及其直流分析　b）复合管放大电路的交流等效电路

1. 直流工作情况分析

直流偏置电路的计算使用一些工程计算允许的简化，可以提供简单的结果。根据 VT_1 的基极和射极回路，可以得到 VT_1 的基极电流为

$$I_B \approx \frac{V_{CC} - U_{EB_1}}{R_B + \beta_1\beta_2 R_C} \tag{4-32}$$

流过电阻 R_C 的电流为

$$I_C \approx \beta_1\beta_2 I_B \tag{4-33}$$

输出端的直流电压为

$$U_{CE2} = V_{CC} - I_C R_C \tag{4-34}$$

2. 交流工作情况分析

电压增益 A_u 为

$$A_u = \frac{u_o}{u_i} = \frac{\beta_1\beta_2 R_C}{\beta_1\beta_2 R_C + r_{be_1}} \tag{4-35}$$

电路的输入电阻 R_i，考虑基极偏置电阻 R_B 时，可以得到

$$R_i = R_B // (r_{be_1} + \beta_1\beta_2 R_C) \tag{4-36}$$

电路的输出电阻 R_o（通过将 u_i 置零并外加电压 u_o 计算得到）

$$R_o = \frac{u_o}{i_o} = R_C // r_{be_1} // \frac{r_{be_1}}{\beta_1} // \frac{r_{be_1}}{\beta_1\beta_2} \approx \frac{r_{be_1}}{\beta_1\beta_2} \tag{4-37}$$

当考虑电阻 R_B 时，电流增益为

$$A_i = \frac{i_o}{i_i} = \frac{i_o}{i_{B_1}} \frac{i_{B_1}}{i_i} = \beta_1\beta_2 \frac{R_B}{R_B + R_i} \tag{4-38}$$

例 4-4　在图 4-19 所示电路中，已知 $\beta_1 = 100$，$\beta_2 = 160$，$r_{be_1} = 3k\Omega$。求电路的静态工作点和交流参数 A_u，R_i，R_o，A_i。

解　(1) VT_1 的基极电流为

$$I_B = \frac{V_{CC} - U_{EB_1}}{R_B + \beta_1\beta_2 R_C} = \frac{15V - 0.7V}{3M\Omega + 100 \times 160 \times 100\Omega} \approx 3.1\mu A$$

流过电阻 R_C 的电流为

$$I_C = \beta_1\beta_2 I_B = 100 \times 160 \times 3.1\mu A = 49.6mA$$

输出端的直流电压为

$$U_{CE} = V_{CC} - I_C R_C = 15V - 49.6mA \times 100\Omega = 10.04V$$

(2) 电压增益 A_u 为

$$A_u = \frac{u_o}{u_i} = \frac{\beta_1\beta_2 R_C}{\beta_1\beta_2 R_C + r_{be_1}} = \frac{100 \times 160 \times 100\Omega}{100 \times 160 \times 100\Omega + 3k\Omega} \approx 0.9981 \approx 1$$

输入电阻为

$$R_i = R_B // (r_{be_1} + \beta_1\beta_2 R_C) = 3M\Omega // (3k\Omega + 100 \times 160 \times 100\Omega) = 1045k\Omega$$

输出电阻为

$$R_o \approx \frac{r_{be_1}}{\beta_1\beta_2} = \frac{3k\Omega}{100 \times 160} = 0.19\Omega$$

电流增益为

$$A_i = \beta_1\beta_2 \frac{R_B}{R_B + R_i} = 100 \times 160 \times \frac{3M\Omega}{3M\Omega + 1045k\Omega} = 11867$$

通过计算可知：复合管射极输出器可以提供近似 1 的电压增益，输入电阻很高，输出电阻很

低，其电流增益非常高。

4.5 集成运放中的输出级单元电路

作为集成运放中的输出级，总希望带负载能力强一些，即电路的输出电阻要小。共集（或共漏）放大电路的输出电阻是三种接法中最小的，所以输出级多采用这种电路组成的互补推挽放大电路。电路如图 4-20 所示，图中 VT_1（NPN 型）、VT_2（PNP 型）两个晶体管分别构成电压跟随电路，VT_1 与 VT_2 的参数相同。在 $u_i=0$ 时，$u_o=0$。

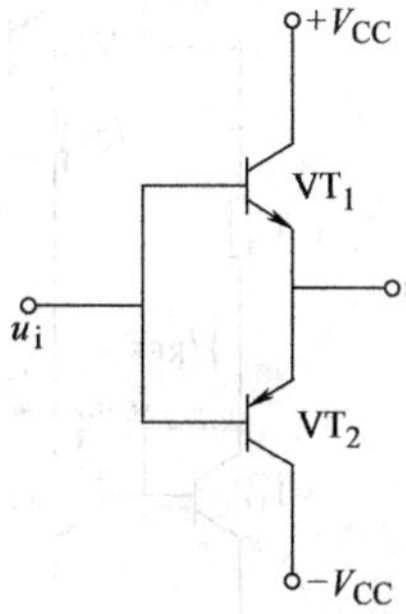

图 4-20 互补推挽放大电路

若输入信号为正弦波，在输入信号正半周时，VT_1 导通，VT_2 截止，VT_1 放大正半周信号；而输入信号在负半周时，则 VT_2 导通，VT_1 截止，VT_2 放大负半周信号，在负载上合成一个完整的波形，所以称这种电路为互补式电路。

4.6 通用集成运放介绍

集成运放的种类很多，为了方便，人们将其分为通用集成运放和专用型集成运放，通用集成运放能满足一般应用的需求，专用集成运放是在通用集成运放的基础上采取了特殊措施，以适应某些特殊要求的场合。

按国家标准（GB/T 4728.13—2008），集成运算放大器的符号如图 4-21a 所示，图 4-21b 所示是国内外常用符号。标“+”号输入端为同相输入端，用 u_P 表示，该输入端信号与输出端输出电压信号的极性相同；标“-”号的输入端为反相输入端，用 u_N 表示，该输入端信号与输出端输出电压信号的极性相反。为了简化电路符号，图中未画出供电电源的正、负端以及调零端等。实际使用时，要按照集成运放手册中给出的引脚图连接电路。

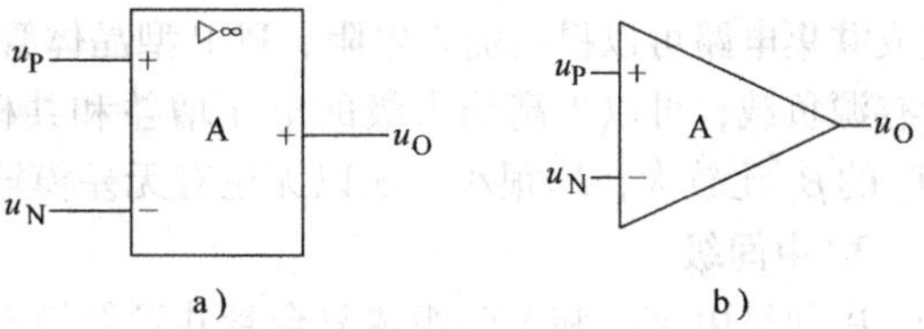

图 4-21 集成运算放大器的符号

a）国家标准规定的符号 b）国内外常用符号

4.6.1 双极型通用运放

本节介绍一种通用型集成运算放大器 μA741 作为模拟集成电路的典型例子，其原理性电路如图 4-22 所示。μA741 集成运放内部有 24 个晶体管、11 个电阻和一个电容。电路分为偏置电路、输入级、中间级和输出级四个部分。下面介绍 μA741 内部的电路结构及工作原理。

1. 偏置电路

μA741 的偏置电路是一种组合电流源。VT_8、VT_9、VT_{12}、VT_{13} 为 PNP 型晶体管，VT_{10}、VT_{11} 为 NPN 型晶体管。$+V_{CC}$、VT_{12}、R_5、VT_{11} 和 $-V_{CC}$ 构成了主偏置电路，主偏置电路的基准电流为

$$I_{REF}=\frac{+V_{CC}-(-V_{CC})-U_{BE12}-U_{BE11}}{R_5} \tag{4-39}$$

其他偏置电流都与 I_{REF} 有关。VT_{10}、R_4 和 VT_{11} 组成微电流源电路（$I_{REF}\approx I_{C11}$）。电流 I_{REF} 为毫安数量级，而 I_{C10} 为微安数量级。VT_8 和 VT_9 组成镜像电流源为差分输入级提供偏置电流 I_{C8}，而 I_{C9} 与 I_{C10} 为 VT_3 和 VT_4 提供偏置电流。VT_{12} 和 VT_{13} 构成双端输出的镜像电流源。VT_{13} 是一个双集电极晶体管，可视为两个晶体管，它们的两个集电结彼此并联，其集电极电流 I_{C13A} 和 I_{C13B} 的大小比例

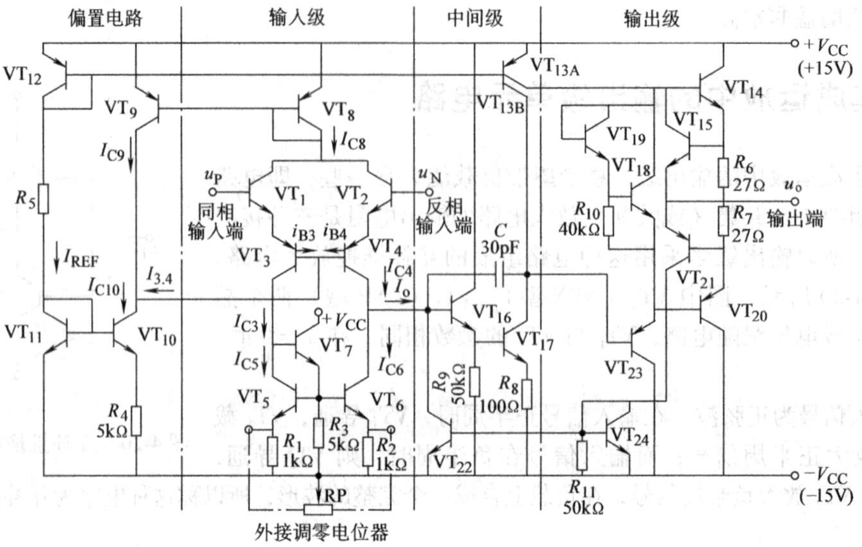

图4-22　μA741集成运算放大器的内部原理图

为3∶1。I_{C13B}是作为中间级的有源负载，$I_{C13B}=(3/4)I_{C12}$。I_{C13A}为输出级提供偏置电流，$I_{C13A}=(1/4)I_{C12}$。

2. 输入级

输入级由VT_1、VT_2和VT_3、VT_4组成共集-共基复合差分放大电路，NPN型晶体管VT_1、VT_2组成共集电路可以提高输入电阻，PNP型晶体管VT_3、VT_4组成共基电路与VT_5、VT_6、VT_7组成的有源负载，可以提高输入级的电压增益和共模抑制比。VT_7用来构成VT_5、VT_6的偏置电路，VT_7的β_7比较大，I_{B7}很小，所以无论有无差模输入信号，均有$I_{C3}=I_{C5}=I_{C6}$。

3. 中间级

中间级由VT_{16}和VT_{17}组成复合管共发射极电路，VT_{12}和VT_{13B}所组成的电流源作为它的有源负载，其交流电阻很大，因此本级可以获得很高的电压增益，同时也有较高的输入电阻。电容C（30pF）用于频率补偿。

4. 输出级

为了保证集成运放有一定的输出功率以及较小的输出电阻，因此输出级采用NPN型晶体管VT_{14}和PNP型晶体管VT_{20}组成的互补推挽功率输出电路，两个晶体管都接成射极输出器。VT_{18}和VT_{19}为输出级的偏置电路，在静态时，VT_{14}和VT_{20}处于微导通状态，克服它们的死区电压，避免产生交越失真。

5. 辅助电路

为了防止输出管VT_{14}和VT_{20}在R_L过电流时而损坏，在μA741运放中，由VT_{15}、VT_{21}和电阻R_6、R_7组成过载保护电路。发生过电流时，R_6或R_7两端电压降会增大，使VT_{15}或VT_{21}由截止变为导通，将VT_{14}或VT_{20}的基极电流分流一部分，从而保护了输出管VT_{14}和VT_{20}。

整个电路要求当输入信号为零时输出也应为零，这在电路设计方面已作考虑。在电路的输入级中，VT_5、VT_6的发射极还接一电位器RP，中间滑动触头接$-V_{CC}$，调节VT_5、VT_6的发射极电阻，可以保证静态时输出为零。

4.6.2　CMOS运放

C14573是由场效应晶体管组成的集成运放电路。由于采用N沟道与P沟道互补的场效应晶体管，故称为CMOS（即互补MOS）型。与双极性晶体管组成的集成运放相比，CMOS集成运放具有输入电阻高、集成度高、电源适用范围宽的特点。C14573 由四个运放制作在同一块基片上并封装而成，因此，它们的参数一致性很好，可以很方便地进行补偿而组成性能较好的电路。图 4-23 所示的是 C14573 中一个运放的原理电路，下面结合此电路图进行分析。

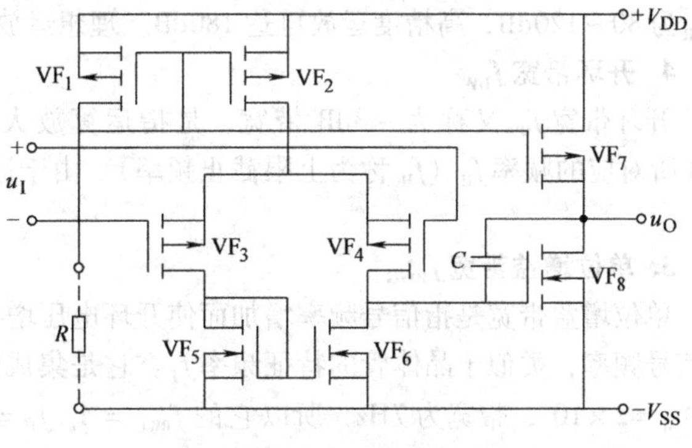

图 4-23　C14573 电路原理图

根据与晶体管相对应的关系可看出，这是两级放大电路，全部是增强型 MOS 管。第一级是由 VF_3、VF_4（P 沟道管）组成的共源差分放大电路。VF_5 和 VF_6（N 沟道管）构成镜像电流源作为有源负载。VF_1、VF_2 作为电流源提供偏置电流。输出级是由 VF_8 组成的带有源负载（VF_7）的共源放大电路。VF_2 和 VF_7 的电流由 VF_1 确定，这是一个多路电流源电路，VF_1 的电流大小通过外接电阻 R 确定。电容 C 起相位补偿作用。V_{DD} 与 V_{SS} 为直流电源，它们的差值要求不大于 15V，不小于 5V。可以是单电源供电（正或负）也可以是正负电源不对称。由于 V_{DD} 和 V_{SS} 可在一定范围内选择数值，所以输出电压范围可变，一般为：下限值约为 $(-V_{SS}+1.5)$ V，上限值约为 $(V_{DD}-2)$ V。但要注意，输出电压的范围将随电源的选择而改变。

C14573 输出开路时的电压放大倍数可达 10^4（即 80dB）以上，且输入电阻很高（输入的静态电流约为 1nA），但是由于它的输出电阻比较大，故带负载能力较差，因此它多用于场效应晶体管为负载电路或负载电阻较高的场合。

4.7　集成运放的主要参数

为了能合理选择和正确使用集成运放，应学会查阅集成电路手册，并理解运放参数的含义。

4.7.1　交流参数

1. 开环差模电压增益 A_{od}

开环差模电压增益 A_{od} 是指集成运放工作在线性区、接入规定的负载、无反馈情况下的输出电压的变化量与运算放大器输入端差模输入电压的变化量之比。一般运放的 A_{od} 在 60 ~ 120dB。不同类型的运算放大器 A_{od} 相差较大。

2. 差模输入电阻 r_{id} 和输出电阻 r_o

差模输入电阻 r_{id} 是指输入差模信号时运算放大器的输入电阻。r_{id} 越大，对信号源或前级电路的影响越小。以 BJT 为输入级的运放 r_{id} 一般在几百千欧到数兆欧；以 MOSFET 为输入级的运放 $r_{id}>10^{12}\Omega$，而超高输入电阻运放（如 AD549）的 $r_{id}>10^{13}\Omega$。

r_o 为集成运放的交流等效输出电阻，r_o 越小，表明运放带载能力越强。一般运放的 $r_o<200\Omega$，而超高速 AD9610 的 $r_o=0.05\Omega$。

3. 共模抑制比 K_{CMR}

共模抑制比 K_{CMR} 是差模电压放大倍数与共模电压放大倍数之比的绝对值，即

$$K_{CMR}=\left|\frac{A_{ud}}{A_{uc}}\right| \tag{4-40}$$

也常用分贝表示为 $20\lg K_{CMR}$。K_{CMR} 越大，表明电路抑制共模信号的性能越好。一般通用性运放

K_{CMR}为 80 ~ 120dB，高精度运放可达 180dB。理想运放的 K_{CMR} 为无穷大。

4. 开环带宽 f_{BW}

开环带宽 f_{BW} 又称为 -3dB 带宽，是指运算放大器的差模电压放大倍数 A_{ud} 在高频段下降 3dB 所对应的频率 f_H（f_H 称为上限截止频率）。由于运算放大器的下限截止频率为 0，所以 $f_{BW} = f_H$。

5. 单位增益带宽 f_{BWG}

单位增益带宽是指信号频率增加而使开环电压增益 $A_{od} = 1$ 时所对应的频率，即 A_{od} 为 0dB 时的信号频率，类似于晶体管的特征频率 f_T。它是集成运放的重要参数，$f_{BWG} = A_{ud} f_H$。741 型运放的 $A_{ud} = 2 \times 10^5$，带宽为 7Hz，所以它的 $f_{BWG} = A_{ud} f_H = 2 \times 10^5 \times 7\text{Hz} = 1.4\text{MHz}$。目前宽带运放如 AD5539 的 $A_{ud} f_H = 1400\text{MHz}$，AD801 的 $A_{ud} f_H = 800\text{MHz}$。通用型运放的 A_{ud} 在 f_{BWG} 内的典型值为 100 ~ 140dB，而超高增益运放如 LTC1150 的 $A_{ud} \geqslant 180\text{dB}$。

6. 转换速率 S_R

转换速率是指放大电路在闭环状态下输入为大信号（例如阶跃信号）时，放大电路输出电压的最大变化速率，即

$$S_R = \left.\frac{du_o(t)}{dt}\right|_{max} \tag{4-41}$$

如在运放的输入端加一正弦电压 $u_i = U_{im}\sin\omega t$，输出电压 $u_{om} = -U_{om}\sin\omega t$ 的最大变化速率为

$$S_R = \left.\frac{du_o}{dt}\right|_{t=0} = U_{om}\omega\cos\omega t\Big|_{t=0} = 2\pi f U_{om} \tag{4-42}$$

为了使输出电压波形不因 S_R 的限制而产生失真，必须使运放的 S_R 为

$$S_R \geqslant 2\pi f U_{om} \tag{4-43}$$

集成运放的频率响应和瞬态响应在大信号时与小信号时有很大差别。在大信号输入时，特别是大的阶跃信号加入时，运放将工作到非线性区域，通常它的输入会产生瞬间饱和或截止现象。由于转换速率与闭环电压增益有关，因此一般规定用集成运放单位电压增益、单位时间内输出电压的变化值来标定转换速率。

转换速率的大小与许多因素有关，其中主要是与运放所加的补偿电容、运放本身各级 BJT 的极间电容、杂散电容以及放大电路提供的充电电流等因素有关。在输入大信号的瞬变过程中，输出电压只有在电路的电容被充电后才随输入电压作线性变化。通常要求运放的 S_R 大于信号变化速率的绝对值。

转换速率 S_R 是运放在大信号和高频信号工作时的一项重要指标，目前一般通用型集成运算放大器的转换速率为 1 ~ 10V/μs。

4.7.2　直流参数

1. 输入失调电压 u_{IO}

一个理想的集成运放，当输入电压为零时，输出电压也应为零（不加调零装置）。但实际运算放大器的差分输入级很难做到完全对称，由于某种原因（如温度变化）使输入级的 Q 点稍有偏移，输入级的输出电压发生微小的变化，这种缓慢的微小变化会逐级放大，使运放输出端产生较大的输出电压（常称作漂移）。所以通常在输入电压为零时，存在一定的输出电压。

在室温（26℃）及标准电源电压下，输入电压为零时，为了使集成运放的输出电压为零，在输入端加的补偿电压叫做输入失调电压 u_{IO}。实际上是指输入电压 $u_I = 0$ 时，输出电压 u_O 折合到输入端的电压的负值，即 $u_{IO} = -(u_O|_{u_I=0})/A_{od}$。$u_{IO}$ 的大小反映了运放制造中电路的对称程度和电位配合情况。u_{IO} 值越大，说明电路的对称程度越差，一般约为 ±(1 ~ 10)mV。超低失调运

放为(1～20)μV，如高精度运放 OP－117 的 $u_{IO}=4\mu V$。采用 MOSFET 输入级的运放，其值较大，可达 20mV。理想运放 $u_{IO}=0$。

2. 输入偏置电流 I_{IB}

晶体管集成运放的两个输入端是差分对管的基极，因此两个输入端总需要一定的输入电流 I_{BN} 和 I_{BP}。输入偏置电流是指集成运放两个输入端静态的平均值，即

$$I_{IB}=(I_{BN}+I_{BP})/2 \tag{4-44}$$

输入偏置电流的大小，在电路外接电阻确定之后，主要取决于运放差分输入级 BJT 的性能，当它的 β 值太小时，将引起偏置电流增加。从使用角度来看，偏置电流越小，由于信号源内阻变化引起的输入电压变化也越小，因此它是重要的技术指标。以晶体管为输入级的运放一般为 10nA～1μA，采用 MOSFET 输入级的运放 I_{IB} 在皮安数量级。

3. 输入级失调电流 I_{IO}

在晶体管集成运放中，输入失调电流 I_{IO} 是指当输入电压为零时流入放大器两输入端的静态基极电流之差，即

$$I_{IO}=\left|I_{BP}-I_{BN}\right|_{u_I=0} \tag{4-45}$$

由于信号源内阻的存在，I_{IO} 会引起一输入电压破坏放大器的平衡，使放大器输出电压不为零。所以，希望 I_{IO} 越小越好，它反映了输入级差分对管的不对称程度，一般约为 10nA～1μA。

4. 温度漂移

由于温度变化引起输出电压产生 ΔU（或电流 ΔI）的漂移，通常把温度升高一摄氏度（1℃）输出漂移折合到输入端的等效漂移电压 $\Delta U/A_u\Delta T$（或电流 $\Delta I/A_i\Delta T$）作为温漂指标。集成运放的温度漂移是漂移的主要来源，而它又是由输入失调电压和输入失调电流随温度的漂移所引起的，故常用下面的方式表示：

（1）输入失调电压温漂 $\Delta U_{IO}/\Delta T$

这是指在规定温度范围内 ΔU_{IO} 的温度系数，也是衡量电路温漂的重要指标。$\Delta U_{IO}/\Delta T$ 不能用外接调零装置的办法来补偿。高质量的放大器常选用低漂移的器件来组成，一般约为 ±（10～20）μV/℃。

（2）输入失调电流的温漂 $\Delta I_{IO}/\Delta T$

这是指在规定温度范围内 ΔI_{IO} 的温度系数，也是对放大电路电流漂移的度量。同样不能用外界调零装置的办法来补偿，高质量的运放其值约为几个皮安/℃。

本章小结

1. 集成运放是一种高增益的直接耦合放大电路，通常输入级采用差分放大电路、中间级采用共射极放大电路、输出级采用互补推挽放大电路、直流偏置采用电流源电路。

2. 差分放大电路主要利用电路的对称性克服零点温漂，它对差模信号有较大的放大能力，对共模信号有较强的抑制能力。

3. 差分放大电路可以等效为两个对称的共射极放大电路，利用半边等效电路来估算静态工作点以及各种动态指标。理想情况下，双端输出差模电压放大倍数等于等效共发射极放大电路的电压放大倍数，共模电压放大倍数等于零，共模抑制比等于无穷大。单端输出差模电压放大倍数等于双端输出的一半，由于射极公共电阻 R_E（或恒流源）较大，共模电压放大倍数很小，共模抑制比也比较大。

4. 常用的镜像电流源、比例电流源、微电流源是根据晶体管工作在放大状态，且基极

电流恒定时，集电极电流也恒定的特性来实现的。电流源不仅能给放大电路提供稳定的直流偏置，而且可作为放大器的有源负载。

5. 集成运放除了双极型运放外，还有MOS运放，二者的组成结构相同，单元电路的形式也相似。由于MOS运放具有集成度高、功耗小、工艺简单、与高密度大规模数字集成电路兼容等优点，应用越来越广泛。

6. 集成电路的各种性能指标表征了它的外特性。为了能正确使用运放必须理解各种指标的含义。

实践案例

由LM324组成的抢答器电路

LM324是四运放集成电路，具有电源电压范围宽、静态功耗小、可单电源使用、价格低廉等优点，因此被广泛应用于电子玩具、报警装置、自动控制等电路中。

图4-24所示为由LM324组成的抢答器电路。通电后，调整电位器RP使运算放大器A_1、A_2、A_3的反相输入端有一定的电压。由于各运算放大器的同相输入端分别是经电阻R_1、R_2、R_3及R_4、晶体管VT的发射结到地，因此，各运算放大器都输出低电平，发光二极管VL_1、VL_2、VL_3均不发光。

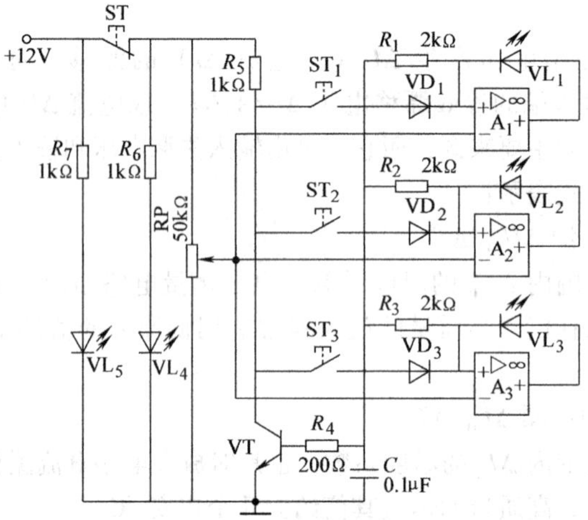

图4-24　由LM324组成的抢答器

假设当抢答者按下ST_1时，R_5与R_1分压（此时因电容器C充电，VT未导通），使运算放大器A_1的同相端产生一定电压，此电压高于其反相输入端电压，A_1输出高电平，经VL_1反馈到同相输入端而电路自锁（二极管VD_1、VD_2、VD_3均用IN4148）。与此同时，电流经R_1、R_4、VT的发射结到地。一方面使VL_1保持点亮状态，另一方面为VT提供偏置电流。C的延时作用（充电）结束后，VT饱和导通，即使按下其他按钮也不会使相应的运算放大器输出高电平，从而确保先按下按钮的人优先回答问题。

思考题与习题

4-1　通用型集成运放一般由几部分电路组成，每一部分常采用哪种基本电路？通常对每一部分性能的要求分别是什么？

4-2　电路如图4-25所示，已知$\beta_1=\beta_2=\beta_3=120$。各管的$U_{BE}$均为0.7V，试求$I_{C2}$的值。

4-3　多路电流源电路如图4-26所示，已知所有晶体管的特性均相同，且U_{BE}均为0.7V。试求I_{C2}、I_{C23}的值。

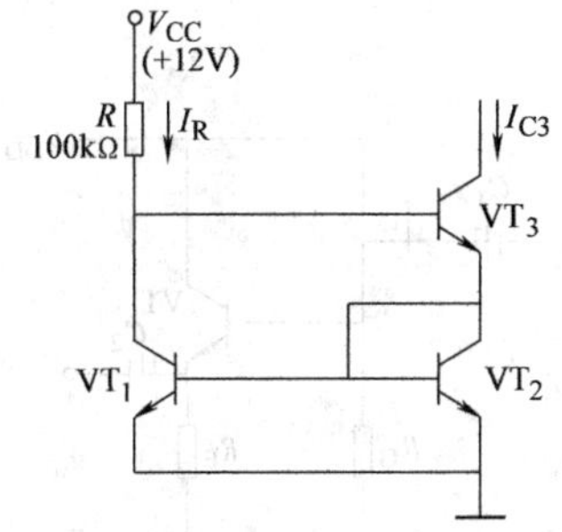

图 4-25　题 4-2 图

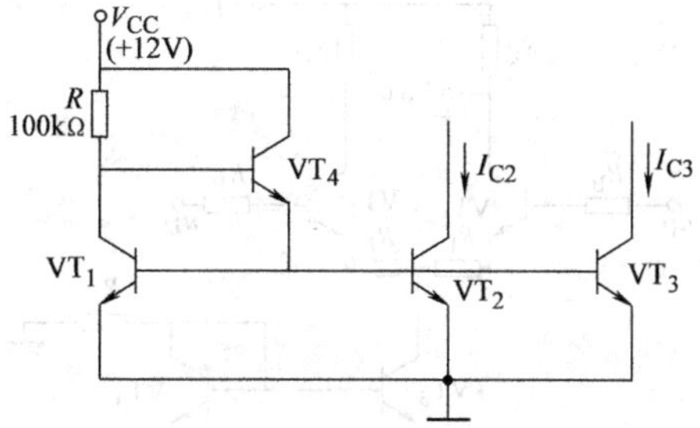

图 4-26　题 4-3 图

4-4　有调零电位器的差分放大电路如图 4-27 所示。已知 $V_{CC}=V_{EE}=12V$，$R_C=5k\Omega$，$R_E=5k\Omega$，$RP=100\Omega$，$R_L=10k\Omega$，两晶体管的 $\beta=60$，$U_{BE}=0.7V$，输入信号 $U_{i1}=18mV$，$U_{i2}=12mV$。求输出电压 U_o、各晶体管的集电极电位 U_{C1} 和 U_{C2} 及电路的共模抑制比 K_{CMR}。

4-5　上题中，若将负载电阻接至 VT_1 的集电极，如图 4-28 所示，其他电路参数不变。

（1）求 I_{CQ1}、I_{CQ2}、U_{CQ1}、U_{CQ2}；

（2）求输出电压 U_o 和电路的共模抑制比 K_{CMR}。

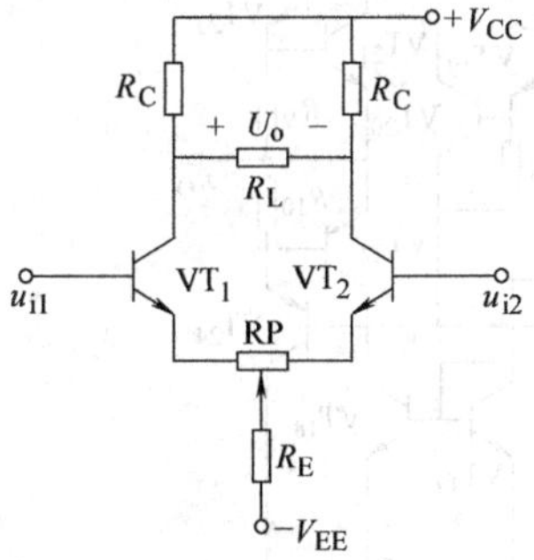

图 4-27　题 4-4 图

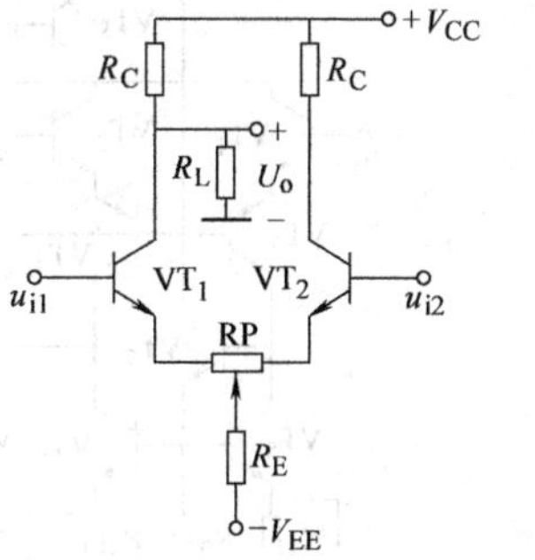

图 4-28　题 4-5 图

4-6　上题中若将负载电阻接至 VT_2 的集电极，输出电压 U_o 为多少？

4-7　复合管差分放大电路如图 4-29 所示，设晶体管的 $\beta_1=\beta_2=30$，$\beta_3=\beta_4=100$，$r_{bb'}=200\Omega$，$U_{BE1}=U_{BE2}=0.6V$，$U_{BE3}=U_{BE4}=0.7V$，$V_{CC}=6V$，$R_C=6.2k\Omega$，$R_E=4.7k\Omega$，$-V_{EE}=-6V$。试计算双端输入、单端输出时的 R_{id}、A_{d1}、A_{c1} 及 K_{CMR} 的值。

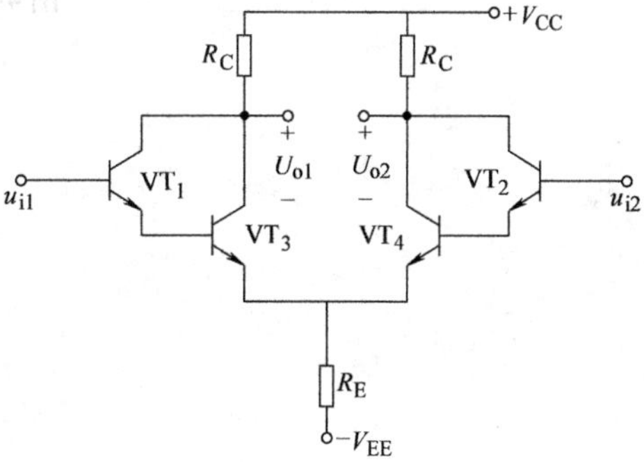

图 4-29　题 4-7 图

4-8　差分放大电路如图 4-30 所示，各晶体管参数相同，$V_{CC}=15V$，$R_B=5k\Omega$，$R_E=100\Omega$，$R_C=10k\Omega$，$\beta=50$，$R_1=10k\Omega$，$R_3=R_2=4.3k\Omega$，$r_{bb'}=300\Omega$，$U_{BE}=0.7V$，$-V_{EE}=-15V$。

（1）求静态下各晶体管的 I_C、U_{CE}；

（2）设 $u_{i1}=(100+5\sin\omega t)mV$，$u_{i2}=(90-5\sin\omega t)mV$，求双端输出电压 u_o。

4-9　场效应管和晶体管组成电路如图 4-31 所示，设电路参数 g_m、β、R_G 和 R_E 均已知。

（1）画出电路的小信号等效电路；

（2）求 A_u、R_i、R_o。

4-10　通用型运放 F747 的内部电路如图 4-32 所示，试分析：

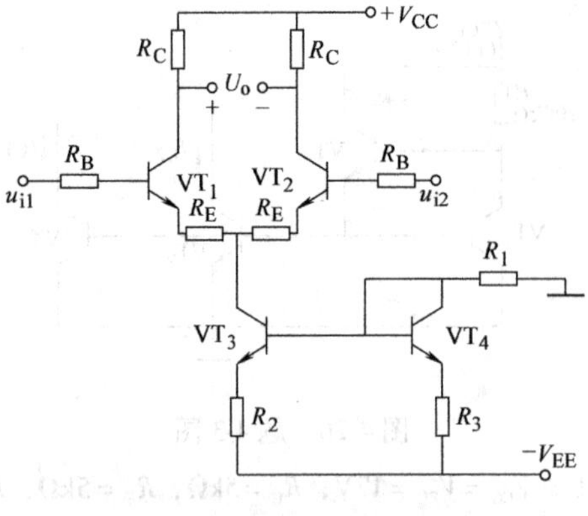

图 4-30　题 4-8 图

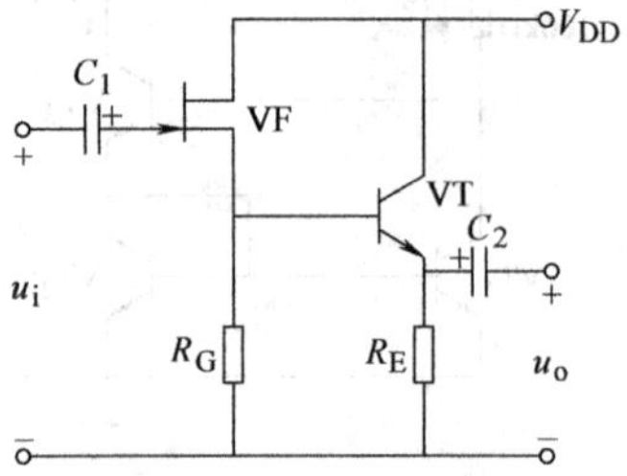

图 4-31　题 4-9 图

（1）偏置电路由哪些元件组成？

（2）哪些是放大管，组成几级放大电路，每级各是什么基本电路？

（3）VT_{19}、VT_{20} 和 R_8 组成的电路的作用是什么？

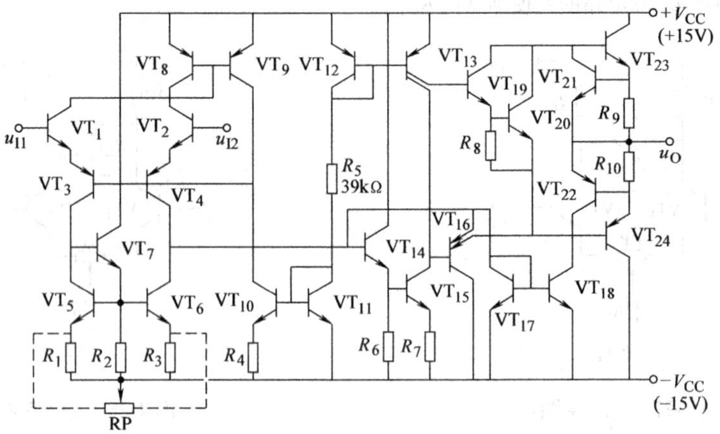

图 4-32　题 4-10 图

第 5 章　负反馈放大电路

应用背景

反馈理论是模拟电子技术中最基本的理论之一，它奠定了现代模拟电子技术的基础。几乎所有的模拟电子系统都用到了反馈。负反馈技术于 1928 年由 Harold S. Black 提出。由于在负反馈技术提出的时代，模拟电路主要采用真空管和电子管作为基本电子器件，难以获得较高的增益，因此该技术并没有得到重视，直到晶体管和集成电路发明后，负反馈的优势慢慢被人们所认识，并在模拟电路中得到广泛的应用。正是由于反馈概念的提出，模拟电路才能发展到如今的水平，深入研究反馈的基本概念、基本理论及分析方法，有助于提高对模拟电子系统的认识。反馈包括正反馈和负反馈：负反馈主要用于改善电路特性，正反馈主要用于振荡器电路。

本章主要介绍反馈的基本概念、反馈的判断方法、负反馈对放大电路性能的影响、深度负反馈放大电路的估算方法，此外还简单介绍了负反馈放大电路的自激振荡现象及消除方法。

5.1　反馈放大电路的基本原理及类型

反馈是一种改善放大电路性能的技术，是将放大电路的输出信号（输出电压或电流）的一部分或全部，经过一定的网络返送回输入回路，从而影响放大电路性能的一种措施。

5.1.1　反馈放大电路的基本原理

反馈放大电路的基本框图如图 5-1 所示，根据反馈放大电路各部分电路的主要功能，将其分为两大部分：基本放大电路和反馈网络。基本放大电路只有放大作用（信号从输入端传输到输出端），反馈网络只有反馈作用（将输出信号的一部分或全部返送到输入端）。

在图 5-1 中，放大电路的输入信号为 $\dot{X}_i$，输出信号为 $\dot{X}_o$，若基本放大电路的放大倍数为 $\dot{A}$（开环放大倍数），则

$$\dot{X}_o = \dot{A}\,\dot{X}_{id} \tag{5-1}$$

反馈网络的输入信号是电路的输出信号，反馈网络的输出信号称为反馈信号 $\dot{X}_f$，若反馈网络的反馈系数为 $\dot{F}$，则

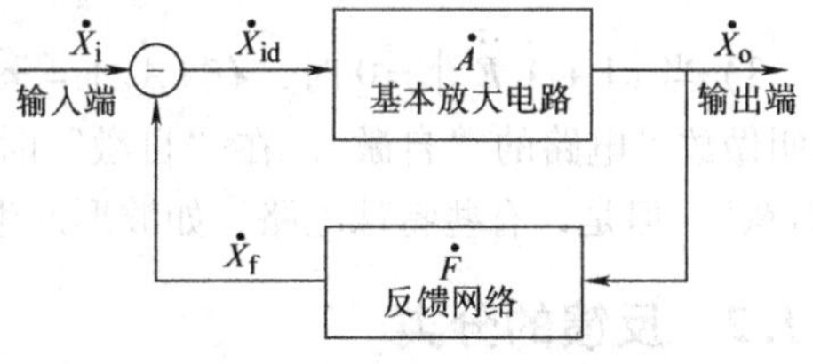

图 5-1　反馈放大电路基本框图

$$\dot{X}_f = \dot{F}\,\dot{X}_o \tag{5-2}$$

"⊖"表示输入信号 $\dot{X}_i$ 与反馈信号 $\dot{X}_f$ 相减得到净输入信号 $\dot{X}_{id}$，即

$$\dot{X}_{id} = \dot{X}_i - \dot{X}_f \tag{5-3}$$

如果定义 $\dfrac{\dot{X}_o}{\dot{X}_i}$ 为反馈放大电路放大倍数 $\dot{A}_f$（闭环放大倍数），则由式（5-1）、式（5-2）、式（5-3）

可得其一般表达式为

$$\dot{A}_f = \frac{\dot{X}_o}{\dot{X}_i} = \frac{\dot{A}\dot{X}_{id}}{\dot{X}_{id} + \dot{X}_f} = \frac{\dot{A}}{1 + \frac{\dot{X}_f}{\dot{X}_{id}}} = \frac{\dot{A}}{1 + \frac{\dot{X}_o}{\dot{X}_{id}}\frac{\dot{X}_f}{\dot{X}_o}}$$

即

$$\dot{A}_f = \frac{\dot{A}}{1 + \dot{A}\dot{F}} \tag{5-4}$$

式（5-4）是一个十分重要的表达式，它表明闭环放大倍数 $\dot{A}_f$ 是开环放大倍数 $\dot{A}$ 的 $\frac{1}{1+\dot{A}\dot{F}}$ 倍。$(1+\dot{A}\dot{F})$ 是一个表示反馈作用强弱程度的量，它的大小会影响闭环放大倍数的大小。通常将 $(1+\dot{A}\dot{F})$ 称为反馈深度，有时也用 D 表示。在中频区，$\dot{A}$、$\dot{F}$ 均为实数，因此反馈深度可写为 $(1+AF)$。

对于式（5-4）所示的反馈放大电路闭环放大倍数的一般表达式，分析如下：

1）当 $|1+\dot{A}\dot{F}|>1$ 时，有 $|\dot{A}_f|<|\dot{A}|$，放大电路引入了负反馈，负反馈的引入削弱了输入信号的作用，使闭环放大倍数减小，尤其是当 $|1+\dot{A}\dot{F}|>>1$ 时，闭环放大倍数减小到 $\dot{A}_f = \frac{\dot{A}}{1+\dot{A}\dot{F}} \approx \frac{1}{\dot{F}}$，此时反馈放大电路的闭环放大倍数将只取决于反馈系数，这种情况被称为深度负反馈。

2）当 $|1+\dot{A}\dot{F}|<1$ 时，有 $|\dot{A}_f|>|\dot{A}|$，放大电路引入了正反馈，正反馈的引入加强了输入信号的作用，使闭环放大倍数增大。

3）当 $|1+\dot{A}\dot{F}|=0$ 时，有 $|\dot{A}_f|=\infty$，这意味着即使没有输入量也仍然有输出量，这种状态叫做放大电路的“自激”。在“自激”时，放大电路已失去正常的放大功能，因此，必须消除“自激”。但是，有些特殊电路，如波形发生器，可利用“自激”来实现。

5.1.2 反馈的分类

1. 按照反馈信号的交直流类型——直流反馈和交流反馈

在放大电路中的信号既含有直流分量，又含有交流分量。反馈信号中只含有直流分量的称为直流反馈，直流反馈影响电路的直流性能，如静态工作点；反馈信号中只含有交流分量的称为交流反馈，交流反馈影响电路的交流性能，如放大倍数、输入电阻、输出电阻等。

2. 按照反馈信号对输入信号的增减作用——正反馈和负反馈

如果反馈信号加强输入信号，即在输入信号不变时输出信号比没有反馈时大，导致放大倍数增大，这种反馈称为正反馈；反之，如果反馈信号削弱输入信号，即在输入信号不变时输出信号比没有反馈时小，导致放大倍数减小，这种反馈称为负反馈。

3. 按照反馈网络与基本放大电路输出端的接法——电压反馈和电流反馈

在反馈放大电路中，反馈网络是把输出信号（输出电压或输出电流）的一部分或全部取出来送回到输入回路。在放大电路输出端的取样方式有两种：一种是电压取样，反馈信号是输出电压的一部分或全部，即反馈信号与输出电压成正比，称为电压反馈；一种是电流取样，反馈信号是输出电流的一部分或全部，即反馈信号与输出电流成正比，称为电流反馈。

4. 根据反馈网络的输出端与基本放大电路输入端的接法——串联反馈和并联反馈

若反馈网络的输出端与基本放大电路的输入端串联，则称为串联反馈；若反馈网络的输出端与基本放大电路的输入端并联，则称为并联反馈。

此外，按照反馈产生的途径可分为内部反馈和外部反馈，在器件内部，由结电容等产生的反馈称为内部反馈；在器件外部产生的反馈称为外部反馈，在多级放大器中，外部反馈还可分为本级反馈和级间反馈。本章研究的都是外部反馈。

5.1.3 反馈类型的判断方法

1. 交流反馈和直流反馈判断方法——信号通路法

先画出电路直流通路、交流通路，然后观察放大电路输入回路和输出回路之间是否存在公共支路，即反馈网络。若直流通路中存在反馈，则称直流反馈；若交流通路中存在反馈，则称交流反馈；若交流和直流通路中均存在反馈，则称交、直流反馈。

例5-1 判断图5-2a所示电路的交、直流反馈类型。

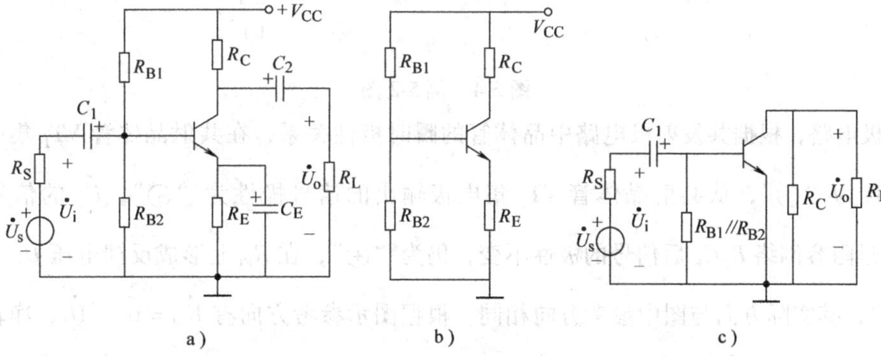

图5-2 例5-1图

a）电路原理图 b）直流通路 c）交流通路

解 分别画出直流通路、交流通路，如图5-2b、c所示。在直流通路中，晶体管的输入回路和输出回路之间公共支路为电阻R_E，所以有直流反馈；在交流通路中，晶体管的输入回路和输出回路之间没有公共支路，所以没有交流反馈。因此，R_E为直流反馈。

2. 正反馈和负反馈判断方法——瞬时极性法

先假定输入信号瞬时对地有一正向的变化，即瞬时电位升高，相应的瞬时极性称为正极性信号，用"⊕"表示；然后按照信号先放大后反馈的传输途径，根据中频区放大电路的瞬时极性关系，依次得到各级放大电路的输入信号与输出信号的瞬间电位是升高还是降低，即极性是"⊕"还是"⊖"（负极性信号），最后得到反馈信号的瞬时极性，从而判断反馈信号是加强还是削弱输入信号。若为加强（即净输入信号增大）则反馈为正反馈，若为削弱（即净输入信号减小）则反馈为负反馈。

常见放大电路中器件的瞬时极性关系如图5-3所示。

此外，共源极、共漏极、共栅极电路中场效应晶体管的瞬时极性关系与共发射极、共集电极、共基极电路中晶体管的瞬时极性关系类似。

例5-2 判断图5-4所示电路是正反馈还是负反馈。

解 图5-4a中，设输入端$\dot{U}_i$对地的瞬时极性为正，在图中标记为"⊕"。VT_1和VT_2均构

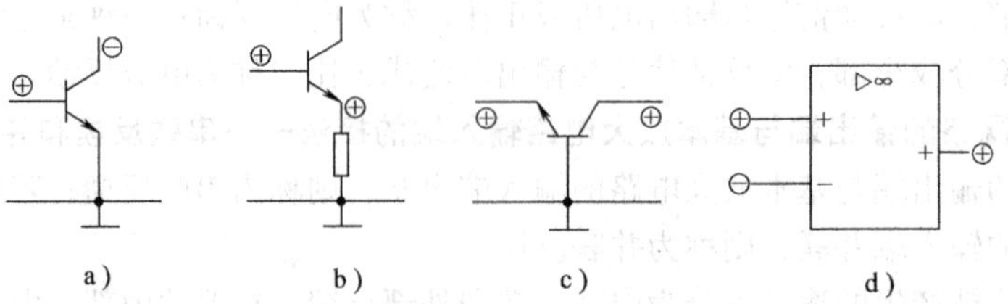

图 5-3　常见放大电路中器件的瞬时极性关系示意图

a）共发射极电路　b）共集电极电路　c）共基极电路　d）集成运放

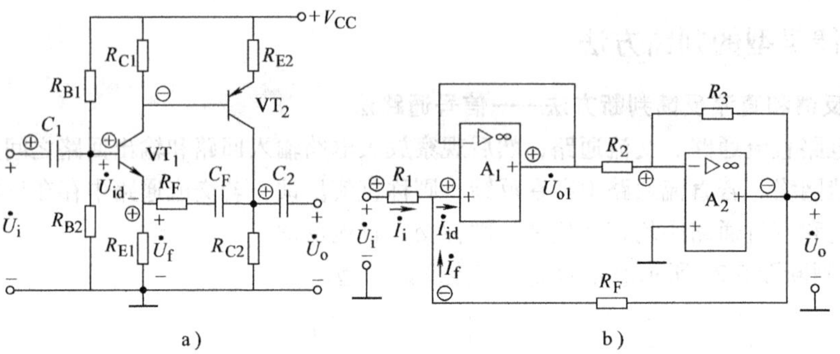

图 5-4　例 5-2 图

成共发射极电路，根据共发射极电路中晶体管的瞬时极性关系，在共射晶体管 VT_1 集电极输出的信号极性为“⊖”，从共射晶体管 VT_2 集电极输出的信号极性为“⊕”，$\dot{U}_o$ 的信号极性为“⊕”，经过阻容网络 R_FC_F 后信号的极性不变，仍为“⊕”，在 R_{E1} 上形成反馈电压 $\dot{U}_f$ 为正极性信号“⊕”，其实际方向与图中参考方向相同。根据图示参考方向有 $\dot{U}_{id}=\dot{U}_i-\dot{U}_f$，净输入信号 $\dot{U}_{id}$ 为两个正极性信号 $\dot{U}_i$ 和 $\dot{U}_f$ 相减的结果，可知净输入信号 $\dot{U}_{id}$ 被削弱，则 $\dot{U}_{id}<\dot{U}_i$，因此，所引入的反馈为负反馈。

图 5-4b 中，设输入端电压 $\dot{U}_i$ 对地的瞬时极性为正，在图中标记为“⊕”。由集成运放 A_1 同相输入端输入信号，根据集成运放的瞬时极性关系，得输出电压 $\dot{U}_{o1}$ 的信号极性为“⊕”，经过电阻 R_2 后信号的极性不变，由集成运放 A_2 反相输入端输入信号，根据集成运放的瞬时极性关系，得输出电压 $\dot{U}_o$ 的极性为“⊖”。根据图示参考方向有 $\dot{I}_{id}=\dot{I}_i+\dot{I}_f$，因为 $\dot{U}_o$ 的极性为“⊖”，所以 $\dot{I}_f$ 的极性也为“⊖”，其实际方向与图中参考方向相反，$\dot{U}_i$ 的极性为“⊕”，所以 $\dot{I}_i$ 的极性也为“⊕”，其实际方向与图中参考方向相同，所以，净输入信号为正极性的 $\dot{I}_i$ 和负极性 $\dot{I}_f$ 相加的结果，可知净输入信号 $\dot{I}_{id}$ 被削弱，则 $\dot{I}_{id}<\dot{I}_i$，因此，所引入的反馈为负反馈。

3. 电压反馈和电流反馈判断方法——负载短路法或负载开路法

基本放大电路与反馈网络在输出端连接方式有并联和串联两种，对应的输出端的反馈方式分别称为电压反馈和电流反馈。图 5-5a 所示为电压反馈框图，在反馈放大电路的输出端，基本放大电路与反馈网络并联，反馈信号 $\dot{X}_f$（电压或电流）与输出电压 $\dot{U}_o$ 成正比，即反馈信号取样于输出电压。图 5-5b 所示为电流反馈框图，在反馈放大电路的输出端，基本放大电路与反馈网络串联，则反馈信号 $\dot{X}_f$（电压或电流）与输出电流 $\dot{I}_o$ 成正比，即反馈信号取样于输出电流。

电压反馈或电流反馈的判断可采用负载短路法或负载开路法。

负载短路法是假定把放大电路的负载短路，使 $\dot{U}_o=0$，这时如果反馈信号为零（即反馈不存在），则说明输出端的连接为并联方式，反馈为电压反馈；如果反馈信号不为零（即反馈仍然存在），则说明输出端的连接为串联方式，反馈为电流反馈。

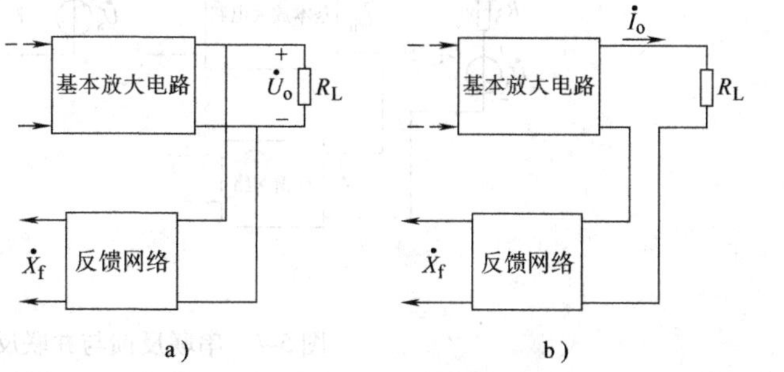

图 5-5　电压反馈与电流反馈框图
a）电压反馈　b）电流反馈

负载开路法是假定把放大电路的负载开路，使 $\dot{I}_o=0$，这时如果反馈信号为零（即反馈不存在），则说明输出端的连接为串联方式，反馈为电流反馈；如果反馈信号不为零（即反馈仍然存在），则说明输出端的连接为并联方式，反馈为电压反馈。

例 5-3　判断图 5-6 所示电路是电压反馈还是电流反馈。

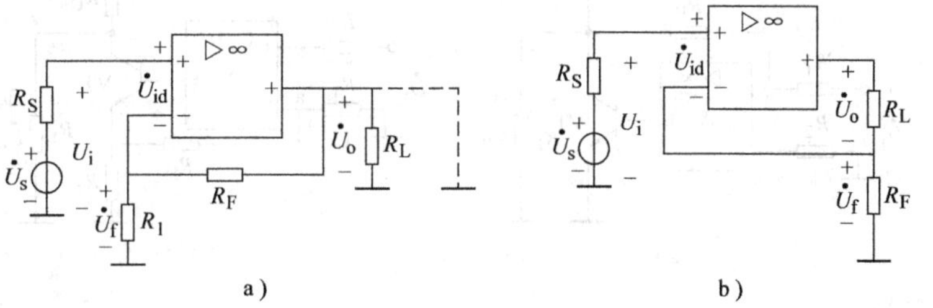

图 5-6　例 5-3 图

解　图 5-6a 中，反馈网络为 R_F、R_1 电阻网络，假定把放大电路的负载短路（如图中虚线所示），使 $\dot{U}_o=0$，此时，电阻 R_F 的上端直接接地，反馈网络与输出端的连接被断开，则 $\dot{U}_f=0$，因此，所引入的反馈为电压反馈。

图 5-6b 中，反馈网络为 R_F 电阻，假定把放大电路的负载开路，使 $\dot{I}_o=0$，此时，电阻 R_F 的上端与放大电路输出端的连接被断开，则 $\dot{U}_f=0$，因此，所引入的反馈为电流反馈。

4. 串联反馈和并联反馈判断方法——反馈节点对地短路法

反馈网络的输出端与基本放大电路的输入端的连接方式有串联和并联两种，分别对应串联反馈和并联反馈。若是串联反馈，反馈信号以电压的形式存在；若是并联反馈，反馈信号以电流的形式存在。图 5-7a 所示为串联反馈框图，反馈对输入信号的影响可通过电压求和形式（相加或相减）反映出来，即反馈电压 $\dot{U}_f$ 与输入电压 $\dot{U}_i$ 共同作用于基本放大电路的输入端，在负反馈时，使净输入电压 $\dot{U}_{id}=\dot{U}_i-\dot{U}_f$ 变小。图 5-7b 所示为并联反馈框图，反馈对输入信号的影响可通过电流求和形式（相加或相减）反映出来，即反馈电流 $\dot{I}_f$ 与输入电流 $\dot{I}_s$ 共同作用于基本放大电路的输入端，在负反馈时使净输入电流 $\dot{I}_{id}=\dot{I}_s-\dot{I}_f$ 变小。

判断是串联反馈还是并联反馈可采用输入回路的反馈节点对地短路法。

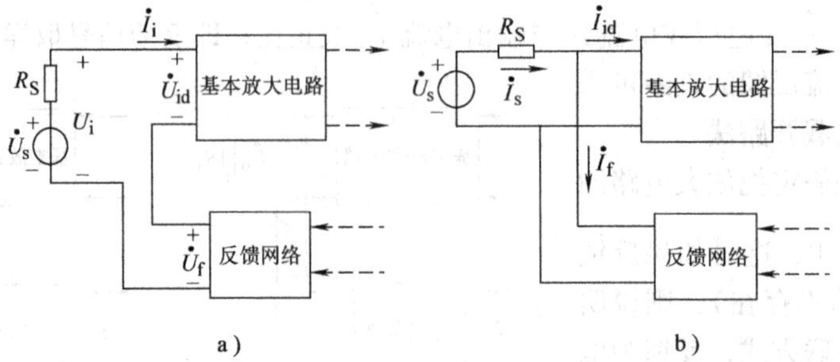

图 5-7　串联反馈与并联反馈框图

a）串联反馈　b）并联反馈

若反馈节点对地短路，输入信号的作用仍存在，则说明反馈信号和输入信号相串联，故所引入的反馈是串联反馈。

若反馈节点接地，输入信号的作用消失，则说明反馈信号和输入信号相并联，故所引入的反馈是并联反馈。

例 5-4　判断图 5-8 所示电路是串联反馈还是并联反馈。

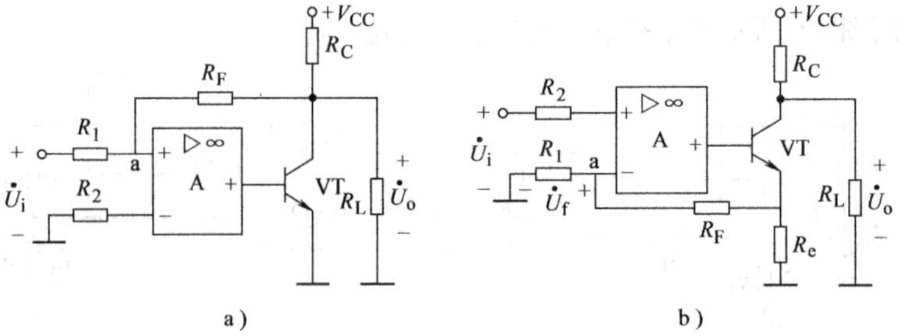

图 5-8　例 5-4 图

解　图 5-8a，假设将输入回路反馈节点 a 接地，输入信号 $\dot{U}_i$ 无法进入放大电路，而只是加在电阻 R_1 上，因此，所引入的反馈为并联反馈。

在图 5-8b 中，如果将反馈节点 a 接地，输入信号 $\dot{U}_i$ 仍然能够加到放大电路中，即加在集成运放的同相输入端，由图可见输入电压 $\dot{U}_i$ 与反馈电压 $\dot{U}_f$ 进行电压比较，其差值为集成运放的差模输入电压，因此，所引入的反馈为串联反馈。

5.2　典型负反馈放大电路的分析及放大倍数的估算

5.2.1　典型负反馈放大电路的分析

在放大电路中，直流负反馈一般用于稳定放大电路的静态工作点，交流负反馈一般用于改善放大电路的交流性能。根据基本放大电路和反馈网络这两个二端口网络的连接方式可将负反馈分为四种类型：电压串联负反馈、电流串联负反馈、电压并联负反馈、电流并联负反馈。

1. 电压串联负反馈

在图 5-9 中，由 R 及 R_F 构成反馈网络，放大电路的输出电压 $\dot{U}_o$ 通过反馈网络 R_F、R 分压后形成反馈电压 $\dot{U}_f$。

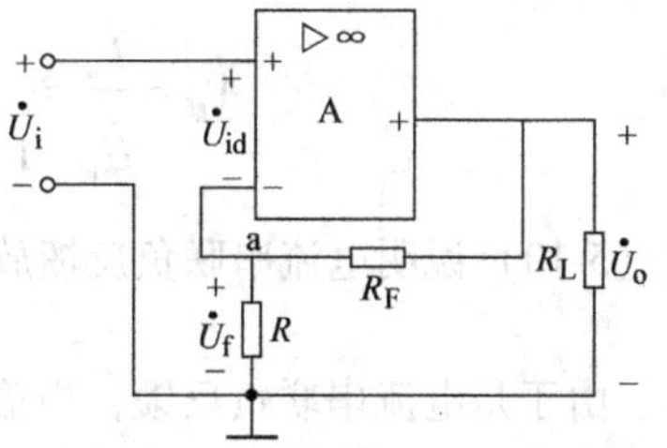

图 5-9　电压串联负反馈放大电路

在输入端，将输入回路反馈节点 a 接地，即 $\dot{U}_f=0$，输入信号仍然能够加到放大电路中，所以是串联反馈；在输出端，将负载电阻 R_L 短路，即 $\dot{U}_o=0$，反馈电压 $\dot{U}_f$ 消失，所以是电压反馈。因为反馈信号取自输出电压，反馈回来是以电压形式在输入端比较，所以电压串联负反馈放大电路的放大倍数表达式为

$$\dot{A}_u=\frac{\dot{U}_o}{\dot{U}_{id}}\text{（开环电压放大倍数，无量纲）}\qquad(5\text{-}5)$$

$$\dot{F}_u=\frac{\dot{U}_f}{\dot{U}_o}\text{（电压反馈系数，无量纲）}\qquad(5\text{-}6)$$

$$\dot{A}_{uf}=\frac{\dot{U}_o}{\dot{U}_i}=\frac{\dot{A}_u}{1+\dot{A}_u\dot{F}_u}\text{（闭环电压放大倍数，无量纲）}\qquad(5\text{-}7)$$

式（5-7）说明电压串联负反馈放大电路的闭环电压放大倍数是开环放大倍数的$\dfrac{1}{1+\dot{A}_u\dot{F}_u}$倍。

由于是电压串联负反馈，当输入电压为某一固定值时，该电路可以消除负载变化引起的输出电压变化，从而使输出电压稳定。例如，当负载电阻变小时，输出电压的稳定过程如下：

$$R_L\downarrow\rightarrow\dot{U}_o\downarrow\rightarrow\dot{U}_f\downarrow\xrightarrow{\dot{U}_i\text{一定}}\dot{U}_{id}(=\dot{U}_i-\dot{U}_f)\uparrow$$
$$\dot{U}_o\uparrow\leftarrow$$

可见，电压负反馈放大电路具有较好的恒压输出特性，即在 $\dot{U}_i$ 不变的情况下，当 R_L 变化时，$\dot{U}_o$ 基本不变，且放大电路的输出电阻近似为零。

2. 电流串联负反馈

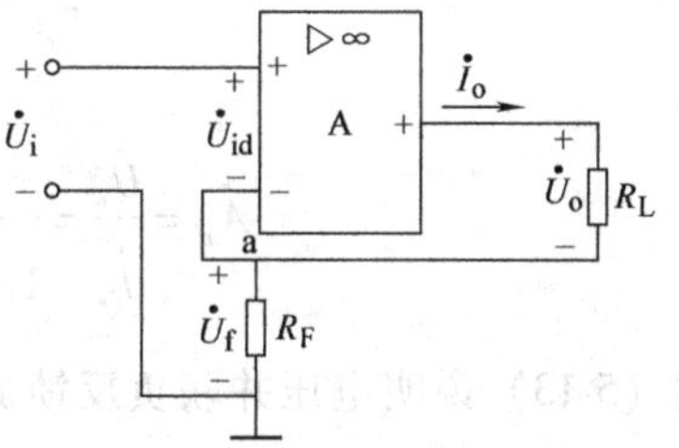

图 5-10　电流串联负反馈放大电路

在图 5-10 中，由 R_F 构成反馈网络，电路输出电流 $\dot{I}_o$ 通过 R_L、R_F 反馈到输入回路，在 R_F 上形成反馈电压 $\dot{U}_f$。

在输入端，将输入回路的反馈节点 a 接地，即 $\dot{U}_f=0$，输入信号仍然能够加到放大电路中，所以是串联反馈；在输出端，将负载电阻 R_L 短路，即 $\dot{U}_o=0$，仍有电流流过 R_F，所以是电流反馈。因为反馈信号取自输出电流，反馈回来是以电压形式在输入端比较，所以电流串联负反馈放大电路的放大倍数表达式为

$$\dot{A}_g=\frac{\dot{I}_o}{\dot{U}_{id}}\text{（开环互导放大倍数，电导量纲）}\qquad(5\text{-}8)$$

$$\dot{F}_r=\frac{\dot{U}_f}{\dot{I}_o}\text{（互阻反馈系数，电阻量纲）}\qquad(5\text{-}9)$$

$$\dot{A}_{gf}=\frac{\dot{I}_o}{\dot{U}_i}=\frac{\dot{A}_g}{1+\dot{A}_g\dot{F}_r}$$（闭环互导放大倍数，电导量纲）　(5-10)

式（5-10）说明电流串联负反馈放大电路的闭环放大倍数是开环放大倍数的$\frac{1}{1+\dot{A}_g\dot{F}_r}$倍。

由于是电流串联负反馈，当输入电压为某一固定值时，该电路可以消除因晶体管参数变化或者温度变化引起的输出电流变化，从而使输出电流稳定。例如，当负载电阻变大时，输出电流的稳定过程如下：

$$R_L\uparrow\rightarrow\dot{I}_o\downarrow\rightarrow\dot{U}_f(=\dot{I}_oR_F)\downarrow\xrightarrow{\dot{U}_i\text{一定}}\dot{U}_{id}(=\dot{U}_i-\dot{U}_f)\uparrow$$
$$\dot{I}_o\uparrow\leftarrow$$

可见，电流负反馈具有较好的恒流输出特性，即在 $\dot{U}_i$ 不变的情况下，当 R_L 变化时，$\dot{I}_o$ 基本不变，且放大电路的输出电阻趋于无穷大。

3. 电压并联负反馈

在图 5-11 中，由 R_F 构成反馈网络，流过 R_F 的电流 $\dot{I}_f$ 就是反馈信号。

将输入回路反馈节点 a 接地，即 a 点电位 $\dot{U}_a=0$，输入信号不能够加到放大电路中，所以是并联反馈；将负载电阻 R_L 短路，即 $\dot{U}_o=0$，反馈信号消失，所以是电压反馈。因为反馈信号取自输出电压，反馈回来是以电流形式在输入端比较，所以电压并联负反馈放大电路的放大倍数表达式为

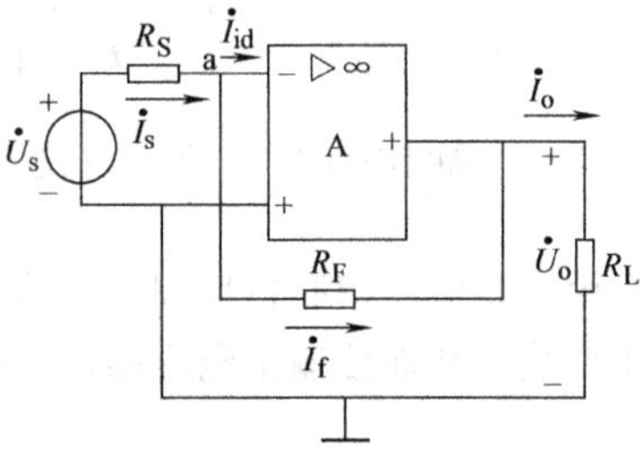

图 5-11　电压并联负反馈放大电路

$$\dot{A}_r=\frac{\dot{U}_o}{\dot{I}_{id}}$$（开环互阻放大倍数，电阻量纲）　(5-11)

$$\dot{F}_g=\frac{\dot{I}_f}{\dot{U}_o}$$（互导反馈系数，电导量纲）　(5-12)

$$\dot{A}_{rf}=\frac{\dot{U}_o}{\dot{I}_s}=\frac{\dot{A}_r}{1+\dot{A}_r\dot{F}_g}$$（闭环互阻放大倍数，电阻量纲）　(5-13)

式（5-13）说明电压并联负反馈放大电路的闭环电压放大倍数是开环放大倍数的$\frac{1}{1+\dot{A}_r\dot{F}_g}$倍。由于是电压并联负反馈，与前面分析相似，当输入电流为某一固定值时，该电路可稳定输出电压。

4. 电流并联负反馈

在图 5-12 中，由 R 及 R_F 构成反馈网络，流过 R_F 的电流 $\dot{I}_f$ 就是反馈信号。反馈信号 $\dot{I}_f$ 是输出电流 $\dot{I}_o$ 的一部分。

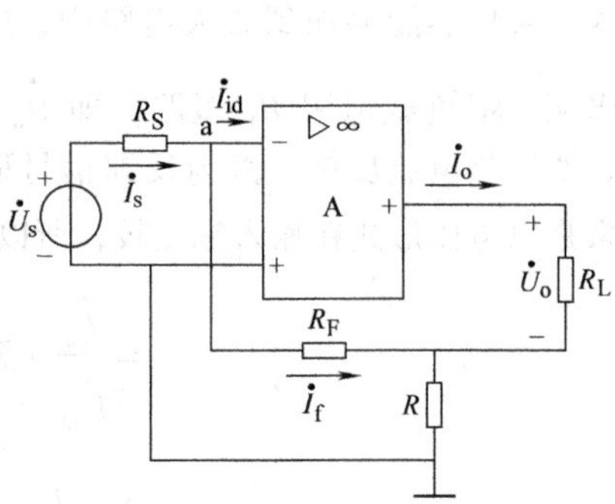

图 5-12　电流并联负反馈放大电路

将输入回路反馈节点 a 接地，即 a 点电位 $\dot{U}_a=0$，输入信号不能够加到放大电路中，所以是并联反馈；将负载电阻 R_L 短路，即 $\dot{U}_o=0$，反馈信号仍然存在，所以是电流反馈。因为反馈信号取自输出电流，反馈回来是以电流形式在输入端比较，所以电流并联负反馈放大电路的放大倍数表达式为

$$\dot{A}_i=\frac{\dot{I}_o}{\dot{I}_{id}}\text{（开环电流放大倍数，无量纲）}\tag{5-14}$$

$$\dot{F}_i=\frac{\dot{I}_f}{\dot{I}_o}\text{（电流反馈系数，无量纲）}\tag{5-15}$$

$$\dot{A}_{if}=\frac{\dot{I}_o}{\dot{I}_s}=\frac{\dot{A}_i}{1+\dot{A}_i\dot{F}_i}\text{（闭环电流放大倍数，无量纲）}\tag{5-16}$$

式（5-16）说明电流并联负反馈放大电路的闭环电流放大倍数是开环放大倍数的 $\frac{1}{1+\dot{A}_i\dot{F}_i}$ 倍。由于是电流并联负反馈，与前面分析相似，当输入电流为某一固定值时，该电路可稳定输出电流。

综上所述，以上四种类型的负反馈电路的放大倍数（电压放大倍数、电流放大倍数、互阻放大倍数、互导放大倍数）具有不同的含义，并且有不同的量纲，不能都认为是电压放大倍数。为了严格地区分，在用符号表示时，应加上不同的下标。四种类型的负反馈电路放大倍数、反馈系数的比较见表 5-1。

表 5-1　四种类型负反馈电路放大倍数、反馈系数的比较

反馈类型	$\dot{A}$（量纲）	$\dot{F}$（量纲）	$\dot{A}_f$（量纲）	功能
电压串联	$\dot{A}_u=\frac{\dot{U}_o}{\dot{U}_{id}}$（无）	$\dot{F}_u=\frac{\dot{U}_f}{\dot{U}_o}$（无）	$\dot{A}_{uf}=\frac{\dot{U}_o}{\dot{U}_i}=\frac{\dot{A}_u}{1+\dot{A}_u\dot{F}_u}$（无）	$\dot{U}_i$ 控制 $\dot{U}_o$ 电压放大
电流串联	$\dot{A}_g=\frac{\dot{I}_o}{\dot{U}_{id}}$（电导）	$\dot{F}_r=\frac{\dot{U}_f}{\dot{I}_o}$（电阻）	$\dot{A}_{gf}=\frac{\dot{I}_o}{\dot{U}_i}=\frac{\dot{A}_g}{1+\dot{A}_g\dot{F}_r}$（电导）	$\dot{U}_i$ 控制 $\dot{I}_o$ 电压转换成电流
电压并联	$\dot{A}_r=\frac{\dot{U}_o}{\dot{I}_{id}}$（电阻）	$\dot{F}_g=\frac{\dot{I}_f}{\dot{U}_o}$（电导）	$\dot{A}_{rf}=\frac{\dot{U}_o}{\dot{I}_s}=\frac{\dot{A}_r}{1+\dot{A}_r\dot{F}_g}$（电阻）	$\dot{I}_s$ 控制 $\dot{U}_o$ 电流转换成电压
电流并联	$\dot{A}_i=\frac{\dot{I}_o}{\dot{I}_{id}}$（无）	$\dot{F}_i=\frac{\dot{I}_f}{\dot{I}_o}$（无）	$\dot{A}_{if}=\frac{\dot{I}_o}{\dot{I}_s}=\frac{\dot{A}_i}{1+\dot{A}_i\dot{F}_i}$（无）	$\dot{I}_s$ 控制 $\dot{I}_o$ 电流放大

5.2.2 在深度负反馈条件下放大电路的估算

直接利用公式 $\dot{A}_f=\dfrac{\dot{A}}{1+\dot{A}\dot{F}}$ 估算闭环放大倍数的方法比较复杂，这种方法是分别求开环放大倍数和反馈系数，然后再估算闭环放大倍数。要分别求开环放大倍数和反馈系数，必须先把反馈放大电路划分为基本放大电路和反馈网络，但又不能简单地划分。例如，对于基本放大电路而言，既要除去负反馈网络，又要考虑负反馈网络对电路输入端和输出端的影响。因此，在分析负反馈放大电路时，通常从工程实际出发，对闭环放大倍数进行估算。

一般情况下，大多数反馈放大电路特别是由集成运放组成的放大电路都能满足深度负反馈的条件，即 $|1+\dot{A}\dot{F}|>>1$，此时闭环放大倍数 $\dot{A}_f=\dfrac{\dot{A}}{1+\dot{A}\dot{F}}\approx\dfrac{1}{\dot{F}}$，即反馈放大电路的闭环放大倍数将只取决于反馈系数。因此，分析深度负反馈放大电路的重点是从电路中分离出负反馈网络，并求出反馈系数，再进一步求得闭环放大倍数。

在深度负反馈条件下，由 $\dot{A}_f$、$\dot{F}$ 定义可得

$$\dot{A}_f=\frac{\dot{X}_o}{\dot{X}_i}=\frac{\dot{X}_o}{\dot{X}_{id}+\dot{X}_f}\approx\frac{1}{\dot{F}}=\frac{\dot{X}_o}{\dot{X}_f}\tag{5-17}$$

上式表明 $\dot{X}_i\approx\dot{X}_f$，$\dot{X}_{id}\approx0$。利用深度负反馈条件进行近似估算的实质是忽略净输入信号，从而简化计算。反馈类型的不同，可忽略的净输入信号也不同。

当引入深度串联负反馈时，有

$$\dot{U}_i\approx\dot{U}_f\quad \dot{U}_{id}\approx0\tag{5-18}$$

当引入深度并联负反馈时，有

$$\dot{I}_i\approx\dot{I}_f\quad \dot{I}_{id}\approx0\tag{5-19}$$

在上述近似条件下，可以很方便地求出放大倍数。

理想情况下，集成运放的开环和输入电阻都趋于无穷大，输出电阻趋于零。由于输出电压信号的动态范围受到电源电压的限制，不可能超出电源电压，而电压放大倍数又很大，所以开环运用时集成运放的输入电压信号动态范围非常小。如果输入电压信号过大，集成运放就会工作在非线性区，输出信号出现非线性失真。利用负反馈可以降低电压放大倍数，扩大输入电压信号的动态范围，从而使集成运放工作在线性区，并且集成运放引入负反馈后很容易达到深度负反馈条件。

集成运放在深度负反馈条件下工作在线性区，有 $\dot{U}_{id}\approx0$，称为集成运放两输入端虚假短接（简称为虚短）；同时因为集成运放的输入电阻很高，则 $\dot{I}_{id}\approx0$，称为集成运放两输入端虚假断路（简称为虚断）。集成运放线性运用时，虚短和虚断都成立；集成运放非线性运用时，只有虚断成立。运用虚短和虚断的概念，可以很方便地分析深度负反馈放大电路。

例 5-5 电压串联负反馈放大电路如图 5-9 所示，在深度负反馈条件下，求该电路的闭环电压放大倍数。

解 画出该电路的框图，如图 5-13 所示。

电阻 R 及 R_F 构成反馈网络。在深度负反馈条件下，集成运放是线性运用，$\dot{U}_{id}\approx 0$（虚短）成立，则 $\dot{U}_i\approx \dot{U}_f$；同时，$\dot{I}_{id}\approx 0$（虚断）也成立，则基本放大电路中的集成运放的输入电流 $\dot{I}_-\approx 0$，所以 R_F 与 R 近似于串联，根据串联分压原理可得电压反馈系数为

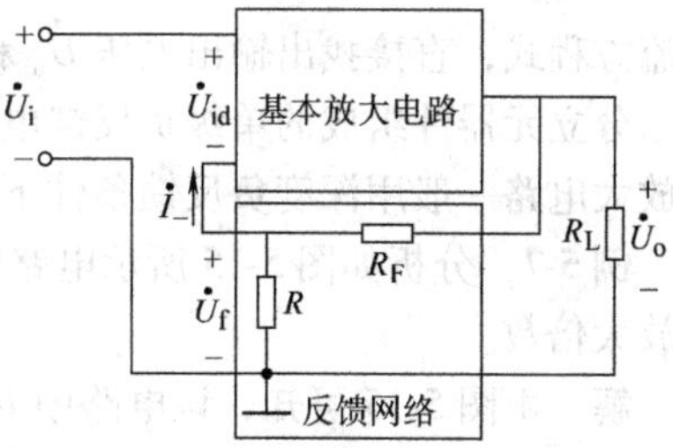

图 5-13　电压串联负反馈放大电路框图

$$\dot{F}_u=\frac{\dot{U}_f}{\dot{U}_o}\approx\frac{R}{R+R_F}$$

闭环电压放大倍数可近似表示为

$$\dot{A}_{uf}=\frac{\dot{U}_o}{\dot{U}_i}\approx\frac{1}{\dot{F}_u}\approx 1+\frac{R_F}{R}$$

例 5-6　电流并联负反馈放大电路如图 5-12 所示，在深度负反馈条件下，求该电路的闭环源电压放大倍数。

解　画出该电路的框图，如图 5-14 所示。

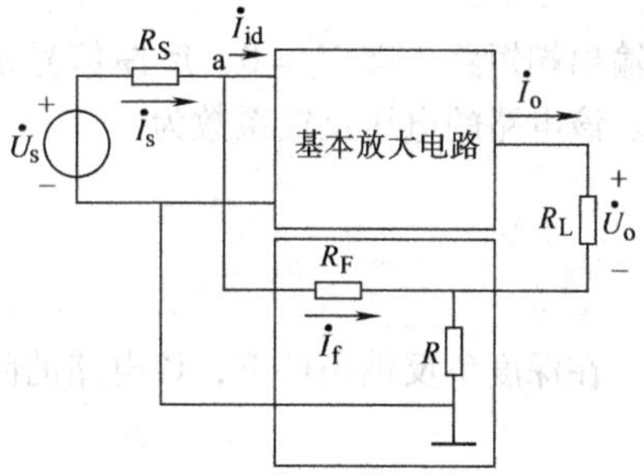

图 5-14　电流并联负反馈放大电路框图

电阻 R 及 R_F 构成反馈网络。在深度负反馈条件下 $\dot{I}_{id}\approx 0$（虚断）成立，则 $\dot{I}_f\approx\dot{I}_s$；同时 $\dot{U}_{id}\approx 0$（虚短）也成立，则 $\dot{U}_a\approx 0$，所以 R_F 与 R 近似于并联，根据并联分流的原理得电流反馈系数为

$$\dot{F}_i=\frac{\dot{I}_f}{\dot{I}_o}\approx\frac{-\dfrac{R}{R_F+R}\dot{I}_o}{\dot{I}_o}=-\frac{R}{R_F+R}$$

闭环电流放大倍数可近似表示为

$$\dot{A}_{if}=\frac{\dot{I}_o}{\dot{I}_s}\approx\frac{1}{\dot{F}_i}\approx-\frac{R_F+R}{R}$$

因为 $\dot{U}_a\approx 0$，则 $\dot{U}_s\approx\dot{I}_s R_S$，则闭环源电压放大倍数可近似表示为

$$\dot{A}_{usf}=\frac{\dot{U}_o}{\dot{U}_s}\approx\frac{\dot{I}_o R_L}{\dot{I}_s R_S}=\dot{A}_{if}\frac{R_L}{R_S}\approx-\frac{R_F+R}{R}\frac{R_L}{R_S}$$

综上所述，求解深度负反馈放大电路闭环电压放大倍数 $\dot{A}_{uf}$ 或闭环源电压放大倍数 $\dot{A}_{usf}$ 的一般步骤如下：

1）确定反馈网络，判断反馈类型。

2）根据虚短和虚断，求反馈系数 $\dot{F}$。

3）根据 $\dot{F}$，求闭环放大倍数 $\dot{A}_f$（应注意 $\dot{F}$ 和 $\dot{A}_f$ 不同的含义）。

4）根据 $\dot{A}_f$，求闭环电压放大倍数 $\dot{A}_{uf}$ 或闭环源电压放大倍数 $\dot{A}_{usf}$。

如果只需要求电压放大倍数，不需要求反馈系数，则可以根据虚短和虚断列出相应的电压、

电流方程式，直接找出输出电压 $\dot{U}_o$ 和输入电压 $\dot{U}_i$ 或 $\dot{U}_s$ 关系，从而求出 $\dot{A}_{uf}$ 或 $\dot{A}_{usf}$。

分立元器件组成的单级负反馈电路可用微变等效电路法来分析；分立元器件组成的多级负反馈放大电路一般用深度负反馈条件下的近似估算法来分析。

例 5-7　分析如图 5-15 所示电路的反馈类型，并估算深度负反馈条件下的反馈系数和闭环电压放大倍数。

解　由图 5-15 可知，该电路中 R_2、R_4 组成反馈网络。首先用瞬时极性法判断反馈极性。在差分电路的一个输入端（VT_1 的基极）加入瞬时极性为"⊕"的信号，在 VT_1 集电极得到"⊖"信号，在 VT_3 集电极得到"⊕"信号并反馈到差分电路的另外一个输入端（VT_2 的基极），使 $\dot{U}_{id}$（$=\dot{U}_{b1}-\dot{U}_{b2}$）减小，削弱了输入信号的作用，所以是负反馈。再将输入回路反馈节点（VT_2 的基极）接地，输入信号 $\dot{U}_i$ 能够加到放大电路中，所以是串联反馈；

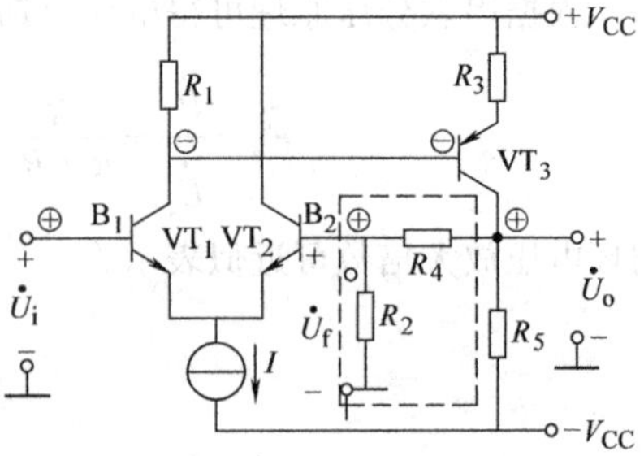

图 5-15　例 5-7 图

将输出端短路，即 $\dot{U}_o=0$，反馈信号消失，所以是电压反馈。因此，该电路引入电压串联负反馈。该电路的电压反馈系数为

$$\dot{F}_u=\frac{\dot{U}_f}{\dot{U}_o}\approx\frac{R_2}{R_2+R_4}$$

在深度负反馈条件下，该电路的闭环电压放大倍数可近似表示为

$$\dot{A}_{uf}=\frac{\dot{U}_o}{\dot{U}_i}\approx\frac{1}{\dot{F}_u}\approx 1+\frac{R_4}{R_2}$$

5.3　负反馈对放大电路性能的影响

在放大电路中引入负反馈，虽然会导致闭环增益的下降，但能使放大电路的许多性能得到改善。例如，可以提高增益的稳定性、减小非线性失真、抑制反馈环内的噪声和干扰、扩展通频带、改变输入电阻和输出电阻等。下面分别加以讨论。

5.3.1　提高增益的稳定性

前面已提到电压负反馈能稳定输出电压，电流负反馈能稳定输出电流，这样，在放大电路输入信号一定的情况下，其输出受电路参数、电源电压、负载电阻变化的影响较小，提高了放大倍数的稳定性。在中频区可将式（5-4）写为

$$A_f=\frac{A}{1+AF} \tag{5-20}$$

将式（5-20）对 A 求导数，即

$$\frac{dA_f}{dA}=\frac{A}{1+AF}-\frac{AF}{(1+AF)^2}=\frac{1}{(1+AF)^2} \tag{5-21}$$

实际中，常用相对变化量来表示放大倍数的稳定性，将式（5-21）改写为

$$dA_f=\frac{dA}{(1+AF)^2}=\frac{A}{(1+AF)^2}\frac{dA}{A}=\frac{A_f}{1+AF}\frac{dA}{A} \tag{5-22}$$

即

$$\frac{dA_f}{A_f}=\frac{1}{1+AF}\frac{dA}{A} \tag{5-23}$$

可见闭环增益的相对变化量 dA_f/A_f 为开环增益相对变化量 dA/A 的 $1/(1+AF)$ 倍。也就是说，负反馈使闭环增益降低为开环时的 $1/(1+AF)$ 倍，但增益的稳定性却提高了 $(1+AF)$ 倍。

例 5-8　某负反馈放大电路，其开环放大倍数 $A=10^4$，反馈系数 $F=0.01$。由于某些原因，使 A 变化了 $\pm10\%$，求闭环放大倍数 A_f 的相对变化量为多少？

解　由公式（5-23）得

$$\frac{dA_f}{A_f}=\frac{1}{1+10^4\times0.01}\times(\pm10\%)\approx\pm0.1\%$$

即开环放大倍数 A 变化 $\pm10\%$ 情况下，闭环放大倍数 A_f 只变化 $\pm0.1\%$。

5.3.2　减小非线性失真

由于电路中存在非线性器件，所以即使输入信号 x_i 为正弦波，输出也不一定是正弦波，会产生一定的非线性失真。引入负反馈以后，非线性失真将会减小。

如图 5-16a 所示，输入为正、负对称的正弦波，由于放大器件的非线性，输出是正半周大、负半周小的失真波形。加了负反馈后，如图 5-16b 所示，输出端的失真波形反馈到输入端，与输入波形叠加后，使净输入信号产生相反方向的波形失真，成为正半周小、负半周大的波形。此波形经放大后，其输出端正、负半周波形之间的差异减小，从而减小了放大电路输出波形的非线性失真。

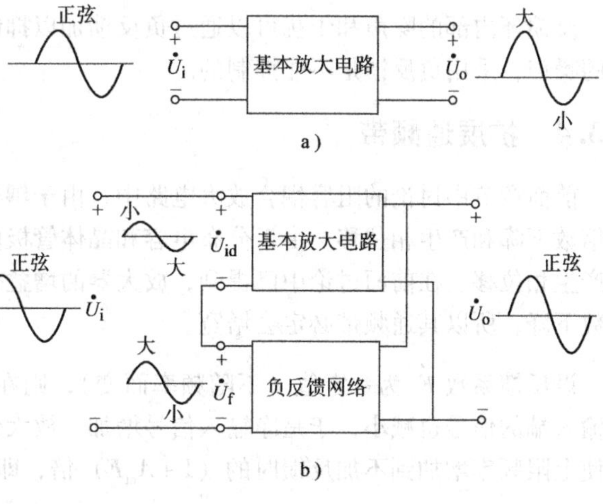

图 5-16　负反馈减小非线性失真原理

a）无反馈　b）负反馈

需要指出的是，负反馈是利用失真来减小失真，但不能完全消除失真。负反馈只能减小基本放大电路自身产生的非线性失真，而对输入信号的非线性失真，负反馈是无能为力的。由此可以证明，加了负反馈后，放大电路的非线性失真减小到 $\gamma/(1+AF)$，γ 为无反馈时的非线性失真系数。

5.3.3　抑制反馈环内的噪声和干扰

放大电路中的干扰和噪声，有的来自外部，与信号同时进入放大器；有的是放大电路本身产生的，即在输入信号为零时，也有一定的输出信号，这就是放大电路内部的噪声和干扰。它有可能是由于晶体管噪声、电阻热噪声等产生，也可能是电源电压波动而造成电路内部的干扰。

噪声和干扰，对微弱信号的放大影响较大，微弱信号的输出信号也较弱，甚至有可能输出信号被噪声所淹没。图 5-17a 所示的输出信号中混有较大的噪声和干扰信号。

噪声对有用信号的干扰主要不是取决于噪声的绝对大小，而是取决于有用信号与噪声幅度之比，通常称为信噪比，用 S/N 表示。信噪比越大，噪声对有用信号的影响就越小。

利用负反馈能减小放大器的噪声输出，其原理和负反馈能够减小放大器非线性失真一样，只要把放大器的内部噪声视为谐波电压，则引入负反馈后，输出噪声电压减小为原来的 $1/(1+\dot{A}_u\dot{F}_u)$。但是，输出电压也按照相同的比例减小为原来的 $1/(1+A_uF_u)$，图 5-17b 所示为有反馈时信号与噪声的输出波形，其信噪比 S/N 并没有得到提高。为了提高信噪比，必须同时加大输入信号，维持输出电压幅度不变，图 5-17c 所示为提高输入信号幅度后，信号与噪声的输出波形，与图 5-17b 相比，信噪比 S/N 得到了提高。

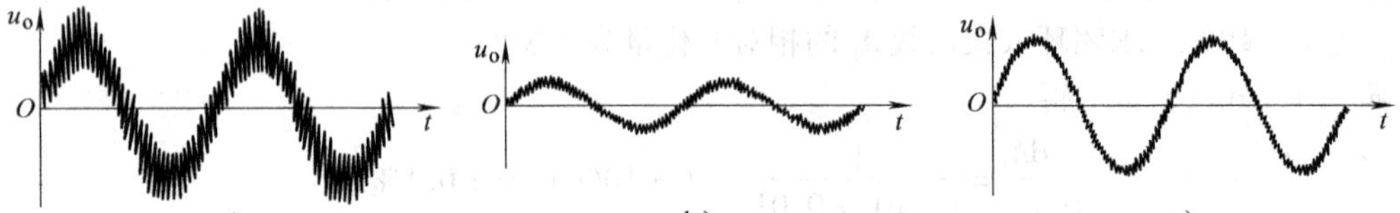

图 5-17 负反馈抑制噪声和干扰

a）无反馈时，信号与噪声的输出波形 b）有反馈时，信号与噪声的输出波形 c）提高输入信号幅度后，信号与噪声的输出波形

当然，一个放大器的输入信号是不能任意加大的，它受到放大器线性工作范围的限制，而引入负反馈后，正是给增大输入信号创造了条件，这就要求信号源能提供足够大的输入信号。

反馈环内部的噪声和干扰可以通过负反馈加以抑制，但是，对外部的干扰和混杂在输入信号中的噪声，采用负反馈是不能抑制的。

5.3.4 扩展通频带

前面章节中讨论的阻容耦合放大电路中，由于耦合电容和旁路电容的存在，将引起低频区放大倍数下降和产生相位移，由于分布电容和晶体管极间电容的存在，将引起高频区放大倍数下降和产生相位移。在前面讨论中已提到，放大器的增益带宽积是一个常量。负反馈电路中由于放大倍数下降，所以其通频带必定会增宽。

设反馈系数 $\dot{F}$ 为一定值（不随频率而变），则在低频段和高频段由于输出信号减小，反馈到输入端的信号也减小，于是净输入信号增加，放大倍数下降，频带展宽。经过推导，可得负反馈使上限频率增加到不加反馈时的 $(1+A_mF)$ 倍，即

$$f_{Hf}=(1+A_mF)f_H \tag{5-24}$$

其中 A_m 为中频区放大倍数；负反馈使下限频率下降到不加反馈时的 $\frac{1}{1+A_mF}$ 倍，即

$$f_{Lf}=\frac{f_L}{1+A_mF} \tag{5-25}$$

未加负反馈时的通频带为

$$f_{BW}=f_H-f_L\approx f_H \tag{5-26}$$

加入负反馈后的通频带为

$$f_{BWf}=f_{Hf}-f_{Lf}\approx f_{Hf}=(1+A_mF)f_H\approx(1+A_mF)f_{BW} \tag{5-27}$$

即负反馈使放大电路的频带展宽了 $(1+A_mF)$ 倍。

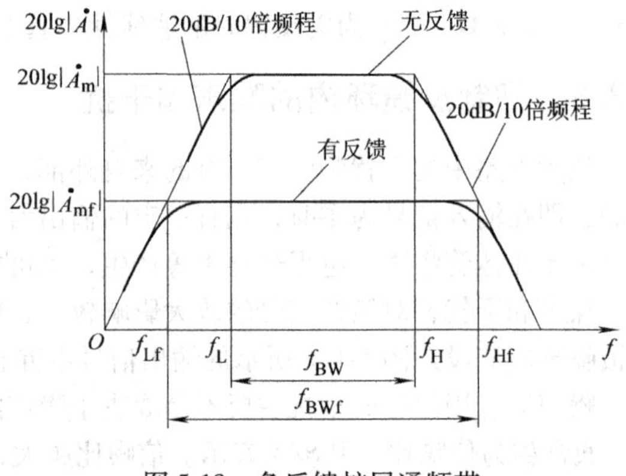

图 5-18 负反馈扩展通频带

图 5-18 所示的是加了负反馈后通频带的变化情况。未加反馈，即开环时，通频带 $f_{BW}=f_H-f_L$ 相对较窄，中频闭环放大倍数（增

益）比较大，而引入负反馈后，中频闭环放大倍数（增益）比较低，但闭环时的通频带 $f_{BWf}=f_{Hf}-f_{Lf}$ 则相对较宽。当然，通频带的扩展也是以牺牲放大器放大倍数（增益）为代价的。

5.3.5　对输入电阻的影响

负反馈对输入电阻的影响取决于反馈网络与基本放大电路在输入回路的连接方式，而与输出回路中反馈的取样方式无直接关系（取样方式只改变 $\dot{A}$ 、$\dot{F}$ 的具体含义）。

1. 串联负反馈使输入电阻增大

串联负反馈电路中反馈信号 $\dot{U}_f$ 与净输入信号 $\dot{U}_{id}$ 串联于输入回路中，如图 5-19 所示。由于反馈网络的串联作用，串联负反馈时的输入电流比无反馈时的要小，也就是说串联负反馈增大了输入电阻。

设基本放大电路的输入电阻为 R_i（开环输入电阻），引入负反馈后电路的输入电阻为 R_{if}（闭环输入电阻）。根据图 5-19，经过推导可知，引入串联负反馈后，闭环输入电阻 R_{if} 是开环输入电阻 R_i 的（$1+\dot{A}\dot{F}$）倍，即

$$R_{if}=(1+AF)R_i \tag{5-28}$$

串联负反馈越深，R_{if} 越大，在理想情况下，R_{if} 趋于∞。

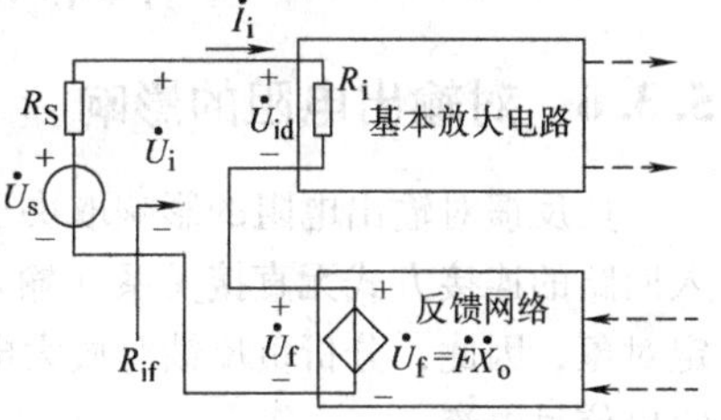

图 5-19　求串联负反馈电路输入电阻的框图

在某些负反馈放大电路中，有些电阻并不在反馈环内，如图 5-20a 所示的具有反馈网络的共发射极电路中基极偏置电阻 R_{B1}、R_{B2}，反馈对它并不产生影响。其框图如图 5-20b 所示，其中 $\dot{A}$ 为基本放大电路，$\dot{F}$ 为反馈网络。

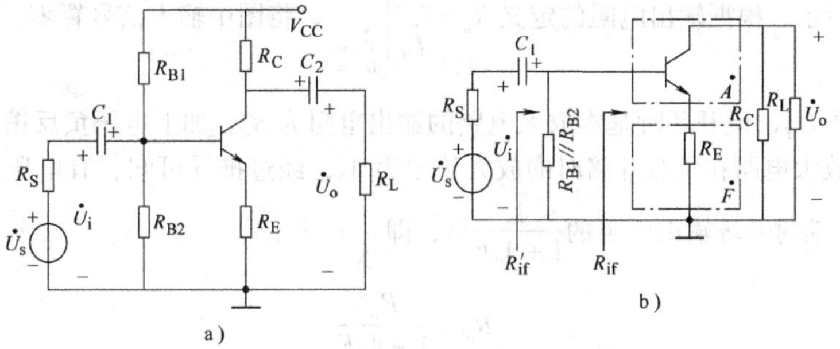

图 5-20　具有反馈网络的共发射极电路

a）电路　b）框图

由图 5-20b 可知闭环输入电阻 $R_{if}=(1+AF)R_i$，而整个电路的输入电阻 $R'_{if}=R_{B1}/\!/R_{B2}/\!/R_{if}$。

因此，更准确地说，引入串联负反馈，使反馈环内的闭环输入电阻增大到开环输入电阻的（$1+AF$）倍，若有电路不在反馈环内，应分别进行计算。

2. 并联负反馈使输入电阻减小

并联负反馈电路中反馈信号 $\dot{I}_f$ 与净输入信号 $\dot{I}_{id}$ 并联于输入回路中，输入电流 $\dot{I}_s=\dot{I}_{id}+\dot{I}_f$，如图 5-21 所示。由于并联反馈作用，并联负反馈的输入电流比无反馈时要大，也就是说并联负反馈减小了输入电阻。

根据图 5-21，经过推导可知，引入并联负反馈后，闭环输入电阻是开环输入电阻的 $\dfrac{1}{1+AF}$ 倍。即

$$R_{if}=\frac{R_i}{1+AF} \tag{5-29}$$

并联负反馈越深，R_{if}越小，在理想情况下，R_{if}趋于0。

闭环输入电阻与反馈网络在输入回路的连接方式有关，与输出回路的取样形式无关，因此不论是电压反馈，还是电流反馈，只要是串联负反馈就会使闭环输入电阻增大到开环输入电阻的$(1+AF)$倍；只要是并联负反馈就会使闭环输入电阻减小到开环输入电阻的$\frac{1}{1+AF}$。

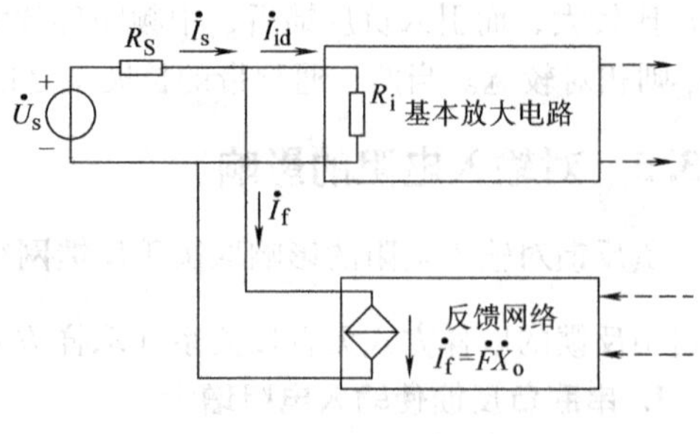

图 5-21　求并联负反馈电路输入电阻的框图

5.3.6　对输出电阻的影响

负反馈对输出电阻的影响取决于反馈网络在放大电路输出回路的取样方式，与反馈网络在输入回路的连接方式无直接关系（输入连接方式只改变A、F的具体含义）。因为取样对象就是稳定对象，因此，分析负反馈对放大电路输出电阻的影响，只要看它是稳定输出信号电压还是稳定输出信号电流。

1. 电压负反馈使输出电阻减小

电压负反馈取样于输出电压，能维持输出电压稳定。在输入信号一定时，电压负反馈的输出趋于一恒压源，其输出电阻很小。

如图5-22所示，根据输出电阻的定义$R_o=\left.\frac{\dot{U}_T}{\dot{I}_T}\right|_{\dot{X}_s=0,\ R_L=\infty}$，将图中输入信号置零，并在输出端接上一个电压信号源$\dot{U}_T$，设开环时基本放大电路的输出电阻为R_o，加上电压负反馈后，闭环输出电阻为R_{of}，基本放大电路在负载开路时的放大倍数为A_0，经过推导可知，有电压负反馈时的闭环输出电阻为无反馈时开环输出电阻的$\frac{1}{1+A_0F}$倍，即

$$R_{of}=\frac{R_o}{1+A_0F} \tag{5-30}$$

电压负反馈越深，R_{of}越小，在理想情况下，R_{of}趋于0。

2. 电流负反馈使输出电阻增大

电流反馈取样于输出电流，能维持输出电流稳定，在输入信号一定时，电流负反馈具有恒流源的特性，其输出电阻很大。

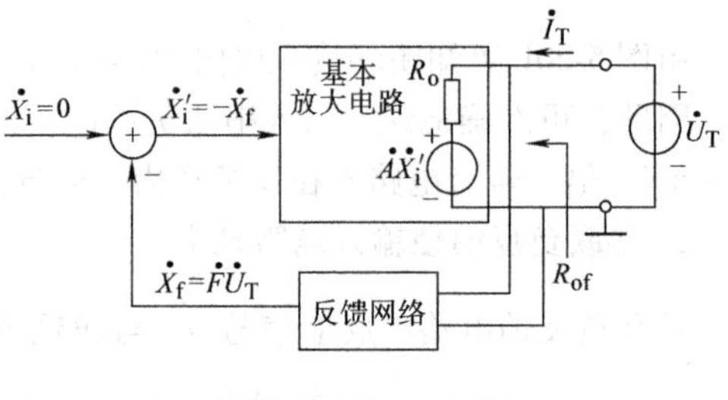

图 5-22　求电压负反馈电路输出电阻的框图

如图5-23所示，根据输出电阻的定义，将图中输入信号置零，并在输出端接上一个电压信号源$\dot{U}_T$，设开环时基本放大电路的输出电阻为R_o，加上电流负反馈后，闭环输出电阻为R_{of}，基本放大电路在负载开路时的放大倍数为A_0，经过推导可知，有电流负反馈时的闭环输出电阻为无反馈时开环输出电阻的$(1+A_0F)$倍，即

$$R_{of}=(1+A_0F)R_o \tag{5-31}$$

电流负反馈越深，R_{of}越大，在理想情况下，R_{of}趋于∞。

闭环输出电阻与反馈在输出回路的取样形式有关，与反馈网络在输入回路的连接方式无关，因此不论是串联反馈还是并联反馈，只要是电流负反馈就会使闭环输出电阻增大到开环输出电阻的（$1+A_0F$）倍；只要是电压负反馈就会使闭环输出电阻减小到开环输出电阻的$\frac{1}{1+A_0F}$。

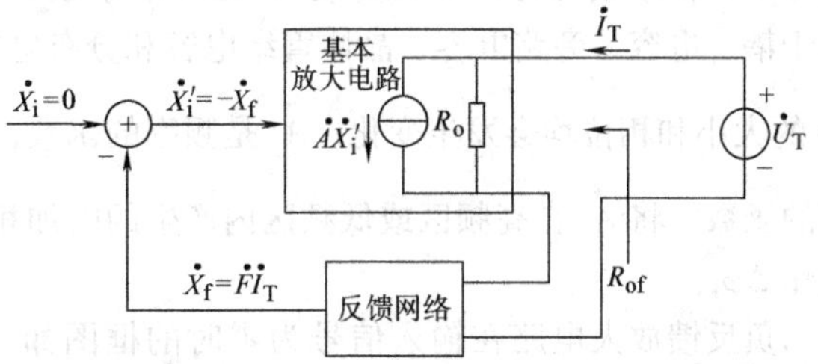

图 5-23　求电流负反馈电路输出电阻的框图

5.3.7　放大电路中引入负反馈的一般原则

由以上分析可以知道，负反馈之所以能够改善放大电路的多方面性能，归根结底是由于将电路的输出量引回到输入端与输入量进行比较，从而随时对净输入量及输出量进行调整。前面研究过的负反馈的特性，例如，放大倍数稳定性的提高、非线性失真的减少、抑制反馈环内的噪声和干扰、扩展频带以及对输入电阻和输出电阻的影响，均可用自动调整作用来解释。反馈越深，即（$1+\dot{A}\dot{F}$）的值越大时，这种调整作用越强，对放大电路性能的改善越为有益。负反馈的类型不同，对放大电路所产生的影响也不同。

工程中往往要求根据实际需要在放大电路中引入适当的负反馈，以提高电路或电子系统的性能。引入负反馈的一般原则为：

1）为了稳定静态工作点，应引入直流负反馈；为了改善放大电路的动态性能，应引入交流负反馈。

2）为了增大输入电阻或信号源为电压源时，应引入串联负反馈；为了减小输入电阻或信号源为电流源时，应引入并联负反馈。

3）根据负载对放大电路输出电量或输出电阻的要求决定是引入电压负反馈还是电流负反馈。若要求提供稳定的电压信号给负载或要求输出电阻小，则应引入电压负反馈；若要求提供稳定的电流信号给负载或要求输出电阻大，则应引入电流负反馈。

4）在需要进行信号变换时，应根据要求并结合表 5-1 中负反馈放大电路的功能来引入合适的负反馈。例如，要求实现电流-电压信号的转换时，应引入电压并联负反馈；若要求实现电压-电流信号的转换时，应引入电流串联负反馈。

特别应注意的是，负反馈对放大电路性能的影响只局限于反馈环内，反馈回路未包括的部分并不适用。此外，也可以在负反馈放大电路中引入适当的正反馈，以提高增益。

5.4　负反馈放大电路的自激振荡及消除方法

放大电路的输出端出现与输入信号频率不一致的信号，而且不能放大正常输入的信号，这种现象被称为放大电路的自激振荡。

5.4.1　产生自激振荡的原因及条件

交流负反馈能够改善放大电路的许多性能，性能的改善程度均与反馈深度（$1+\dot{A}\dot{F}$）有关，（$1+\dot{A}\dot{F}$）越大，负反馈的效果就越好。但也并不是（$1+\dot{A}\dot{F}$）越大就肯定越好。负反馈放大电路在中频区时，放大倍数 $\dot{A}$ 和反馈系数 $\dot{F}$ 均为实数，相角 $\varphi_A+\varphi_F=2n\pi$（$n$ 为整数）。由于耦合电容、旁路电容、晶体管结电容和分布电容等电抗性元件的存在，在低频区和高频区，$\dot{A}$ 的大小和相位均会发生变化，$\dot{A}$ 是频率的函数；若反馈网络中也存在电抗性元件，$\dot{F}$ 也是频率的函数。将 $\dot{A}$ 在高频区或低频区内产生的附加相位移记作 $\Delta\varphi_A$，反馈网络产生的附加相位移记作 $\Delta\varphi_F$。

负反馈放大电路在输入信号为零时的框图如图 5-24 所示。若负反馈放大电路在低频区或高频区内存在某一频率 f_0，其附加相位移 $\Delta\varphi_A+\Delta\varphi_F=\pm180°$，对 f_0 信号会产生一个正反馈过程，即

$$|\dot{X}_o|\uparrow\rightarrow|\dot{X}_f|\uparrow\rightarrow|\dot{X}_{id}|\uparrow$$
$$|\dot{X}_o|\uparrow\leftarrow$$

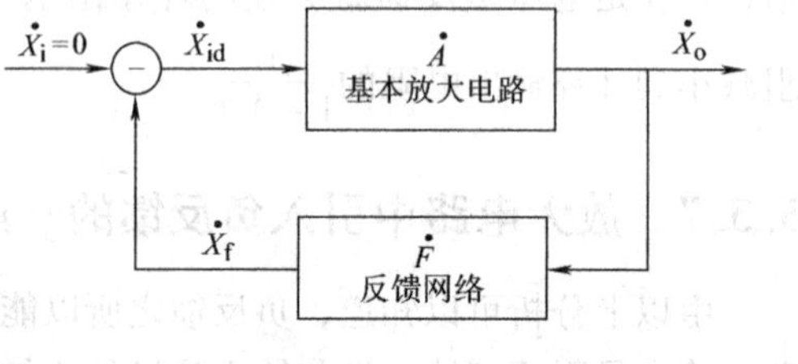

图 5-24　负反馈放大电路自激振荡原理框图

由于放大电路的非线性，$\dot{X}_o$ 不可能无限增大，当自激振荡进入平衡状态时，可从输出端得到具有一定幅度的频率为 f_0 的交流信号。

由以上分析可知，自激振荡的条件为 $-\dot{X}_f>\dot{X}_{id}$，即

$$\dot{A}\dot{F}\geqslant-1 \tag{5-32}$$

写成模（幅度条件）与相角（相位条件）的形式为

$$\begin{cases}|\dot{A}\dot{F}|\geqslant1\\ \Delta\varphi_A+\Delta\varphi_F=\pm180°\end{cases} \tag{5-33}$$

式（5-33）说明，当附加相位移使负反馈变成正反馈时，如果同时满足放大倍数与反馈系数的乘积大于等于 1 的条件，放大电路会产生自激振荡。

5.4.2　负反馈放大电路稳定性的判定

若反馈放大电路采用直接耦合方式，且反馈网络由纯电阻构成，则 $\dot{F}$ 为实数。那么，这种类型的电路只有可能产生高频段的自激振荡，而且附加相位移只可能由基本放大电路产生。对于一级放大电路，因其不存在附加相位移为 $-180°$ 的 f_0，故不会产生自激振荡；对于两级放大电路，虽然最大附加相位移为 $-180°$，但 f_0 为无穷大，且幅度为 0，不满足幅度条件，故不会产生自激振荡；对于三级放大电路，存在附加相位移为 $-180°$ 的 f_0，且在 f_0 处，可能 $|\dot{A}\dot{F}|>1$，故可能产生自激振荡。可以推知，超过三级以后，放大电路的级数越多，引入负反馈后越容易产生高频自激振荡。若反馈放大电路采用阻容耦合方式，与上述分析相类似，放大电路中耦合电容、旁路电容等越多，引入负反馈后就越容易产生低频自激振荡，而且 $|1+\dot{A}\dot{F}|$ 越大，幅度条件越容易满足。

如果自激振荡的幅值条件和相位条件不能同时满足，负反馈放大电路便不会产生自激振荡。所以，负反馈放大电路稳定工作的条件是：当 $|\dot{A}\dot{F}|=1$ 时，$|\Delta\varphi_A+\Delta\varphi_F|<180°$，或者当 $\Delta\varphi_A+\Delta\varphi_F=\pm180°$ 时，$|\dot{A}\dot{F}|<1$。

工程上常用如图 5-25 所示 $\dot{A}\dot{F}$ 的频率特性图分析负反馈放大电路能否稳定地工作。将附加

相位移为 ±180°处的频率称为f_0，$20\lg|\dot{A}\dot{F}|=0\text{dB}$处的频率称为$f_c$。如图 5-25a 所示，当$f_0<f_c$时，在$f_0$处，有$|\dot{A}\dot{F}|>1$，满足起振条件，所以电路会产生自激振荡，即电路处于不稳定状态；如图 5-25b 所示，当$f_0>f_c$时，在f_0处，有$|\dot{A}\dot{F}|<1$，不满足起振条件，所以不会产生自激振荡，即电路处于稳定状态；当$f_0=f_c$时，电路条件稍有变化就可能产生自激振荡，即电路处于临界状态。

一般要求负反馈放大电路工作稳定，并且要有一定的稳定裕量，不能工作在临界状态或自激振荡状态。用稳定裕度这个指标来衡量负反馈放大电路工作稳定情况。稳定裕度包括幅值裕度和相位裕度。幅值裕度是指在频率f_0处对应的幅值，用G_m表示，G_m的绝对值越大，表明电路越稳定，一般要求$G_m\leqslant-10\text{dB}$；相位裕度用φ_m表示，$\varphi_m=180°-|\Delta\varphi_A+\Delta\varphi_F|_{f=f_0}$，$\varphi_m$的绝对值越大，表明电路越稳定，一般要求$\varphi_m\geqslant45°$。$G_m$和$\varphi_m$如图 5-25b 所标注。

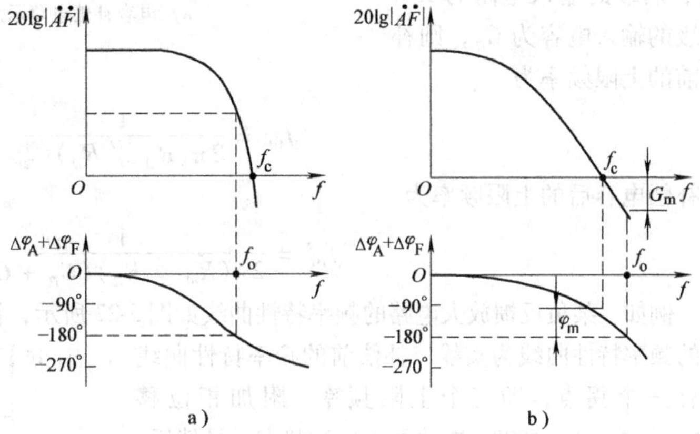

图 5-25　$\dot{A}\dot{F}$ 的频率特性

a）产生自激振荡的情况　b）不产生自激振荡的情况

5.4.3　负反馈放大电路中自激振荡的消除方法

消除负反馈放大电路中自激振荡的根本方法是破坏产生自激振荡的条件，根据负反馈放大电路稳定工作的条件，通常是在相位条件满足，即反馈为正时，破坏其振幅条件，使反馈量不够；或者在振幅条件满足，反馈量足够大时，破坏其相位条件，使反馈无法构成正反馈。具体方法如下：

1. 减小反馈环内放大电路的级数

因为级数越多，由于耦合电容和半导体器件的极间电容所引起的附加相位移越大，负反馈越容易过渡成正反馈。一般来说，两级以下的负反馈放大电路产生自激的可能性较小，因为其附加相位移的极限值为 ±180°，当达到此极限值时，相应的放大倍数已趋于零，幅度条件不满足。所以实际使用的负反馈放大电路的级数一般为二至三级。

2. 减小反馈深度

当负反馈放大电路的附加相位移达到 ±180°，满足自激振荡的相位条件时，能够防止电路自激的唯一方法是不再让它满足幅度条件，即限制反馈深度，使它不能大于或等于 1，这就限制了中频时的反馈深度不能太大。显然，这种方法会影响放大电路的性能改善。

3. 在放大电路的适当位置加补偿电路

为了克服自激振荡，又不使放大电路的性能改善受到影响，通常在负反馈放大电路中接入由 C 或 RC 构成的各种校正补偿电路，来破坏电路的自激条件，以保证电路稳定工作。典型补偿电路分析如下：

（1）电容补偿

在多级放大电路中，在上限截止频率最低的一级放大电路上并联补偿电容，如图 5-26a 所示，其高频等效电路如图 5-26b 所示。

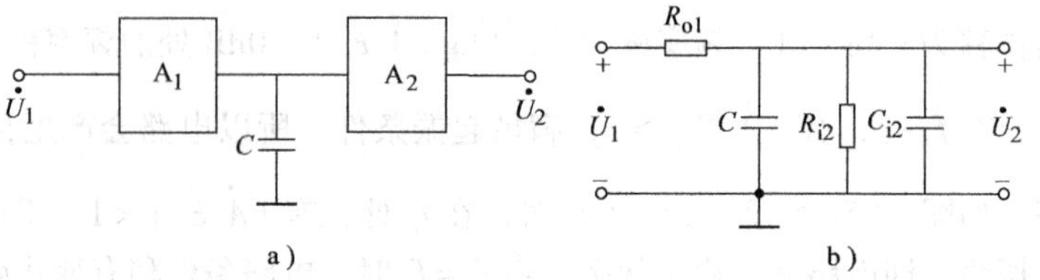

图 5-26　电容补偿

a）电容补偿电路示意图　b）高频等效电路

设前级的输出电阻为 R_{o1}，后级的输入电阻为 R_{i2}，后级的输入电容为 C_{i2}，则补偿前的上限频率为

$$f_{H1}=\frac{1}{2\pi(R_{o1}\,/\!/\,R_{i2})C_{i2}}$$

加补偿电容后的上限频率为

$$f_{H1}'=\frac{1}{2\pi(R_{o1}\,/\!/\,R_{i2})(C_{i2}+C)}$$

例如，某负反馈放大电路的频率特性曲线如图 5-27 所示，补偿前的频率特性曲线为虚线，补偿后的频率特性曲线为实线。补偿前的频率特性曲线中有三个拐点，即三个上限频率，附加相位移 $|\Delta\varphi_A+\Delta\varphi_F|>180°$，电路处于自激状态；补偿后，若选择电容 C 使 $f=f_{H2}$ 时，$20\lg|\dot{A}\dot{F}|=0\text{dB}$，$f_{H2}>10f_{H1}'$，则 $f=f_c$ 时的相位移 $|\Delta\varphi_A+\Delta\varphi_F|$ 趋近于 $-135°$，具有 45°的相位裕度，因此电路不会产生自激振荡。

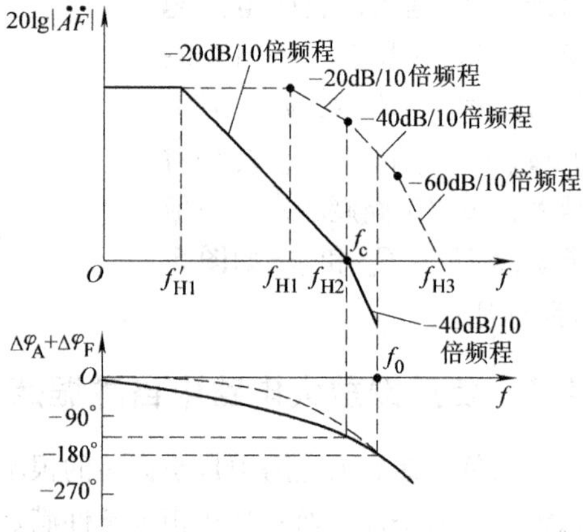

图 5-27　电容补偿频率特性曲线

（2）RC 补偿

电容补偿是以牺牲带宽为代价的，在这种情况下，频带变窄。RC 补偿对高频电压放大倍数的影响较单个电容的影响要小些，因此，采用 RC 补偿，在消除自激振荡的同时，高频响应的损失比仅用电容补偿要轻。RC 补偿电路如图 5-28a 所示，其频率特性曲线如图 5-28b 所示。f_{H1}''为 RC 补偿后的上限频率，f_{H1}'为电容补偿后的上限频率，可见带宽有所改善，并且补偿后，幅频特性中只有两个拐点，因而电路不会产生自激振荡。

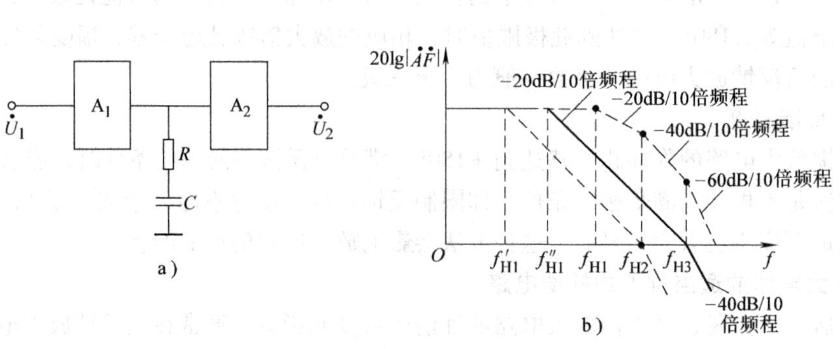

图 5-28　RC 补偿

a）RC 补偿电路　b）频率特性曲线

本章小结

1. 反馈是指一种改善放大电路性能的技术，就是将放大电路的输出信号（输出电压或电流）的一部分或全部，经过一定的网络返送回放大电路的输入回路，从而影响放大电路的性能。反馈放大电路可分为基本放大电路和反馈网络两部分。

2. 常用的负反馈放大电路有四种类型：电压串联负反馈、电流串联负反馈、电压并联负反馈和电流并联负反馈。可以通过反馈节点对地短路法、负载短路法或开路法、瞬时极性法和信号通路法等方法判断电路反馈类型。

3. 负反馈放大电路四种不同类型可以统一用框图加以表示，其闭环放大倍数的表达式为 $\dot{A}_f=\dfrac{\dot{A}}{1+\dot{A}\dot{F}}$。在深负反馈条件下，可用 $\dot{A}_f=\dfrac{\dot{A}}{1+\dot{A}\dot{F}}\approx\dfrac{1}{\dot{F}}$ 及“虚短”和“虚断”的概念估算电路的闭环放大倍数，尤其是电压放大倍数。

4. 负反馈可以全面改善放大电路的性能，包括提高放大倍数的稳定性、减小非线性失真和噪声、扩展通频带、改变输入和输出电阻等。

5. 负反馈电路的反馈深度如果过大，将有可能产生自激振荡。可以采用减小反馈环内放大电路的级数、减小反馈深度、在放大电路的适当位置加补偿电路等办法来消除自激振荡。

实践案例

自动增益控制电路

采用负反馈技术稳定放大电路增益（放大倍数）是负反馈技术在电子电路领域最典型的应用之一。例如，无线通信接收机和发射机中的自动增益控制（Automatic Gain Control，AGC）电路，在输入信号过大时，通过负反馈电路自动调节放大电路的增益，防止信号过大超出电路的动态范围而产生失真。

典型的自动增益控制电路如图 5-29 所示。输入信号 $\dot{U}_i$ 经过由 A_1、VF、R_1 构成的可变增益放大器后输出电压为 U_{o1}，再经过 C_1、RP 送到由 A_2、VD_1、VD_2、R_2、R_3、R_4 构成的全波整流电

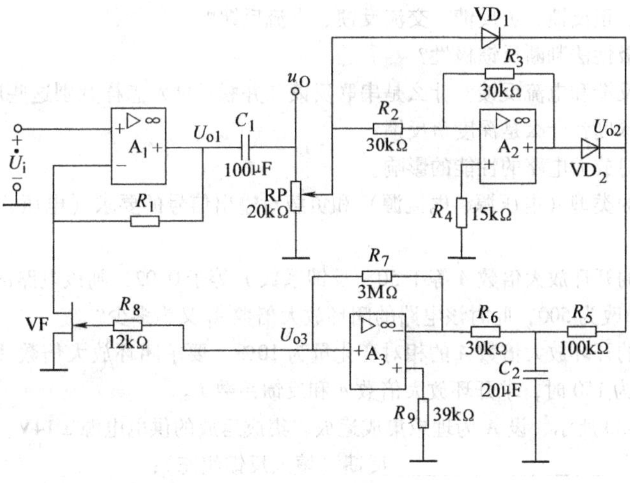

图 5-29　自动增益控制（AGC）电路

路，形成脉动的直流电压 U_{o2}，然后经过由 R_5、C_1 构成的滤波电路，滤除纹波电压后送到由 A_3、R_6、R_7、R_9 构成的直流放大器，从而将输出信号反馈到电路的输入端，并控制场效应晶体管 VF 的漏极和源极间的导通电阻 R_{DS}大小。场效应晶体管应工作在可变电阻区。

A_1 的增益为 $A_{u1}=1+\dfrac{R_1}{R_{DS}}$。这个增益与漏极和源极间的导通电阻 R_{DS}有关，R_{DS}又和其栅极的控制电压大小有关。若输入电压增大，则反馈到场效应晶体管的控制电压增大，则 R_{DS}减小，A_1 的增益 A_{u1}变大；若输入电压减小，则反馈到场效应晶体管的控制电压减小，则 R_{DS}增大，A_{u1}变小。因此，这是一个负反馈。

元器件选择：A_1、A_2、A_3 采用 LM324 集成运放，VD_1、VD_2 采用 1N4001 整流二极管，VF 采用 3DJ6D 结型场效应晶体管，电阻、电容等按图中所标取标称值。

思考题与习题

5-1　填空题

（1）为了稳定静态工作点，应引入________负反馈；为了改善电路技术指标，应引入________负反馈。

（2）在放大电路中，为稳定输出电压，提高输入电阻，应引入________负反馈；为稳定输出电流，降低输入电阻，应引入________负反馈。

（3）为了减小信号源的负载，对于电压源，通常应引入________负反馈；对于电流源，通常应引入________负反馈。

（4）在放大电路中，希望展宽频带，可以引入________；为了抑制温漂，可以引入________。

（5）当反馈深度满足________时，称为深度负反馈，此时闭环放大倍数 A_f 为________。

（6）若负反馈放大电路开环电压放大倍数为 120dB，为使其闭环电压放大倍数为 40dB，则反馈系数应为________，反馈深度为________。

（7）已知放大电路输入信号电压为 1mV，输出电压为 1V，加入负反馈后，为达到同样输出时需要的输入信号为 10mV，该电路的反馈深度为________，反馈系数为________。

（8）负反馈放大电路开环放大倍数为 10^4，其变化为 ±10%，要使闭环放大倍数变化为 1%，则反馈系数应为________，闭环放大倍数为________。

（9）当电路的闭环增益为 40dB 时，基本放大电路的增益变化 10%，电路的闭环增益相应变换 1%，则此时电路的开环增益为________ dB。

（10）负反馈放大电路产生自激振荡的相位条件是________________，幅度条件是____________。

5-2　什么是反馈、正反馈、负反馈、交流反馈、直流反馈？

5-3　怎样用瞬时极性法判断反馈极性？

5-4　什么是电压反馈和电流反馈？什么是串联反馈和并联反馈？怎样判别这些反馈？

5-5　什么是反馈深度？什么是深度负反馈？

5-6　简述负反馈对放大电路的性能的影响。

5-7　根据信号源的类型（电压源、电流源）和负载对输出信号的要求（电压、电流），叙述引入负反馈的一般原则。

5-8　某放大电路的开环放大倍数 A 等于 50，反馈系数 F 等于 0.02，则该电路的闭环放大倍数 A_f 为多少？若将开环放大倍数改为 500，此时该电路的闭环放大倍数 A_f 又为多少？

5-9　某放大电路的开环放大倍数 A 的相对变化量为 10%，要求闭环放大倍数 A_f 的相对变化量不超过 1%，当闭环放大倍数为 150 时，求开环放大倍数 A 和反馈系数 F。

5-10　电路如图 5-30 所示，设 A 为理想集成运放，集成运放的供电电源 ±14V。试填空：

（1）该电路引入了____________________反馈（填入反馈组态）；

（2）闭环电压放大倍数 $A_{uf}=u_O/u_I\approx$________；

(3) 电路的闭环输入电阻趋近于________；

(4) 电路的闭环输出电阻趋近于________；

(5) 若 R_1 开路，$u_I=1V$，则 u_O 变为________V；

(6) 若 R_1 短路，$u_I=1V$，则 u_O 变为________V；

(7) 若 R_2 开路，$u_I=1V$，则 u_O 变为________V；

(8) 若 R_2 短路，$u_I=1V$，则 u_O 变为________V；

(9) 若 $u_I=1V$，则 $u_O\approx$________V；

(10) 若 $u_I=10V$，则 $u_O\approx$________V。

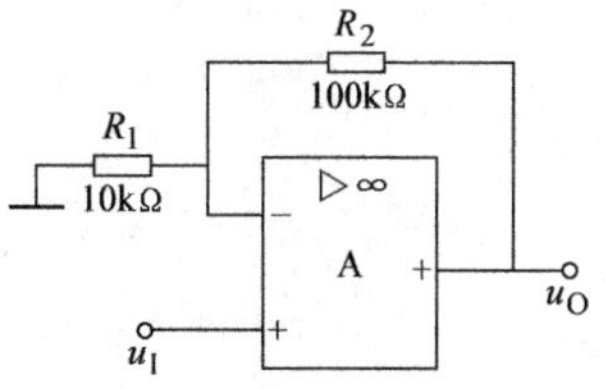

图 5-30　题 5-10 图

5-11　反馈电路如图 5-31 所示，判断反馈类型，并在深度负反馈条件下估算闭环电压放大倍数。

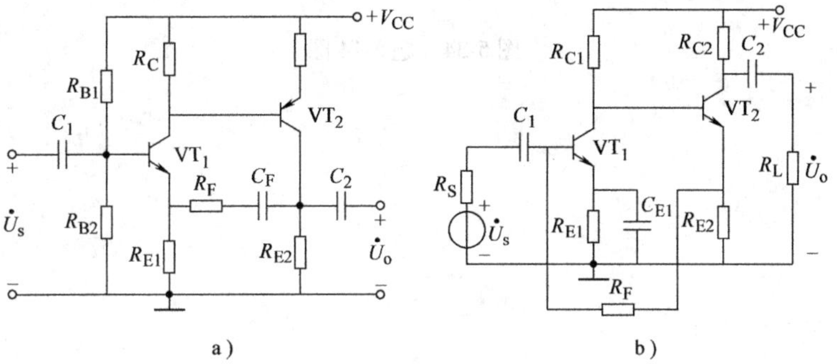

图 5-31　题 5-11 图

5-12　分析如图 5-32 所示电路的级间反馈，回答：

(1) 是何种类型的反馈？

(2) 在深度负反馈条件下，估算$\dfrac{\dot{U}_o}{\dot{U}_i}$以及输入电阻 R_{if}、输出电阻 R_{of}的值。

5-13　反馈放大电路如图 5-33 所示，试求：(1) 哪些元件构成了反馈网络（交流反馈）？(2) 判断电路中交流反馈的类型。(3) 求反馈系数。(4) 估算深度负反馈条件下闭环电压放大倍数 A_{uf}。

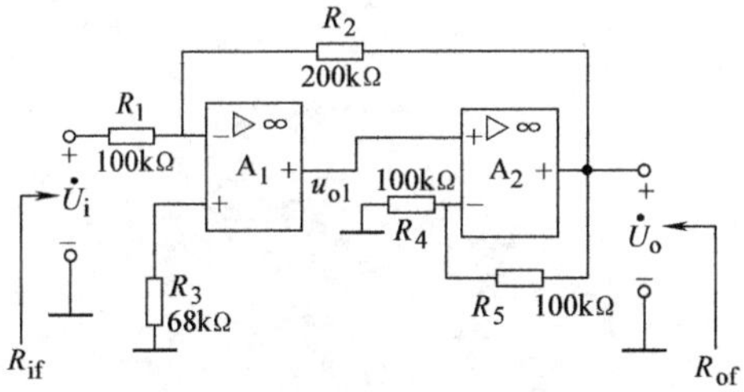

图 5-32　题 5-12 图

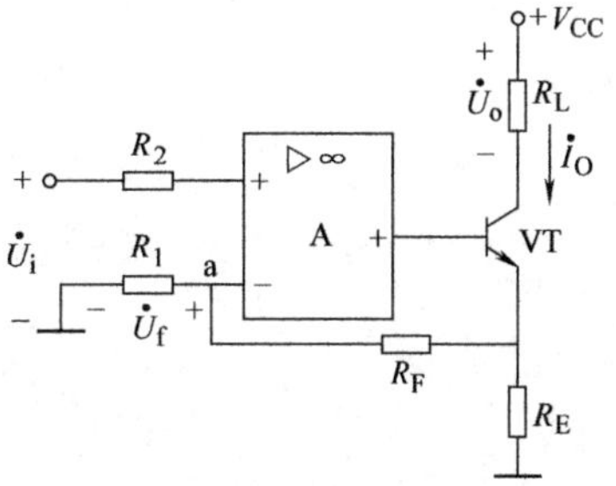

图 5-33　题 5-13 图

5-14　由差动放大器和运算放大器组成的反馈放大电路如图 5-34 所示，设所有晶体管 $U_{BE}=0.7V$，设 A 为理想运放。试解答下列问题：

(1) 当 $U_i=0$ 时，$U_{C1}=U_{C2}=?$

(2) 要使运算放大器 A 输出端 U_o 到 VT_2 基极 B2 的反馈为电压串联负反馈，说明 VT_1、VT_2 的集电极 C1 和 C2 应分别接至运放 A 的哪个输入端？并在深度负反馈条件下估算闭环电压放大倍数；

(3) 若要引电压并联负反馈，说明 R_F 接法，C1 和 C2 又应分别接到运放的哪个输入端？若所有电阻的取值不变，在深度负反馈条件下估算此时的闭环电压放大倍数。

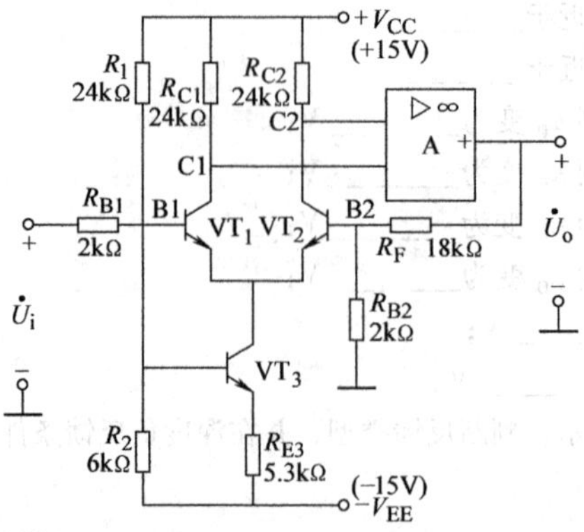

+V_{CC}
(+15V)
R_1
24kΩ
R_{C1}
24kΩ
R_{C2}
24kΩ
C2
C1
A
R_{B1}
2kΩ
B1
VT₁ VT₂
B2
R_F 18kΩ
$\dot{U}_o$
$\dot{U}_i$
R_{B2}
2kΩ
VT₃
R_2
6kΩ
R_{E3}
5.3kΩ
(−15V)
−V_{EE}

图 5-34　题 5-14 图

第6章　集成运放的线性应用

应用背景

集成电路运算放大器(简称集成运放)是模拟集成电路中应用极为广泛的一种器件，它不仅用于信号的计算、处理、变换、测量和信号产生电路，而且还可用于开关电路中。运算放大器作为最基本的电子器件，虽然本身具有非线性的特性，但在许多情况下，它作为线性电路的器件，可以方便地设计成各种应用电路。

本章首先介绍理想运算放大器的特点，然后用线性电路理论分析由理想运放和电阻、电容等元器件构成的简单应用电路，包括基本的同相放大电路、反相放大电路和由它组成的加法、减法、积分、微分电路，最后对变跨导模拟乘法器及有源滤波器进行介绍。

6.1　集成运放的一般应用问题

6.1.1　应用分类

目前广泛应用的电压型集成运算放大器是一种高放大倍数的直接耦合放大器。在该集成电路的输入与输出之间接入不同的反馈网络，可以实现不同用途的电路。例如利用集成运算放大器可非常方便地完成信号放大、信号运算(加、减、乘、除、对数、反对数、平方、开方等)、信号的处理(滤波、调制)以及波形的产生和变换。在模拟集成运算放大器发展的初期阶段，模拟信号的运算是模拟线性集成电路的主要应用领域，这就是把模拟线性集成电路称为“集成运算放大器”的原因。集成运算放大器的种类非常多，可适用于不同的场合。

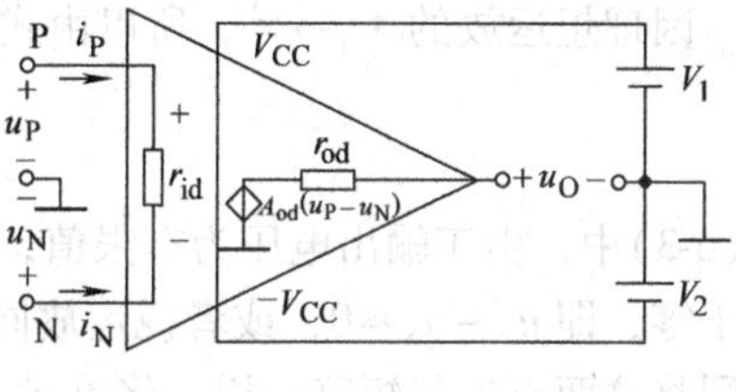

图6-1　运算放大器的电路模型

如果将运算放大器看成一个简化的具有端口特性的标准器件，则可以用一个包含输入端口、输出端口和供电电源端口的电路模型来表示，如图6-1所示，输入端口用输入电阻 r_{id} 来模拟，输出端口用输出电阻 r_{od} 以及和它串联的受控电压源 $A_{od}(u_P-u_N)$ 来模拟。电压 u_p、u_N 和 u_O 都以正负电源 $+V_{CC}$、$-V_{CC}$ 的中间点作为参考电位点。电源是运放内部电路运行所必需的能源。

当集成运放工作在放大状态时，集成运放的输出电压与其两个输入端的电压之间、输入电压与输入电流之间存在着线性放大关系，即

$$u_O = A_{od}(u_P - u_N) \tag{6-1}$$

$$i_P - i_N = \frac{u_P - u_N}{r_{id}} \tag{6-2}$$

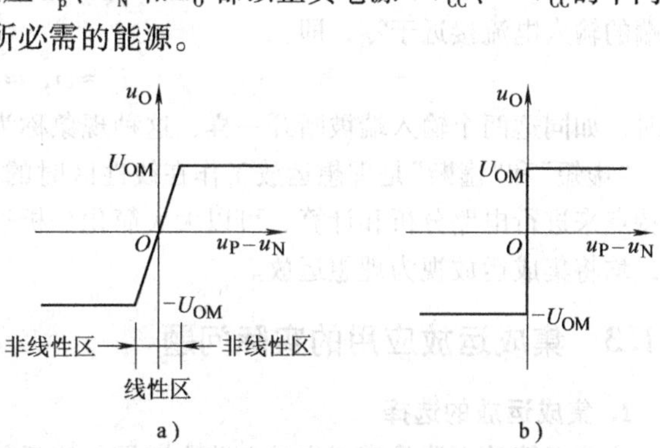

图6-2　集成运放的电压传输特性

a)实际特性　b)理想特性

如果输入端电压的幅度比较大，则集成运放工作的范围将超出线性放大区域而达到非线性区域，此时集成运放的输入、输出信号之间不能满足式(6-1)。当运放

工作在正负饱和区域，这时的输出电压或者达到正饱和输出电压 U_{OM}，或者达到负饱和输出电压 $-U_{OM}$。由此可得集成运放的传输特性曲线如图 6-2a 所示，其中过原点的一段为线性区，其他部分为非线性区。观察图 6-2a 可以看出，当差模输入电压很小时，u_O 与输入电压存在着线性关系，比例系数就是差模电压增益。随着差模输入电压增大，输出电压向正电源靠近，最终等于 $+U_{OM}$；随着输入电压负向增大，输出电压趋向负电源电压，最终等于 $-U_{OM}$。在电路分析时常使用理想传输特性，如图 6-2b 所示。在本章中，主要讨论运放在线性放大区域的应用情况。

6.1.2 线性应用分析方法

1. 理想集成运算放大器的技术指标

所谓理想运放，就是将集成运放的各项技术指标理想化，即认为集成运放的各项技术指标满足以下条件：

1）开环差模电压增益趋于无穷大（$A_{od}\to\infty$）。

2）差模输入电阻趋于无穷大（$r_{id}\to\infty$）。

3）输出电阻趋于零（$r_o\to 0$）。

4）共模抑制比趋于无穷大（$K_{CMR}\to\infty$）。

5）输入偏置电流趋于零（$I_{IB}\to 0$）。

6）频带宽度趋于无穷大（$f_{BW}\to\infty$）。

7）输入失调电压 U_{IO}、输入失调电流 I_{IO} 以及它们的温漂均为零。

实际的集成运放当然不可能达到上述理想化的技术指标。但是，由于集成运放制造工艺不断改进，其产品的各项性能指标越来越好。因此，一般情况下，在分析估算集成运放的应用电路时，将实际运放视为理想运放所造成的误差，在工程上是允许的。

2. 虚短和虚断

因理想运放的 $A_{od}\to\infty$，所以由式（6-1）可得

$$u_P - u_N = \frac{u_O}{A_{od}} \approx 0 \tag{6-3}$$

式（6-3）中，由于输出电压为有限值，差模电压增益接近无穷大，所以两个输入端之间的电压接近于零，即 $u_P - u_N \approx 0$，或者说运放同相输入端与反相输入端两点电位近似相等，即 $u_P \approx u_N$，就如同将这两点近似短路一样，将这种现象称为“虚短”。显然这不是真正的短路，只是分析电路是在允许误差范围之内的合理近似。

由于运算放大器的差模输入电阻 r_{id} 一般都在几百千欧以上接近于无穷大，所以流过两个输入端的输入电流接近于零，即

$$i_P \approx i_N \approx 0 \tag{6-4}$$

此时，如同这两个输入端被断开一样，这种现象称为“虚断”。

“虚短”和“虚断”是理想运放工作在线性区时的两条重要的结论。运用理想运放的这两个重要特点来进行电路分析和计算，可以大大简化分析过程。在后面的运算电路分析中，如无特别说明，均将集成运放视为理想运放。

6.1.3 集成运放应用的实际问题

1. 集成运放的选择

集成运算放大器是模拟集成电路中应用最广泛的一种器件。在由运算放大器组成的各种系统中，由于应用要求不一样，对运算放大器的性能要求也不一样。

在没有特殊要求的场合，尽量选用通用型集成运放，这样既可降低成本，又容易保证货源。

当一个系统中使用多个运放时，尽可能选用多运放集成电路，例如 LM324、LF347 等都是将四个运放封装在一起的集成电路。

在特殊场合，通常是根据实际要求来选用运算放大器。这时首先要了解集成运放基本性能指标的物理意义，其次要注意运放的实际应用场合。一般情况下，高输入阻抗型运放广泛用于有源滤波器、取样保持放大器、对数和反对数放大器和模-数(A-D)、数-模(D-A)转换器等场合；高精度型运放用于毫伏级或更低的微弱信号的精密检测、精密模拟计算、高精度稳压电源及自动控制仪表中；低功耗型运放用于对能源有严格限制的遥控、遥感、生物医学和空间技术的设备中；大功率型运放工作在高电压和大电流情况下，电路中一般都加入一些特殊的保护电路。最后，根据引脚图和符号图正确连接外部电路，包括电源、外接偏置电阻、消振电路及调零电路等。

2. 集成运放的参数测量

当选定集成运放的产品型号后，通常只要查阅有关器件手册即可得到各项参数值，而不必逐个测试。但是手册中给出的往往只是典型值，由于材料和制造工艺的分散性，每个运放的实际参数与手册上给定的典型值之间可能存在差异，因此有时仍需对参数进行测试。

另外，可以采用一些简易的电路和方法，手工进行集成运放性能的判断，例如用万用表对照电路原理图，测正负电源端对输出端是否短路或 PN 结是否击穿等，这只能得出很粗略的结果。注意万用表的档位不能用 $\times 1\Omega$ 档(此时测量电流比较大)或 $\times 10k\Omega$ 档(此时测量电压比较高)。

3. 集成运放使用时可能出现的问题

将集成电路与外电路接好并加上电源后，有时可能出现集成运放本身并没有损坏却不能正常工作的情况。例如，集成运放的输出始终偏向电源的一端，既无法调零也无法工作，或出现自激振荡等现象，此时应对这现象进行分析，找出原因，然后采取适当措施，使电路正常工作。常见的异常现象有以下几种：

(1) 不能调零

有时当输入电压为零时，集成运放的输出电压调不到零，可能输出电压处于两个极限状态，分别为正的或负的最大输出电压值。

出现这种异常现象的原因可能是调零电位器不起作用，应用电路接线有误或有虚焊点；集成运放反馈极性接错或负反馈开环。如果关断电源后重新接通即可调零，则可能是由于运放输入端信号超过额定值而造成的“堵塞”现象。为了预防“堵塞”，可在运放输入端加上保护措施，具体方法在下面“集成运放的保护”中介绍。

(2) 漂移现象比较严重

如果集成运放的温漂比较严重，大大超过手册规定的数值，则属于不正常现象。

造成温漂现象过于严重的原因可能是存在虚焊点，运放产生自激振荡或受强电磁场的干扰，集成运放靠近发热元件，输入回路的保护二极管受光的照射，调零电位器滑动端接触不良，集成运放本身已损坏或质量不合格等。

(3) 产生自激振荡

自激振荡是经常出现的异常现象，表现为当输入信号等于零时，利用示波器可观察到运放的输出端存在一个频率较高，近似为正弦波的输出信号。但是这个信号不稳定，当人体或金属体靠近时，输出波形将产生明显变化。产生自激振荡的原理是电路内部形成正反馈。常用的消除自激振荡的措施主要有：按规定部位和参数接入校正网络；防止反馈极性接错，避免负反馈过强，合理安排接线，防止杂散电容过大等。

4. 集成运放的保护

集成运放在使用过程中，若不注意，可能会损坏。例如，电源电压极性接反或电压过大；输出端对地短路或接到另一电源造成电流过大；输入信号过大等。为保证器件正常工作，常在电路中采取一定的保护措施，主要有以下几种：

（1）输入端保护

若集成运放输入端的共模电压或差模电压过高，可能使差分输入级某个晶体管的发射结反向击穿，或使差分对管的对称性变差，从而使集成运放的技术指标恶化，克服这一问题的常用保护措施如图 6-3 所示。

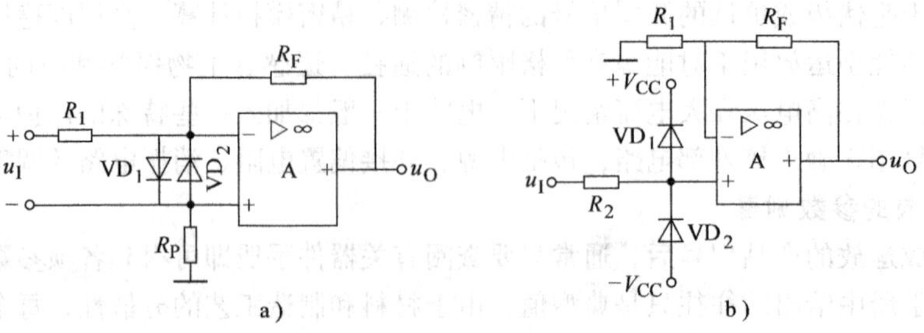

图 6-3　输入保护电路

a）反相端输入保护电路　b）同相端输入保护电路

图 6-3a 所示的反相输入保护可以使集成运放两个输入级之间的差模输入电压不超过二极管 VD_1、VD_2 的正向导通电压。图 6-3b 所示是同相输入保护电路，限制集成运放的输入电压不超过正、负电源电压。

（2）输出端保护

当集成运放输出端对地或对电源短路时，如果没有保护措施，集成运放内部输出级的晶体管将会因电流过大而损坏。为了防止这种情况发生，可在输出端接一个双向稳压管。如图 6-4 所示。在该电路中，限流电阻 R 与稳压管 VS 构成的限幅电路一方面将集成运放输出端隔离，限制了运放的输出电流；另一方面，也限制了输出电压的幅值，将输出电压限制在一定的范围内。

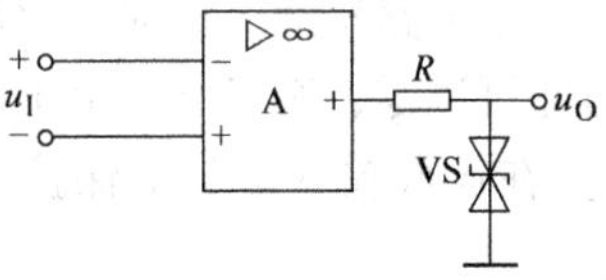

图 6-4　输出保护电路

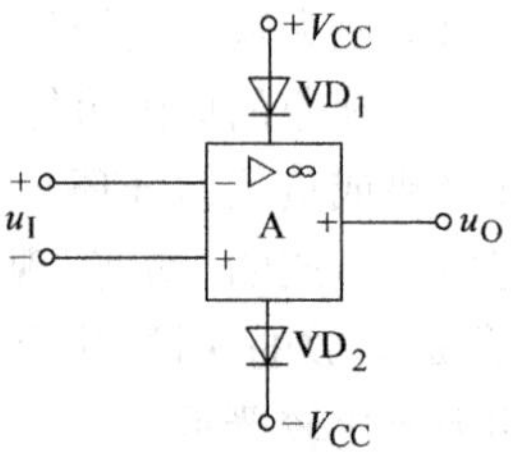

图 6-5　电源端保护电路

（3）电源端保护

为防止正、负电源的极性接反而损坏集成运放，可利用二极管的单向导电性，在电源连接线中串接二极管来实现保护。电路如图 6-5 所示，当电源极性接错时，二极管 VD_1、VD_2 截止，运放与电源断开。

6.2　基本运算电路

集成运放最早的应用是实现模拟信号的运算，完成信号的运算是集成运放的一个重要而基本的应用领域。在理想集成运放中引入负反馈，以输入电压作为自变量，以输出电压作为函数，即当输入电压变化时，输出电压反映输入电压某种运算结果。因此，集成运放必须工作在线性区。在深度负反馈的条件下，以“虚短”和“虚断”为基本出发点，可求出输出电压和输入电压的运算关系式。

6.2.1 比例运算电路

比例运算电路用来实现输出电压与输入电压之间的比例运算关系，是最基本的运算电路。根据输入信号接法的不同，比例运算电路有两种基本形式，即反相输入比例运算电路和同相输入比例运算电路。许多由运放组成的运算电路都是在这两种电路的基础上扩展而来的。

1. 反相输入比例运算电路

图 6-6 所示为理想运放组成的反相比例运算电路。输入电压 u_I 通过 R_1 作用于运放的反相输入端，R_F 跨接在运放的输出端和反相输入端之间，同相输入端通过 R'接地。

根据“虚断”概念，有 $i_P \approx i_N \approx 0$；根据“虚短”概念，有 $u_P \approx u_N \approx 0$，则

$$\frac{u_I - u_N}{R_1} = \frac{u_N - u_O}{R_F} \text{或} \frac{u_I}{R_1} = -\frac{u_O}{R_F}$$

由此得

$$u_O = -\frac{R_F}{R_1}u_I \tag{6-5}$$

则电压增益 A_{uf} 为

$$A_{uf} = \frac{u_O}{u_I} = -\frac{R_F}{R_1} \tag{6-6}$$

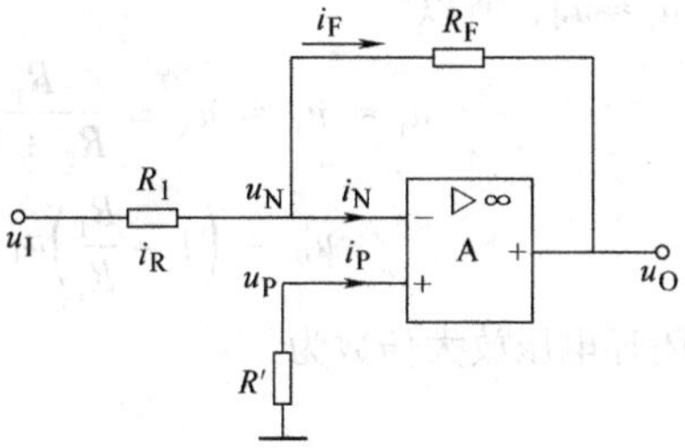

图 6-6　反相输入比例运算电路

式(6-6)表明，反相输入比例运算电路的电压增益(比例系数)由电阻 R_F 和 R_1 确定，负号“ - ”是由反相输入引起的，表示输出电压与输入电压相位相反。比例系数的数值可以是大于、等于或小于 1 的任何数值。当 $R_F = R_1$ 时，该电路称为反相器或变号运算。

反相输入比例运算电路的输入电阻可以根据图 6-6 求得，即

$$R_i = \frac{u_I}{i_R} = \frac{u_I}{u_I/R_1} = R_1 \tag{6-7}$$

由于反相输入比例运算电路的输出电阻 $R_o = 0$，因而有很强的带负载能力。

集成运放的反相输入端和同相输入端实际上是运放内部输入级的两个差分对管的基极。为使差动放大电路的参数保持对称，应使两个差分对管基极对地的电阻一致，以免静态基极电流流过这两个电阻时，在运放输入端产生附加的偏差电压，因此，图中 $R' = R_1 /\!/ R_F$，该电阻常称为平衡电阻。

例 6-1　电路如图 6-7 所示，试分别计算开关 S 断开和闭合时电压放大倍数 A_{uf}。

解　(1) 当 S 断开时

$$A_{uf} = -\frac{R_F}{R_1 + R_2} = -\frac{100\text{k}\Omega}{1\text{k}\Omega + 1\text{k}\Omega} = -50$$

(2) 当 S 闭合时，因 $u_P \approx u_N \approx 0$，故在计算时可将 R_2 和 R_3 的电阻看做是并联的，则

$$i_1 = \frac{u_I}{R_1 + R_2 /\!/ R_3} = \frac{2}{3}\frac{u_I}{R_1}$$

$$i_1' = \frac{1}{2}i_1 = \frac{1}{2} \times \frac{2}{3}u_I = \frac{1}{3}\frac{u_i}{R_1}$$

$$i_F = \frac{u_N - u_O}{R_F} = -\frac{u_O}{R_F}$$

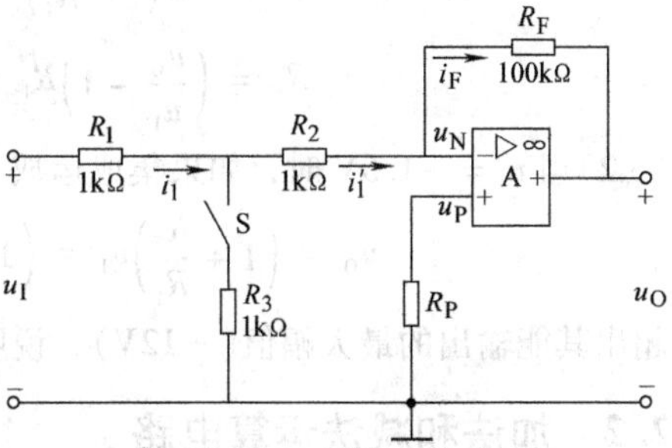

图 6-7　例 6-1 电路图

又因 $i_1' \approx i_F$，故

$$\frac{1}{3}\frac{u_I}{R_1} = -\frac{u_O}{R_F}$$

$$A_{uf} = \frac{u_O}{u_I} = \frac{1}{3}\frac{R_F}{R_1} = -33$$

2. 同相输入比例运算电路

将反相比例运算电路输入端和“地”互换，则可得同相比例运算电路，电路如图 6-8 所示。同理平衡电阻 $R' = R_1 /\!/ R_F$。

根据“虚断”，有 $i_P \approx i_N \approx 0$，则 $i_R \approx i_F$；根据“虚短”，有 $u_P \approx u_N$，所以

$$u_I \approx u_P \approx u_N = \frac{R_1}{R_1 + R_F}u_O$$

$$u_O = \left(1 + \frac{R_F}{R_1}\right)u_I \tag{6-8}$$

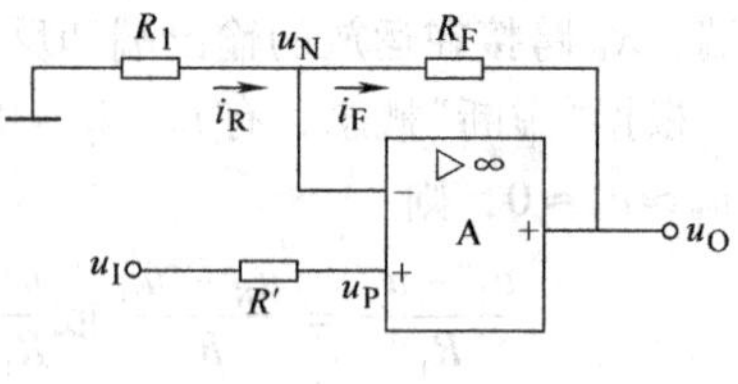

图 6-8　同相输入比例运算电路

则闭环电压放大倍数为

$$A_{uf} = \frac{u_O}{u_I} = 1 + \frac{R_F}{R_1} \tag{6-9}$$

式(6-9)表明放大倍数 A_{uf} 为 $(1 + R_F/R_1)$。A_{uf} 为正值，表示 u_O 与 u_I 同相，并且总是大于 1，至少等于 1。

图 6-9 所示电路为同相比例运算电路的一个特例，电路将输出电压全部引回集成运放的反相输入端，使比例系数等于 1。由于集成运放的净输入电压和净输入电流均为零，即 $u_O = u_N$，$u_N \approx u_P \approx u_I$，所以

$$u_O = u_I$$

$$A_{uf} = \frac{u_O}{u_I} = 1 \tag{6-10}$$

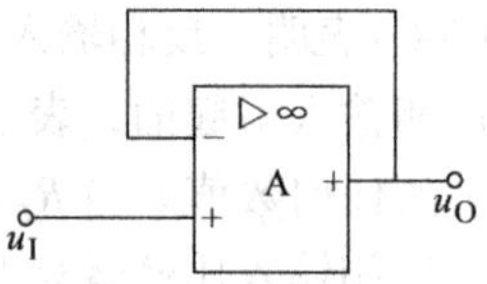

图 6-9　同相电压跟随器

即电路输出电压跟随输入电压的变化而变化，因此该电路被称为电压跟随器。虽然电压跟随器的电压增益等于 1，但它的输入电阻 $R_i \to \infty$，输出电阻 $R_o \to 0$，所以它在电路中常作为阻抗变换器或缓冲器。

例 6-2　在图 6-8 所示电路中，已知集成运放的最大输出电压幅值为 +12V，$R_1 = 10\ \text{k}\Omega$。在 $u_I = 1\text{V}$ 时，$u_O = 11\text{V}$。试求：(1) R_F 的取值；(2) 若 $u_I = -1.5\text{V}$，求 u_O 的取值。

解　(1) 根据式(6-8)，$u_O = \left(1 + \frac{R_F}{R_1}\right)u_I$，可得

$$R_F = \left(\frac{u_O}{u_I} - 1\right)R_1 = \left(\frac{11\text{V}}{1\text{V}} - 1\right) \times 10\text{k}\Omega = 100\text{k}\Omega$$

(2) 当 $u_I = -1.5\text{V}$ 时，如果集成运放工作在线性区，则

$$u_O = \left(1 + \frac{R_F}{R_1}\right)u_I = \left(1 + \frac{100\text{k}\Omega}{10\text{k}\Omega}\right) \times (-1.5\text{V}) = -16.5\text{V}$$

u_O 超出其能输出的最大幅值(±12V)，说明此时集成运放工作在非线性区，所以 $u_O = -12\text{V}$。

6.2.2　加法和减法运算电路

加法运算电路的输出量反映多个模拟输入量相加的结果。用运放实现加法运算时，可以采用反相输入方式，也可以采用同相输入方式。

1. 反相输入加法运算电路

在反相比例运算电路基础上增加一个或多个输入支路，就构成反相输入加法电路。图 6-10 所示电路为两个输入端的反相加法运算电路，为了保证集成运放两个输入端对地的电阻平衡，同相输入端的平衡电阻 $R_P = R_1 /\!/ R_2 /\!/ R_F$。

运用“虚短”和“虚断”的概念，得

$$i_F \approx i_1 + i_2$$

$$\frac{u_{I1}}{R_1} + \frac{u_{I2}}{R_2} = \frac{0 - u_O}{R_F}$$

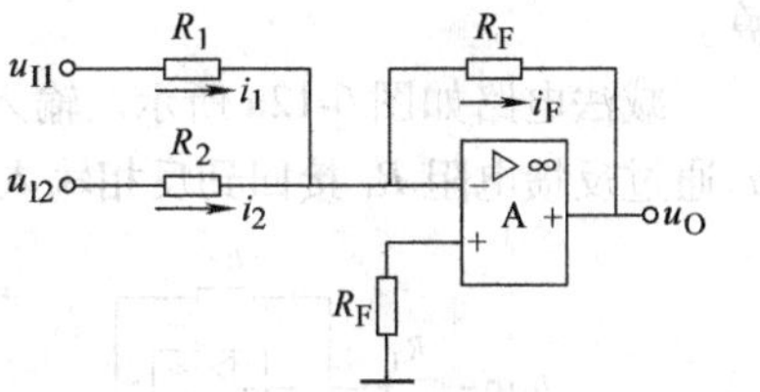

图 6-10 反相输入加法电路

即输出电压为

$$u_O = -R_F\left(\frac{u_{I1}}{R_1} + \frac{u_{I2}}{R_2}\right) \tag{6-11}$$

反相加法电路的特点与反相输入比例电路类似。值得注意的是，调节反相加法电路某一输入回路的输入电阻 R_1（或 R_2）的阻值，仅仅改变输出电压与该路输入电压之间的比例关系，对其他支路没有影响，因此调节比较灵活、方便。

当 $R_1 = R_2 = R_3 = R$ 时，则式(6-11)变为

$$u_o = -\frac{R_F}{R}(u_{I1} + u_{I2}) \tag{6-12}$$

式(6-12)表明，电路的输出电压与各输入电压之和成正比。负号“ - ”是因反相输入引起的，表示输出电压与输入电压反相。图 6-10 所示电路可扩展多个输入端相加。

2. 同相输入加法运算电路

如果把各输入电压加到集成运放的同相输入端就构成同相输入加法运算电路，如图 6-11 所示。电路中，反相输入端等效电阻 $R_N = R /\!/ R_F$，同相输入端等效电阻 $R_P = R_1 /\!/ R_2$，而且 $R_N = R_P$。

将图 6-11 与图 6-8 所示的同相输入比例运算电路进行比较可知，它们的输出电压与集成运放同相输入端电位 u_P 的关系相同，即

$$u_O = \left(1 + \frac{R_F}{R}\right)u_P \tag{6-13}$$

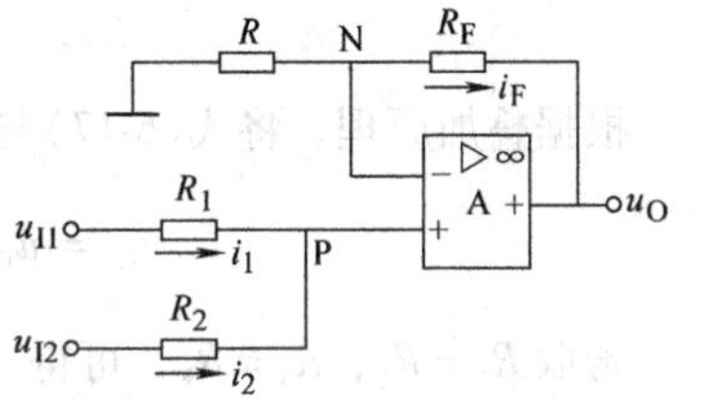

图 6-11 同相加法运算电路

列 P 点的节点电流方程为

$$\frac{u_{I1} - u_P}{R_1} + \frac{u_{I2} - u_P}{R_2} = 0$$

整理可得

$$u_P = \frac{R_2 u_{I1} + R_1 u_{I2}}{R_1 + R_2} \tag{6-14}$$

将式(6-14)代入式(6-13)，得

$$u_O = \left(1 + \frac{R_F}{R}\right)\frac{R_2 u_{I1} + R_1 u_{I2}}{R_1 + R_2} \tag{6-15}$$

将 $R /\!/ R_F = R_1 /\!/ R_2$ 代入式(6-15)，可得

$$u_O = R_F\left(\frac{u_{I1}}{R_1} + \frac{u_{I2}}{R_2}\right) \tag{6-16}$$

式(6-16)与式(6-11)比较只差一个负号“ - ”，这是由于输入信号加在同相输入端所致。电路的输出电压与各输入电压相加之和成比例。值得注意的是，式(6-16)仅在 $R_P = R_N$ 的条件下才是正确的，因此如果调节某一信号的电阻（R_1 或 R_2）的阻值，则必须使 $R_P = R_N$，所以没有反相加法电路调节方便。图 6-12 所示电路可扩展多个输入端相加。

3. 减法运算电路

由前面的分析可知，反相加法电路的输出电压与各输入电压的极性相反，而同相加法电路的输出电压与各输入电压的极性相同。因此，当信号分别加到同相端和反相端时，便可实现减法运算。

减法电路如图6-12a 所示。输入电压 u_{I1} 和 u_{I2} 分别加在集成运放的反相输入端和同相输入端，u_O 通过反馈电阻 R_1 接回到反相输入端。利用叠加原理可以求出该电路的运算关系。

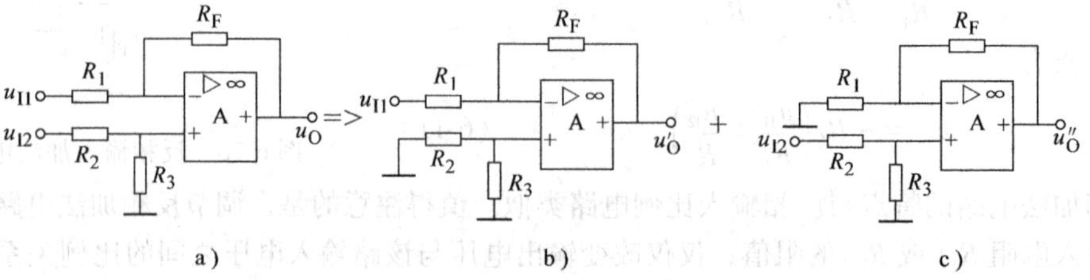

图6-12　减法电路

a)减法运算电路　b)反相输入比例运算电路　c)同相输入比例运算电路

首先，令 $u_{I2}=0$，u_{I1} 单独作用时，图6-12a 可等效为图6-12b 所示的反相输入比例运算电路，输出电压为

$$u'_O = -\frac{R_F}{R_1}u_{I1} \tag{6-17}$$

其次，令 $u_{I1}=0$，u_{I2} 单独作用时，图6-12a 可等效为图6-12c 所示的同相输入比例运算电路，输出电压为

$$u''_O = \left(1+\frac{R_F}{R_1}\right)\frac{R_3}{R_2+R_3}u_{I2} \tag{6-18}$$

根据叠加原理，将式(6-17)与式(6-18)相加可得

$$u_O = u'_O + u''_O = \left(1+\frac{R_F}{R_1}\right)\frac{R_3}{R_2+R_3}u_{I2} - \frac{R_F}{R_1}u_{I1} \tag{6-19}$$

若取 $R_1=R_2$，$R_3=R_F$，可得

$$u_O = \frac{R_F}{R_1}(u_{I2}-u_{I1}) \tag{6-20}$$

由式(6-20)可见，输出电压 u_O 与两输入电压之差($u_{I2}-u_{I1}$)成比例，即实现了求差功能。

例6-3　试设计一个加减运算电路满足 $u_O = 4u_{I1}+3u_{I2}-10u_{I3}$。

解　(1)画出满足要求的电路图

系数为正的 u_{I1} 和 u_{I2} 应从同相端输入，而 u_{I3} 系数为负应从反相端输入，如图6-13 所示。

(2)求电路中各电阻的阻值

根据运放的平衡条件

$$R_1 /\!/ R_2 /\!/ R_4 = R_3 /\!/ R_F$$

得

$$u_O = R_F\left(\frac{u_{I1}}{R_1}+\frac{u_{I2}}{R_2}-\frac{u_{I3}}{R_3}\right)$$

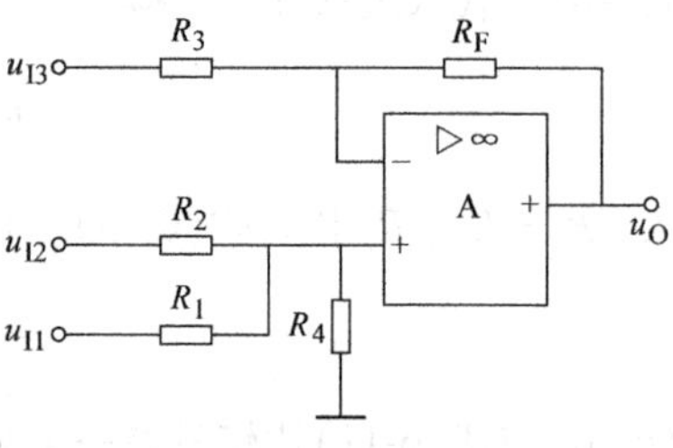

图6-13　例6-3 的设计电路

取反馈电阻 $R_F=240\text{k}\Omega$，则可得 $R_1=\frac{240\text{k}\Omega}{4}=60\text{k}\Omega$，$R_2=\frac{240\text{k}\Omega}{3}=80\text{k}\Omega$，$R_3=\frac{240\text{k}\Omega}{10}=24\text{k}\Omega$，将它们的阻值代入 $R_1/\!/R_2/\!/R_4=R_3/\!/R_F$，可得 $R_4\approx 22\text{k}\Omega$。

6.2.3　积分运算电路和微分运算电路

1. 积分运算电路

积分运算电路是一种应用比较广泛的模拟信号运算电路。在自动控制系统中，常用积分电路作为调节环节。此外，积分运算电路还可以应用于延时、定时以及各种波形的产生或变换等。下面介绍基本的积分运算电路。

图 6-14a 所示为积分运算电路的结构，输入电压通过电阻 R_1 加在集成运放的反相输入端，在输出端和反相输入端之间通过电容 C 引入一个深度负反馈。可以看出，这种反相输入积分电路实际上是在反相输入比例电路的基础上将反馈回路中的电阻 R_F 改为电容 C 而得到的。

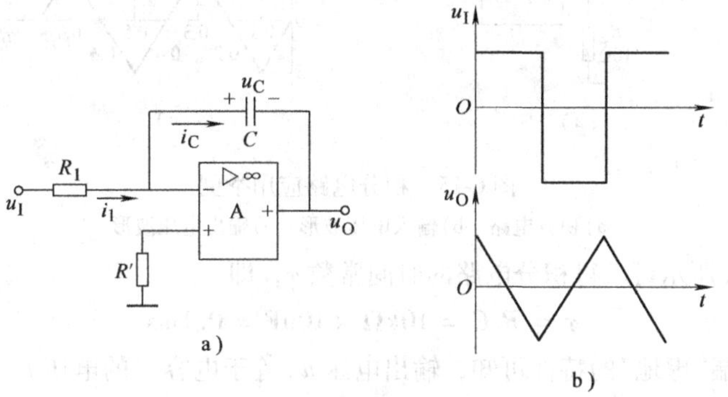

图 6-14　积分运算电路
a) 积分运算电路的结构　b) 输入为矩形波时的输出波形

根据反相集成运放的“虚断”、“虚地”的特点和电容器的电流、电压关系，有

$$u_C = -u_O \qquad i_1 = i_C \qquad u_I = i_1 R_1 \qquad i_C = C\frac{\mathrm{d}u_C}{\mathrm{d}t}$$

整理可得

$$u_O = -\frac{1}{RC}\int_{t_1}^{t_2} u_I \mathrm{d}t + u_C(t_1) \tag{6-21}$$

式(6-21)说明输出电压与输入电压之间是积分关系，故实现了积分运算。式(6-21)中 $u_C(t_1)$ 是 t_1 时刻电容两端电压的初始值。

若输入信号是一个阶跃电压 u_I，则输出电压

$$u_O = -\frac{u_I}{RC}t = -\frac{u_I}{\tau}t \tag{6-22}$$

式(6-22)中 $\tau = RC$ 称为积分电路的时间常数。可见，输出电压 u_O 是一个随时间线性变化的信号，输出电压的极性与输入电压相反。其最大积分输出电压的幅度受运放的最大输出电压幅度限制。在图 6-14b 中，输入信号 u_I 是矩形波电压，则经过积分后输出电压 u_O 变为三角波电压。在矩形波的高电平期间，积分器向负方向积分；在矩形波的低电平期间，积分器向正方向积分。

若输入信号是正弦波电压，$u_I = \sin\omega t$ 经过积分后，输出电压为

$$u_O = -\frac{1}{RC}\int \sin\omega t \mathrm{d}t = \frac{1}{\omega RC}\cos\omega t \tag{6-23}$$

由式(6-23)可以看出，输入信号是正弦信号，输出信号是余弦信号，它们的波形相同，但相位相差 90°。经过积分后，余弦信号的幅度变为$\frac{1}{\omega RC}$，幅度大为衰减，而且频率越高，衰减越大。通常，电路的干扰信号中高频分量成分很多，这些信号通过积分器后，将受到很大衰减。因此，积

分器具有较强的抗干扰能力。

例 6-4 基本积分电路如图 6-15a 所示，输入信号 u_I 为一对称方波，如图 6-15b 所示，运放最大输出电压 $u_{OM} = \pm 10V$，$t=0$ 时电容电压为零，试画出理想情况下输出电压 u_O 的波形。

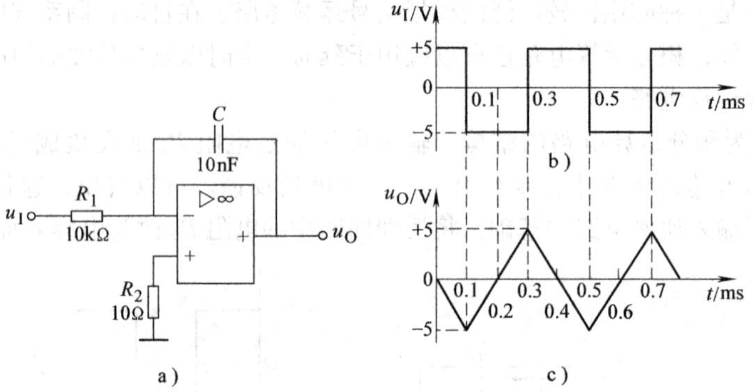

图 6-15 积分电路应用举例

a) 积分电路 b) 输入电压波形 c) 输出电压波形

解 由图 6-15a 所示可求得积分电路的时间常数 τ，即

$$\tau = R_1C = 10k\Omega \times 10nF = 0.1ms$$

根据集成运放输入端“虚地”的特性可知，输出电压 u_O 等于电容 C 的电压 u_C，即

$$u_O = -u_C, \quad u_O(0) = 0V$$

1）因为在 0 ~ 0.1ms 时间段内，$u_I = +5V$，所以根据积分电路的工作原理，输出电压 u_O 从零开始线性减小，在 $t=0.1ms$ 时达到负峰值，其值为

$$u_O(0.1ms) = -\frac{1}{R_1C}\int_0^{0.1ms} u_I dt + u_O(0) = -\frac{1}{0.1ms}\int_0^{0.1ms} 5dt = -5V$$

2）因为在 0.1 ~ 0.3ms 时间段内，$u_I = -5V$，所以积分电路的输出电压 u_O 开始线性增大，在 $t=0.3ms$ 时达到正峰值，其值为

$$u_O(0.3ms) = -\frac{1}{R_1C}\int_{0.1ms}^{0.3ms} u_I dt + u_O(0.1ms) = -\frac{1}{0.1ms}\int_{0.1ms}^{0.3ms}(-5)dt + (-5) = 5V$$

3）因为在 0.3 ~ 0.5ms 时间段内，$u_I = +5V$，所以输出电压 u_O 从 +5V 开始线性减小，在 $t=0.5ms$ 时达到负峰值，其值为

$$u_O(0.5ms) = -\frac{1}{R_1C}\int_{0.3ms}^{0.5ms} u_I dt + u_O(0.3ms) = -5V$$

由以上分析可见，输出电压最大值均不超过集成运放的最大输出电压，所以输出电压与输入电压之间为线性积分关系。由于输入信号 u_I 的波形为对称的方波，因此，输出电压 u_O 的波形为三角波，如图 6-15c 所示。

2. 微分运算电路

微分运算是积分运算的逆运算，利用 $i_C = C\frac{du_C}{dt}$ 的规律，只要将积分电路中反相输入端的电阻和反馈电容的位置互换，就得到了基本微分运算电路，如图 6-16 所示。微分运算电路的应用也很广泛，除了在线性系统中作微分运算，在脉冲数字电路中常用来做波形变换。

根据反相集成运放的“虚断”、“虚地”的特点和电容器电流、电压之间的关系可得

$$i_R = i_C = C\frac{du_C}{dt} = C\frac{du_I}{dt}$$

$$u_O = -Ri_R = -Ri_C = -RC\frac{du_I}{dt} \quad (6\text{-}24)$$

可见，u_O 与 u_I 的微分成正比，即实现了微分运算。

微分电路除了用于微分运算外，在电子技术中还可用于波形变换，如图 6-17 所示。在图 6-16 所示的微分电路输入端加入一个三角波信号电压，则其输出电压就是一个方波信号，如图 6-17a 所示。若在输入端加入一个方波信号，则其输出电压就是正负交替的尖脉冲，如图 6-17b 所示。

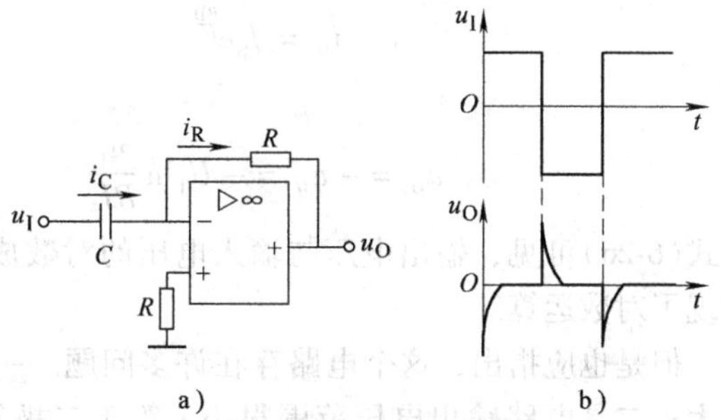

图 6-16　微分运算电路
a) 微分运算电路结构　b) 微分运算电路的输入、输出波形

另外，对反馈信号具有滞后作用的 RC 环节与集成运放内部电路的滞后作用叠加在一起，可能引起自激振荡；或当 u_I 突变时，输入电流会较大，输入电流与反馈电阻的乘积可能超过集成运放的最大输出电压，有可能使电路不能正常工作，这些都使微分电路的应用受到限制。

一种经过改进的实用的微分电路如图 6-18 所示。图中的 R_1 起到限流的作用，R_2 和 C_2 并联后起到相位补偿的作用。

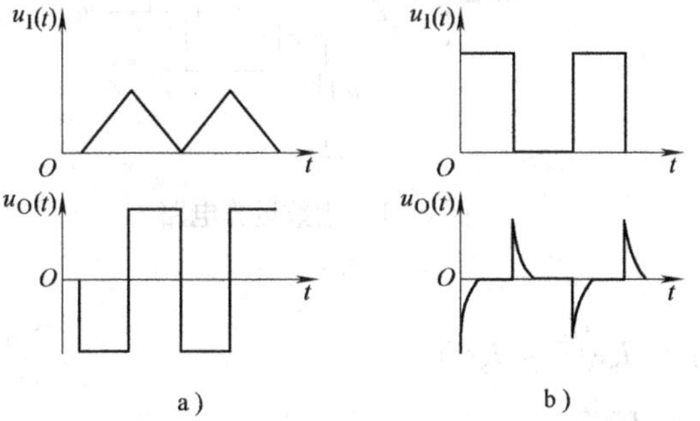

图 6-17　微分电路用于波形变换
a) 对三角形波的响应　b) 对方波的响应

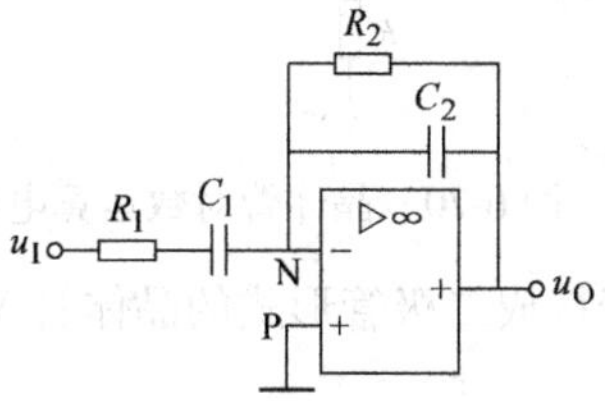

图 6-18　一种实用的微分电路

6.2.4　对数运算电路和反对数运算电路

1. 对数运算电路

对数运算电路的输出电压是输入电压的对数函数，也可以说它的输入电压是输出电压的指数函数。它是一种十分有用的非线性函数运算电路。

根据 PN 结的伏安特性，PN 结的电流 i_D 与它两端的电压 u_D 在一定条件下成指数关系。如果能使 i_D 与 u_I 成正比，那么 u_I 将是 u_D 的指数函数，或者说 u_D 是 u_I 的对数函数。将反相输入比例运算电路中的反馈电阻 R_F 换成二极管就构成了基本的对数运算电路，如图 6-19 所示。

根据反相集成运放的"虚短"、"虚地"的特点，有

$$i_D = \frac{u_I}{R},\ u_O = -u_D$$

由于二极管的电流 i_D 与电压 u_D 之间的关系为

$$i_D = I_S(e^{\frac{u_D}{U_T}} - 1) \quad (6\text{-}25)$$

其中 I_S 为二极管的反向饱和电流。在常温下，$U_T = 26\text{mV}$，故 $u_D >> U_T$，因此式(6-25)可近似为

$$i_D = I_S e^{\frac{u_D}{U_T}}$$

故

$$u_O = -u_D = -U_T \ln \frac{u_I}{RI_S} \tag{6-26}$$

由式(6-26)可见，输出电压与输入电压的对数成线性关系，即实现了对数运算。

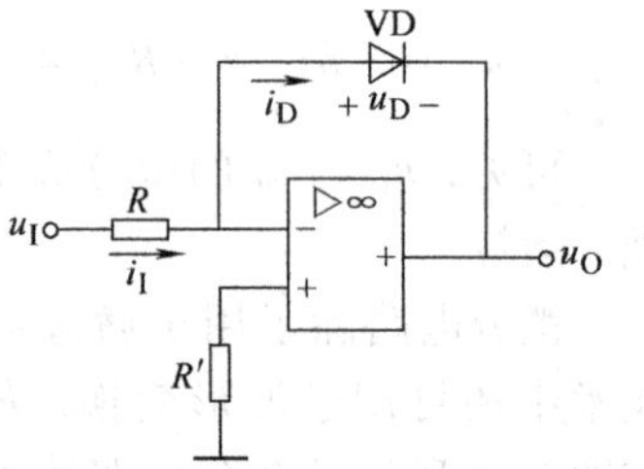

图 6-19　基本的对数运算电路

但是也应指出，这个电路存在许多问题。一是受温度影响很大；二是电路输出电压范围很小，等于二极管的管电压降；三是二极管的特性本身就是近似的对数关系，在信号很小和很大时误差都较大，仅在一定范围内，接近于对数关系，所以图 6-19 所示只是原理电路，实际的对数电路都需要加温度补偿及其他电路。若用晶体管代替二极管，便得到另一种晶体管基本对数电路，电路如图 6-20 所示。

2. 反对数运算电路(指数运算电路)

与对数运算电路一样，指数运算电路也是一种十分有用的非线性函数运算电路。将图 6-20 对数运算电路中的 R 与晶体管 VT 的位置互换，便得到图 6-21 所示的指数运算电路。

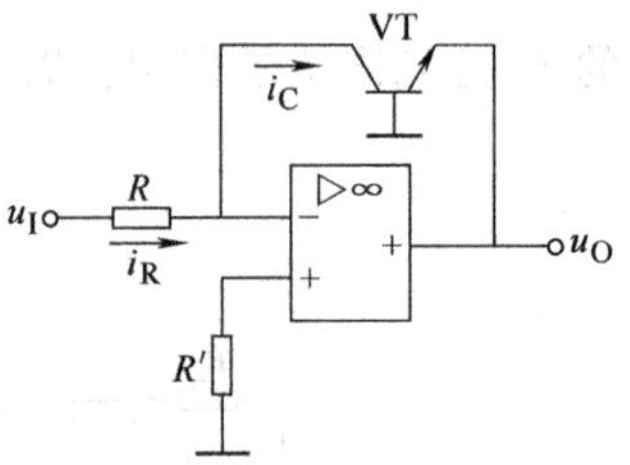

图 6-20　晶体管对数运算电路

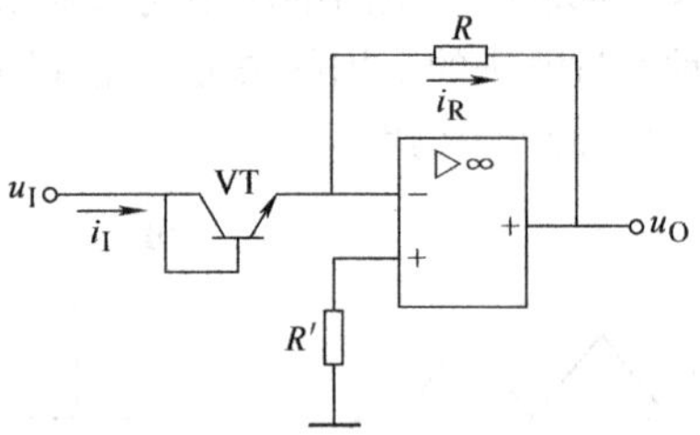

图 6-21　指数运算电路

对于接成二极管形式的晶体管 VT，有

$$i_I = I_S(e^{\frac{u_{BE}}{U_T}} - 1) \approx I_S e^{\frac{u_{BE}}{U_T}} \approx I_S e^{\frac{u_I}{U_T}}$$

$$i_R = i_I = I_S e^{\frac{u_I}{U_T}}$$

因此可得

$$u_O = -i_R R = -I_S R e^{\frac{u_I}{U_T}} \tag{6-27}$$

由式(6-27)可见，输出电压与输入电压成指数关系。与基本对数电路一样，图 6-21 只是一个指数电路的原理电路，实际应用时，要加温度补偿电路。

6.3　模拟乘法器

模拟乘法器是实现两个模拟量(电压或电流)相乘运算的有源非线性函数运算电路。它是一种广泛使用的模拟集成电路，它不仅可以实现乘、除、开方、乘方、调幅等功能，而且还广泛地运用于通信工程、测量系统、医疗仪器、自动控制等领域的信号处理过程。

实现两个模拟信号相乘的方法很多，如三角波平均相乘法、对数反对数相乘法、可变跨导相乘法等。应用最多的是变跨导模拟乘法器。下面简要介绍模拟乘法器的工作原理。

6.3.1　模拟乘法器的工作原理

1. 变跨导模拟乘法器

变跨导模拟乘法器的电路简单、易于集成、工作频率较高，因而被广泛使用。变跨导模拟乘法器的原理电路如图 6-22 所示。该电路实际上是一个带有电流源的差分放大电路。

电路中 u_O 与 u_X 的关系是

$$u_O = -\frac{\beta R_C}{r_{be}}u_X = -g_m R_C u_X \tag{6-28}$$

$$g_m = \frac{\beta}{r_{be}} = \frac{\beta}{r_{bb'} + (1+\beta)\frac{U_T}{I_{E1}}} \approx \frac{\beta}{(1+\beta)\frac{U_T}{I_{E1}}} \approx \frac{I_{E1}}{U_T}$$

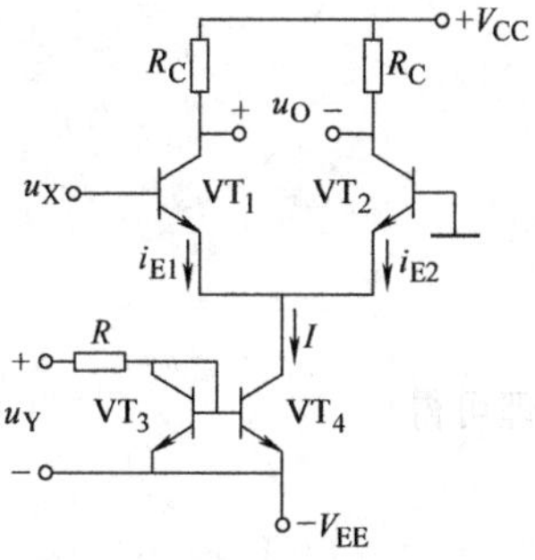

图 6-22　变跨导型模拟乘法器的原理电路

因 $I_{E1} = \frac{I}{2}$，所以

$$g_m \approx \frac{I}{2U_T} \tag{6-29}$$

在 VT_3 和 VT_4 构成的镜像电流源电路中，电流 I 为

$$I = \frac{u_Y - u_{BE3}}{R} \approx \frac{u_Y}{R} \tag{6-30}$$

将式(6-29)和式(6-30)代入式(6-28)中，可得

$$u_O = -\frac{R_C}{2U_T R}u_X u_Y = K u_X u_Y \tag{6-31}$$

式中，$K = -\frac{R_C}{2U_T R}$。

综上分析表明，电路相乘作用是通过输入电压 u_Y 控制电流源电流 I，并进而控制晶体管的跨导 g_m 实现的，所以称为变跨导模拟乘法器。电路虽然可以完成模拟量相乘的作用，但是还存在严重的不足：

1）输入电压 u_Y 的作用是控制电流源电流 I，所以 u_Y 只能是正值，不能是负值。另一输入电压 u_X 可正可负，因而只是一个两象限乘法器。

2）由于差动放大器本身对输入信号的限制，要求输入电压 $|u_X| \ll 2U_T$。所以，输入电压 u_X 的动态范围很小，只有几十毫伏左右。

3）$K = -\frac{R_C}{2U_T R}$是温度的函数，温漂会给相乘的结果带来一定的误差。

为了解决以上问题，必须对电路进行改进，方法之一是采用双平衡模拟乘法器。

2. 双平衡模拟乘法器

图 6-23 所示是双平衡模拟乘法器的原理图，这个电路是由晶体管 $VT_1 \sim VT_6$ 构成的三对差动放大电路，其中 $VT_1 \sim VT_4$ 组成的差动放大电路受输入信号 u_X 控制；VT_5 和 VT_6 组成的差动放大电路受信号 u_Y 控制。

由电路分析可知

$$i_{C5} + i_{C6} = I_{EE}$$

$$u_Y = U_{BE5} - U_{BE6}$$

在正常情况下晶体管的集电极电流和 U_{BE} 近似成指数关系，即

$$i_{C5} = I_{ES}(e^{\frac{u_{BE5}}{U_T}} - 1) \approx I_{ES}e^{\frac{u_{BE5}}{U_T}}$$

$$i_{C6} = I_{ES}(e^{\frac{u_{BE6}}{U_T}} - 1) \approx I_{ES}e^{\frac{u_{BE6}}{U_T}}$$

将上两式相除并代入 $i_{C5} + i_{C6} = I_{EE}$ 得

$$\frac{i_{C5}}{i_{C6}} = e^{\frac{u_{BE5} - u_{BE6}}{U_T}} = e^{\frac{u_Y}{U_T}}$$

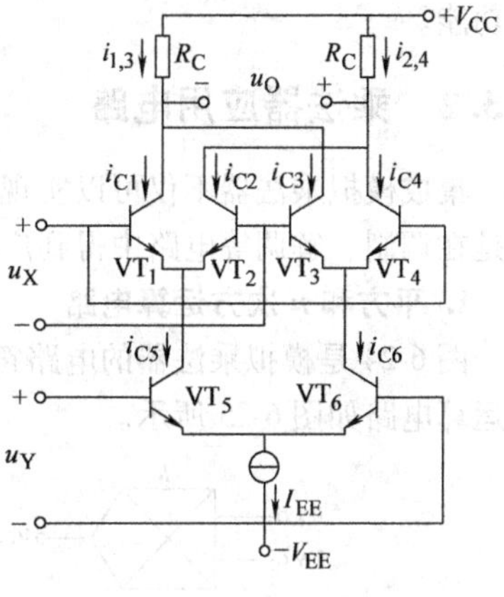

图 6-23　双平衡模拟乘法器

将上式和 $i_{C5}+i_{C6}=I_{EE}$联立求解得

$$i_{C5}=\frac{e^{\frac{u_Y}{U_T}}}{1+e^{\frac{u_Y}{U_T}}}I_{EE}$$

即

$$i_{C5}=\frac{I_{EE}}{2}\left(1+\text{th}\frac{u_Y}{2U_T}\right) \tag{6-32}$$

同理可得

$$i_{C6}=\frac{I_{EE}}{2}\left(1-\text{th}\frac{u_Y}{2U_T}\right) \tag{6-33}$$

$$i_{C1}=\frac{i_{C5}}{2}\left(1+\text{th}\frac{u_X}{2U_T}\right) \tag{6-34}$$

$$i_{C2}=\frac{i_{C5}}{2}\left(1-\text{th}\frac{u_X}{2U_T}\right) \tag{6-35}$$

$$i_{C3}=\frac{i_{C6}}{2}\left(1-\text{th}\frac{u_X}{2U_T}\right) \tag{6-36}$$

$$i_{C4}=\frac{i_{C6}}{2}\left(1+\text{th}\frac{u_X}{2U_T}\right) \tag{6-37}$$

则电路的输出电压为

$$u_O=R_C(i_{C1}+i_{C3})-R_C(i_{C2}+i_{C4})=R_C[(i_{C1}-i_{C2})+(i_{C3}-i_{C4})] \tag{6-38}$$

将式(6-34)～式(6-37)代入式(6-38)得

$$u_O=R_C(i_{C5}-i_{C6})\text{th}\frac{u_X}{2u_T} \tag{6-39}$$

将式(6-32)和式(6-33)代入式(6-39)得

$$u_O=I_{EE}R_C\text{th}\frac{u_X}{2U_T}\frac{u_Y}{2U_T} \tag{6-40}$$

根据 $|x|\gg 1$ 时，$\text{th}x\approx x$ 的性质，当 $u_X\gg 2U_T$、$u_Y\gg 2U_T$ 时，式(6-40)简化为

$$u_O\approx\frac{R_CI_{EE}}{4U_T^2}u_Xu_Y=Ku_Xu_Y \tag{6-41}$$

式中，$K=\dfrac{R_CI_{EE}}{4U_T^2}$。在电路中，$u_X$ 和 u_Y 都是可正可负的值，因此，该电路能够实现四象限乘法运算功能。

6.3.2　乘法器应用电路

集成模拟乘法器不仅可以实现模拟信号的乘法运算，还可以完成对模拟信号的变换处理，特别是在调制、解调等电路中得到广泛运用。这里对它在信号运算方面的应用进行介绍。

1. 平方和 *n* 次方运算电路

图 6-24 是模拟乘法器的电路符号。平方运算实际上是一个模拟量的自乘运算。最简单的平方运算电路如图 6-25 所示。

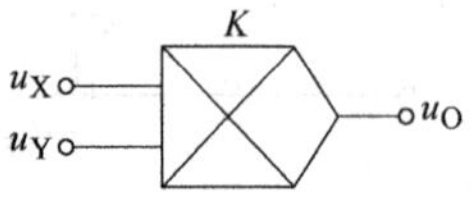

图 6-24　模拟乘法器的电路符号

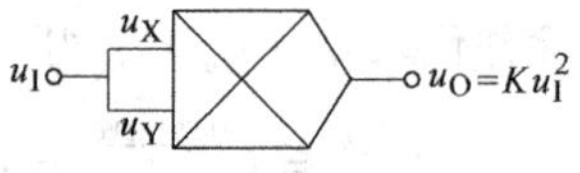

图 6-25　平方运算电路

在电路中，输入电压 u_I 同时加到模拟乘法器的两个输入端，则输出电压为

$$u_O = K(u_I)^2 \tag{6-42}$$

由式(6-42)可见，即实现了平方运算。

如果输入信号为正弦信号，设 $u_I = U_m\sin\omega t$，则输出电压为

$$u_O = K(U_m\sin\omega t)^2 = \frac{KU_m^2}{2}(1-\cos2\omega t) \tag{6-43}$$

不考虑输出的直流电平$\frac{KU_m^2}{2}$，可以得到二倍频的余弦信号 $\cos2\omega t$。所以，平方电路还可以实现正弦信号的二倍频。

使用多个模拟乘法器可以构成 n 次方电路，如图 6-26 所示，其输出电压为

$$u_{On} = K^n(u_I)^{n+1} \tag{6-44}$$

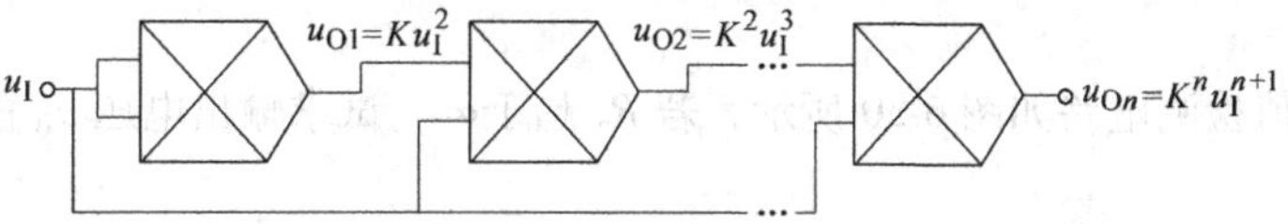

图 6-26　n 次方运算电路

2. 除法运算电路

将乘法器放在反相运算放大器反馈元件的位置，可以构成除法运算电路，如图 6-27 所示。

由图可见运放的反相端是虚地点，则

$$\frac{u_{X1}}{R_1} + \frac{u_2}{R_2} = 0$$

对于模拟乘法器，又有

$$u_2 = Ku_Ou_{X2}$$

因此，可得

$$u_O = -\frac{R_2}{KR_1}\frac{u_{X1}}{u_{X2}} \tag{6-45}$$

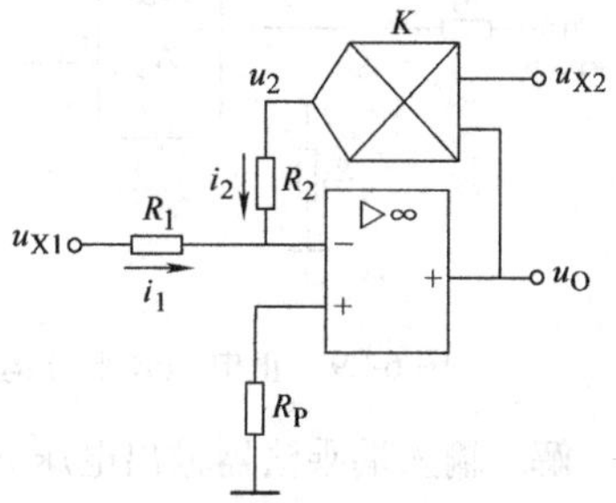

图 6-27　除法运算电路

式(6-45)表明，这个电路实现了两个输入信号的除法运算。

但是，应当指出，这个电路中输入电压 u_{X1} 可正可负，但要求 $u_{X2}>0$，只有这样，才能保证运放工作于负反馈状态，否则信号的正反馈将导致运放工作于饱和状态，而无法完成除法运算。因此，这个电路是两象限除法器。如果实际电路中的 u_{X2} 为负值，可在模拟乘法器的后面加一级反相放大器。

3. 开平方运算电路

将图 6-27 中反馈支路中的乘法器接成平方器，整个电路就变成了开平方运算电路，如图 6-28 所示。

由图可得

$$\frac{u_1}{R_1} + \frac{u_2}{R_2} = 0$$

又根据乘法器电路得到

$$Ku_O^2 = u_2 = -\frac{R_2}{R_1}u_1$$

所以

$$u_O = \sqrt{-\frac{R_2}{KR_1}u_I} \tag{6-46}$$

显然，式(6-46)表明根号下的数必须大于零，即 u_I 必须小于零。实际上，只有 u_I 必须是负值，才能保证电路中的负反馈关系。为此通常可以在输出回路中串接一个二极管 VD，如图 6-28 所示，保证电路 $u_I<0$，电路才能正常工作。

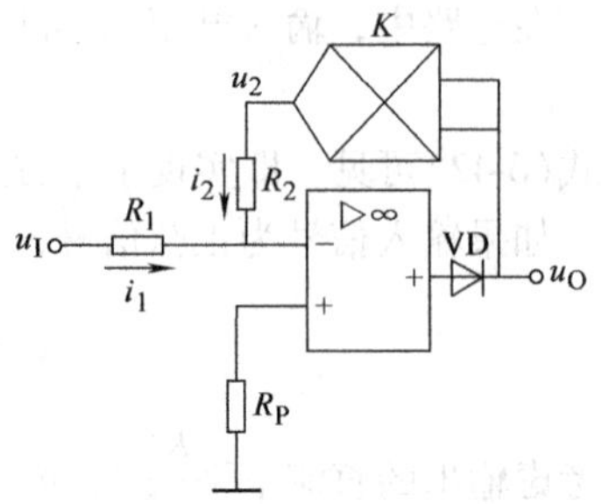

图 6-28　负电压开平方运算电路

为使输入电压 u_I 是正值时也能工作，如图 6-29 所示电路，在模拟乘法器输出 u_O' 处串接一反相器 A_2，再加到运放 A_1 的输入端，正电压的开平方运算电路的表达式为

$$u_O = \sqrt{\frac{R_2}{KR_1}u_I} \tag{6-47}$$

如果在运算放大器的反馈支路中串入两个及以上的模拟乘法器，就可以得到开高次方的运算电路。

例 6-5　有效值检测电路如图 6-30 所示，若 R_2 趋于∞，试求输出电压 u_O 的表达式。

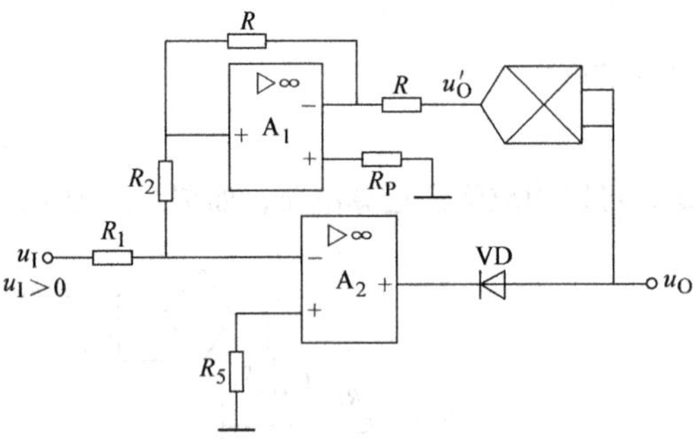

图 6-29　正电压开平方运算电路

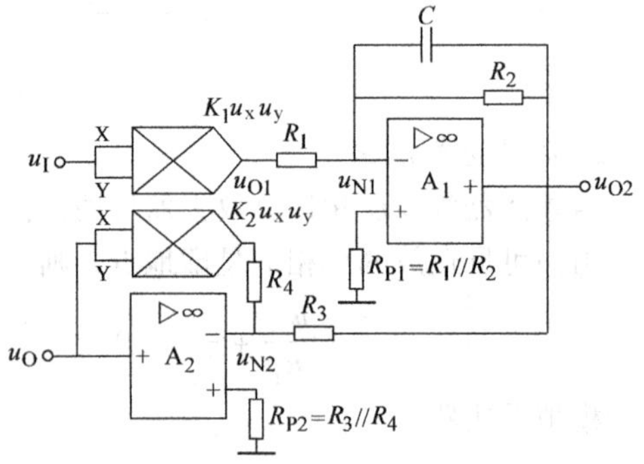

图 6-30　例 6-5 的电路图

解　输入端乘法器输出电压 $u_{O1}=K_1u_I^2$，R_2 趋于∞，则 A_1 构成积分运算电路，即

$$u_{O2}(t) = -\frac{1}{R_1C}\int_0^t u_{O1}(t)\,dt + u_{O2}(0) = -\frac{1}{R_1C}\int_0^t K_1u_I^2(t)\ dt$$

图中 A_2、R_3、R_4 和乘法器 K_2 组成平方根电路，即

$$u_O = \sqrt{-\frac{R_4}{K_2R_3}u_{O2}} = \sqrt{\frac{R_4}{K_2R_3}\frac{K_1}{R_1C}\int_0^t u_I^2 dt}$$

令 $T=\dfrac{K_2R_3R_1C}{K_1R_4}$，则

$$u_O = \sqrt{\frac{1}{T}\int_0^T u_I^2 dt}$$

6.4　有源滤波电路

6.4.1　滤波器的基础知识

1. 滤波器的功能

滤波电路的功能是让指定频段的信号顺利通过，而对其他频段的信号起衰减作用。它实质上

是一种选频电路，工程上常用它来做信号处理、数据传送和抑制干扰等。由于集成运放具有输入电阻大、输出电阻小、电压增益高、负载能力强等优点，所以常用集成运放(工作在线性区)和 RC 网络组成有源滤波电路。缺点是运放带宽有限，只适用于频率小于几十千赫的电路。

在滤波器中，把信号能够通过的频率范围称为通带；反之，信号受到很大衰减或完全被抑制的频率范围称为阻带；通带和阻带之间的频率称为截止频率。实际滤波器的通带和阻带之间存在一定的频率范围称为过渡带。过渡带越窄，说明电路的选择性越好。

图 6-31 所示是滤波电路的一般结构图。图中的 $u_I(t)$ 表示输入信号，$u_O(t)$ 表示输出信号。

滤波电路的电压传递函数为

$$A(s) = \frac{u_O(s)}{u_I(s)} \tag{6-48}$$

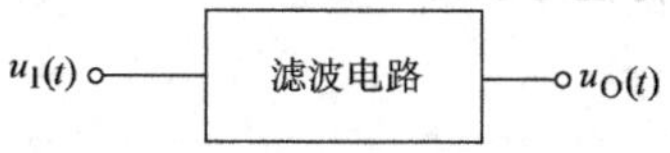

图 6-31　滤波电路的一般结构图

对于实际频率($s = j\omega$)来说，则有

$$A(j\omega) = |A(j\omega)| e^{j\varphi(\omega)} \tag{6-49}$$

这里 $|A(j\omega)|$ 为传递函数的模，$\varphi(\omega)$ 为输出电压与输入电压之间的相位移。

2. 滤波电路的分类

滤波电路种类很多，按所处理的信号是连续变化还是离散的，可分为模拟滤波电路和数字滤波电路；按是否采用有源器件来分，可分为无源滤波电路和有源滤波电路；按频率特性来分，可分为低通滤波器(LPF)、高通滤波器(HPF)、带通滤波器(BPF)、带阻滤波器(BEF)、全通滤波器(APF)。

6.4.2　低通有源滤波器(LPF)

图 6-32a 所示是一阶低通有源滤波电路，图 6-32b 所示是其幅频响应。输入信号经过 RC 无源滤波电路后接到电路同相的输入端。

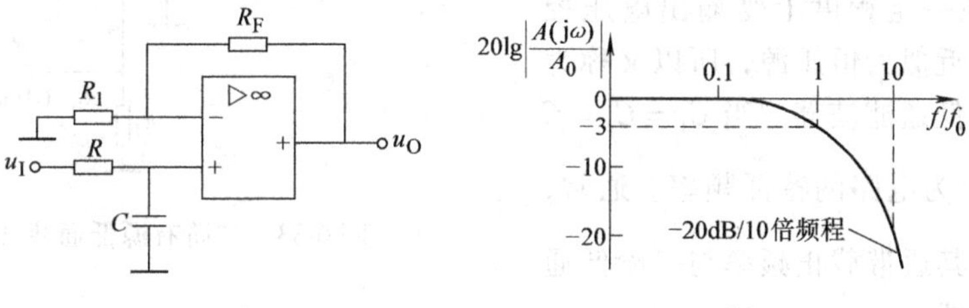

a)　　b)

图 6-32　一阶低通滤波电路

a) 带同相输入比例放大电路的低通滤波电路　b) 幅频响应

当 $f = 0$ 时，电容 C 可视为开路，所以通带增益为

$$A_0 = 1 + \frac{R_F}{R_1} \tag{6-50}$$

滤波器的传输特性往往用传递函数表示。一阶低通滤波器的传递函数推导如下：

根据“虚短”和“虚断”的特点，即 $u_P \approx u_N$，$i_P \approx i_N \approx 0$，可求得运算放大器反相端电压为

$$u_N(j\omega) = \frac{R_1}{R_1 + R_F} u_O(j\omega) \tag{6-51}$$

运算放大器同相端电压为

$$u_P(j\omega) = \frac{1/(j\omega C)}{R + 1/(j\omega C)} u_I(j\omega) \tag{6-52}$$

则有源低通滤波器的电压传递函数为

$$A(\mathrm{j}\omega)=\frac{u_O(\mathrm{j}\omega)}{u_I(\mathrm{j}\omega)}=\frac{1+\dfrac{R_F}{R_1}}{1+\mathrm{j}\omega RC}=\frac{A_0}{1+\mathrm{j}\omega RC}=\frac{A_0}{1+\mathrm{j}\dfrac{\omega}{\omega_H}}\tag{6-53}$$

式(6-53)中 $\omega_H=\frac{1}{RC}$，ω_H 称为截止角频率，$f_H=\frac{1}{2\pi RC}$称为截止频率。式(6-53)的幅频特性和相频特性分别为

$$|A(\mathrm{j}\omega)|=\frac{A_0}{\sqrt{1+\left(\dfrac{\omega}{\omega_H}\right)^2}}\tag{6-54}$$

$$\varphi(\mathrm{j}\omega)=-\arctan\frac{\omega}{\omega_H}\tag{6-55}$$

可见，当$f=f_H$ 时，有

$$|A(\mathrm{j}\omega)|=\frac{A_0}{\sqrt{2}}\approx 0.707A_0\tag{6-56}$$

当$f>f_H$ 时，$20\lg|A(\mathrm{j}\omega)|$ 按 −20dB/10 倍频程下降，因此幅频特性如图 6-32b 所示，实线为实际特性曲线，虚线为折线近似画法。

为了使低通滤波器的过渡带变窄，过渡带中 $|A(\mathrm{j}\omega)|$ 的下降速率加大，可以利用多个 RC 环节构成多阶低通滤波器。

图 6-33 所示电路为一种典型的二阶低通滤波器。将两个无源滤波器级联起来，由于 C_1 接到集成运放的输入端，形成正反馈，使电压放大倍数在一定程度上受输出电压控制，且输出电压近似为恒压源，所以又称为二阶压控电压源低通滤波器。当 $C_1=C_2=C$ 时，称$f_0=\frac{1}{2\pi RC}$为电路的特征频率。通常，调试该电路，使其通带截止频率与一阶低通滤波器的相同，即

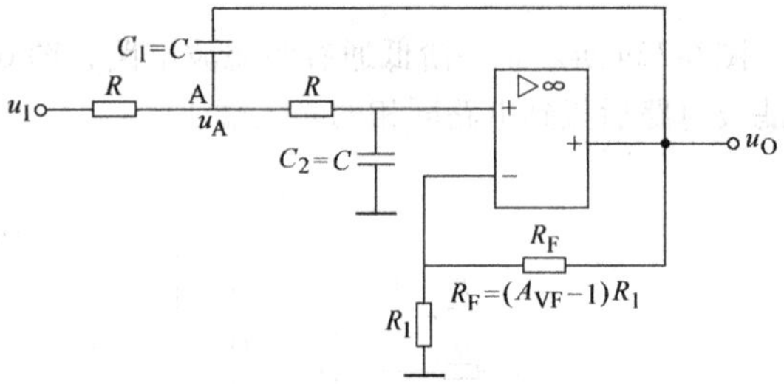

图 6-33　二阶有源低通滤波电路

$$f_H=f_0=\frac{1}{2\pi RC}\tag{6-57}$$

在图 6-33 所示电路中，虽然 C_1 引入了正反馈，但是，若$f\ll f_H$，则由于 C_1 的容抗很大，正反馈信号很弱，因而对电压放大倍数的影响很小；若$f\gg f_H$，则由于 C_2 的容抗很小，使集成运放同相输入端的信号很小，输出电压必然很小，反馈信号很弱，因而对电压放大倍数的影响很小。所以，只要参数合适，就可以使$f=f_H$ 附近的电压放大倍数因正反馈而得到提高，从而使电路更接近于理想的低通滤波器。

当信号频率趋于零时，集成运放同相输入端的电位 $u_P=u_I$，故电路的通带增益与一阶电路相同，为

$$A_0=1+\frac{R_F}{R_1}\tag{6-58}$$

二阶低通滤波器的传递函数推导如下：

$$u_O(j\omega) = A_0 u_P(j\omega) \tag{6-59}$$

$$u_P(j\omega) = \frac{u_A(j\omega)}{1 + j\omega RC} \tag{6-60}$$

节点 A 的电流方程为

$$\frac{u_I(j\omega) - u_A(j\omega)}{R} - [u_A(j\omega) - u_O(j\omega)]j\omega C - \frac{u_A(j\omega) - u_P(j\omega)}{R} = 0 \tag{6-61}$$

将式(6-58)、式(6-59)和式(6-60)联立求解，可得电路的传递函数为

$$A(j\omega) = \frac{u_O(j\omega)}{u_I(j\omega)} = \frac{A_0}{1 + (3 - A_0)j\omega RC + (j\omega RC)^2} \tag{6-62}$$

令 $\omega_0 = \frac{1}{RC}$，$Q = \frac{1}{3 - A_0}$，则式(6-62)可写为

$$A(j\omega) = \frac{A_0}{1 - \left(\frac{\omega}{\omega_0}\right)^2 + j\frac{\omega}{\omega_0 Q}} \tag{6-63}$$

其中 $\omega_0 = \frac{1}{RC}$为特征角频率，也是 3dB 截止角频率。Q 称为等效品质因数。式(6-62)表明，$A_0 < 3$，才能稳定工作；当 $A_0 \geqslant 3$ 时，电路将产生自激振荡，不能正常工作。为避免发生此种情况，应选择合适的元器件参数。式(6-63)的幅频响应表达式为

$$20\lg\left|\frac{A(j\omega)}{A_0}\right| = 20\lg\frac{1}{\sqrt{\left[1 - \left(\frac{\omega}{\omega_0}\right)^2\right]^2 + \left(\frac{\omega}{\omega_0 Q}\right)^2}} \tag{6-64}$$

根据式(6-64)画出幅频特性曲线，如图 6-34 所示。由图可知：当 $Q = 0.707$ 时，幅频特性较为平坦；当 $Q > 0.707$ 时，幅频特性在 ω_0 附近出现上升，且 Q 值越大，上升越显著；当 $Q = 0.707$ 和$\frac{\omega}{\omega_0} = 1$ 时，幅频特性的值为 -3dB；当$\frac{\omega}{\omega_0} \geqslant 10$ 时，幅频特性是一条斜率为 -40dB/10 倍频程的直线，说明这种二阶低通滤波器的滤波效果比一阶低通滤波器好得多。

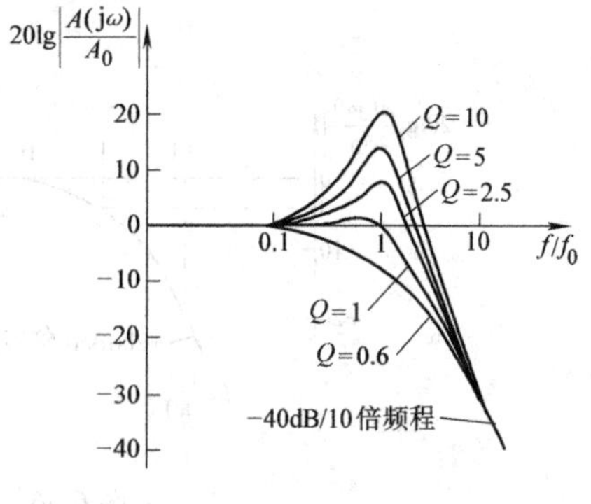

图 6-34　二阶低通滤波电路的幅频响应

6.4.3　高通滤波器(HPF)

高通滤波器与低通滤波器具有对偶关系，将低通滤波器电路中的 R、C 元件位置对调，就构成一阶高通滤波器和压控电压源二阶高通滤波电路。其幅频特性和传递函数也有类似的对偶关系。图 6-35a 所示为一阶高通滤波器，利用与低通滤波器同样的分析方法，得其幅频特性为

$$|A(j\omega)| = \left|\frac{u_O(j\omega)}{u_I(j\omega)}\right| = \frac{A_0}{\sqrt{1 + \left(\frac{\omega_L}{\omega}\right)^2}} \tag{6-65}$$

式中，ω_L 称为截止角频率，$\omega_L = \frac{1}{RC}$；$f_L = \frac{1}{2\pi RC}$称为截止频率；$A_0 = 1 + \frac{R_F}{R_1}$为同相输入比例运算电路的电压增益。

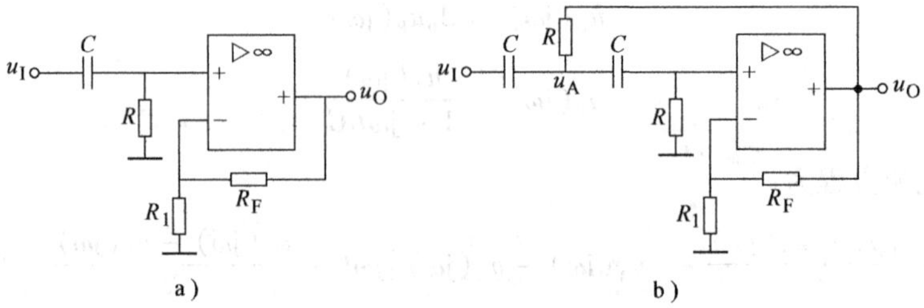

图 6-35　有源高通滤波器

a)一阶有源高通滤波电路　b)二阶有源高通滤波电路

图 6-35b 所示为二阶有源高通滤波电路，其幅频特性为

$$20\lg\left|\frac{A(\mathrm{j}\omega)}{A_0}\right| = 20\lg\frac{1}{\sqrt{\left[\left(\frac{\omega_0}{\omega}\right)^2-1\right]^2+\left(\frac{\omega_0}{\omega Q}\right)^2}} \tag{6-66}$$

式中，$\omega_0=\frac{1}{RC}$为滤波器的特征角频率；$Q=\frac{1}{3-A_0}$为等效品质因数。根据式(6-66)的情况画出幅频特性曲线，如图 6-36 所示。

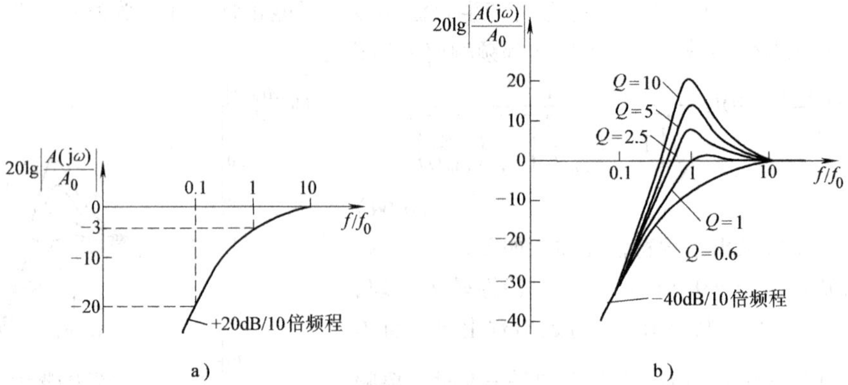

图 6-36　有源高通滤波器的幅频特性

a)一阶 HPF 的幅频特性　b)二阶 HPF 的幅频特性

6.4.4　带通滤波器(BPF)和带阻滤波器(BEF)

1. 带通滤波器(BPF)

带通滤波器的作用是只允许某一频带内的信号通过，而将此频带以外的信号阻断，这种滤波器经常用于抗干扰，以便接受某一频带范围的有效信号，同时消除高频段及低频段的干扰和噪声。

若将低通滤波器和高通滤波器串联，并使低通滤波器的通带截止频率 f_H 大于高通滤波器的通带截止频率 f_L，则频率在 $f_L<f<f_H$ 范围内的信号通过，其余频率的信号不能通过，因而构成了带通滤波器，如图 6-37a 所示。

带通滤波器的典型电路如图 6-38a 所示。输入端的电阻 R_2 和电容 C_2 组成了低通滤波器，R_3 和 C_1 组成了高通滤波器，R 引入正反馈，实现输出电压对电压放大倍数的控制。

根据电路可列出相应的方程为

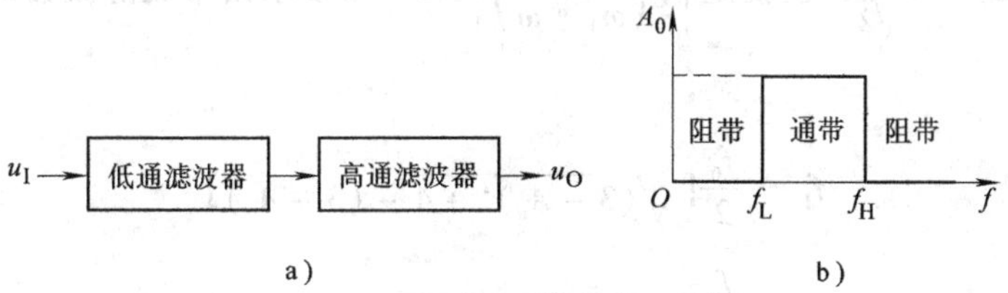

图6-37 带通滤波器框图

a)结构框图 b)带通滤波器的理想特性

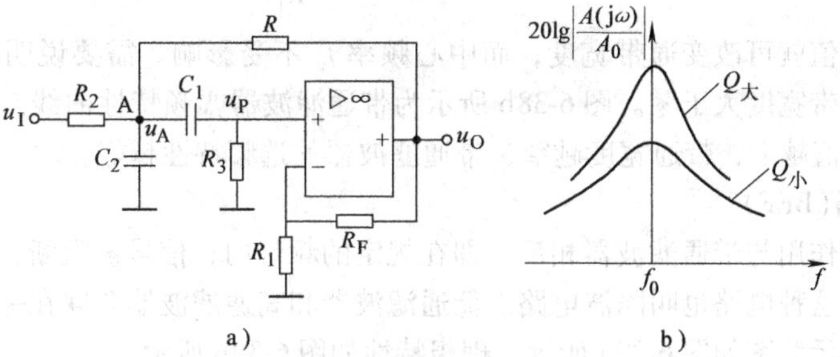

图6-38 带通滤波器

a)电路图 b)幅频特性曲线

$$u_O(s) = \left(1 + \frac{R_F}{R_1}\right)u_P(s) \tag{6-67}$$

$$u_P(s) = \frac{u_A(s)R_3}{1 + \frac{1}{sC_1}} \tag{6-68}$$

节点A的电流方程为

$$\frac{u_I(s) - u_A(s)}{R_2} - \frac{u_A(s) - u_O(s)}{R} - \frac{u_A(s)}{\frac{1}{sC_2}} - \frac{u_A(s)}{R_3 + \frac{1}{sC_1}} = 0 \tag{6-69}$$

通常选取 $C_1 = C_2 = C$，$R_2 = R$，$R_3 = 2R$。求解以上方程组得

$$A(s) = \frac{sCRA_u}{1 + (3 - A_u)sCR + (sCR)^2} \tag{6-70}$$

式中，A_u 为同相输入比例放大电路的电压增益，要求 A_u 小于3，电路才能稳定工作。把式(6-70)中的 s 换成 $j\omega$，并设 $\omega_0 = \frac{1}{RC}$，$A_0 = \frac{A_u}{3 - A_u}$，电路的等效品质因数 $Q = \frac{1}{3 - A_u}$，可得

$$A(j\omega) = \frac{A_0}{1 + jQ\left(\frac{\omega}{\omega_0} - \frac{\omega_0}{\omega}\right)} \tag{6-71}$$

式(6-71)表明，当 $\omega = \omega_0$ 时，$|A(j\omega)| = A_0$，这是带通滤波器的通带增益。ω_0 称为带通滤波器的中心角频率或特征角频率，其中心频率或特征频率 $f_0 = 1/2\pi RC$。

如果令 $|A(j\omega)| = \frac{A_0}{\sqrt{2}}$，也就是 $\left|Q\left(\frac{\omega}{\omega_0}-\frac{\omega_0}{\omega}\right)\right|=1$，可以求出带通滤波器的两个 -3dB 的截止频率。即

$$f_L = \frac{f_0}{2}\left[\sqrt{(3-A_u)^2+4}-(3-A_u)\right] \tag{6-72}$$

$$f_H = \frac{f_0}{2}\left[\sqrt{(3-A_u)^2+4}+(3-A_u)\right] \tag{6-73}$$

因此，带通滤波器的通带宽度为

$$f_{BW} = f_H - f_L = \left(2-\frac{R_F}{R_1}\right)f_0 \tag{6-74}$$

即改变 R_F/R_1 的比值就可改变通带宽度，而中心频率 f_0 不受影响。需要说明的是，元器件参数的选择应保证通频带宽度大于零。图 6-38b 所示为带通滤波器幅频特性曲线。当等效品质因数 Q 取不同的值时，Q 值越大，带通宽度越窄，带通滤波器的选频特性越好。

2. 带阻滤波器(BEF)

带阻滤波器的作用与带通滤波器相反，即在规定的频带内，信号被阻断，而在此频带之外的信号能顺利通过。这种电路也叫陷波电路。低通滤波器和高通滤波器并联在一起，可以形成带阻滤波电路，其原理示意图如图 6-39a 所示，理想特性如图 6-39b 所示。

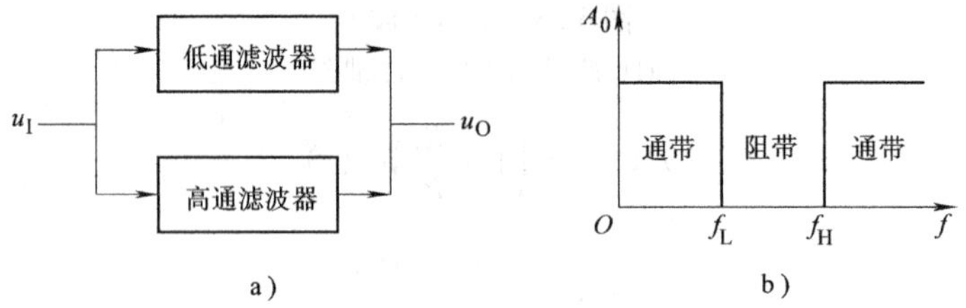

图 6-39　带阻有源滤波器

a) 带阻滤波器框图　b) 带阻滤波器的理想特性

设低通滤波器的通带截止频率为 f_L，高通滤波器的通带截止频率为 f_H，且 $f_L < f_H$。当两者并联在一起时，凡是 $f<f_L$ 的信号均可从低通滤波器通过，凡是 $f>f_H$ 的信号则可以从高通滤波器通过，唯有 $f_L<f<f_H$ 的信号被阻断，于是电路成为一个带阻滤波器。

常用的带阻滤波器电路如图 6-40a 所示，输入信号由 RC 元件组成的双 T 形选频网络，然后送至集成运放的同相输入端。

当输入信号频率比较高时，由于电容的容抗 $\frac{1}{\omega C}$ 很小，可以认为短路，因此高频信号可以从上面两个电容 C 和一个电阻 $\frac{R}{2}$ 构成的 T 形网络通过；而当频率较低时，因容抗 $\frac{1}{\omega C}$ 很大，可将电容视为开路，故低频信号可以从下两个电阻 R 和一个电容 $2C$ 构成的 T 形网络通过，只有频率处于低频和高频中间某一范围的信号将被阻断，所以双 T 形网络具有带阻特性。

根据图 6-40a 写出节点 A 的电流方程为

$$\frac{u_I(s)-u_A(s)}{\frac{1}{sC}} - \frac{u_A(s)-u_O(s)}{\frac{R}{2}} - \frac{u_A(s)-u_P(s)}{\frac{1}{sC}} = 0 \tag{6-75}$$

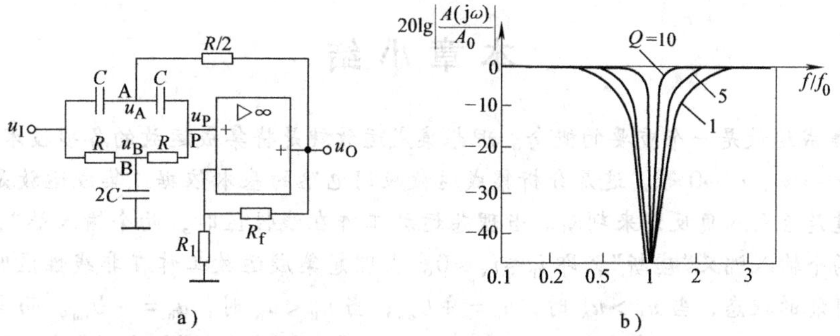

图 6-40　带阻有源滤波器

a) 带阻有源滤波器　b) 带阻有源滤波器的幅频特性

节点 B 的电流方程为

$$\frac{u_I(s)-u_B(s)}{R}-\frac{u_B(s)}{\frac{1}{2sC}}-\frac{u_B(s)-u_P(s)}{R}=0 \tag{6-76}$$

节点 P 的电流方程为

$$\frac{u_A(s)-u_P(s)}{\frac{1}{sC}}=\frac{u_P(s)-u_B(s)}{R} \tag{6-77}$$

又

$$u_O(s)=\left(1+\frac{R_F}{R_1}\right)u_P(s) \tag{6-78}$$

求解以上方程，可得

$$A(s)=\frac{1+(sCR)^2}{1+2(2-A_0)sCR+(sCR)^2}A_0 \tag{6-79}$$

式中，$A_0=1+\frac{R_F}{R_1}$为同相放大器的增益。

把式(6-79)中的 s 换成 $j\omega$，并设 $\omega_0=\frac{1}{RC}$，电路的等效品质因数 $Q=\frac{1}{2(2-A_0)}$，可得

$$A(j\omega)=\frac{A_0\left[1-\left(\frac{\omega}{\omega_0}\right)^2\right]}{1-\left(\frac{\omega}{\omega_0}\right)^2+j\frac{\omega}{\omega_0 Q}} \tag{6-80}$$

带阻滤波器的阻带宽度为

$$f_{BW}=f_H-f_L=2(2-A_0)f_0=\frac{f_0}{Q} \tag{6-81}$$

式(6-81)中 f_0 为带阻有源滤波器的中心频率或特征频率，$f_0=1/2\pi RC$。

当 Q 取值不同时，带阻滤波器的幅频特性如图 6-40b 所示。由图可知，Q 值越大阻带宽度越窄，选频特性越好。通过改变 R_F 或 R_1 的值可以改变 Q 值的大小。为了防止 $A_0=2$ 时产生自激振荡，一般取 $R_F<R_1$。

本章小结

1. 理想集成运放是一个重要的概念。理想集成运放就是将集成运放的各项技术指标理想化，即 $A_{ud}\to\infty$，$r_i\to\infty$，$r_o\to 0$ 等，这是分析集成运放应用电路的基本依据。集成运放是否工作在线性区，可通过是否引入负反馈来判断。当理想运放工作在线性区时，两个输入端“虚短”，即 $u_P\approx u_N$，同时两个输入端又“虚断”，即 $i_P\approx i_N\approx 0$。当理想集成运放工作在非线性区时，其输出电压只有两种可能的状态，当 $u_P>u_N$ 时，$u_o=+U_{om}$；当 $u_P<u_N$ 时，$u_o=-U_{om}$。而当两输入端不存在“虚短”(即 $u_P\neq u_N$)时仍有虚断，即 $i_P=i_N=0$。“虚短”和“虚断”概念对分析由运放组成的各种线性应用电路非常重要，用它可方便地求出运放电路输出与输入的函数关系。

使用集成运放时，应注意对其相关参数的测试、输出端的调零、相位频率的补偿、自激现象的消除及必要的安全防护。目前多数产品内部都有补偿电路，有的还有自动稳零措施，但也有部分产品例外。

2. 集成运算放大器是一种高增益直接耦合放大器，它作为基本的电子器件，可实现多种功能电路，如电子电路中的比例、求和、求差、积分和微分等模拟运算电路。

3. 集成模拟乘法器是一种重要的模拟信号的变换与处理器件，用途广泛。除了完成各种运算功能外，还可用在信息工程领域的频率变换技术等方面。

4. 有源滤波电路通常是由运放和 RC 网络构成的电子系统，根据幅频响应不同，可分为低通、高通、带通、带阻和全通滤波电路。高阶滤波电路一般都可由一阶和二阶有源滤波电路组成。

实践案例

绝对值运算电路

电路如图 6-41 所示，它使用两个集成运算放大器，电路中要求 $R_1=R_2=R_3=\frac{1}{2}R_4$，具体工作过程及运算关系分析如下：

当 $u_I>0$ 时，在 A_1 放大器的反馈回路中，VD_1 导通，VD_2 截止，因此 R_2 上没有电流通过。对于放大器 A_2，因为 R_3 上并无电流通过，此时它相当于一个电压跟随器，即 $u_o=u_I$。当 $u_I<0$ 时，在 A_1 放大器的反馈回路中，VD_2 导通，VD_1 截止，R_2 上有电流通过，因为 $R_1=R_2$，则 A_1 相当于一个两倍的放大器，加在 R_3 左侧的电压将为 $2u_I$。对于放大器 A_2，可以很容易推导出 $u_o=(u_I-2u_I)\dfrac{R_4}{R_3}+u_I=-u_I$。可见 u_o 将永远输出正值信号，即完成了绝对值运算。

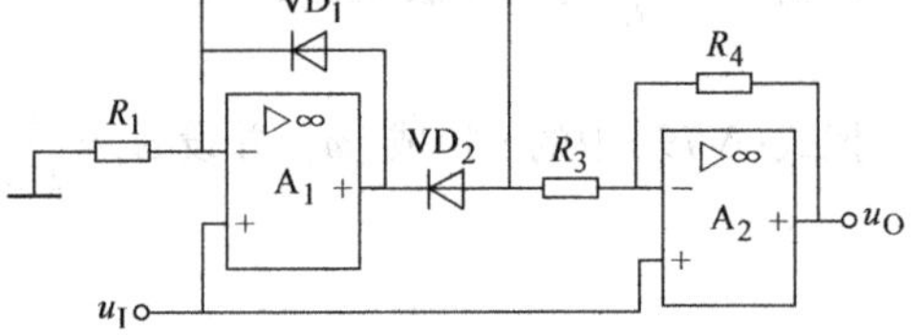

图 6-41　绝对值运算电路

思考题与习题

6-1　试求图 6-42 所示各电路输出电压与输入电压的运算关系式。

6-2　理想运放组成增益可调的反相输入比例运算电路如图 6-43 所示。已知电路的最大输出为 ±15V，$R_1=100\text{k}\Omega$，$R_2=200\text{k}\Omega$，$R_{RP}=5\text{k}\Omega$，$u_I=2\text{V}$，求下述三种情况下 u_O 的值。(1) RP 滑动头在顶部位置；(2) RP 滑动头在中间位置；(3) RP 滑动头在底部位置。

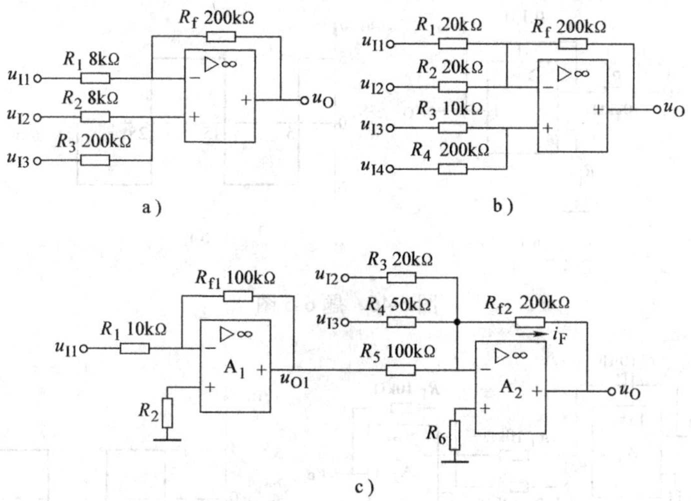

图 6-42　题 6-1 图

6-3　同相输入的高输入阻抗差动运算电路如图 6-44 所示。(1)推导 $u_o=f(u_{i1},\ u_{i2})$ 的表达式；(2)为了使共模增益为零，电路中的电阻应满足什么条件？写出此时的 $u_o=f(u_{i1},\ u_{i2})$ 的表达式。

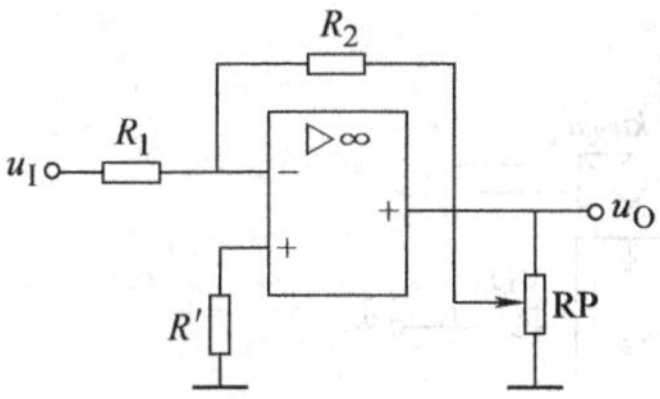

图 6-43　题 6-2 图

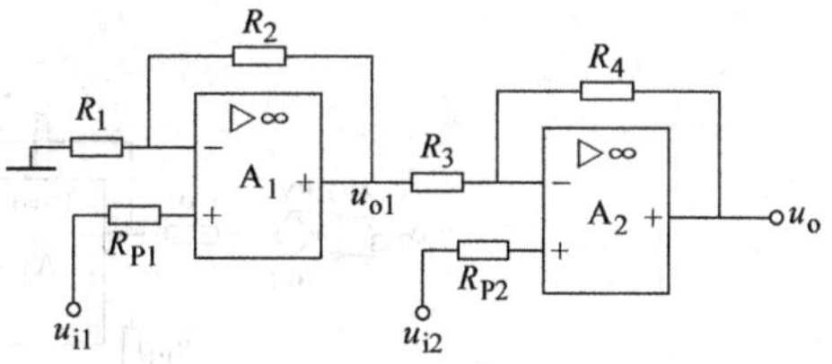

图 6-44　题 6-3 图

6-4　分别求解图 6-45 所示各电路的运算关系。

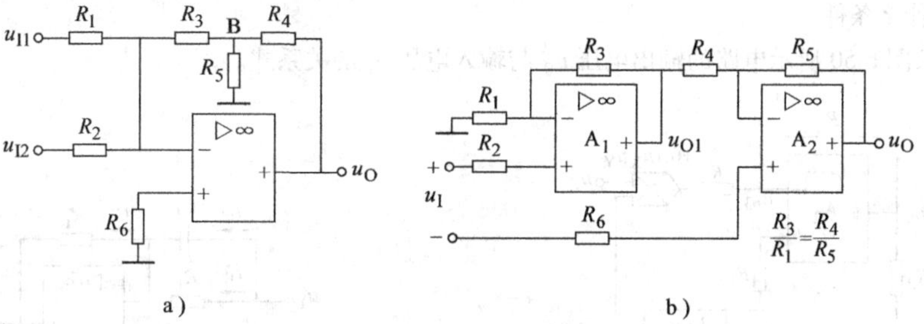

图 6-45　题 6-4 图

6-5　试用集成运放实现以下运算关系：

$$u_O = 0.4u_{I1} - 10u_{I2} + 1.3u_{I3}$$

6-6　在图 6-46 所示电路中，已知输入电压 u_I 的波形如图 6-46b 所示，当 $t=0$ 时 $u_o=0$。试画出输出电压 u_O 的波形。

6-7　有两个集成运放组成的电路如图 6-47 所示。给出输入电压 u_{i1} 的波形如图 6-47b 所示，$u_{i2}=-1$V，$t=0$，电容 C 上的电压为零，对应画出 u_{o1} 和 u_o 的波形。

6-8　电路如图 6-48 所示。设运放和模拟乘法器是理想器件，推导 $u_o=f(u_i)$ 的表达式。

6-9　理想运放和模拟乘法器组成电路如图 6-49 所示，推导 $u_o=f(u_{i1},\ u_{i2})$ 的表达式，并说明输入信号

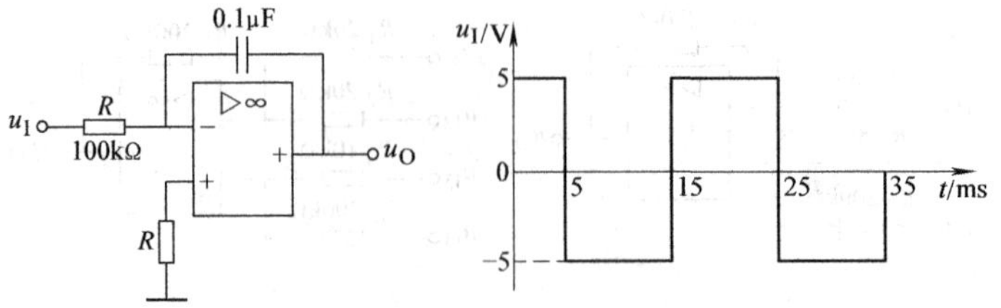

a）　　　　b）

图 6-46　题 6-6 图

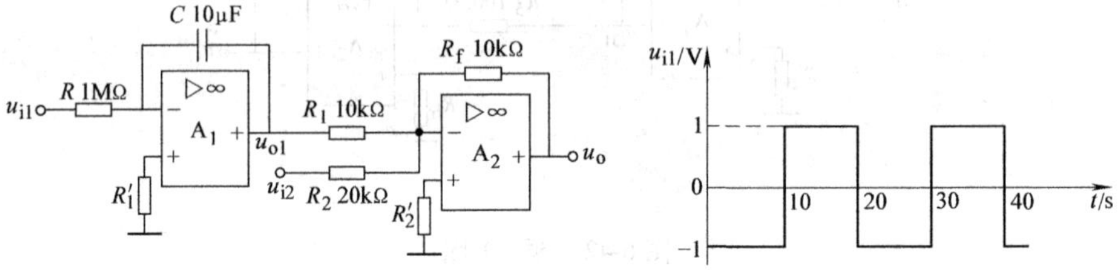

a）　　　　b）

图 6-47　题 6-7 图

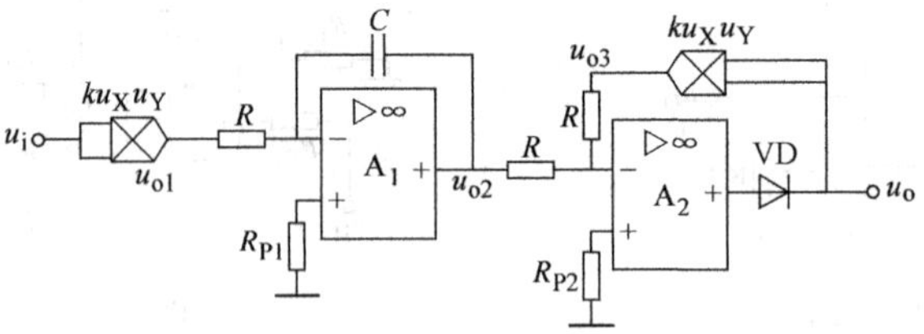

图 6-48　题 6-8 图

u_{i1}、u_{i2}应满足什么条件。

6-10　试求图 6-50 所示电路的输出电压 u_O 与输入电压 u_I 的关系式。

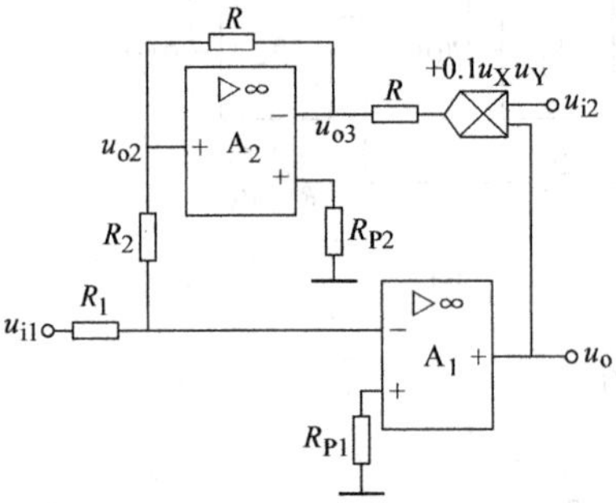

图 6-49　题 6-9 图

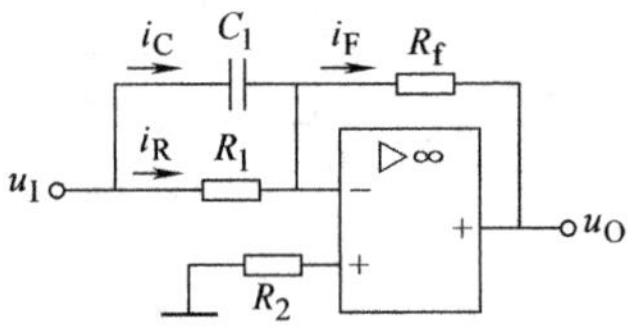

图 6-50　题 6-10 图

6-11　在图 6-51 所示电路中，已知 $R_1 = R = R' = 100\text{k}\Omega$，$R_2 = R_f = 100\text{k}\Omega$，$C = 1\mu\text{F}$。(1) 试求出 u_O 与 u_I 的运算关系；(2) 设 $t = 0$ 时 $u_O = 0$，且 u_I 由零跃变为 -1V，试求输出电压由零上升到 $+6\text{V}$ 所需要的时间。

6-12　求图 6-52 所示电路的运算关系。

6-13　分别推导出图 6-53 所示各电路的传递函数，并说明它们属于哪种类型的滤波电路。

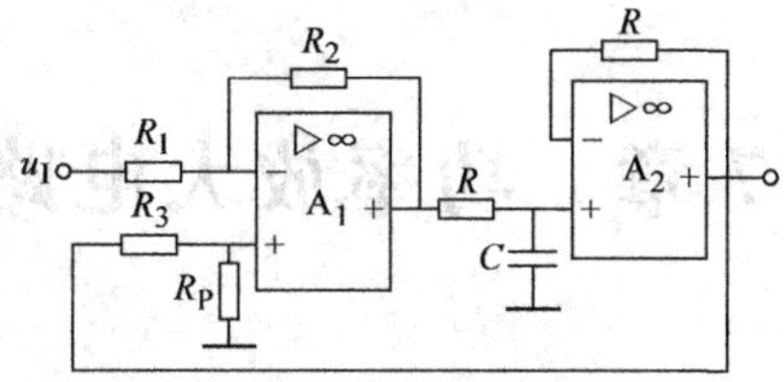

图 6-51　题 6-11 图

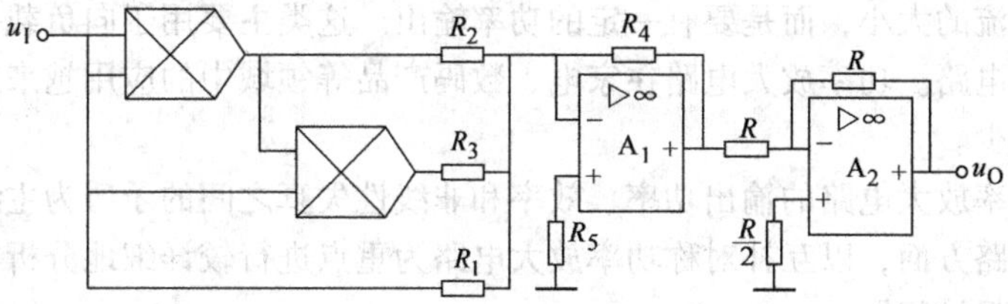

图 6-52　题 6-12 图

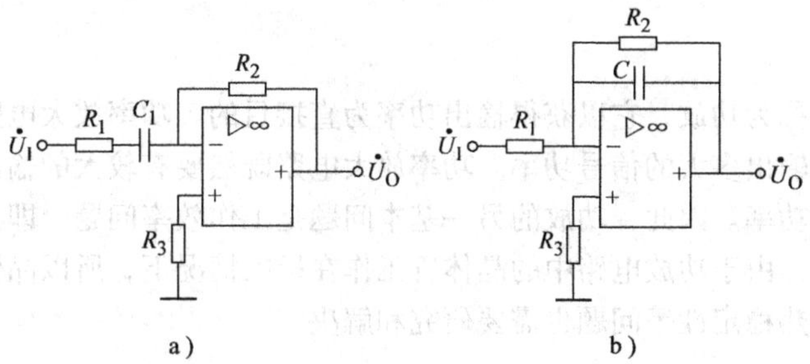

图 6-53　题 6-13 图

第 7 章　功率放大电路

应用背景

放大电路放大信号的最终目的是为了驱动负载，如扬声器、电动机等。这时要考虑的不仅仅是输出的电压或电流的大小，而是要有一定的功率输出。这类主要用于向负载提供功率放大的电路常称为功率放大电路。功率放大电路在家电、数码产品等领域中的应用越来越广泛，在其他电子系统中也必不可少。

本章以分析功率放大电路的输出功率、效率和非线性失真之间的矛盾为主线，逐步提出解决矛盾的措施。在电路方面，以互补对称功率放大电路为重点进行较详细地分析与计算，并介绍了功率器件的散热和保护问题。

7.1　概述

功率放大电路简称为功放，它以获得输出功率为直接目的。功率放大电路的基本问题就是在电源一定的条件下能输出多大的信号功率。功率放大电路既然要有较大的输出功率，当然也要求电源供给更大的注入功率。因此，功放的另一基本问题是工作效率问题，即有多少注入功率能转换成信号功率。另外，由于功放电路中的晶体管工作在极限情况下，所以晶体管在大信号下的失真、大功率运行时的热稳定性等问题也需要研究和解决。

7.1.1　功率放大电路的主要指标

1. 输出功率 P_o

功率放大器应给出足够大的输出功率以推动负载工作。为获得足够大的输出功率，功放管的电压和电流变化范围很大。为此，功放管一般工作在大信号状态，以不超过晶体管极限参数（I_{CM}、P_{CM}、$V_{(BR)CEO}$）为限度。

如输入信号是某一频率的正弦波信号，则输出功率表达式为

$$P_o = U_o I_o = \frac{1}{2} U_{om} I_{om} \tag{7-1}$$

式中，U_o、I_o为输出电压、电流的有效值，U_{om}、I_{om}为输出电压、电流的幅值。

2. 效率 η

功率放大器的效率定义为功率放大器的输出信号功率 P_o与直流电源供给功率放大器功率 P_V之比，用 η 表示，即

$$\eta = \frac{P_o}{P_V} \times 100\% \tag{7-2}$$

在直流电源提供相同直流功率的条件下，输出信号功率越大，电路的效率越高。

3. 管耗 P_T

直流电源供给的功率除了一部分变成有用的信号功率外，剩余部分变成晶体管的管耗，即

$$P_T = P_V - P_o \tag{7-3}$$

管耗过大将使功放管因发热而损坏，所以对于功率放大器，提高效率、降低管耗是一个重要问题。

4. 非线性失真

功率放大器为了获得足够大的输出功率，需要大信号激励，这样往往使信号动态范围超出晶体管的线性区域，导致输出信号失真。因此如何减小非线性失真，成为功率放大器的又一个重要问题。

概括起来说，功率放大器要求在保证晶体管安全运用的情况下，获得尽可能大的输出功率、尽可能高的效率和尽可能小的非线性失真。

7.1.2　功率放大电路的分类

根据功放管工作状态的不同（或功放管导通时间的长短），功率放大器可分为甲类、乙类、甲乙类及丙类四种类型。

1. 甲类工作方式

晶体管的静态工作点取在交流负载线的中点，如图 7-1a 所示。电路中的放大管在输入信号的整个周期内都有电流流过，处于导通和线性放大的状态，即在一个信号周期内，放大管的导通角为 360°，这种工作方式通常称为甲类工作方式（也称 A 类）。很显然，甲类功放在没有信号输入时也要消耗电源功率，因为晶体管仍导通，放大管有静态电流、电压，电源功率消耗在导通的放大管和偏置电阻上，称为静态功耗，此时电路的转换效率为零；当有信号输入时，电源功率也只有部分转化为有用功率输出，另一部分仍耗散在器件本身上，信号越大，输送给负载的功率越多，转换效率也就越高。因此，甲类功放的特点是失真小，但效率低。分析表明，在理想情况下，甲类功放的最高效率为 50%。

2. 乙类工作方式

为了克服甲类工作方式转换效率低的缺点，将电路的静态工作点 Q 下移至 $i_C=0$ 处，如图 7-1b 所示，这种工作方式称为乙类工作方式（也称 B 类）。乙类功放的特点是放大管在信号的正半周期内或负半周期内导通，导通角为 180°。当不加输入信号（静态）或输入信号在放大管不导通的半个周期内，晶体管集电极没有电流流过，此时管子功率损耗为零。乙类功放静态功耗和导通时间减少，所以效率与甲类功放相比较高。分析表明，在理想情况下，乙类功放的最高效率为 78.5%。但乙类工作方式出现了严重的波形失真，所以乙类功放较高的效率是以牺牲线性工作为代价的。

3. 甲乙类工作方式

当静态工作点 Q 设置在临界开启状态，即略高于截止区时，如图 7-1c 所示，在一个信号周期内放大管的导通角略大于 180°，即所谓近乙类的工作方式称为甲乙类工作方式（也称 AB 类）。因静态偏置电流很小，在输出功率、功耗和转换效率等性能上与乙类十分相似。

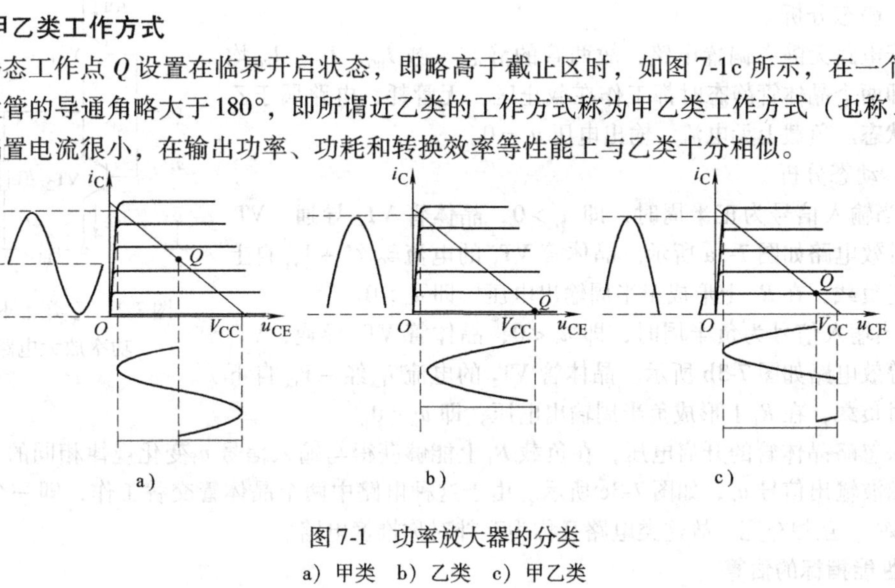

图 7-1　功率放大器的分类

a) 甲类　b) 乙类　c) 甲乙类

4. 丙类工作方式

在丙类（也称 C 类）工作方式下，放大管导通时间小于半个周期。在相同的激励信号作用下，丙类功放集电极电流的流通时间最短，一个周期平均功耗最低。分析表明，丙类功放的最高效率可达 85% ~90%。

在低频放大电路中，主要采用前三种工作方式，如在电压放大电路中采用甲类，功率放大电路中采用甲乙类或乙类。至于丙类功放要求特殊形式的负载，不适用于低频，常用于高频领域或特殊振荡器中。近年来出现了一种更为高效的放大器，称为丁类（也称 D 类）放大器，但称之为丁类放大器似乎并不恰当，因为它并不只是放大器工作点选择的不同，其采用的是脉宽调制技术（Pulse Width Modulation，PWM），所以也有人称之为“数字音频放大器”。

从电路形式上看，低频功率放大电路可分为：双电源互补对称功率放大电路——OCL 电路（无输出电容的功率放大电路）、单电源互补对称功率放大电路——OTL 电路（无输出变压器的功率放大电路）、桥式推挽功率放大电路——BTL 电路。其中 OTL 电路和 OCL 电路应用广泛。BTL 电路充分利用了系统电压，在同样的直流电源条件下，输出功率可达到 OTL 电路的四倍，特别适用于电池供电的便携产品。

下面首先以 OCL 电路为例，介绍乙类互补对称功率放大电路的工作原理以及性能指标的计算。

7.2 互补推挽功率放大电路

7.2.1 乙类互补推挽功率放大电路

1. 电路组成

乙类互补推挽功率放大电路如图 7-2 所示，又称无输出电容的功率放大电路，简称 OCL 电路。图中，VT_1 和 VT_2 分别为 NPN 型晶体管和 PNP 型晶体管，两管参数完全对称，称为互补对称管。互补对称管的基极和发射极相互连接在一起，信号从基极输入，从射极输出，电路形式都为射极输出器，R_L 为负载。

2. 工作原理

（1）静态分析

由于电路无静态偏置电路，故两管的静态参数 I_{BQ}、I_{CQ}、I_{EQ} 均为零，即两个晶体管静态时都工作在截止区，无管耗，电路属于乙类工作状态。负载上无电流，输出电压 $u_o=0$。

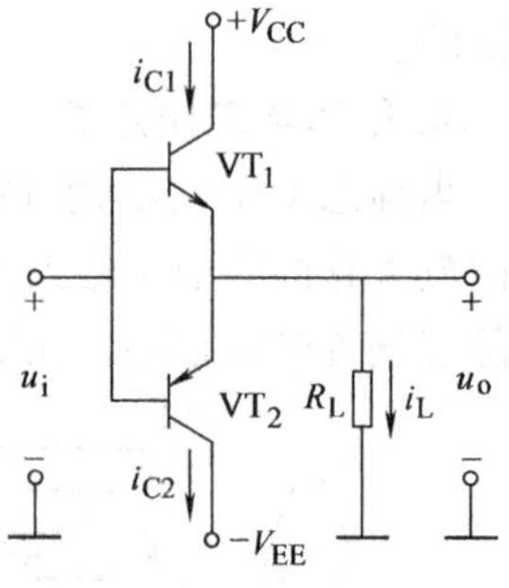

图 7-2 乙类互补推挽功率放大电路

（2）动态分析

1）当输入信号为正半周时，即 $u_i>0$，晶体管 VT_1 导通，VT_2 截止，等效电路如图 7-3a 所示。晶体管 VT_1 的电流 i_{C1} 经 $+V_{CC}$ 自上而下流过负载，在 R_L 上形成正半周输出电压，即 $u_o>0$。

2）当输入信号为负半周时，即 $u_i<0$，晶体管 VT_2 导通，VT_1 截止，等效电路如图 7-3b 所示。晶体管 VT_2 的电流 i_{C2} 经 $-V_{CC}$ 自下而上流过负载，在 R_L上形成负半周输出电压，即 $u_o<0$。

如果忽略晶体管的开启电压，在负载 R_L上能够获得与输入信号 u_i变化规律相同的、几乎完整的正弦波输出信号 u_o，如图 7-3c 所示。由于这种电路中两个晶体管交替工作，即一个“推”，一个“挽”，互相补充，故这类电路又称为互补对称推挽电路。

3. 性能指标的估算

(1) 输出功率 P_o

以输入正弦信号为例，由于在输出端获得的电压和电流均为正弦信号，根据输出功率的定义可得

$$P_o = \frac{1}{2}U_{om}I_{om} = \frac{1}{2}\frac{U_{om}^2}{R_L} \tag{7-4}$$

式中，U_{om}、I_{om}分别是负载上电压和电流的幅度。由式 (7-4) 可见，输出电压 U_{om}越大，输出功率越高。当晶体管进入临界饱和时，输出电压 U_{om}最大，其大小为

$$U_{omax} = V_{CC} - U_{CES} \tag{7-5}$$

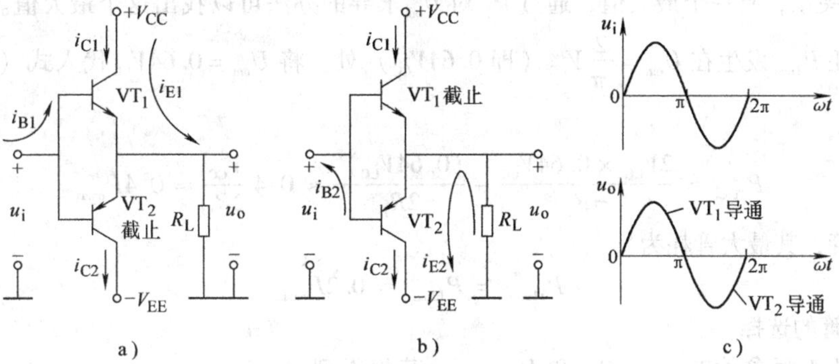

图 7-3　乙类互补对称功放的工作原理

a) $u_i>0$　b) $u_i<0$　c) 输入-输出波形图

负载上的最大不失真功率为

$$P_{omax} = \frac{(V_{CC} - U_{CES})^2}{2R_L} \tag{7-6}$$

理想情况下，即当忽略饱和压降 U_{CES}时，$U_{omax} \approx V_{CC}$，所以

$$P_{omax} \approx \frac{V_{CC}^2}{2R_L} \tag{7-7}$$

(2) 电源功率 P_V

电源供给的直流功率应是电源电压与电流平均值的乘积。由于负载电流在一个周期内，正半周由正电源供电，负半周由负电源供电，即一个电源只在半个周期内供电，所以平均电流 I_C 为

$$\begin{aligned} I_C &= \frac{1}{2\pi}\int_0^{\pi} i_{C1}\,\mathrm{d}\omega t = \frac{1}{2\pi}\int_0^{\pi} I_{om}\sin\omega t\,\mathrm{d}(\omega t) \\ &= \frac{1}{2\pi R_L}\int_0^{\pi} U_{om}\sin\omega t\,\mathrm{d}(\omega t) = \frac{1}{\pi}\frac{U_{om}}{R_L} \end{aligned} \tag{7-8}$$

所以两个电源提供的总功率应是

$$P_V = 2V_{CC}I_C = \frac{2}{\pi}\frac{V_{CC}U_{om}}{R_L} \tag{7-9}$$

信号越大，电流越大，电源提供的功率也越大，当 $U_{om} \approx V_{CC}$时

$$P_{Vmax} \approx \frac{2}{\pi}\frac{V_{CC}^2}{R_L} \tag{7-10}$$

(3) 效率 η

输出功率与电源提供的功率之比称为功率放大器的效率。一般情况下效率为

$$\eta = \frac{P_o}{P_V} = \frac{I_{om}U_{om}}{2}\Big/\frac{2V_{CC}I_{om}}{\pi} = \frac{\pi}{4}\frac{U_{om}}{V_{CC}} \tag{7-11}$$

当 $U_{om} \approx V_{CC}$时，效率最大，即 $\eta_{max} \approx \frac{\pi}{4} \approx 78.5\%$。

（4）晶体管的管耗 P_T

电源输入的直流功率有一部分通过晶体管转换为输出功率，剩余的部分则以热量形式消耗在晶体管上，形成晶体管的管耗，所以

$$P_T = P_V - P_o = \frac{2V_{CC}U_{om}}{\pi R_L} - \frac{U_{om}^2}{2R_L} \tag{7-12}$$

显然，管耗与输出幅度有关。图 7-4 所示为管耗随输出幅度变化的曲线。由图可见，P_T 与 U_{om}成非线性关系，有一个最大值，通过 P_T 对 U_{om}求导的办法可以找出这个最大值。经过分析可知，最大管耗 P_{Tmax}发生在 $U_{om} = \frac{2}{\pi}V_{CC}$（即 $0.64V_{CC}$）处。将 $U_{om} = 0.64V_{CC}$代入式（7-12），可得 P_{Tmax}为

$$P_{Tmax} \approx \frac{2V_{CC} \times 0.64V_{CC}}{\pi R_L} - \frac{(0.64V_{CC})^2}{2R_L} \approx 0.4\frac{V_{CC}^2}{2R_L} \approx 0.4P_{omax} \tag{7-13}$$

对每只晶体管，其最大管耗为

$$P_{T1max} = P_{T2max} \approx 0.2P_{omax} \tag{7-14}$$

4. 功率管的选择

功率管的极限参数有 I_{CM}、P_{CM}和 $U_{(BR)CEO}$，若想得到最大功率输出，功率管的参数应满足下列条件：

1）每只功率晶体管的最大允许管耗 P_{CM}必须大于 $0.2P_{omax}$。如要求输出最大功率为 10W，则应选择两只最大集电极功耗 $P_{CM} \geq 2W$ 的晶体管，当然还应适当考虑余量。

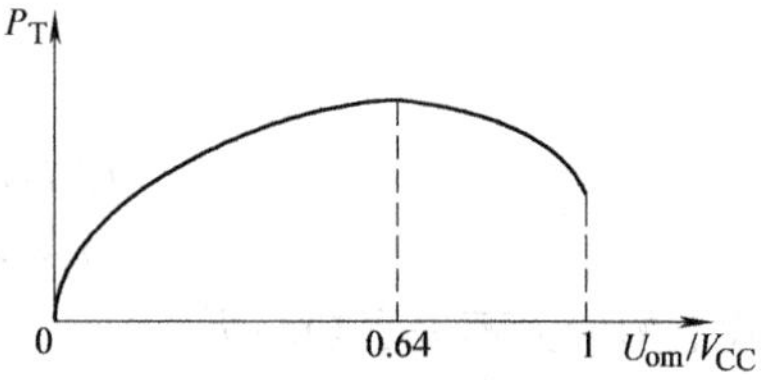

图 7-4　乙类互补功率放大电路的管耗

2）当 VT_2 导通时，VT_1 截止，所以当 VT_2 饱和时，U_{CE1}所承受的最大反向电压为 $2V_{CC}$，因此，应选用耐压值 $|U_{(BR)CEO}| > 2V_{CC}$的管子。

3）所选择管子的 I_{CM}应大于电路中可能出现的最大集电极电流 V_{CC}/R_L。

例 7-1　图 7-2 所示乙类功率放大电路，已知 $V_{CC} = 24V$，$R_L = 8\Omega$，若忽略晶体管饱和压降，求最大输出功率 P_{omax}及此时电源功率 P_V和管耗 P_{T1}，并选择功率放大管参数。

解　（1）最大输出功率

$$P_{omax} = \frac{V_{CC}^2}{2R_L} = \frac{(24V)^2}{2 \times 8\Omega} = 36W$$

（2）电源功率

$$P_V = \frac{2V_{CC}^2}{\pi R_L} = \frac{2 \times (24V)^2}{\pi \times 8\Omega} \approx 45.8W$$

（3）管耗

$$P_{T1} = \frac{1}{2}(P_V - P_{omax}) = 0.5 \times (45.8W - 36W) = 4.9W$$

（4）功率放大管的选择

$$P_{CM} > P_{T1max} = 0.2P_{omax} = 0.2 \times 36W = 7.2W$$

$$I_{CM} > \frac{V_{CC}}{R_L} = \frac{24V}{8\Omega} = 3A$$

$$U_{(BR)CEO} > 2V_{CC} = 2 \times 24V = 48V$$

7.2.2　甲乙类互补推挽功率放大电路

1. 交越失真

在乙类互补对称功率放大电路中，由于功率晶体管存在死区电压（硅管约为0.5V），只有当输入信号的幅值大于0.5V（对于 VT_2 应小于 -0.5V）以后，晶体管才逐渐导通。因此输出波形在输入信号零点附近的范围会出现失真，如图 7-5 所示。由于是在两个管子交替工作区域出现的失真，所以通常被称为交越失真。

2. 甲乙类互补推挽功率放大电路

为消除交越失真，可以给每个晶体管提供一个很小的静态电流，使之工作在微导通状态。这样既能使交越失真不明显，又不会使功率和效率有太大影响，就是说，让功率晶体管在甲乙类状态下工作。甲乙类互补推挽功率放大电路如图 7-6 所示。

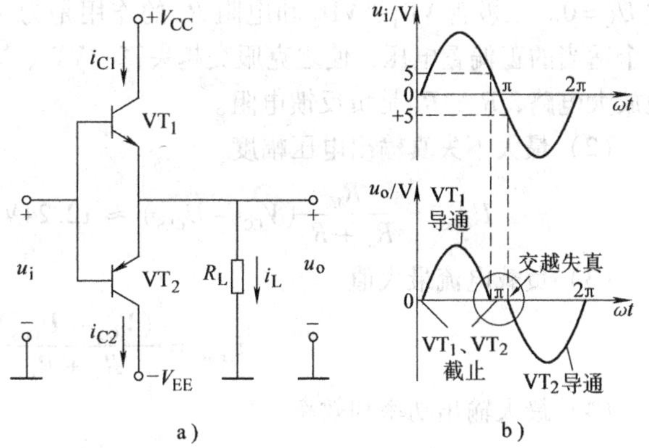

图 7-5　形成交越失真的原理示意图

a）乙类互补对称功放电路　b）交越失真示意图

在图 7-6a 中，VT_3 组成前置放大级，同时给功放级提供足够的偏置电流，VT_1 和 VT_2 组成互补对称输出级。利用 VT_3 集电极电流在 VD_1、VD_2 上产生的电压降为 VT_1、VT_2 提供一个适当的偏置电压，使之处于微导通状态。静态时，因 VT_1、VT_2 两管电路对称，两管电流相等，负载上无静态电流，所以输出电压 $u_o=0$。当有交流信号输入时，VD_1 和 VD_2 的交流电阻很小，可视为短路，从而保证了 VT_1 和 VT_2 两管基极输入信号幅度基本相等。由于二极管正向电压降具有负温度系数，因而这种电路具有温度补偿作用，可以自动稳定输出功放的静态电流。

图 7-6a 所示偏置方法的优点是电路简单，缺点是偏置电压不易调整。图 7-6b 所示是其改进电路，采用 U_{BE} 扩大的方法实现偏置。由图 7-6b 可知，当 $I_{B4} \ll I_{R1}$ 时，有

$U_{R1}=I_{R1}R_1 \approx I_{R2}R_1=\dfrac{U_{BE4}}{R_2}R_1$，所以，

两功放管基极之间电压为

$$U_{B1B2}=U_{R1}+U_{R2}=U_{BE4}+\frac{U_{BE4}}{R_2}R_1$$

$$=U_{BE4}\left(1+\frac{R_1}{R_2}\right) \qquad (7\text{-}15)$$

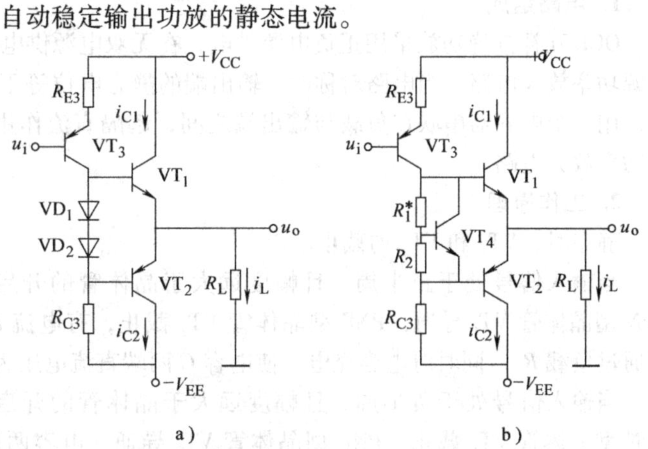

图 7-6　甲乙类互补推挽功率放大电路

a）利用二极管提供偏置电压　b）利用 U_{BE} 扩大电路实现偏置

可见，调节电阻 R_1 就可调节两功放管基极间电压，从而方便地调节两功放管的静态电流。同样由于 U_{BE4} 的负温度系数，也使该电路具有稳定静态电流的作用。

由于甲乙类功率放大器的静态电流一般很小，与乙类工作状态很接近，因而甲乙类互补对称功率放大电路的最大输出功率、效率以及管耗等的估算均可按乙类功放电路的有关公式进行计算。

例 7-2　图 7-7 所示电路中，已知 $V_{CC}=15V$，晶体管的饱和电压降 $U_{CES}=2V$。试求：

（1）说明各元器件作用；（2）最大不失真输出电压的幅度 U_{omax}；（3）负载电阻 R_L 上电流的最大值；（4）最大输出功率和效率。

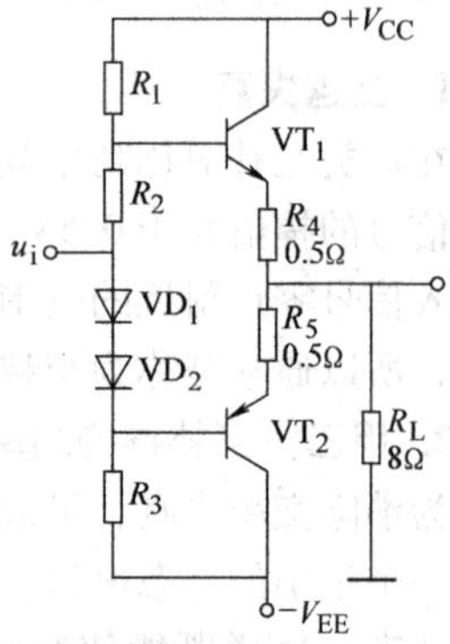

图 7-7　例 7-2 电路图

解　（1）各元器件的作用

V_{CC}通过 R_1、VD_1、VD_2、R_2、R_3 形成直流通路。R_1、R_3 用来调整 VT_1、VT_2 两管静态电位，通过调整管静态电位，使发射极电位 $U_E=0$。二极管 VD_1、VD_2 和电阻 R_2 的作用是为 VT_1、VT_2 提供一个适当的正偏置电压，使之克服交越失真。VT_1、VT_2构成互补推挽放大电路，R_4、R_5 是负反馈电阻。

（2）最大不失真输出电压幅度

$$U_{omax}=\frac{R_L}{R_4+R_L}(V_{CC}-U_{CES})\approx 12.24V$$

（3）负载电流最大值

$$i_{Lmax}=\frac{(V_{CC}-U_{CES})}{R_4+R_L}\approx 1.53A$$

（4）最大输出功率和效率

$$P_{om}=\frac{U_{omax}^2}{2R_L}\approx 9.36W$$

$$\eta=\frac{\pi}{4}\frac{U_{omax}}{V_{CC}}\approx 65\%$$

7.2.3　单电源功率放大电路

1. 电路组成

OCL 互补推挽功放采用正负电源供电，在无双电源供电的情况下，可采用如图 7-8 所示的单电源功率放大电路。当电路对称时，输出端的静态电位等于 $V_{CC}/2$。为了使负载上仅获得交流信号，用一个电容器串联在负载与输出端之间，起隔直流作用。这种功率放大电路也称为 OTL 互补功率放大电路。

2. 工作原理

静态时，VT_1 和 VT_2 均截止。

当输入信号处于正半周、且幅度远大于晶体管的开启电压时，NPN 型晶体管 VT_1 导通，PNP 型晶体管 VT_2 截止，有电流 i_{E1} 由上到下通过负载 R_L，同时对电容充电，使电容 C 两端直流电压为 $V_{CC}/2$。

当输入信号处于负半周、且幅度远大于晶体管的开启电压时，NPN 型晶体管 VT_1 截止，PNP 型晶体管 VT_2 导通。电容两端电压通过 VT_2 向 R_L 放电，即电流 i_{E2}由下到上通过负载 R_L。

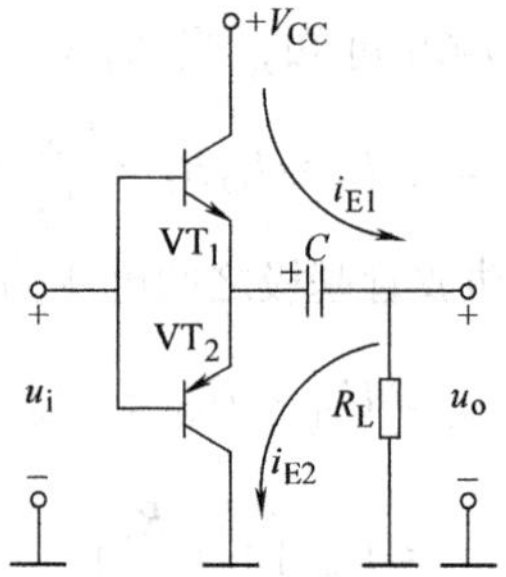

图 7-8　单电源互补功率放大电路

在图 7-8 中，用单电源代替了双电源，电容 C 起着 OCL 电路中 $-V_{CC}$的作用，每只管子的工作电压不是原来正负电源中的 V_{CC}，而变成 $V_{CC}/2$。为了使电容器两端的电压保持基本不变，C 的容量必须足够大。为保证功率放大器良好的低频响应，电容 C 一般按下式选择，即

$$C\geqslant\frac{1}{2\pi R_L f_L}\tag{7-16}$$

式中，f_L 为放大器所要求的下限频率。

典型 OTL 功率放大电路如图 7-9 所示，其中 VT_1 是推动级，VD_1、VD_2 用于消除交越失真，其工作原理与图 7-8 所示相似。

3. 性能指标估算

与双电源互补推挽功放相比，单电源互补推挽功放在计算各项指标时要用 $V_{CC}/2$ 代替原公式中的 V_{CC}。

（1）输出功率

$$P_o = \frac{U_{om}^2}{2R_L} \quad \left(0 \leqslant U_{om} \leqslant \frac{V_{CC}}{2}\right) \tag{7-17}$$

（2）电源供给功率

$$P_V = \frac{V_{CC}U_{om}}{\pi R_L} \tag{7-18}$$

（3）效率

$$\eta = \frac{\pi}{2}\frac{U_{om}}{V_{CC}} \tag{7-19}$$

（4）管耗

$$P_{T1} = P_{T2} = \frac{1}{2}\left(\frac{V_{CC}U_{om}}{\pi R_L} - \frac{U_{om}^2}{2R_L}\right) \tag{7-20}$$

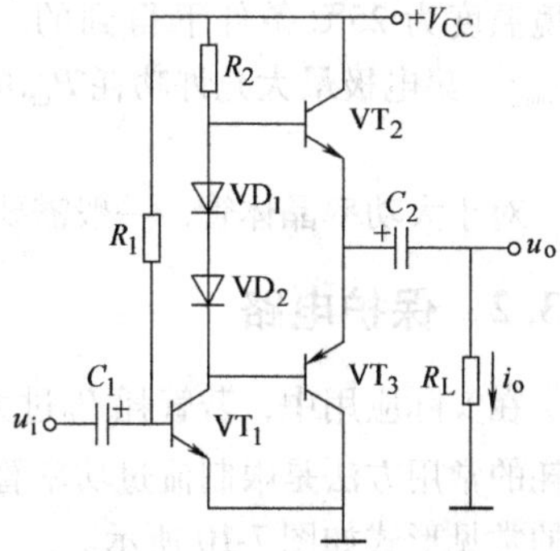

图 7-9　典型 OTL 功率放大电路

7.3　功率放大器的保护电路

在功率放大器中，为了保护功率管免于热击穿，一般需要附加保护电路。什么叫热击穿呢？当功放管的管耗超过其散热能力时会引起结温升高，结温升高又使集电极电流增大，促使晶体管集电极功耗增大，进一步使结温升高，从而形成恶性循环，最终导致功放管烧坏。这种现象称为功放管的热击穿。可见，为确保功率放大器正常工作，必须尽量降低管耗，同时尽量改善晶体管的散热条件（如外加散热片、配小风扇等）。

7.3.1　功率管的管耗与散热

功率管的管耗是通过热传导的形式以散热的方式消耗掉的。所谓热传导，是指热能从高温点向低温点传送的现象。为衡量媒质导热能力的强弱，引入热阻的概念。一般地，若 A、B 两点的温度分别为 T_A、T_B，其间导热材料的热阻为 R_T，则 A、B 两点间传送的热功率 P 与 T_A、T_B、R_T 之间有关系为

$$P = \frac{T_A - T_B}{R_T} \tag{7-21}$$

式中，P 为热功率，单位为 W；R_T为热阻，单位为℃/W。

在功放电路中，当功率管在环境温度 T_A下工作时，由于集电极消耗的功率转换为热能，使结温升高为 T_J，显然有

$$P_C = P = \frac{T_J - T_A}{R_T}, T_J < T_{Jmax} \tag{7-22}$$

可见，当 T_A、R_T一定时，功率管的最高结温 T_{Jmax}对应着集电极最大允许功耗 P_{CM}，即

$$P_{CM} = \frac{T_{Jmax} - T_A}{R_T} \tag{7-23}$$

式中，T_{Jmax}取决于晶体管的半导体材料。锗管的 T_{Jmax} 约为（75 ~ 100)℃，硅管的约为（175 ~ 200)℃。

由式（7-23）可知，环境温度越高，其允许的最大集电极功耗越小。手册上给出的 P_{CM}是在环境温度为 25℃ 条件下得到的。在设计功放时，为了安全工作起见，常取最高环境温度下（T_{Amax}）集电极最大允许功耗 P_{CM}的 90% 作为功耗的极限值，即

$$P_C \leqslant 0.9P_{CM}(T_{Amax}) \tag{7-24}$$

对于大功率晶体管，一般需要加散热板以改善散热条件，减小热阻，从而提高 P_{CM}。

7.3.2 保护电路

在实际应用中，若管耗 P_C过大将导致功率管损坏，限制管耗即可有效地保护功率管。限制管耗的常用方法是限制流过功率管集电极的电流（即输出电流 I_L)。基于这一思路，功放保护电路的常见形式如图 7-10 所示。

图 7-10 所示为 OCL 甲乙类互补对称功放电路。在图 7-10a 中，采用二极管 VD_3、VD_4 作输出限流保护电路。正常情况下，VD_3、VD_4 不起作用。如果正向电流过大，则 R_{E2}上的电压降增大，使 VD_3 正向偏置，由截止变为导通，从而分去 VT_2 的一部分基极电流，使输出电流减小。如果负向电流过大，则 VD_4 导通，其保护原理与 VD_3 相同。电路最大允许输出正向电流约为 $I_{Lmax} \approx U_{VD3}/R_{E2}$。如果设 $U_{VD3} \approx 0.6V$，$R_{E2} = 0.5\Omega$，则 $I_{Lmax} \approx 1.2A$。由于二极管具有负的温度系数，因此当环境温度升高时，二极管的正向电压降低，从而使输出电流的最大值也相应减小，这也有利于控制功率管的结温不至于升高。

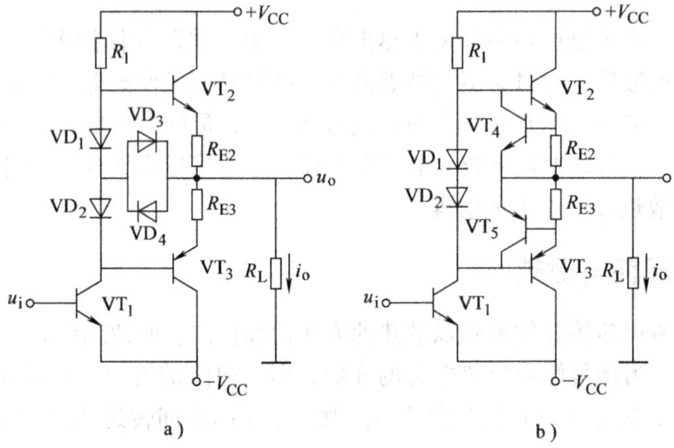

图 7-10　功放管输出限流保护电路

a）采用二极管作输出限流保护电路　b）采用晶体管作输出限流保护电路

在图 7-10b 中，采用晶体管作输出限流保护电路。VT_4、VT_5 是附加的限流晶体管。正常情况下，VT_4、VT_5 处于截止状态，对输出电流没有影响。如果正向电流过大，则 R_{E2}上的电压降增大，使 VT_4 发射结正向偏置电压大于开启电压，VT_4 由截止变为导通，从而分去 VT_2 的一部分基极电流，使输出电流减小。如果负向电流过大，则 VT_5 导通，其保护原理与 VT_4 相同。最大允许输出正向电流约为 $I_{Lmax} \approx U_{BE}/R_{E2}$。如果设 $U_{BE} \approx 0.6V$，$R_{E2} = 0.5\Omega$，则 $I_{Lmax} \approx 1.2A$。晶体管同样具有负的温度系数，并且温度稳定性好于二极管。

本章小结

1. 功率放大电路在大信号下工作，通常采用图解法进行分析。研究的重点是如何在允许的失真情况下，尽可能提高输出功率和效率。

2. 与甲类功率放大电路相比，乙类互补对称功率放大电路的主要优点是效率高，在理想情况下，其最大效率约为 78.5%。为保证晶体管安全工作，双电源互补对称电路工作在乙类时，器件的极限参数必须满足：$P_{CM} > 0.2P_{omax}$，$|U_{(BR)CEO}| > 2V_{CC}$，$I_{CM} > V_{CC}/R_L$。

3. 由于晶体管输入特性存在死区电压，工作在乙类的互补对称电路将出现交越失真，克服交越失真的方法是采用甲乙类（接近乙类）互补对称电路。通常可利用二极管或 U_{BE} 扩大电路进行偏置。

4. 在单电源互补对称电路中，计算输出功率、效率、管耗和电源供给的功率，可借用双电源互补对称电路的计算公式，但要用 $V_{CC}/2$ 代替原公式中的 V_{CC}。

5. 为了保证功放器件的安全运行，必须考虑功率管的散热和保护等问题。

实践案例

集成功率放大器简称集成功放，具有体积小、工作稳定、易于安装和调试等一系列优点，其中设置了多种自动保护电路，被广泛应用于收音机、收录机、电视伴音及其他仪器设备中。集成功率放大器可以分为通用型和专用型两大类，了解其外特性和外线路的连接方法，就能组成实用电路。这里主要介绍两种常用的集成功率放大器 LM386 和 TDA2030。

案例一　LM386 集成功率放大器及其应用电路

LM386 是小功率音频集成功放，采用 8 脚双列直插式封装，其内部电路和引脚排列如图 7-11 所示。其供电电源电压范围为 4 ~ 16V，输入阻抗为 50kΩ，频带宽度为 300kHz，最大允许功耗为 660mW（25°C）。当电源电压为 6V 时，静态工作电流为 4mA，适合用电池供电，不需散热片。工作电压为 4V，负载电阻为 4Ω 时，输出功率（失真为 10%）为 300mW；工作电压为 6V，负载电阻为 4Ω、8Ω、16Ω 时，输出功率分别为 340mW、325mW、180mW。

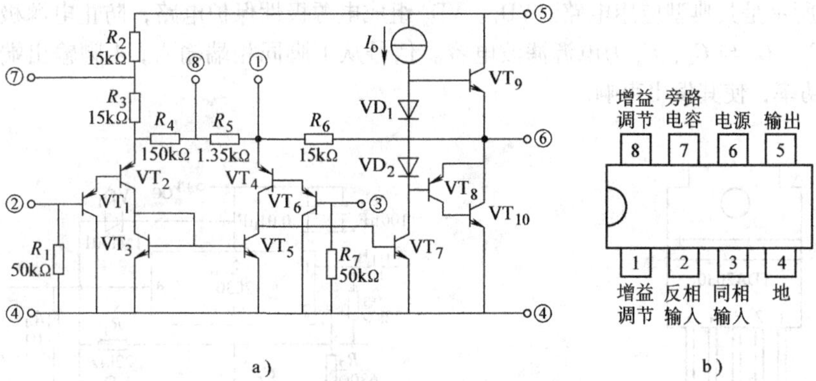

图 7-11　LM386 内部电路和引脚排列图

a）LM386 内部电路　b）LM386 引脚排列图

（1）用 LM386 组成 OTL 应用电路

LM386 使用非常方便，图 7-12 所示是其典型应用电路。4 脚接“地”，6 脚接电源。2 脚接“地”，信号从同相输入端 3 脚输入，5 脚通过 200μF 电容向扬声器 R_L 提供信号功率。7 脚接

100μF 去耦电容。1、8 脚之间接 10μF 电容和 36kΩ 电位器，用来调节增益。

（2）用 LM386 组成 BTL（Balanced Transformer Less）电路

如图 7-13 所示，两集成功放 LM386 的 4 脚接“地”，6 脚接电源，3 脚与 2 脚互为短接，其中输入信号从一组（3 脚和 2 脚）输入，5 脚输出分别接扬声器 R_L，驱动扬声器发出声音。

BTL 电路的输出功率一般为 OTL、OCL 的四倍，是目前大功率音响电路中较为流行的音频放大器。图中电路最大输出功率可达 3W 以上，其中 500kΩ 电位器用来调整两集成功放输出直流电位的平衡。

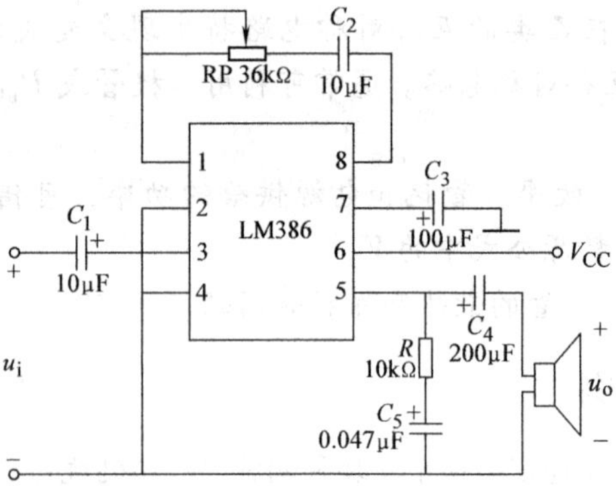

图 7-12 LM386 典型应用电路

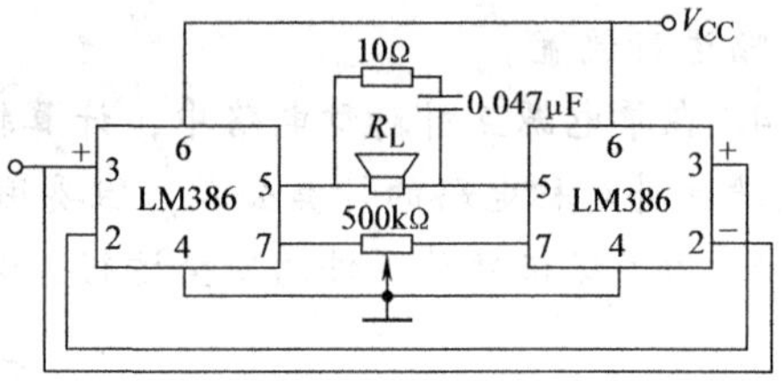

图 7-13 用 LM386 组成 BTL 电路

案例二 TDA2030 集成功率放大器及其应用电路

TDA2030 是一种超小型、5 引脚、单列直插塑封集成功放。由于具有低瞬态失真、较宽频响和完善的内部保护措施，因此，常用在高保真组合音响中。

TDA2030 引脚排列如图 7-14 所示，其特点是引脚和外接元件少。1 脚为同相输入端，2 脚为反相输入端，4 脚为输出端，3 脚接负电源，5 脚接正电源。电源电压范围为 ±6 ~ ±18V，静态电流小于 60μA，频率响应为 10Hz ~ 140kHz，谐波失真小于 0.5%。在 V_{CC} = ±15V，R_L = 4Ω 时，输出功率为 14W。

图 7-15 所示是其典型应用电路。VD_1、VD_2 组成电源极性保护电路，防止电源极性接反损坏集成功放。C_3、C_5 与 C_4、C_6 为电源滤波电容。信号从 1 脚同相端输入，4 脚输出端向负载扬声器提供信号功率，使其发出声响。

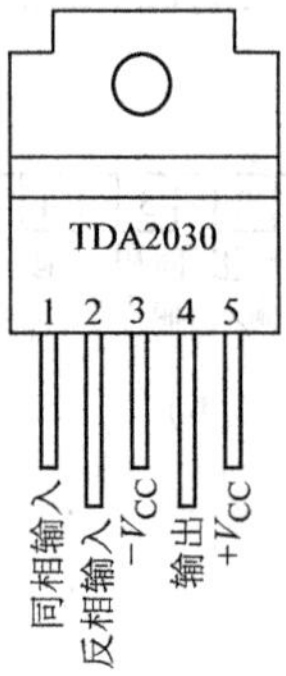

图 7-14 引脚排列图

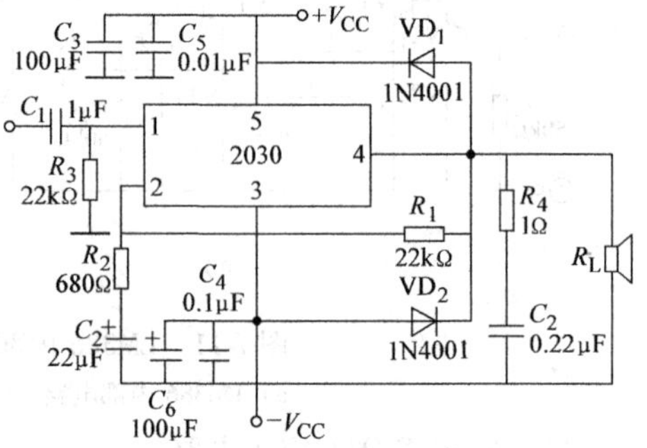

图 7-15 TDA2030 典型应用电路

思考题与习题

7-1　功率放大电路与电压放大电路有什么区别?

7-2　按晶体管工作状态，功率放大电路可以分为哪几类？各有什么特点？

7-3　什么是交越失真？如何克服交越失真？

7-4　在乙类互补推挽放大电路中，晶体管耗散功率最大时，电路的输出电压是否也最大？

7-5　功率管的保护电路有哪些形式？

7-6　功放电路如图 7-16 所示，设 $V_{CC}=12V$，$R_L=8\Omega$，晶体管的极限参数为 $I_{CM}=2A$，$|U_{(BR)CEO}|=30V$，$P_{CM}=5W$。试求：最大输出功率 P_{omax} 值，并检验所给晶体管是否能安全工作。

7-7　OCL 功放电路如图 7-17 所示，若输入为正弦电压，互补管 VT_1、VT_2 的饱和电压降可忽略。说明元件 R_1、R_2、R_3 的作用是什么，晶体管 VT_1、VT_2 的工作方式如何？估算出它的最大输出功率。

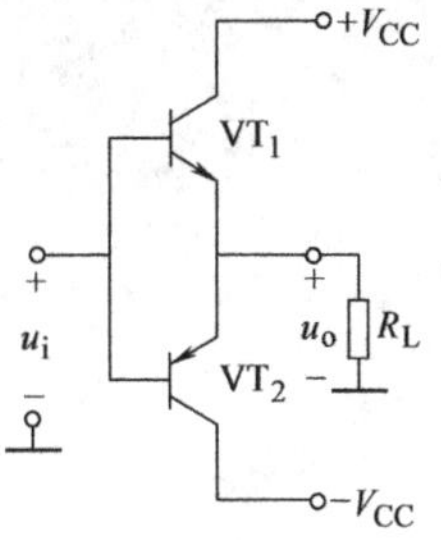

图 7-16　题 7-6 图

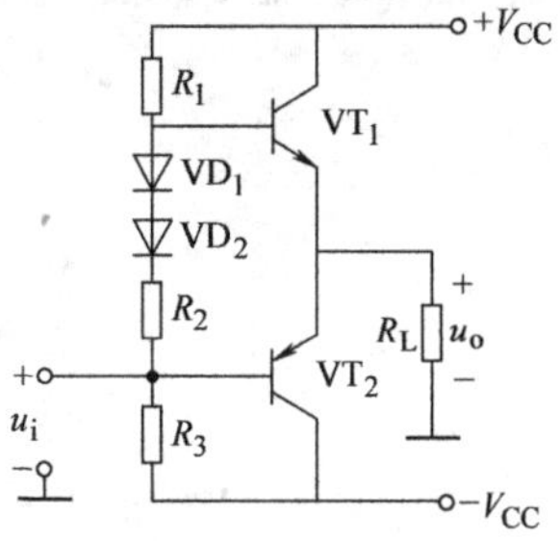

图 7-17　题 7-7 图

7-8　OCL 功放电路如图 7-18 所示，已知 $V_{CC}=24V$，$R_L=8\Omega$，设 VT_1 的电压放大倍数为 −10，输入电压为正弦波，VT_2、VT_3 的饱和压降可以忽略。试计算当输入电压有效值 $U_i=1V$ 时，电路的输出功率 P_o、电源供给的功率 P_V、两管的管耗 P_T 以及效率 η。

7-9　电路如图 7-19 所示，回答下列问题：(1) 说明电路的名称及 VT_1、VT_2 的工作方式属何种类型；(2) 求静态时 VT_1 的射极电位 U_E 和负载电流 I_L；(3) 若电容 C 足够大，$V_{CC}=15V$，晶体管饱和电压降 $U_{CES}\approx 1V$，$R_L=8\Omega$，求最大不失真输出功率 P_{omax}。

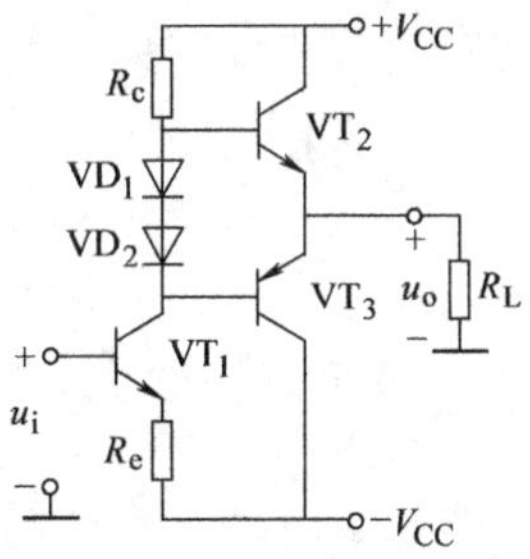

图 7-18　题 7-8 图

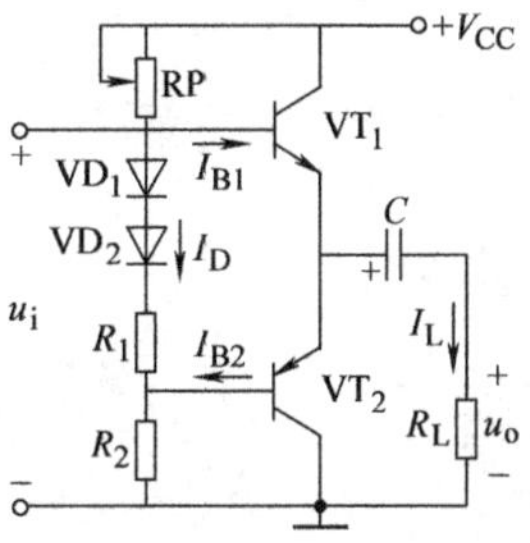

图 7-19　题 7-9 图

7-10　有一 OTL 电路如图 7-20 所示。设电源电压 $V_{CC}=20V$，$R_L=8\Omega$，晶体管 VT_2，VT_3 的 $\beta=20$，$U_{(BR)CEO}=70V$，$I_{CM}=4A$，$P_{CM}=20W$（加散热片），试求：(1) 在理想极限运用情况下的 P_{omax} 值；(2) 当不失真输出功率 $P_o=3.65W$ 时的效率 η；(3) 若 V_{CC} 改为 24V，R_L 改为 3.5Ω，求此时的 P_{omax} 值，此时晶体管能否安全工作，要求基极提供的峰值电流 I_{Bmax} 为多大？

7-11　要制作 OTL 和 OCL 扬声器各一台，要求输出功率均为 50W，若 $R_L=32\Omega$ 时，试求电源电压 V_{CC} 为多少？每个晶体管需要的峰值电流 I_{cm} 为多少？

7-12　电路如图 7-21 所示，回答下列问题：(1) 说明电路的名称；(2) 简述晶体管 $VT_1\sim VT_5$ 构成的形式及其作用；(3) 调整输出端静态电位时，应调整哪一个器件？(4) 若 $V_{CC}=15V$，晶体管 VT_3、VT_4 的

饱和电压降 $U_{CES}\approx 2V$，$R_L=8\Omega$，$R_{E3}=R_{E4}=0.5\Omega$，求 R_L 上最大不失真输出功率 P_{omax} 值。

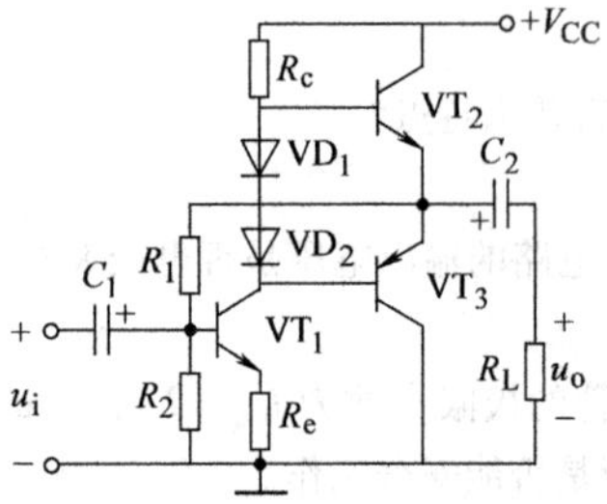

图 7-20　题 7-10 图

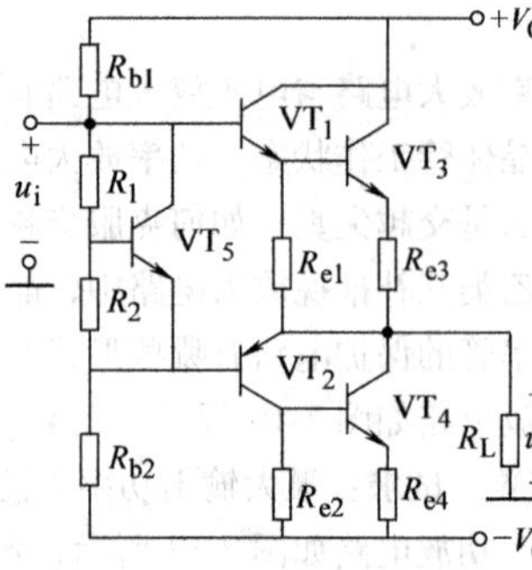

图 7-21　题 7-12 图

第 8 章　信号发生器

应用背景

信号发生器又称信号源或振荡器，是各类波形发生器和信号源的核心电路。例如，在无线电通信、广播、电视发射机中，振荡器用来产生所需的射频（高频）正弦载波信号；在超外差式接收机中，振荡器用来产生本地振荡正弦信号；在各种测量仪器中，振荡器可以用来产生各种频段的正弦信号源；在数字系统和自动控制电路中也常常需要方波、三角波、锯齿波等非正弦信号发生器。

本章首先介绍正弦波自激振荡的基本原理，然后分别介绍 RC、LC 正弦波信号发生器、晶体信号发生器，最后介绍方波、三角波和锯齿波等非正弦波信号发生器。

8.1　概述

信号发生器是一种不需要输入激励信号就能产生周期性变化的输出信号电路。信号发生器按其输出频率的高低，可分为低频信号发生器（频率范围一般在 20Hz ~ 200kHz 以内）、高频信号发生器（频率范围一般在几十兆赫兹以上）；按产生波形的不同，可分为正弦波信号发生器、非正弦信号发生器。正弦波信号发生器按照选频网络分类，可分为 RC 正弦波信号发生器、LC 正弦波信号发生器和晶体信号发生器。

8.2　正弦波信号发生器

正弦波信号发生器能产生正弦波信号输出，它是在放大电路的基础上加上正反馈电路而形成的。正弦波信号发生器也称为正弦波振荡电路或正弦波信号发生器。

8.2.1　正弦波自激振荡的基本原理

讨论正弦波自激振荡的基本原理关键在于找出其间的演变条件。概括地讲，就是保证信号发生器从无到有地建立振荡的起振条件；保证信号发生器进入平衡状态、产生等幅持续振荡的平衡条件以及稳幅过程。

1. 平衡条件

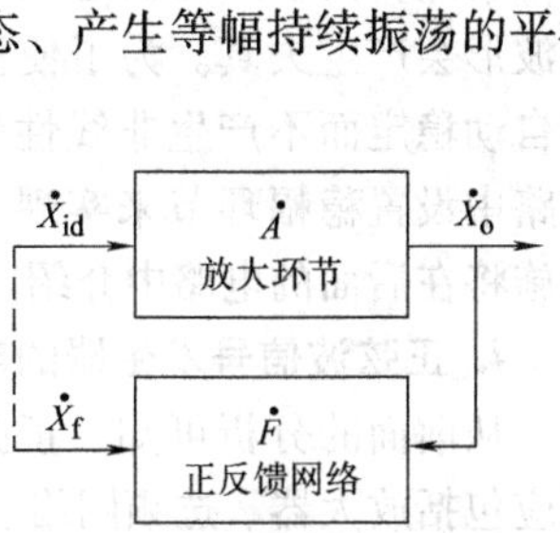

图 8-1　自激信号发生器组成框图

自激振荡器的组成框图如图 8-1 所示，图中 $\dot{A}$ 是放大环节的增益，$\dot{F}$ 是正反馈网络的反馈系数。如果在放大环节的输入端输入一定频率、一定幅度的正弦信号 $\dot{X}_{id}$，则经放大环节放大后的输出 $\dot{X}_o = \dot{A}\dot{X}_{id}$，再经反馈网络后的反馈信号 $\dot{X}_f = \dot{F}\dot{X}_o = \dot{A}\dot{F}\dot{X}_{id}$。

当反馈信号 $\dot{X}_f$ 的幅度、相位都与输入信号 $\dot{X}_{id}$ 相同时，若用 $\dot{X}_f$ 代替 $\dot{X}_{id}$，则可在输出端维持原有的输出信号 $\dot{X}_o$，这就是所谓的自激。此时有

$$\dot{A}\dot{F} = 1 \tag{8-1}$$

式（8-1）称为自激振荡的平衡条件。设 $\dot{A}=A\angle\varphi_A$，$\dot{F}=F\angle\varphi_F$，则

$$\dot{A}\dot{F}=AF\angle(\varphi_A+\varphi_F)=1$$

可见，平衡条件可分别表示为振幅平衡条件和相位平衡条件。

（1）振幅平衡条件

$$AF=1 \tag{8-2}$$

式（8-2）说明反馈信号的幅度应当等于输入信号的幅度。

（2）相位平衡条件

$$\varphi_A+\varphi_F=2n\pi \quad (n=0,\pm1,\pm2,\cdots) \tag{8-3}$$

式（8-3）说明反馈信号与输入信号同相，即反馈电路必须接成正反馈形式。

2. 起振条件

由于实际振荡电路一般不会外加激励信号，那么信号发生器接通电源时，原始的输入电压从哪里来的，又如何过渡到平衡状态？实际上，当电源接通的瞬间，电路中就会产生电压或电流的突变，其频谱分布很广，其中也包含频率为 f_0 的分量，经过选频网络的选频作用，只有 f_0 分量满足相位平衡条件，如果此时 $\dot{X}_f>\dot{X}_{id}$，则可产生增幅振荡，使输出电压逐渐增大。所以信号发生器的起振条件是

$$|\dot{A}\dot{F}|>1 \tag{8-4}$$

振幅起振条件和相位起振条件分别为

$$\begin{cases}|\dot{A}\dot{F}|>1\\ \varphi_A+\varphi_F=2n\pi \quad (n=0,1,2,\cdots)\end{cases} \tag{8-5}$$

式（8-5）说明起振时反馈信号的幅度应当大于输入信号幅度，同时电路必须是正反馈形式。

3. 稳幅过程

满足起振条件的正弦波信号发生器输出电压是否会无限制地增大？答案是否定的！由于信号发生器中放大环节的非线性器件的作用，当输出电压增大到一定程度后，非线性器件由放大区进入饱和区或截止区，这时放大电路的放大倍数 A 将会逐渐下降，由振幅起振条件 $AF>1$ 过渡到振幅平衡条件 $AF=1$，输出信号不再会增大而维持等幅振荡输出。自激振荡电路起振过程中环路增益 AF 的变化如图 8-2 所示。

显然，由于放大器进入非线性区，输出波形会产生失真。为了使振荡的幅度能够自动稳定而不产生非线性失真，可以在电路中设置稳幅环节来实现。具体的稳幅措施将在后面的电路中介绍。

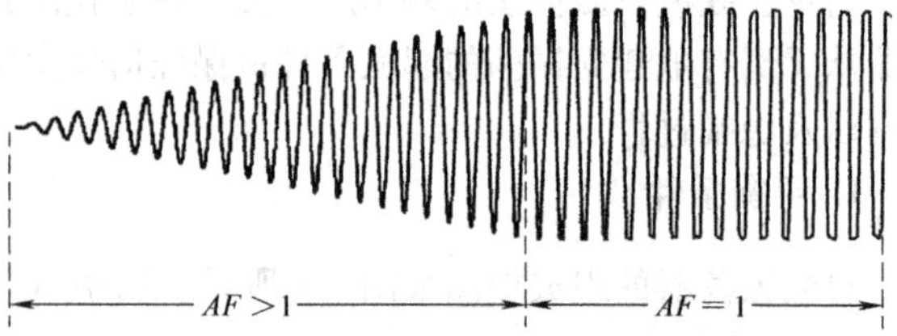

图 8-2　自激振荡起振过程中 AF 的变化

4. 正弦波信号发生器的电路组成

从前面的分析可知，正弦波信号发生器应包括放大器、选频网络、正反馈网络、稳幅电路四个部分。放大器和正反馈网络是构成信号发生器的基础，稳幅电路可以使振荡信号电压稳定且波形好，而选频网络能够从众多的频谱分量中选出满足振荡条件的某一频率分量 f_0，从而产生正弦波信号。振荡频率 f_0 的大小由选频网络参数决定。选频网络可以是 RC 组成的，也可以是 LC 组成的。因此，正弦波信号发生器有 RC 正弦波信号发生器和 LC 正弦波信号发生器，下面分别讨论。

8.2.2 RC桥式正弦波信号发生器

RC正弦波信号发生器有文氏电桥信号发生器、移相式信号发生器、双T网络式信号发生器等。下面介绍常见的文氏电桥信号发生器。

1. 电路组成

文氏电桥信号发生器，又称RC桥式信号发生器。信号发生器中放大器可以采用分立元器件放大器，也可以采用集成运算放大器。图8-3所示为由集成运放与文氏电桥组成的文氏电桥信号发生器。图中Z_1、Z_2组成文氏电桥两臂，由它们组成正反馈网络，同时也是选频网络；文氏电桥另两臂R_1和R_2是集成运算放大电路的负反馈网络，其与运放组成同相输入比例运算放大电路，构成信号发生器的放大环节。

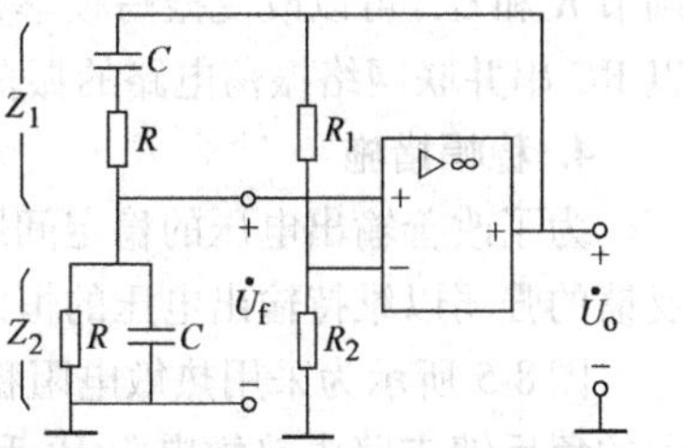

图8-3 RC桥式信号发生器

2. RC串并联反馈网络的选频特性

由Z_1、Z_2组成的反馈网络，其输入电压为运放的输出电压$\dot{U}_o$，输出电压为反馈电压$\dot{U}_f$，如图8-4a所示，其反馈系数$\dot{F}$为

$$\dot{F}=\frac{\dot{U}_f}{\dot{U}_o}=\frac{Z_2}{Z_1+Z_2}=\frac{1}{3+j\left(\omega RC-\frac{1}{\omega RC}\right)} \tag{8-6}$$

由式（8-6）可得到反馈网络的幅频特性和相频特性曲线，如图8-4b、c所示。

由图8-4可知RC串并联反馈网络具有选频特性，即当

$$\omega=\omega_0=\frac{1}{RC} \quad 或 \quad f=f_0=\frac{1}{2\pi RC} \tag{8-7}$$

时，幅频特性的幅值最大，并且

$$F_{max}=\frac{1}{3} \tag{8-8}$$

同时相频特性的相位角为零，即

$$\varphi_F=0 \tag{8-9}$$

这就是说，当选频网络输入信号的频率等于f_0时，输出电压最大，且是输入电压的1/3，同时输出电压与输入电压同相。

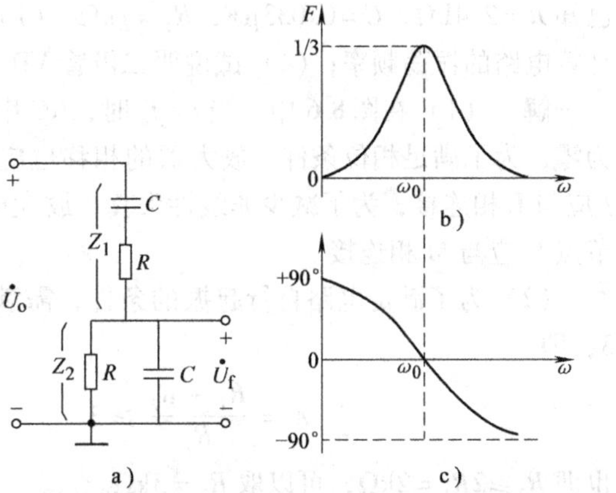

图8-4 RC串并联网络的选频特性

a）RC串并联电路 b）幅频特性曲线 c）相频特性曲线

3. 振荡条件和振荡频率

由电路图8-3可知，在$\omega=\omega_0=\frac{1}{RC}$时，经RC串并联选频网络传输到运放同相端的反馈电压$\dot{U}_f$与输出电压$\dot{U}_o$同相，这样，放大环节和RC串并联反馈网络刚好形成正反馈系统，满足相位平衡条件，因而有可能振荡。同时，当$\omega=\omega_0$时，反馈系数$F=\frac{1}{3}$，故只要同相输入比例运算放大器的电压放大倍数$A\geqslant3$，就可满足振幅起振条件$AF\geqslant1$，电路就能产生频率为f_0的正弦信号发生器。其他频率的分量因不能满足振荡条件而受到抑制。

同相输入比例运算放大器的放大倍数A为

$$A = \frac{R_1 + R_2}{R_2} \tag{8-10}$$

调节 R_1 和 R_2，可以改变放大倍数 A，使 $A \geqslant 3$，即当 $R_1 \geqslant 2R_2$ 时，信号发生器满足起振条件。

RC 桥式信号发生器的振荡频率 f_0 为

$$f = f_0 = \frac{1}{2\pi RC} \tag{8-11}$$

调节 R 和 C，可以改变振荡频率 f_0 的值。考虑到振荡信号的稳定性，R 和 C 的值不能取太小，所以 RC 串并联网络振荡电路的振荡频率正常范围为几赫兹至几兆赫兹。

4. 稳幅措施

为了改善输出电压的稳定问题，可以在放大电路的负反馈回路里采用非线性元件来自动调整反馈的强弱以维持输出电压的恒定。

图 8-5 所示为采用热敏电阻稳幅的 RC 桥式信号发生器。放大器的负反馈支路由热敏电阻 Rt 和 R_1 组成。Rt 为负温度系数的热敏电阻，也就是说当温度升高时，它的阻值变小，温度降低时阻值增大。当信号发生器刚起振时，振荡电压很小，流过 Rt 的电流小，Rt 温度低，阻值大，负反馈强度弱，放大器增益大；随着振荡幅度增大，流过 Rt 的电流增加，Rt 的温度上升，阻值减小，负反馈强度加深，放大器增益降低。这样就保证了放大器在线性工作情况下实现稳幅作用，从而改善了输出振荡波形。

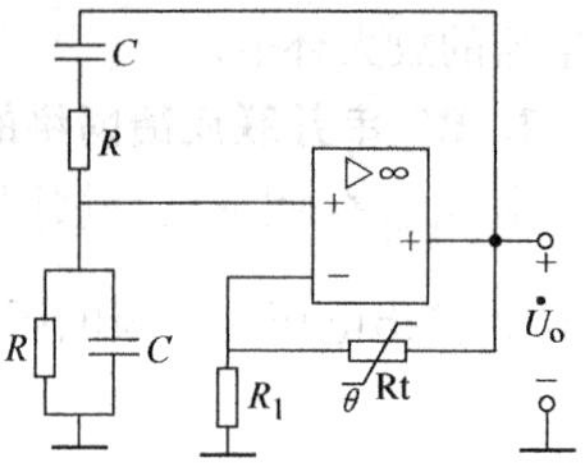

图 8-5　热敏电阻稳幅的 RC 桥式信号发生器

例 8-1　图 8-6 所示电路是没有画完整的正弦波信号发生器。已知 $R = 2.4\text{k}\Omega$，$C = 0.033\mu\text{F}$，$R_1 = 1\text{k}\Omega$。（1）完成各节点的连接；（2）选择 R_2 的阻值；（3）计算电路的振荡频率；（4）试说明二极管 VD_1、VD_2 的作用，并说明理由。

解　（1）在图 8-6 中，当 $f = f_0$ 时，RC 串并联网络的相移为零，为了满足相位条件，放大器的相移也应为零，所以节点 J 应与 L 相连接；为了减少非线性失真，放大电路引入负反馈，节点 K 应与 M 相连接。

（2）为了满足电路自行起振的条件，需满足电路增益 $A \geqslant 3$，即

$$A = \frac{R_1 + R_2}{R_1} \geqslant 3$$

也即 $R_2 \geqslant 2R_1 = 2\text{k}\Omega$，可以取 $R_2 = 3\text{k}\Omega$。

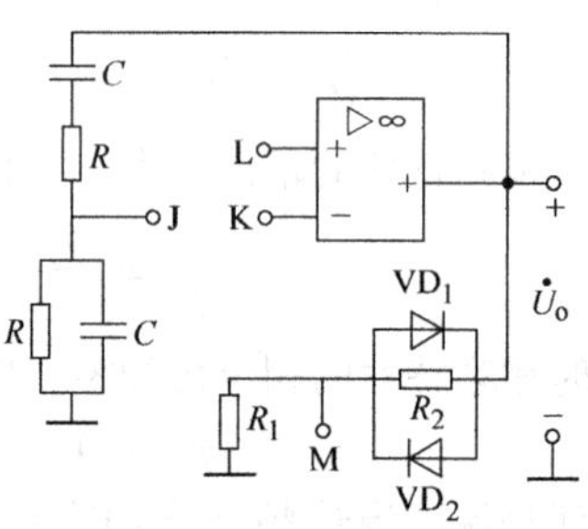

图 8-6　例 8-1 的电路

（3）电路的振荡频率 $f_0 = \dfrac{1}{2\pi RC} = \dfrac{1}{2\pi \times 2.4 \times 10^3 \Omega \times 0.033 \times 10^{-6}\text{F}} = 2\text{kHz}$

（4）二极管 VD_1、VD_2 起稳幅作用。当电路刚起振时，流过 R_2 的电流小，VD_1、VD_2 均截止，随着振荡幅度提高，流过 R_2 的电流增加，当 R_2 两端电压 u_{R_2} 增加到能使 VD_1 或 VD_2 导通时，导通后二极管的正向电阻 r_d 与电阻 R_2 并联，使放大器增益下降，从而实现稳幅。由于输出是正弦波信号，有正有负，所以 VD_1、VD_2 交替导通。

8.2.3　LC 正弦波信号发生器

LC 正弦波振荡电路主要用来产生 1MHz 以上的高频信号。由于通用运放的频带较窄，所以 LC 正弦波振荡电路一般用分立元件组成。按照反馈方式的不同，常用的 LC 振荡电路有变压器反馈式、电感三点式和电容三点式三种。它们的共同特点是用 LC 并联谐振回路作为选频网络，因

此我们先介绍 LC 并联谐振回路的选频特性。

1. LC 并联谐振回路

LC 并联谐振回路如图 8-7 所示。回路的电容损耗忽略不计，回路电感的损耗以并联电阻 R_0 形式出现。下面介绍 LC 并联谐振回路谐振时的一些特点。

（1）谐振频率 f_0

由电路理论可得图 8-7 回路的等效阻抗为

$$Z = \frac{1}{G_0 + \mathrm{j}\left(\omega C - \frac{1}{\omega L}\right)} \tag{8-12}$$

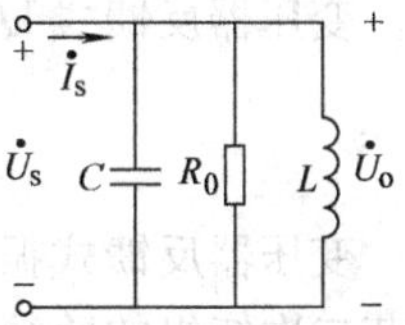

图 8-7　LC 并联谐振回路

其中 $G_0 = \frac{1}{R_0}$，则回路阻抗的模为

$$|Z| = \frac{1}{\sqrt{G_0^2 + \left(\omega C - \frac{1}{\omega L}\right)^2}} \tag{8-13}$$

由式（8-13）可知，当 $\omega C = \frac{1}{\omega L}$，即

$$\omega = \omega_0 = \frac{1}{\sqrt{LC}} \quad 或 \quad f = f_0 = \frac{1}{2\pi\sqrt{LC}} \tag{8-14}$$

时回路处于谐振状态，回路阻抗最大，呈现纯电阻。回路谐振时的电阻 R_0 称为谐振电阻，f_0 称为谐振频率。

（2）等效品质因数 Q

在谐振回路中，引入回路等效品质因数可以方便地反映谐振特性。并联谐振回路的等效品质因数定义为

$$Q = \frac{R_0}{\omega_0 L} \tag{8-15}$$

（3）并联谐振回路的选频特性

设信号源电流为 $\dot{I}_S$，回路输出端电压为 $\dot{U}_0$，根据 $\dot{U}_0 = \dot{I}_S Z$ 可得到并联谐振回路输出电压的幅频特性表达式为

$$\left|\frac{\dot{U}_o}{\dot{U}_m}\right| = \frac{1}{\sqrt{1 + \left(Q\frac{2\Delta f}{f_0}\right)^2}} \tag{8-16}$$

式中 U_m 为并联谐振回路谐振时的输出电压，$\Delta f = f - f_0$ 称为回路的绝对失调量。由式（8-16）可以画出幅频特性曲线，如图 8-8 所示。

由图 8-8 可见，当回路谐振时，即 $\omega = \omega_0 = \frac{1}{\sqrt{LC}}$时，电压幅值最大，即 $U_m = I_S R_0$，且输出电压与输入电流同相；Q 值越大，曲线越尖锐，选频特性越好。

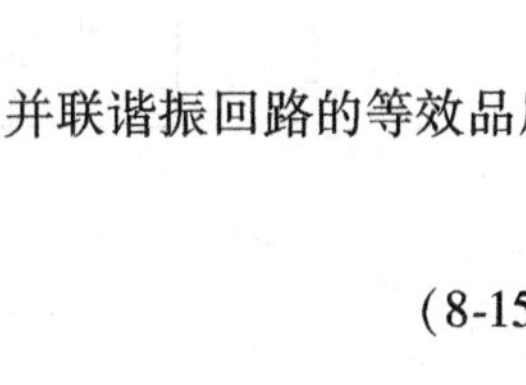

图 8-8　LC 并联谐振回路电压幅频特性

2. 变压器反馈式 LC 正弦波信号发生器

变压器反馈式 LC 信号发生器如图 8-9 所示。图中采用 LC 并联谐振回路作为选频网络，变压器作为反馈网络。

判断变压器反馈式 LC 信号发生器的相位平衡条件可以采用瞬时极性法。首先断开反馈回路，假设在放大器的输入端加一瞬时极性为

“⊕”的输入信号 $\dot{U}_i$，通过晶体管放大，其集电极的输出电压 $\dot{U}_o$与输入电压 $\dot{U}_i$反相，极性为“⊖”，变压器同名端极性均为“⊕”，从而保证 $\dot{U}_f$与 $\dot{U}_i$同相，满足信号发生器相位平衡条件，即正反馈条件。

变压器反馈式LC信号发生器的振荡频率近似由谐振回路决定，即

$$f_0 = \frac{1}{2\pi\sqrt{LC}} \tag{8-17}$$

变压器反馈式振荡电路的特点是：只要绕组的同名端正确，适当调节二次绕组的匝数电路即能起振。由于变压器分布参数的限制，振荡频率不能很高，一般在几赫兹到几兆赫兹。

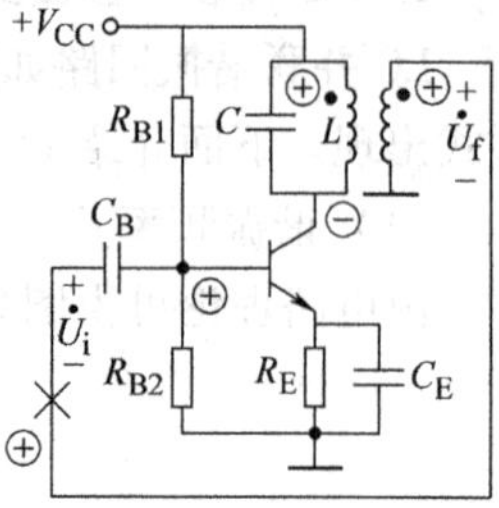

图8-9　变压器反馈式LC信号发生器

3. 电感三点式LC正弦波信号发生器

电感三点式LC正弦波振荡电路如图8-10a所示，图中具有抽头的电感与电容组成LC并联谐振回路。反馈网络由电感 L_2 组成，即反馈电压取自电感 L_2。由其交流通路图8-10b可看出，电感线圈 L_1 和 L_2 引出的三个端点与放大管的三个电极分别相连，故该电路常称为电感三点式振荡电路。

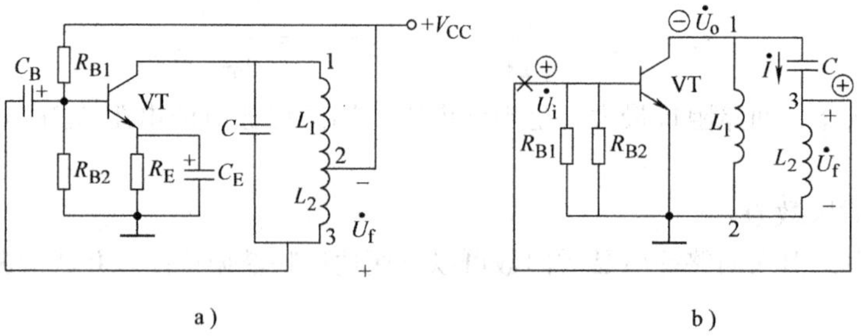

图8-10　电感三点式LC信号发生器

a）原理电路　b）交流通路

假设断开输入端，如图8-10b所示。由于放大电路为共射组态，因此 $\dot{U}_o$与 $\dot{U}_i$反相；在谐振频率f_0处L_2C串联支路呈容性，在 $\dot{U}_o$作用下，L_2C串联支路电流 $\dot{I}$ 超前 $\dot{U}_o$90°，$\dot{I}$ 在 L_2 上产生的反馈电压 $\dot{U}_f$超前 $\dot{I}$ 90°，所以 $\dot{U}_f$超前 $\dot{U}_o$180°（$\dot{U}_f$与 $\dot{U}_o$反相），即 $\dot{U}_f$与 $\dot{U}_i$同相，满足信号发生器相位平衡条件。

改变 L_1 与 L_2 的匝比（一般取 $L_2/L_1 = 1/8 \sim 1/4$），可使信号发生器满足幅度条件。

电感三点式振荡电路的振荡频率为（忽略互感量 M）

$$f_0 = \frac{1}{2\pi\sqrt{(L_1 + L_2)C}} \tag{8-18}$$

电感三点式振荡电路的特点是 L_1、L_2 之间耦合较紧，易起振；调节频率方便，调节频率范围较宽，可用来产生几十兆赫兹以下的正弦信号；反馈电压取自电感 L_2，由于电感对高次谐波的阻抗较大，使反馈电压 $\dot{U}_f$中高次谐波分量较多，输出波形中含有较大的高次谐波，波形质量较差。

4. 电容三点式LC正弦波信号发生器

电容三点式振荡电路如图8-11a所示，反馈电压取自电容 C_2 两端。由其交流通路图8-11b可明显看出，电容器 C_1 和 C_2 引出的三个端点与放大管的三个电极分别相连，故该电路常称为电容三点式振荡电路。

假设断开输入端，如图 8-11b 所示。由于放大电路为共射组态，因此 $\dot{U}_o$ 与 $\dot{U}_i$ 反相；在谐振频率 f_0 处 LC_2 串联支路呈感性，在 $\dot{U}_o$ 作用下，LC_2 串联支路电流 $\dot{I}$ 滞后 $\dot{U}_o$ 90°，$\dot{I}$ 在 C_2 上产生的反馈电压 $\dot{U}_f$ 滞后 $\dot{I}$ 90°，所以 $\dot{U}_f$ 滞后 $\dot{U}_o$ 180°（$\dot{U}_f$ 与 $\dot{U}_o$ 反相），即 $\dot{U}_f$ 与 $\dot{U}_i$ 同相，满足信号发生器相位平衡条件。

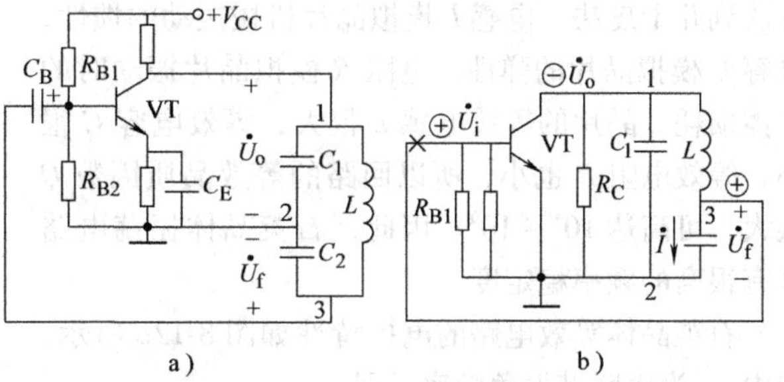

图 8-11　电容三点式 LC 信号发生器
a）原理电路　b）交流通路

电容三点式振荡电路的振荡频率为

$$f_0 = \frac{1}{2\pi\sqrt{L\dfrac{C_1C_2}{C_1+C_2}}} \tag{8-19}$$

适当选取 C_2/C_1 的值，以获得足够的反馈量，并使放大电路具有足够的放大倍数，使振幅起振条件得到满足，电路就能产生自激振荡。

电容三点式振荡电路特点是由于反馈电压取自电容 C_2，因此电容对高次谐波的阻抗小，反馈电压中谐波分量小，使得输出波形较好；电容 C_1、C_2 的容量可以选得较小，可使电路的振荡频率较高，一般可达 100MHz 以上，但振荡频率调节较困难。

综上所述，三点式振荡电路满足相位平衡条件的连接特点是："射同基反"。也就是说，发射极-基极和发射极-集电极之间的回路元器件的电抗性质相同（同为感性或容性），基极-集电极之间的回路元器件的电抗性质与上述回路相反。满足此条件，即可能产生正弦波振荡。

8.2.4　晶体振荡器

频率稳定度是振荡电路的一项重要的质量指标。频率稳定度常用频率的相对变化量 $\Delta f/f_0$ 表示，Δf 表示实际因某些因素引起的实际振荡频率与 f_0 的偏差，f_0 为额定振荡频率，$\Delta f/f_0$ 越小表示振荡电路的频率稳定性越好。在 LC 振荡电路中，等效品质因数 Q 值越大，频率的稳定度越高。但一般 LC 并联谐振回路的 Q 值只有数百，使其频率稳定度 $\Delta f/f_0$ 很难突破 10^{-5} 的数量级。而石英晶体谐振器的 Q 值极高，能达 10^5，使得振荡频率具有很高的稳定性和准确度。一般石英晶体振荡电路的频率稳定度可达 10^{-9}，甚至 10^{-11} 数量级。

1. 石英晶体谐振器的基本特性和等效电路

（1）压电效应

石英晶体的化学成分是二氧化硅（SiO_2），具有稳定的物理化学性质。其电路符号如图 8-12a 所示。石英晶体具有正反压电效应，即如果加一个电场，晶片（将石英晶体按一定方位角切割成的薄片）会产生机械变形；相反，如果对晶体施加机械力使其变形，又会在极板上产生相应的电荷。当外加交变电压的频率与晶片的固有频率（取决于晶片形状和几何尺寸）相等时，机械振动的幅度会急剧增加，伴随产生的交变电场强度也增大。此时晶片发生机械谐振，这种现象称为压电谐振。

（2）等效电路和谐振频率

石英晶体压电谐振现象与一般 LC 回路的谐振现象非常相似，故可以用电参数来模拟等效，石英晶体的等效电路如图 8-12b 所示。图中 C_0 等效晶片两金属极板间的静电电容，一般约为几皮法到几十皮法，电感 L 模拟晶片机械振动的惯性，电容 C 模拟晶片的弹性，电阻 R 模拟晶片振动时的摩擦损耗。晶片的等效电感 L 很大，等效电容 C 很小，等效电阻 R 也小，所以回路的等效品质因数 Q 很大，可高达 $10^4\sim10^6$。因此，石英晶体振荡电路具有很高的频率稳定度。

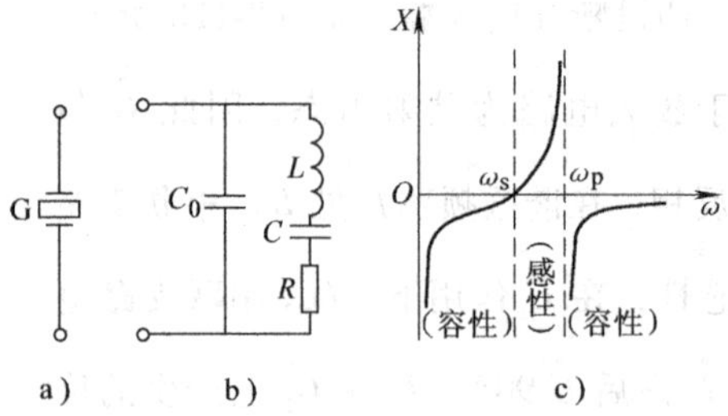

图 8-12　石英晶体谐振器

a）晶体符号　b）等效电路　c）电抗特性

石英晶体等效电路的电抗特性如图 8-12c 所示。图中 ω_s 为串联谐振角频率，即

$$\omega_s=\frac{1}{\sqrt{LC}}\tag{8-20}$$

ω_p 为并联谐振角频率，即

$$\omega_p=\frac{1}{\sqrt{L\dfrac{C_0C}{C_0+C}}}=\omega_s\sqrt{1+\frac{C}{C_0}}\tag{8-21}$$

由于 $C\ll C_0$，所以 ω_s 和 ω_p 两个谐振角频率非常接近。

2. 石英晶体振荡器

石英晶体振荡器有两种，一种是并联型石英晶体振荡器，另一种是串联型石英晶体振荡器。

（1）并联型石英晶体振荡器

并联型晶体振荡电路如图 8-13 所示。此时的晶体必须工作在 ω_s 和 ω_p 之间呈感性，才能与 C_1、C_2 组成电容三点式振荡电路。晶体相当于电感元件。

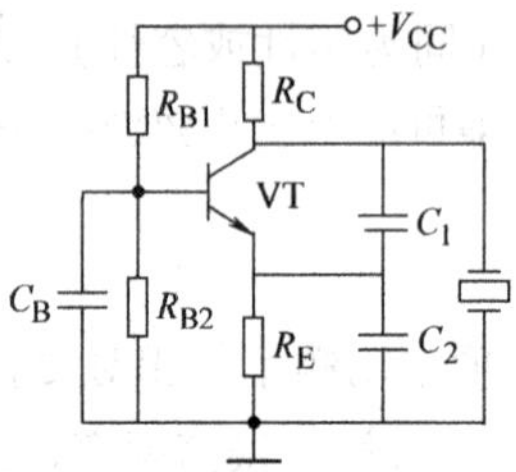

图 8-13　并联型石英晶体振荡器

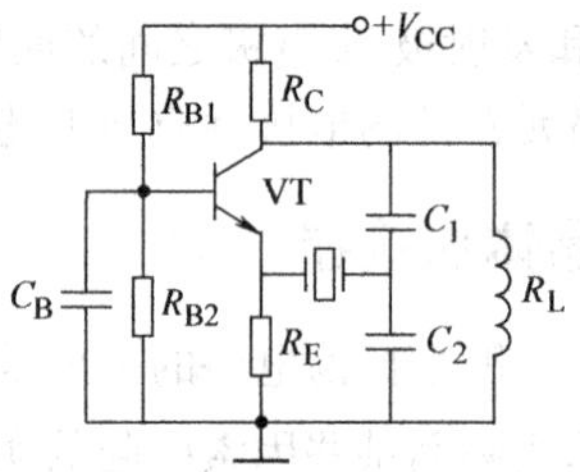

图 8-14　串联型石英晶体振荡器

（2）串联型石英晶体振荡器

串联型晶体振荡电路如图 8-14 所示。由图可见，晶体连接在反馈支路中，当反馈信号的频率等于晶体的串联谐振角频率 ω_s 时，晶体的阻抗接近零，晶体相当于一根短路线。此时正反馈最强，最易满足振幅起振条件，振荡频率即为晶体的串联谐振角频率 ω_s。

8.3　电压比较器

电压比较器是用来比较输入电压相对大小的电路，通常有两个输入端和一个输出端。其中一个输入端接参考电平（或基准电压），另一个接待比较的输入信号。输出端的状态只有两种：高电平输出或低电平输出。对比较器的要求是：动作迅速、反应灵敏、判断准确，同时抗干扰能力强，另外应有必要的保护措施。电压比较器是非正弦信号发生器的基本单元电路。除此之外，电压比较器还广泛应用于数字仪表、A-D 转换、自动检测、自动控制等各个方面。下面讨论各种比较器的工作原理与特性。

8.3.1　单门限电压比较器

1. 零电平电压比较器

一种最简单的电压比较器——零电平电压比较器如图 8-15a 所示，其反相输入端接输入信号 u_i，同相输入端接地。图中运放工作在开环状态，反相输入端不再为“虚地”。当运放为理想器件时，输入电流近似为零，且具有很高的开环电压增益。所以，当输入信号 $u_i>0$ 时，输出电压 u_o 为负饱和值，接近负电源电压，即 $u_o\approx -V_{CC}$；当输入信号 $u_i<0$ 时，输出电压 u_o 为正饱和值，接近正电源电压，即 $u_o\approx +V_{CC}$。图 8-15b 给出了该电路的电压传输特性。可见 u_o 的突变（比较器翻转）发生在 $u_i=0$ 的时刻，也就是说，u_i 与零电平（电位）进行比较，即参考电位是零，故称为零电平电压比较器，又称为过零比较器。

通常将比较电平称为门限电压或阈值电压。对于图 8-15 所示的零电平电压比较器，门限电压为零。由于 u_i 从反相端输入且只有一个门限电压，故该电路也称为反相输入单门限电压比较器。如果 u_i 从同相端输入，反相端接地，则可称为同相输入单门限电压比较器，其电路图与传输特性读者可自行分析。

图 8-15b 所示的传输特性中，实线为理想的特性曲线，虚线为实际的特性曲线，其斜率与运放的电压放大倍数成正比，即，运放的电压放大倍数越大，斜率越大，比较器翻转速度越快，灵敏度越高。

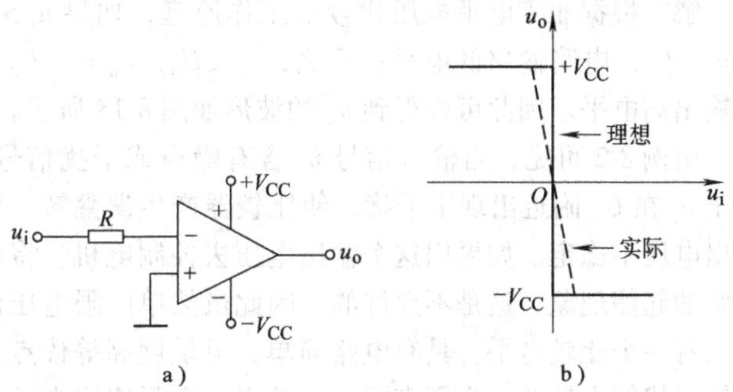

图 8-15　零电平电压比较器
a）电路　b）传输特性

图 8-15a 所示电路中，输出电压接近正、负电源电压。这样输出电平易受电源波动、饱和深度的影响，且输出电平不能随意改变。为解决这些问题可采用如图 8-16a 所示电路。图中输出端由一个双向稳压管 VS 限幅，R_0 是限流电阻，这样输出电压 $u_o=\pm U_z$，其中 U_z 是稳压管的稳定电压，选择不同的稳压管就能改变电路的输出电平。其传输特性如图 8-16b 所示。

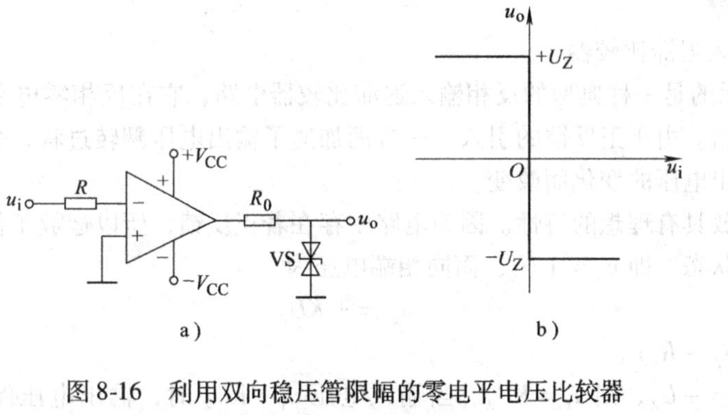

图 8-16　利用双向稳压管限幅的零电平电压比较器
a）电路　b）传输特性

2. 非零电平电压比较器

将零电平比较器中参考零电平改为非零电平值，可构成非零电平电压比较器。在如图 8-17a 所示电路中，将同相输入端接固定参考电平 U_R。如果 $u_i>U_R$，则 $u_o=-U_Z$，电路输出低电平；反之，$u_i<U_R$，则 $u_o=+U_Z$，电路输出高电平。电路的传输特性如图 8-17b 所示，翻转电平即门

限电压为 U_R。改变门限电压 U_R 的大小，可改变比较器翻转的时刻。门限电压的大小和极性需根据实际要求而定。

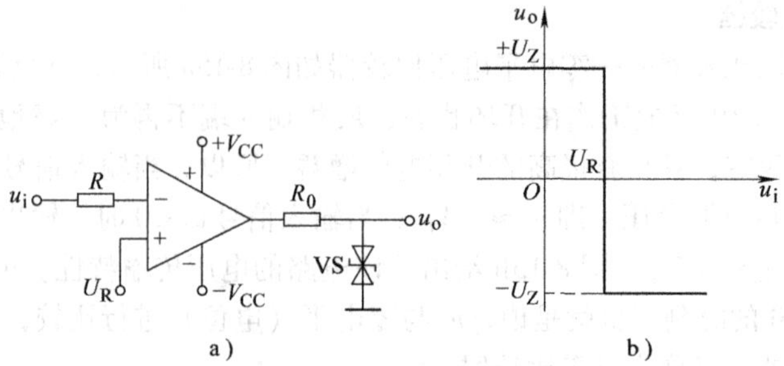

图 8-17　非零电平电压比较器

a) 电路　b) 传输特性

例 8-2　在图 8-17a 所示的非零电平电压比较器中，若输入信号电压 u_i 为如图 8-18 所示的波形，试画出 u_o 的波形。

解　根据非零电平电压比较器工作原理，如果 $u_i > U_R$，$u_o = -U_Z$，电路输出低电平；反之，$u_i < U_R$，$u_o = +U_Z$，电路输出高电平。因此可以得到 u_o 的波形如图 8-18 所示。

由例 8-2 可见，当输入信号 u_i 含有噪声或干扰信号时，由于 u_i 在 U_R 附近出现了干扰，使比较器产生误翻转，导致输出电压不稳定。如果用这个输出电压去控制电机，将出现频繁的起停现象，这是不允许的。因此虽然单门限电压比较器只有一个比较电平，具有电路简单，灵敏度高等优点，但其抗干扰能力较差。为了克服这一缺点，实际应用中常采用抗干扰能力较强的迟滞比较器、窗口比较器等多门限电压比较器。

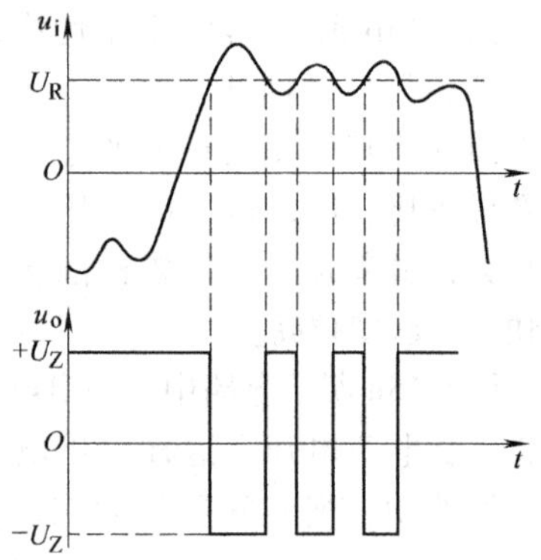

图 8-18　例 8-2 的输入-输出波形关系

8.3.2　多门限电压比较器

1. 迟滞比较器

(1) 反相输入迟滞比较器

图 8-19a 所示的是一种典型的反相输入迟滞比较器电路，它在反相零电平电压比较器基础上引入了正反馈网络。由于正反馈的引入，一方面加速了输出电压翻转过程，另一方面这种比较器的门限电压随输出电压的变化而改变。

假设集成运放具有理想的特性。因为电路中存在着正反馈，所以运放工作在非线性区，其输出只可能有两种状态，即 $u_o = \pm U_Z$，而同相端电压为

$$u_P = \pm KU_Z \tag{8-22}$$

式中，$K = R_2/(R_2 + R_3)$。

假设开始 $u_o = +U_Z$，则 $u_P = KU_Z$。当输入电压 $u_i < KU_Z$ 时，输出电压保持 $u_o = +U_Z$ 不变；当 $u_i > KU_Z$ 时，则电路翻转，输出电压立即跳变为 $u_o = -U_Z$。

假设 $u_o = -U_Z$，则 $u_P = -KU_Z$。当 $u_i > -KU_Z$ 时，则输出电压 $u_o = -U_Z$ 不变；当 $u_i < -KU_Z$ 时，电路翻转，输出电压 $u_o = +U_Z$。

根据以上分析，可以画出迟滞比较器的传输特性如图 8-19b 所示。可见，该电路有两个门限电压，同时产生回环，通常称回环的宽度为回差电压。因此该电路的回差电压为

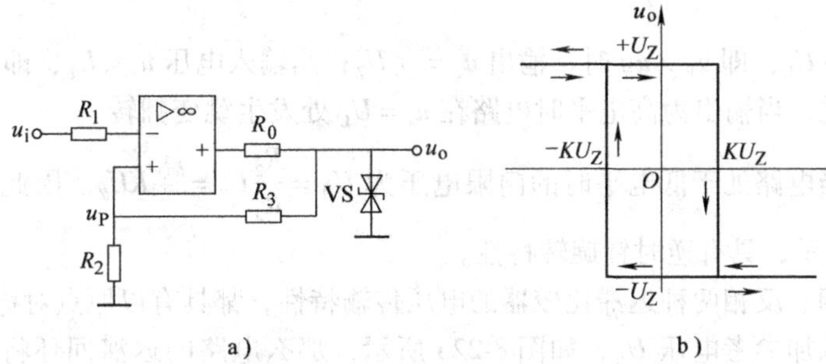

图 8-19　反相输入迟滞比较器

a）电路　b）传输特性

$$\Delta U = KU_Z - (-KU_Z) = 2KU_Z \tag{8-23}$$

调节 K，即可调节回差电压大小。

如果输入信号在门限附近有干扰信号出现，只要干扰信号负向波动不大于 $2KU_Z$ 就不会引起电路翻转，如图 8-20 所示。因此迟滞比较器提高了电路的抗干扰能力，但随之而来的是比较器的灵敏度降低，在 $2KU_Z$ 范围内信号的变化也不能分辨了。所以抗干扰能力与灵敏度是相互有矛盾的，设计电路时要全面考虑。

（2）同相输入迟滞比较器

同相输入迟滞比较器电路如图 8-21a 所示，电路受双向稳压管限幅，输出为 $\pm U_Z$。由叠加定理可求得图中同相输入端电压为

$$u_P = \frac{R_3}{R_2 + R_3}u_i + \frac{R_2}{R_2 + R_3}u_o \tag{8-24}$$

假设输出高电平 $u_o = +U_Z$，则

$$u_P = \frac{R_3}{R_2 + R_3}u_i + \frac{R_2}{R_2 + R_3}U_Z \tag{8-25}$$

根据比较器的特性，在 $u_P = u_N$ 时电路翻转。因为反相输入端 $u_N = 0$，所以根据式（8-24）可得

$$\frac{R_3}{R_2 + R_3}u_i + \frac{R_2}{R_2 + R_3}U_Z = 0$$

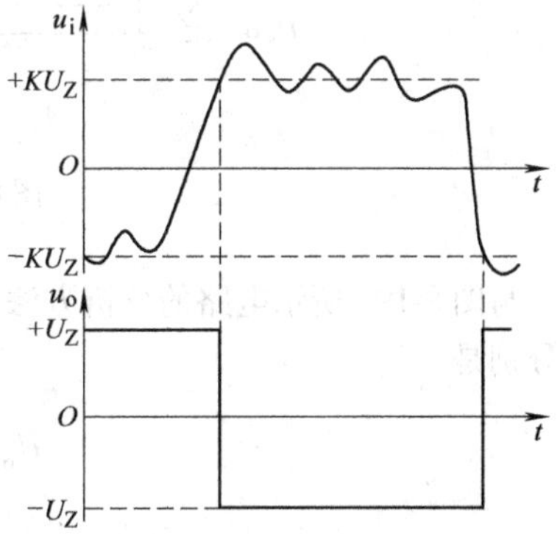

图 8-20　迟滞比较器抗干扰性能的波形

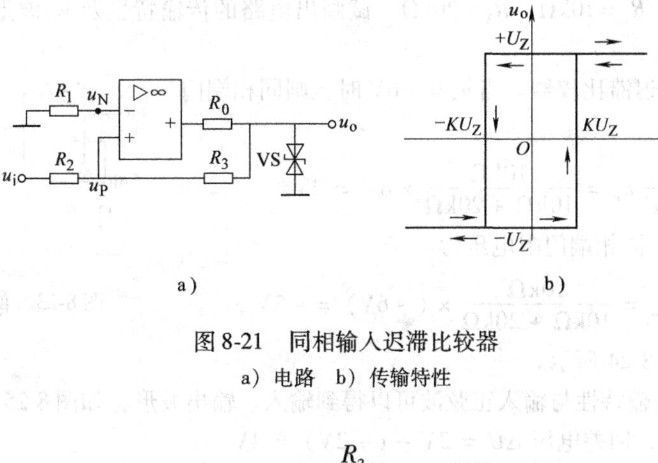

图 8-21　同相输入迟滞比较器

a）电路　b）传输特性

即门限电压为

$$U_L = u_i = -\frac{R_2}{R_3}U_Z = -KU_Z \tag{8-26}$$

式中，$K=R_2/R_3$。

当输入电压 $u_i>U_L$，即 $u_P>u_N$ 时，输出 $u_o=+U_Z$；当输入电压 $u_i<U_L$，即 $u_P<u_N$ 时，输出 $u_o=-U_Z$。也就是说，当输出为高电平时电路在 $u_i=U_L$ 处发生跳变翻转。

同理，可求得当电路处于低电平时的门限电压为 $U_H=\dfrac{R_2}{R_3}U_Z=+KU_Z$。因此可得该电路的传输特性如图 8-21b 所示，具有逆时针旋转特性。

以上介绍的同相、反相两种迟滞比较器的电压传输特性，都具有以原点对称的特性。如果在电路的另一个输入端加参考电压 U_R，如图 8-22a 所示，那么电路的迟滞回环将沿着坐标横轴平移。图 8-22a 中同相端电位为

$$u_P=\frac{R_3}{R_2+R_3}U_R+\frac{R_2}{R_2+R_3}u_o=\frac{R_3}{R_2+R_3}U_R\pm\frac{R_2}{R_2+R_3}U_Z \tag{8-27}$$

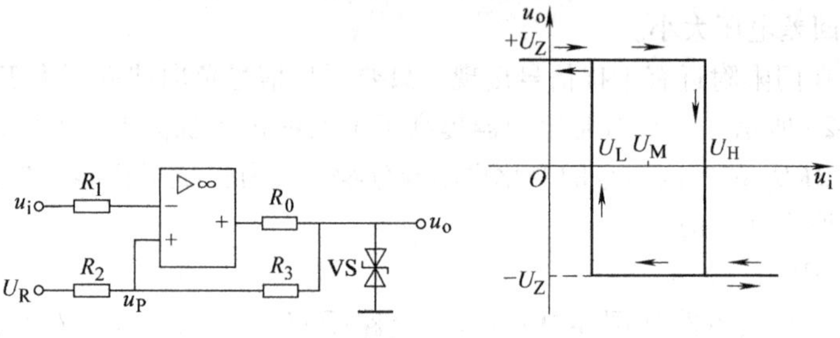

a）　　b）

图 8-22　特性平移的迟滞比较器

a）电路图　b）传输特性

与图 8-19a 所示电路的分析方法相同，得出电路的传输特性如图 8-22b 所示，图中的翻转电平分别是

$$U_H=\frac{R_3}{R_2+R_3}U_R+\frac{R_2}{R_2+R_3}U_Z \tag{8-28}$$

$$U_L=\frac{R_3}{R_2+R_3}U_R-\frac{R_2}{R_2+R_3}U_Z \tag{8-29}$$

传输特性就像图 8-19b 所示特性水平右移 $U_M=U_RR_3/(R_2+R_3)$ 一样。

例 8-3　电路如图 8-23 所示。图中集成运放为理想器件，$u_i=6\sin1800\pi t(\mathrm{V})$，稳压管 VS 稳定电压为 $U_Z=\pm6\mathrm{V}$，$R_1=10\mathrm{k\Omega}$，$R_2=20\mathrm{k\Omega}$。试画出电路的传输特性及 u_o 波形，并求电路的回差电压。

解　电路为反相迟滞比较器。当 $u_o=+6\mathrm{V}$ 时，则同相端门限电压为

$$u_P=\frac{R_1}{R_1+R_2}u_o=\frac{10\mathrm{k\Omega}}{10\mathrm{k\Omega}+20\mathrm{k\Omega}}\times6\mathrm{V}=2\mathrm{V}$$

当 $u_o=-6\mathrm{V}$ 时，同相端门限电压为

$$u_P=\frac{R_1}{R_1+R_2}u_o=\frac{10\mathrm{k\Omega}}{10\mathrm{k\Omega}+20\mathrm{k\Omega}}\times(-6\mathrm{V})=-2\mathrm{V}$$

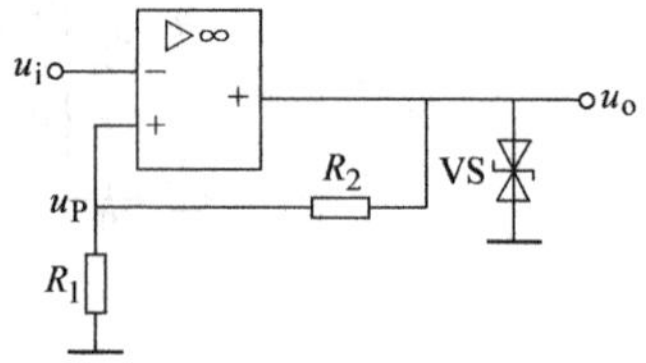

图 8-23　例 8-3 的电路

电路的传输特性如图 8-24 所示。

根据图 8-24 的传输特性与输入正弦波可以得到输入、输出波形，如图 8-25 所示。

由传输特性可知，回差电压 $\Delta U=2\mathrm{V}-(-2\mathrm{V})=4\mathrm{V}$。

2. 窗口比较器

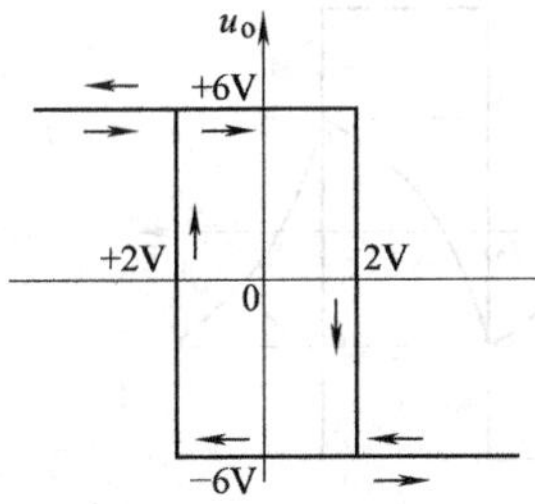

图 8-24　例 8-3 的传输特性

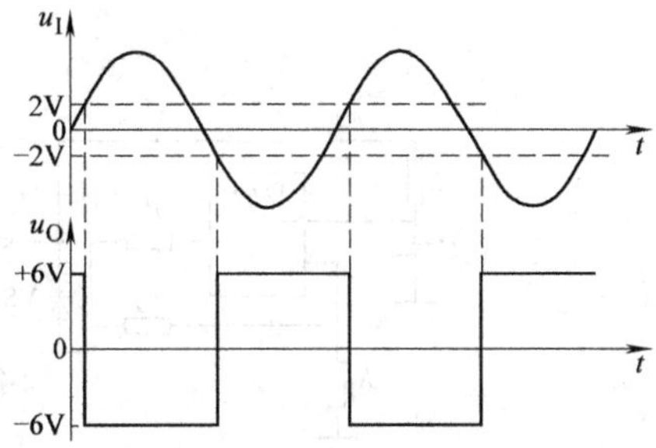

图 8-25　例 8-3 的输入、输出波形

另一类常用的双门限比较器是窗口比较器。这种比较器是用来检测输入信号是否位于两个指定的门限之间，可用于工业控制系统中。当被测量（温度、压力、液面等）超出范围时，便发出指示信号。如图 8-26a 所示为一个典型的窗口比较电路。设 U_H、U_L 均为正值，且 $U_H > U_L$。电路工作原理如下：

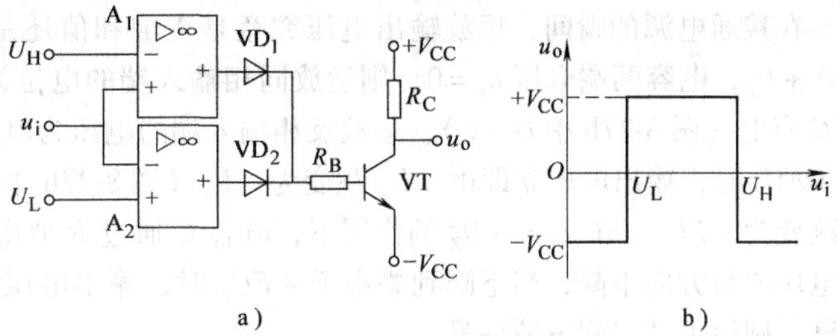

图 8-26　窗口比较器
a）电路图　b）传输特性

当 $U_L < u_i < U_H$ 时，运放 A_1、A_2 的同相端电压均低于反相端电压，都输出低电平。因此，二极管 VD_1、VD_2 截止，晶体管 VT 也截止，$u_o \approx +V_{CC}$，输出高电平。

当 $u_i > U_H$ 时，运放 A_1 输出高电平，A_2 输出低电平。二极管 VD_1 导通，VD_2 截止。若选择电阻 R_B 使晶体管工作在饱和状态，则 $u_o \approx -V_{CC}$，输出低电平。

同理，当 $u_i < U_L$ 时，$u_o \approx -V_{CC}$，输出低电平。传输特性如图 8-26b 所示。

8.4　非正弦波信号发生器

非正弦波信号发生器由具有开关特性的器件（这里仅限于采用电压比较电路）、反馈网络、延迟环节或积分环节等电路组成。与正弦波信号发生器相比，非正弦波信号发生器振荡条件比较简单，只需要反馈信号能使比较器状态发生变化，即能产生周期性的振荡。本节主要介绍方波、三角波等信号发生器。

8.4.1　方波发生器

方波发生器是一种能够直接产生方波或矩形波的非正弦波信号发生器。由于方波或矩形波包含极丰富的谐波，因此，这种电路又称为多谐振荡器。

1. 电路组成

方波发生器由迟滞比较器与 RC 反馈网络组成，如图 8-27a 所示。图中，迟滞比较器起开关作用，RC 网络除起反馈作用以外还起延迟作用。由图可知，电路的正反馈系数 F 为

$$F = \frac{R_1}{R_1 + R_2} \tag{8-30}$$

2. 工作原理

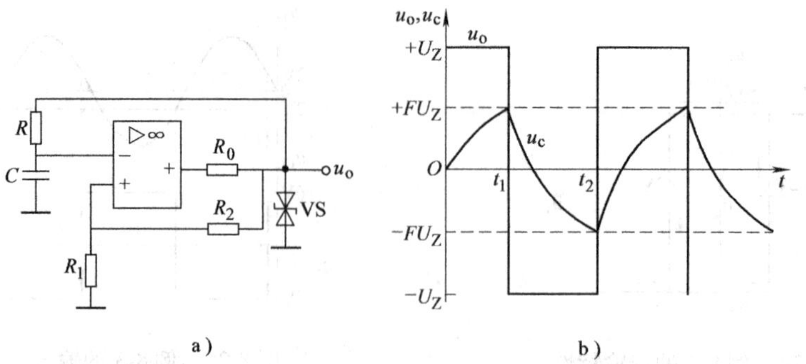

图 8-27　方波发生器

a) 电路　b) 波形

在接通电源的瞬间，运放输出电压究竟是正饱和值还是负饱和值，纯属偶然。设 $t=0$ 时，$u_o=+U_Z$，电容两端电压 $u_c=0$，则运放同相输入端的电位为 $+FU_Z$，此时输出电压通过 R 对电容 C 充电（图 8-27b 中 $O\sim t_1$），运放反相输入端的电压为电容 C 两端电压 u_c。当 u_c 上升到略大于 $+FU_Z$ 时，输出电压立即由 $+U_Z$ 跳变为 $-U_Z$（图 8-27b 中 $t=t_1$），运放同相输入端的电位也随之跳变为 $-FU_Z$。在 $u_o=-U_Z$ 的作用下，电容 C 通过 R 放电（图 8-27b 中 $t_1\sim t_2$），反相输入端的电压向负方向下降，当下降到略小于 $-FU_Z$ 时，输出电压立即由 $-U_Z$ 跳变为 $+U_Z$。如此循环不已，则输出端得到方波信号。

方波发生器输出波形和电容两端的波形如图 8-27b 所示。

3. 振荡频率计算

方波发生器的振荡频率与电容的充放电规律有关，通过分析可得

$$f=\frac{1}{2RC\ln(1+2R_1/R_2)} \tag{8-31}$$

由式（8-31）可见，振荡频率与 RC 网络时间常数 RC 及 R_1/R_2 有关。在实际应用中，通常改变 R 来调节振荡频率。

8.4.2　三角波和锯齿波发生器

1. 电路组成

三角波发生器由一个同相输入迟滞比较器与一个反相输入 RC 积分电路组成，如图 8-28a 所示。其中同相输入迟滞比较器产生方波信号，RC 积分电路将方波转换为三角波。

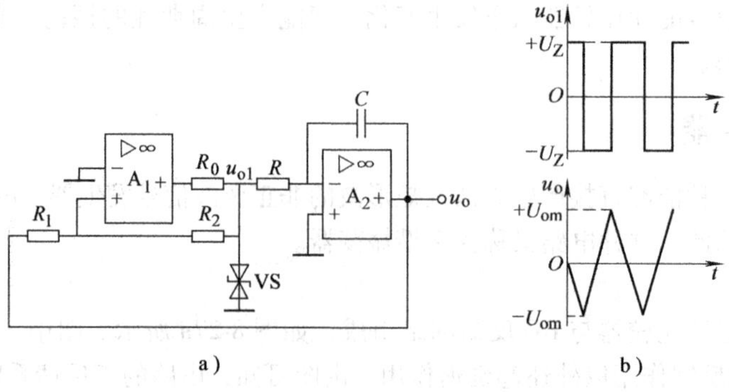

图 8-28　三角波发生器

a) 电路　b) 波形

2. 工作原理

由图 8-28a 可见，迟滞比较器 A_1 的反相输入端接地，同相输入端电压由 u_{o1} 和 u_{o2} 两个电压共同作用，比较器的输出电压 u_{o1} 作为积分器 A_2 的输入信号。因 u_{o1} 的大小等于稳压管的稳定值 $\pm U_Z$，积分电容 C 被恒流充电。

若 u_{o1} 为 $+U_Z$，则电容 C 充电，输出电压 u_o 线性下降，当 u_o 下降到某一负值，使 A_1 的同相端电压略低于零时，A_1 的输出电压 u_{o1} 从 $+U_Z$ 跳变为 $-U_Z$。在 u_{o1} 跳变为 $-U_Z$ 后，电容 C 放电，输出电压 u_o 线性上升，当 u_o 上升到某一正值，使 A_1 的同相输电压略高于零时，A_1 的输出电压 u_{o1} 从 $-U_Z$ 跳变为 $+U_Z$，如此周而复始，产生振荡。A_1 的输出端产生方波信号，A_2 的输出端产生三角波信号，波形如图 8-28b 所示。

3. 主要参数计算

由图 8-28b 波形可见，当 u_{o1} 从 $+U_Z$ 跳变为 $-U_Z$ 时，对应的输出是 $-U_{om}$，从 $-U_z$ 跳变为 $+U_Z$ 时，对应的输出是 U_{om}。而输出 u_o 发生转变的时刻，又是对应于 A_1 的同相输入端电压等于零的时刻。又因为流过 R_1 的电流等于流过 R_2 的电流，所以

$$\frac{U_Z}{R_2}=\frac{U_{om}}{R_1} \tag{8-32}$$

故三角波的幅值 U_{om} 为

$$U_{om}=\frac{R_1}{R_2}U_Z \tag{8-33}$$

由式（8-33）可以看出，当稳压管的稳定电压 U_Z 确定以后，改变 R_1 或 R_2 的数值就可改变三角波的幅值大小。

三角波发生器的振荡频率可根据积分器的输入-输出关系来确定，可以证明三角波发生器的振荡频率为

$$f=\frac{R_2}{4R_1RC} \tag{8-34}$$

由式（8-34）可见，振荡频率与 R_1、R_2、R 和 C 有关。但改变 R_1 或 R_2 的数值会影响三角波的幅值，因此，通常改变电容 C 作为频率粗调，改变 R 作为频率细调。

如果要产生如图 8-29 所示的锯齿波，只要使积分电路中的电容 C 的充、放电时间常数不相等即可。例如把图 8-28a 中积分电阻 R 支路用图 8-30 所示电路来代替，即可改变电容 C 的充、放电时间常数，使三角波中电压上升时的斜率和下降时的斜率不相等。图中 R_+ 和 R_- 分别是 u_o 为正和负时起作用的电阻（设二极管为理想器件）。

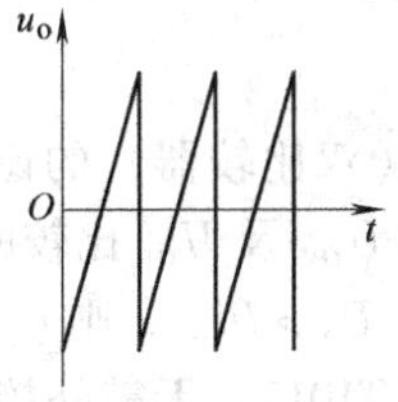

图8-29　一种锯齿波电压

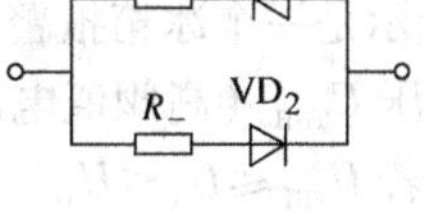

图 8-30　正反向阻值不同的电路

在很多场合下需要用到锯齿波信号，如在示波器、显示器等仪器中，为了使电子束按照一定规律运动，以利用荧光屏显示图像，常用到锯齿波发生器作为时基电路。例如，在示波器的水平偏转板加上随时间线性变化的电压——锯齿波电压，使电子束沿水平方向匀速扫过荧光屏。而在电视机中显像管荧光屏上的光点，是靠磁场变化进行偏转的，所以需要用锯齿波电流来控制，它

的水平偏转和垂直偏转都是用锯齿波电流来扫描。按照我国目前的电视广播信号制式，水平扫描频率为50Hz，垂直扫描频率为15625Hz。

本章小结

1. 正弦波振荡电路由放大器、正反馈网络、选频网络、稳幅环节四个功能部件组成。产生振荡的振幅平衡条件是$AF=1$，相位平衡条件是$\varphi_A+\varphi_F=2n\pi$（$n$为整数）。当满足信号发生器的起振条件$\dot{A}\dot{F}>1$，振荡就可以建立起来。

2. 分析电路是否可能产生振荡时，首先用瞬时极性法判断电路是否满足相位平衡条件（即是否构成正反馈），其次分析是否满足振幅起振条件（即电路参数设计是否满足$AF>1$）。

3. 按选频网络来分，正弦波振荡电路主要有RC、LC正弦波信号发生器和石英晶体振荡器。常用的RC正弦波信号发生器是文氏电桥信号发生器，其振荡频率为$f_0=\dfrac{1}{2\pi RC}$，一般小于1MHz。

4. LC正弦波信号发生器的振荡频率比较高，它可分为变压器耦合式、电感三点式、电容三点式三种电路。LC正弦波信号发生器振荡频率为$f_0=\dfrac{1}{2\pi\sqrt{LC}}$，等效品质因数$Q$值越大，电路的选频特性越好，振荡频率的稳定度越高。

5. 石英晶体振荡器的Q值极高，电路的振荡频率稳定度很高，应用十分广泛。

6. 电压比较器中的运放工作在非线性状态，其输入的是模拟信号，输出的是数字信号，是模拟电路与数字电路之间的接口电路。

7. 单门限电压比较器、迟滞电压比较器均有同相输入和反相输入两种接法。单门限电压比较器的运放工作在开环状态，只有一个门限电压，电路简单，抗干扰能力差；迟滞电压比较器的运放工作在正反馈状态，有两个门限电压，抗干扰能力强，在翻转点具有很高的灵敏度。

8. 非正弦波信号发生电路中没有选频网络，是利用比较器、延时电路、积分电路等实现振荡的。非正弦波信号发生电路有方波发生器、三角波发生器、锯齿波发生器等。

实践案例

冰箱报警器电路

图8-31所示是一个冰箱报警器电路。常由两个比较器组成（双比较器）的窗口比较器，它有两个阈值电压U_{THH}（高阈值电压）及U_{THL}（低阈值电压），与U_{THH}及U_{THL}比较的电压U_A输入两个比较器。若$U_{THL}\leqslant U_A\leqslant U_{THH}$，$u_{out}$输出高电平；若$U_A<U_{THL}$，$U_A>U_{THH}$，则$u_{out}$输出低电平。

两个比较器采用低工作电压、低功耗、互补输出双比较器LT1017，无需外接上拉电阻。冰箱正常工作温度设为0～5℃（0～5℃是一个"窗口"），在此温度范围时比较器输出高电平（表示温度正常）；若冰箱温度低于0℃或高于5℃，则比较器输出低电平，此低电平信号电压输入微控制器（μC）作报警信号。

温度传感器采用NTC热敏电阻Rt，已知Rt在0℃时阻值为333.1kΩ，5℃时阻值为258.3kΩ，则按1.5V工作电压及流过R_1、Rt的电流约1.5μA，可求出R_1的值。R_1的值确定后，可计算出0℃时的U_A值为0.5V（按图8-31中$R_1=665\text{k}\Omega$时），5℃时的U_A值为0.42V，则U_{THL}

$=0.42\text{V}$，$U_{\text{THH}}=0.5\text{V}$。若设 $R_2=665\text{k}\Omega$，则按图 8-32 所示，可求出流过 R_2、R_3、R_4 电阻的电流 $I=(1.5\text{V}-0.5\text{V})/665\text{k}\Omega=0.0015\text{mA}$，则 $R_4\times I=0.42\text{V}$，可求出 $R_4=280\text{k}\Omega$，再由 $0.5\text{V}=(R_3+R_4)0.0015\text{mA}$，则可求出 $R_3=53.3\text{k}\Omega$。

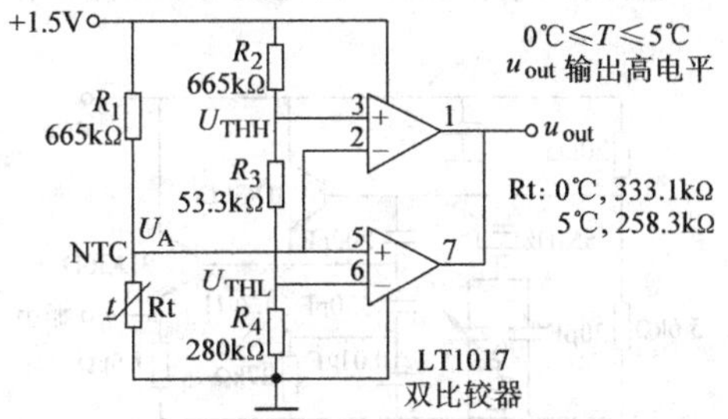

图 8-31　冰箱报警器电路

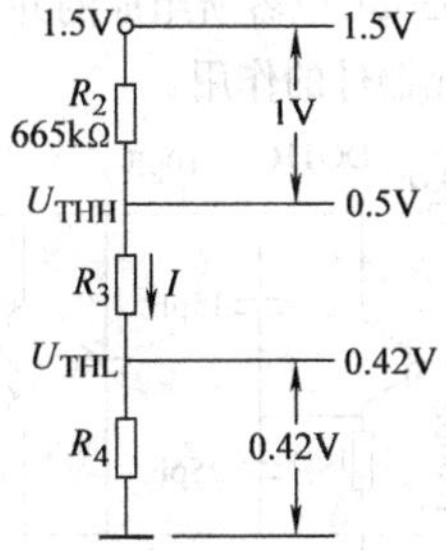

图 8-32　R_2、R_3、R_4 电阻分压电路

思考题与习题

8-1　在图 8-33 所示电路中，$R=1\text{k}\Omega$，$C=0.47\mu\text{F}$，$R_1=10\text{k}\Omega$。问：(1) 由该集成运放组成的电路是什么电路；(2) 计算 R_2 的值；(3) 计算输出电压的频率 f 的值。

8-2　电路如图 8-34 所示，试求：(1) R_{RP}的下限值；(2) 振荡频率的调节范围。

8-3　电路如图 8-35 所示，稳压管 VS 起稳幅作用，其稳定电压 $\pm U_Z=\pm6\text{V}$。试估算：(1) 输出电压不失真情况下的有效值；(2) 振荡频率。

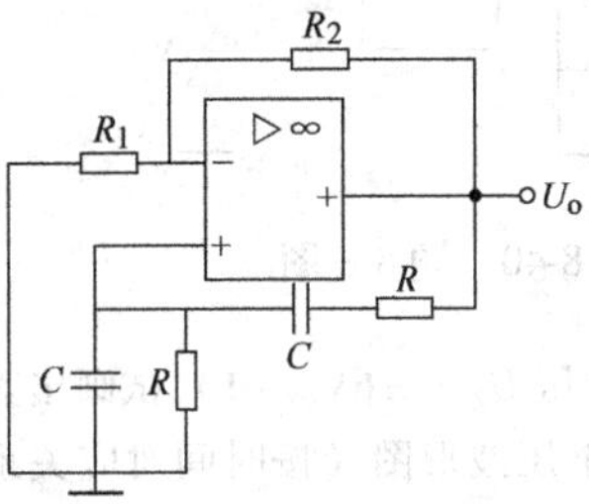

图 8-33　题 8-1 图

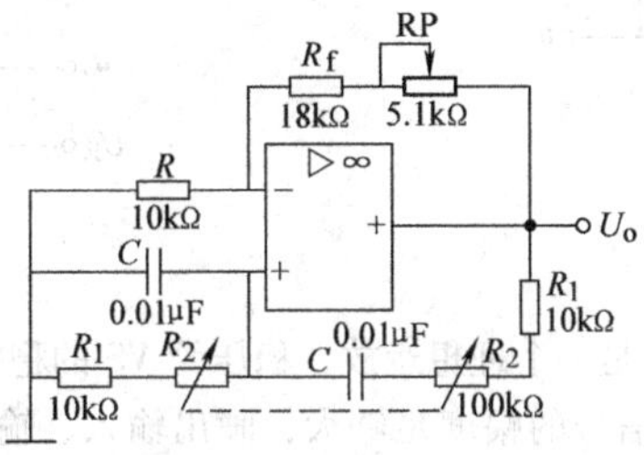

图 8-34　题 8-2 图

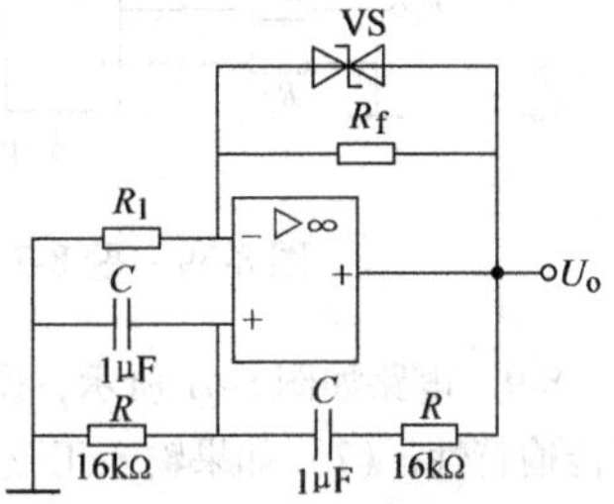

图 8-35　题 8-3 图

8-4　检查图 8-36 所示的信号发生器电路的错误，并加以改正。

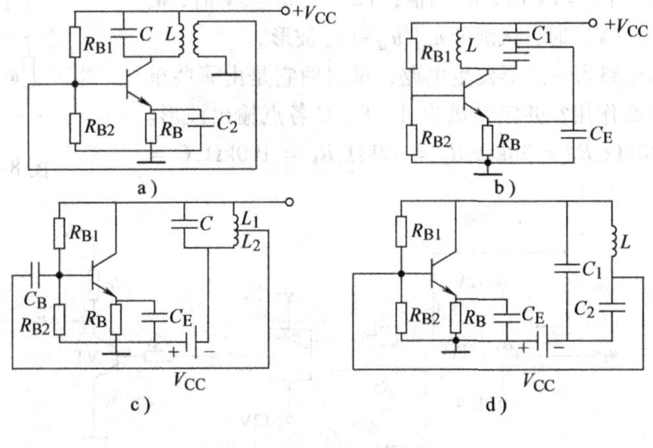

图 8-36　题 8-4 图

8-5　图 8-37 所示为某电视接收机的本振荡电路，改换电感 L 即可以从 1 ~ 12 改换频道，试问：(1)

画出交流等效电路，说明是什么形式电路，有何优点；（2）说明各元器件的作用，振荡频率主要由什么决定。

8-6　图 8-37 所示为一数字频率计用的晶体振荡器。要求：（1）画出交流等效电路；（2）计算由 4.7μH 电感与 330pF 电容所组成的并联回路的谐振频率，并与晶体频率相比较，由此说明该回路的作用；（3）说明其他元器件的作用。

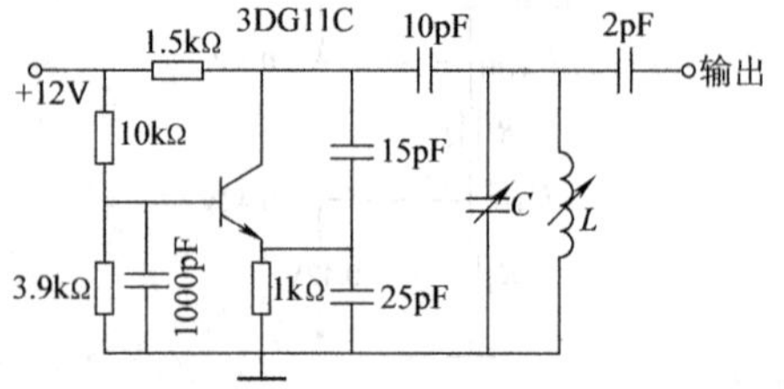

图 8-37　题 8-5 图

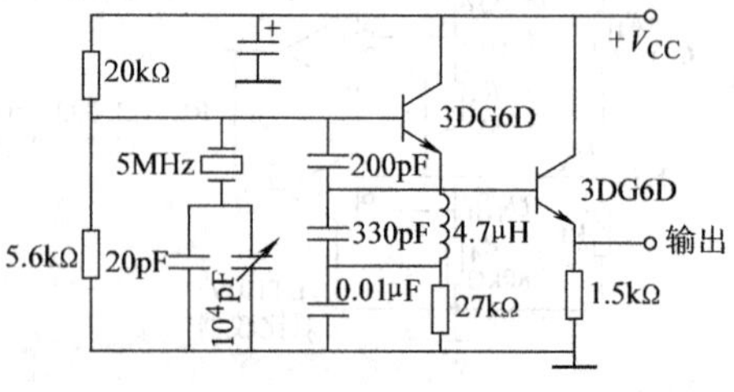

图 8-38　题 8-6 图

8-7　电路如图 8-39 所示，已知运放是理想的，其最大输出电压即为电源电压，$V_{CC}=15V$，$R_1=R_2=100k\Omega$，$R_3=50k\Omega$。试计算下列几种接法时的 u_o，并说出此时电路的名称。（1）M 与 N 相连，$u_i=1V$；（2）M 悬空，$u_i=1V$；（3）M 与 P 相连，u_o 原为 +15V，现输入电压增至 $u_i=6V$。

8-8　图 8-40 所示电路中，稳压管 VS 的稳定电压为 $\pm U_Z$，画出其电压传输特性。

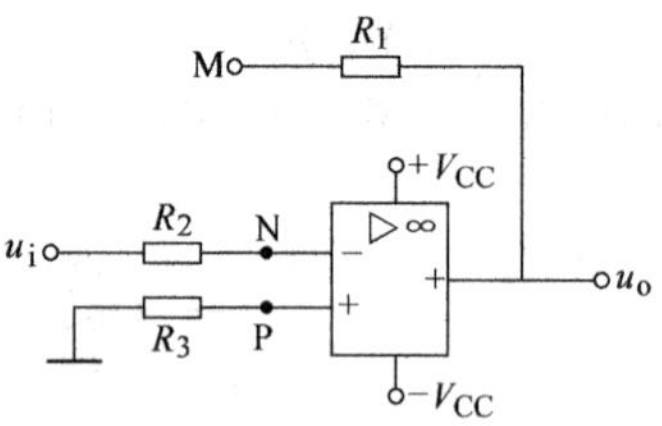

图 8-39　题 8-7 图

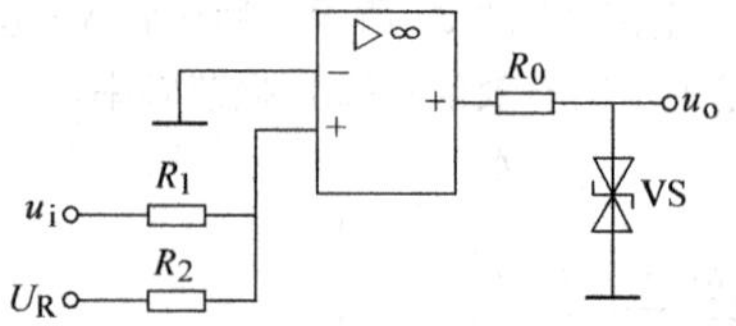

图 8-40　题 8-8 图

8-9　电路如图 8-41 所示，设 A 是一个理想运放，稳压管 VS 的稳定电压 $U_Z=\pm 6V$。（1）试画出其电压传输特性；（2）如果输入正弦波信号的幅度足够大，画出输入、输出电压波形图（按时间对应关系作图）。

8-10　电路如图 8-42 所示，A_1、A_2 为理想运放，二极管 VD 也是理想器件，BJT 的 $\beta=50$，$U_{CES}\approx 0$，$I_{CEO}\approx 0$，$R_1=R_2=2k\Omega$，$R_B=51k\Omega$，$R_C=5.1k\Omega$。试求：（1）当 $u_i=1V$ 时，u_o 的值；（2）当 $u_i=3V$ 时，u_o 的值；（3）当 $u_i=5\sin\omega t$（V）时，试画出 u_i、u_{o2} 和 u_o 波形。

8-11　图 8-43 所示电路为一波形发生电路，试说明它是由哪些单元电路组成的？各起什么作用？并定性画出 A、B、C 各点输出波形。已知 $R=R_3=R_4=10k\Omega, R_1=20k\Omega, R_2=12k\Omega, R_5=100k\Omega, C=0.1\mu F$。

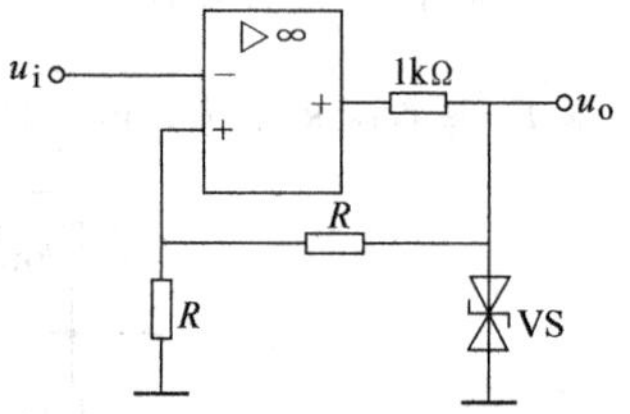

图 8-41　题 8-9 图

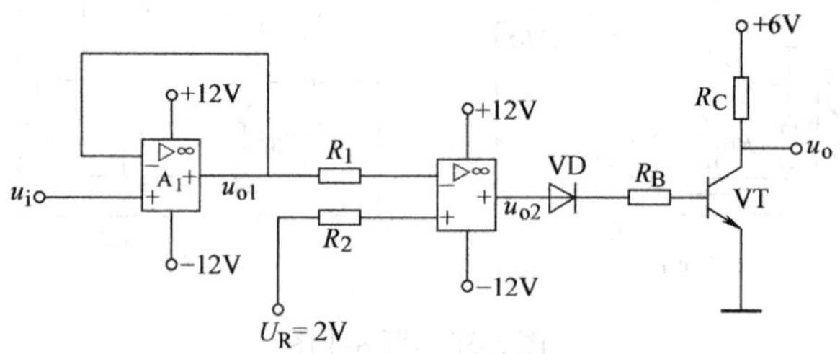

图 8-42　题 8-10 图

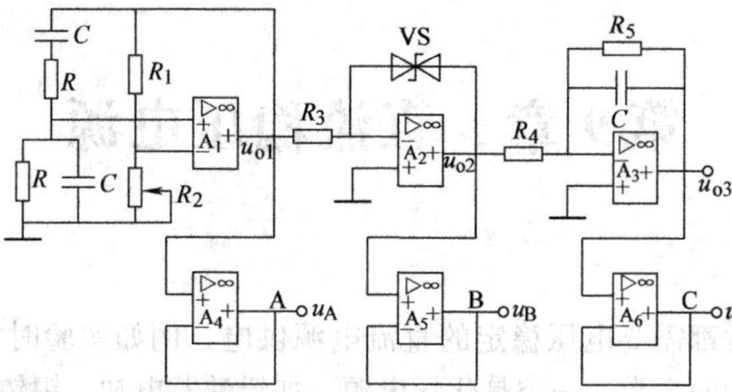

图 8-43　题 8-11 图

8-12　如图 8-44 所示电路，A_1、A_2 为理想运放器件，$U_Z=5V$。（1）试画出 u_{o1} 及 u_{o2} 的波形（注意相位关系）；（2）求出 u_{o1}、u_{o2} 的幅值；（3）求出 u_{o1} 的周期。

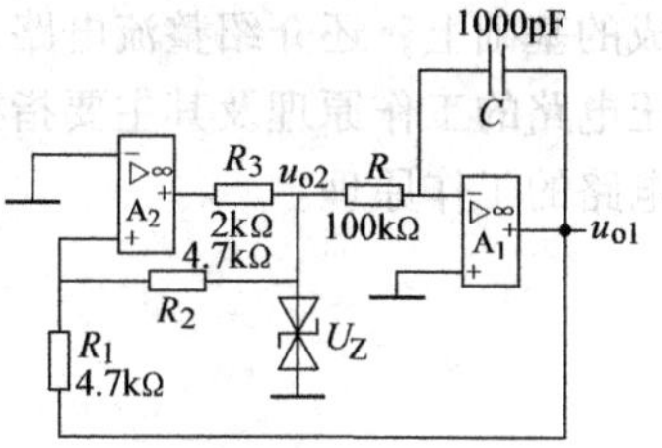

图 8-44　题 8-12 图

第 9 章　直流稳压电源

应用背景

在电子系统中，通常都需要电压稳定的直流电源供电，例如实验时需要 ±5V，±12V 等直流电源。直流电源可分为两大类：一类是化学电源，如铅酸蓄电池、镍镉电池、镍氢电池、锂电池等，其优点是体积小、重量轻、携带方便等，缺点是成本高；另一类是直流稳压电源，它是把交流电网 220V 的交流电压通过电源变压器转换为所需要的数值，然后经过整流、滤波和稳压电路，得到稳定的直流电压，它相比于化学电源得到直流电的方法要廉价、方便。

本章在介绍直流稳压电源组成的基础上，还介绍整流电路、滤波电路的工作原理及其主要指标计算方法，重点介绍串联型稳压电路的工作原理及其主要指标计算方法以及集成三端稳压器的应用，最后简要地介绍开关稳压电路的工作原理。

9.1　概述

本章主要介绍的线性直流稳压电源，由电源变压器、整流电路、滤波电路、稳压电路等部分组成，其基本组成框图如图 9-1 所示。

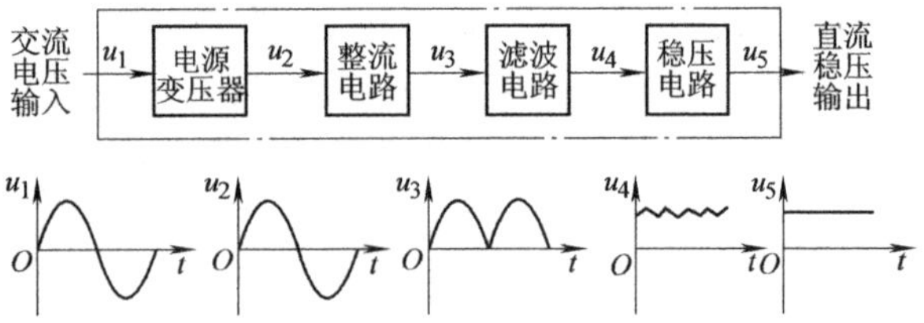

图 9-1　线性直流电源组成框图

线性直流稳压电源各组成部分的作用如下：

（1）电源变压器

将交流电网电压变为合适的交流电压，并将直流电源与电网隔离。我国交流电网提供的交流电一般为频率 50Hz，电压有效值 220V（或 380V），而各种电子设备所需的直流工作电压大小往往是不一样的，通常有 3.3V，5V，6V，9V，12V 等，可以将电网电压先通过降压变压器降压，然后将转换后的变压器二次电压整流、滤波和稳压，从而得到所需的电压值。

（2）整流电路

一般由具有单向导电性的器件（例如整流二极管）组成，其作用是将交流电压变为单极性的脉动电压，这种单极性的脉动电压包含较大的交流成分，不是理想的直流电压。

（3）滤波电路

一般由电容、电感等储能元件组成，其作用是对整流电路输出的脉动电压进行滤波，得到交流成分较小的平滑直流电压。滤波电路输出的直流电压一般不能保持稳定，当电网电压或负载变化时，滤波电路输出的直流电压也会随着变化。

（4）稳压电路

利用负反馈原理构成，其作用是消除电网波动及负载变化的影响，保持输出电压的稳定。

9.2　单相整流电路

利用具有单向导电性能的整流器件如二极管等，将交流电转换成单向脉动直流电的电路称为整流电路。整流电路按输入电源相数可分为：单相整流电路、三相整流电路；按输出波形又可分为：半波整流电路、全波整流电路。目前广泛使用的是桥式整流电路，属于全波整流电路。

9.2.1　整流电路的主要性能指标

如图 9-1 所示，整流电路的输入电压为电源变压器二次电压 $u_2=\sqrt{2}U_2\sin\omega t$（V），经过整流电路后，输出脉动的直流电压。假设整流电路的负载电阻为 R_L。

（1）输出电压的平均值 $U_{O(AV)}$

输出直流电压 U_O 反映了整流电路将交流电压转换为直流电压的能力，常用输出电压在一个周期内的平均值 $U_{O(AV)}$ 来表示，其定义式为

$$U_{O(AV)}=\frac{1}{2\pi}\int_0^{2\pi}u_O\mathrm{d}(\omega t) \tag{9-1}$$

输出电压的平均值越高，表明整流电路性能越好。

（2）输出电流的平均值 $I_{O(AV)}$

输出电流的平均值 $I_{O(AV)}$ 是指流过负载电阻 R_L 的电流平均值，反映了整流电路带负载能力，其定义式为

$$I_{O(AV)}=\frac{1}{2\pi}\int_0^{2\pi}i_O\mathrm{d}(\omega t)=\frac{1}{2\pi}\int_0^{2\pi}\frac{u_O}{R_L}\mathrm{d}(\omega t)=\frac{U_{O(AV)}}{R_L} \tag{9-2}$$

输出电流的平均值越大，表明整流电路带负载能力越强。

（3）纹波系数 γ

整流电路输出的脉动直流电压可以用傅里叶级数表示，其中直流分量即为输出电压的平均值，输出电压的谐波分量总称为纹波 $U_{O\gamma}$，它是叠加于直流分量之上的交流成分。常用纹波系数来表示直流输出电压中纹波电压的相对大小，即将输出电压的所有谐波分量有效值的总和 $U_{O\gamma}$ 与输出电压平均值 $U_{O(AV)}$ 之间的比值称为纹波系数，其定义式为

$$\gamma=\frac{U_{O\gamma}}{U_{O(AV)}}=\frac{\sqrt{U_{O1}^2+U_{O2}^2+U_{O3}^2+\cdots}}{U_{O(AV)}}=\frac{\sqrt{U_2^2-U_{O(AV)}^2}}{U_{O(AV)}} \tag{9-3}$$

式（9-3）中 U_2 为变压器二次电压的有效值，U_{O1}，U_{O2}，U_{O3}，…分别为一次谐波、二次谐波、三次谐波等各次谐波分量的有效值。纹波系数越小，表明输出电压的纹波越小，整流电路性能越好。

一般使用交流毫伏表来测量纹波电压 $U_{O\gamma}$，因为交流毫伏表只对交流电压响应，并且灵敏度比较高，可测量很小的交流电压，而纹波往往是比较小的交流电压。

（4）整流二极管正向平均电流 $I_{D(AV)}$

整流二极管正向平均电流 $I_{D(AV)}$ 是指在一个周期内，流过整流二极管正向电流 i_D 的平均值，其定义式为

$$I_{D(AV)}=\frac{1}{2\pi}\int_0^{2\pi}i_D\mathrm{d}(\omega t) \tag{9-4}$$

选择整流二极管时，整流二极管的额定电流 I_F 这一参数应大于流过整流二极管正向的平均电流 $I_{D(AV)}$。

（5）整流二极管的最高反向电压 U_{RM}

整流二极管的最高反向电压 U_{RM} 是指整流二极管截止时，加在整流二极管上的反向电压 U_R 的最大值。选择整流二极管时，整流二极管的最高允许反向工作电压这一参数应大于电路中整流二极管实际承受的最高反向电压 U_{RM}。

9.2.2　单相桥式整流电路

单相桥式整流电路是将交流电信号转换为脉动直流电信号的电路，在小功率电源中，应用得较多。

1. 单相桥式整流电路工作原理

单相桥式整流电路如图9-2a所示，图中 $VD_1 \sim VD_4$ 四个二极管接成桥路，故而得名，图9-2b所示为二极管桥路的简化画法。

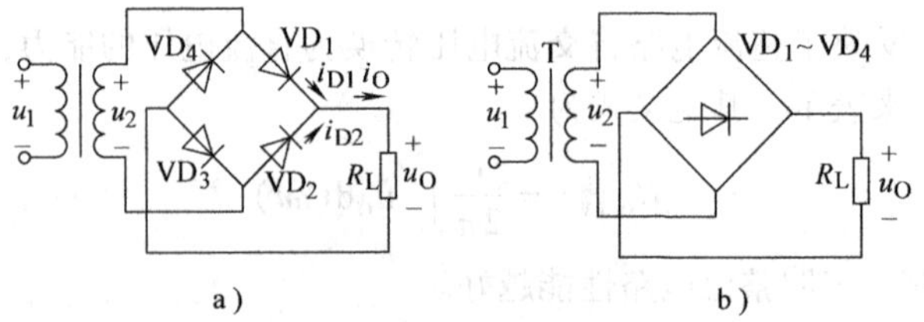

图9-2　单相桥式整流电路
a）单相桥式整流电路　b）二极管桥路的简化画法

设输入信号为 $u_1 = \sqrt{2}U_1\sin\omega t$，经过电源变压器变压后，二次电压为 $u_2 = \sqrt{2}U_2\sin\omega t$。因为整流二极管具有单向导电性，在桥式整流电路中作为开关运用，为了简化分析，把整流二极管看做理想二极管。单相桥式整流电路的工作原理分析如下：

1）当 u_2 极性为上"+"下"-"，与参考方向一致，即正弦波的正半周时，二极管 VD_1、VD_3 导通，VD_2、VD_4 截止，由 a 点、VD_1、R_L、VD_3 到 b 点形成电流通路，输出电压 u_O 极性为上"+"下"-"；

2）当 u_2 极性为上"-"下"+"，与参考方向相反，即正弦波的负半周时，二极管 VD_1、VD_3 截止，VD_2、VD_4 导通，由 b 点、VD_2、R_L、VD_4 到 a 点形成电流通路，输出电压 u_O 极性仍为上"+"下"-"。

由以上分析可知，在 u_2 整个周期，四个整流二极管两两交替导通和截止，负载电阻得到的输出电压 u_O 极性在正弦波的正、负半周时均为上"+"下"-"，流过负载的电流及负载两端的电压方向不变，但是负载两端的电压的瞬时值随时间而作周期性变化，称之为单向脉动电流或电压。这种电流或电压的特点是方向不变，平均值不为零，含有直流分量；瞬时值变化较大，含有较大的交流分量，即纹波。单相桥式整流电路的波形如图9-3所示。

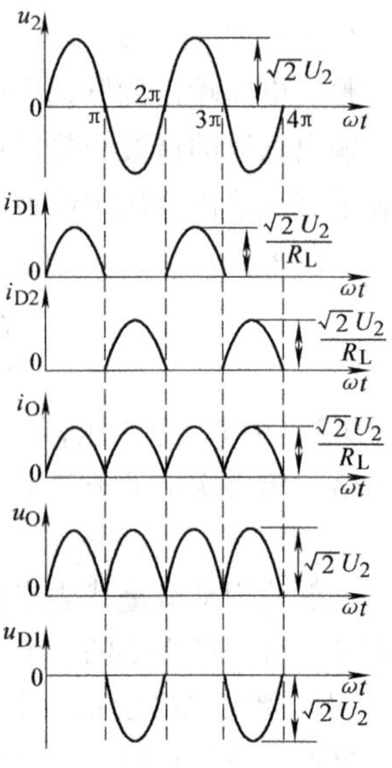

图9-3　单相桥式整流电路波形

2. 桥式整流电路性能指标分析

（1）输出电压的平均值 $U_{O(AV)}$

将图9-3所示的输出电压 u_O 用傅里叶级数展开为

$$u_O = \sqrt{2}U_2\left(\frac{2}{\pi} - \frac{4}{3\pi}\cos 2\omega t - \frac{4}{15\pi}\cos 4\omega t - \frac{4}{35\pi}\cos 6\omega t + \cdots\right) \tag{9-5}$$

其中直流分量为输出电压的平均值，即

$$U_{O(AV)} = \frac{2\sqrt{2}}{\pi}U_2 = 0.9U_2 \tag{9-6}$$

$U_{O(AV)}$ 也可以通过其定义式来得到，即

$$U_{O(AV)} = \frac{1}{2\pi}\int_0^{2\pi} u_O \mathrm{d}(\omega t) = \frac{1}{\pi}\int_0^{\pi} \sqrt{2}U_2 \sin\omega t \mathrm{d}(\omega t) = \frac{2\sqrt{2}}{\pi}U_2 = 0.9U_2 \tag{9-7}$$

（2）输出电流的平均值 $I_{O(AV)}$

$$I_{O(AV)} = \frac{U_{O(AV)}}{R_L} = \frac{0.9U_2}{R_L} \tag{9-8}$$

（3）纹波系数 γ

$$\gamma = \frac{U_{O\gamma}}{U_{O(AV)}} = \frac{\sqrt{U_2^2 - U_{O(AV)}^2}}{U_{O(AV)}} = \sqrt{\left(\frac{1}{0.9}\right)^2 - 1} = 0.483 \tag{9-9}$$

（4）流过整流二极管的正向平均电流 $I_{D(AV)}$

在一个周期内，四个整流二极管两两交替导通和截止，故整个周期内流过每个二极管电流的平均值为负载电流的一半，即

$$I_{D(AV)} = \frac{I_{O(AV)}}{2} = \frac{0.45U_2}{R_L} \tag{9-10}$$

（5）整流二极管承受的最高反向电压 U_{RM}

由图 9-3 可见，二极管 VD_2、VD_4 导通时，VD_1、VD_3 截止，此时 VD_1、VD_3 所承受的最高反向电压为变压器二次电压的最大值，即

$$U_{RM} = \sqrt{2}U_2 \tag{9-11}$$

（6）桥式整流电路的外特性

桥式整流电路的外特性是指输出直流电压 U_O 随负载电流 I_O 的变化关系曲线，图 9-4 所示为采用纯电阻负载 R_L 时的外特性曲线，曲线的斜率代表了整流电路的内阻。当不接负载电阻 R_L，即空载时，输出电压为 $0.9U_2$；当接上负载电阻 R_L 时，随着负载电阻减小，负载电流增大，输出电压会随之逐渐降低。

3. 桥式整流电路的特点

与半波、全波整流电路相比，桥式整流电路的优点是输出电压高，纹波电压较小，晶体管所承受的最大反向电压较低。单相桥式整流电路的变压器中只有交流电流流过，而半波和全波整流电路中均有直流分量流过，所以单相桥式整流电路的变压器效率较高，在同样的功率容量条件下，体积可以小一些。因此，单相桥式整流电路的总体性能优于单相半波和全波整流电路。其缺点是带负载能力较差，二极管用得较多，但可利用整流桥堆代替四个二极管。

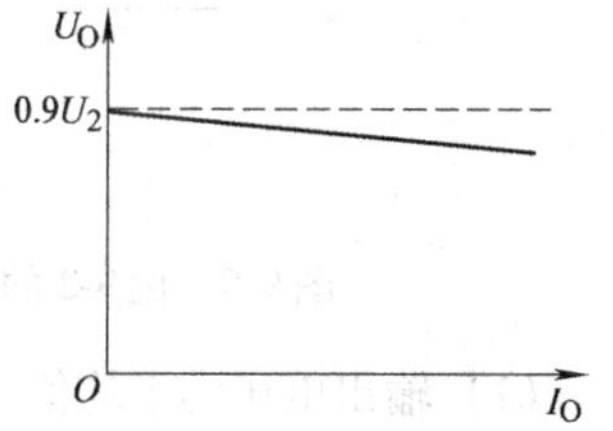

图 9-4　桥式整流电路外特性曲线

例 9-1　设计一个要求输出电压为 24V，输出电流为 1A 的桥式整流电路。试确定电源变压器二次绕组的电压有效值，并根据表 9-1 选定合适的整流二极管。

表 9-1　整流二极管选型

整流二极管型号	最大整流电流/A	最高反向工作电压/V
2CZ54A	0.5	25
2CZ55	1	25
2CZ11A	1	100
2CZ12B	3	200

解　根据式（9-6）可得，整流变压器二次电压有效值为

$$U_2 = \frac{U_O}{0.9} = 1.11U_O = 1.11 \times 24\text{V} = 26.7\text{V}$$

因为在桥式整流电路中四个整流二极管两两交替导通和截止，所以流过每个整流二极管电流的平均值为输出电流的平均值的一半，即

$$I_{D(AV)} = \frac{I_{O(AV)}}{2} = \frac{1\text{A}}{2} = 0.5\text{A}$$

根据式（9-11）可得，整流二极管承受的最高反向电压为

$$U_{RM} = \sqrt{2}U_2 = 1.41 \times 26.7\text{V} = 37.6\text{V}$$

因此根据表 9-1、$I_{D(AV)}$和 U_{RM}的值可选用四只 2CZ11A 整流二极管，其最大整流电流为 1A，最高反向电压为 100V。

例 9-2　如图 9-5 所示的有故障的桥式整流电路中有一个二极管开路，画出电路的输出波形，并求输出电压的平均值、输出电流的平均值、流过二极管电流的平均值及二极管的最高反向工作电压。

解　在图 9-5 中，二极管 VD_4 开路。正半周时，由 a 点、VD_1、R_L、VD_3 到 b 点形成电流通路，电路工作正常；负半周时，不能形成电流回路，因此就没有输出电压。输出波形如图 9-6 所示。这个有故障的桥式整流电路相当于半波整流电路。

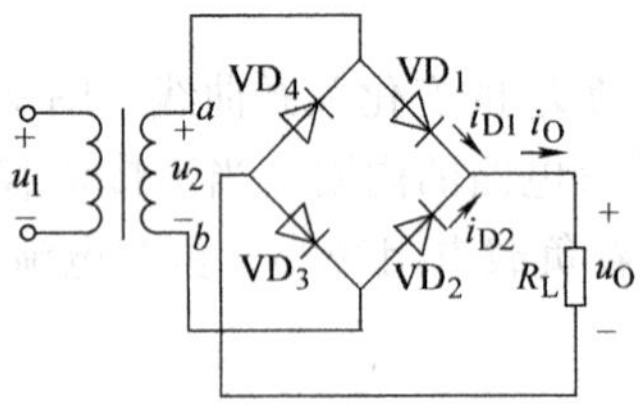

图 9-5　例 9-2 的电路

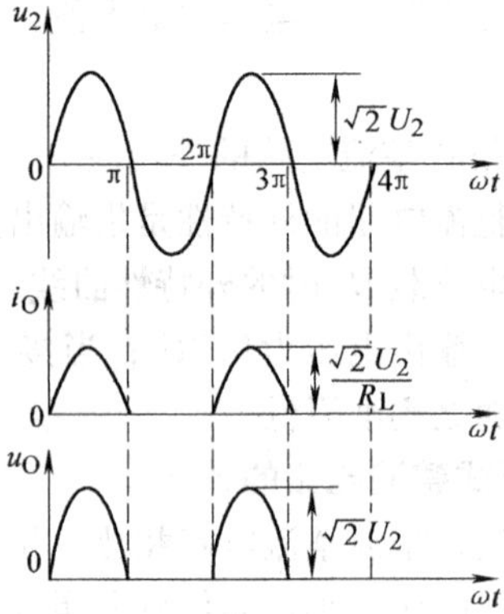

图 9-6　例 9-2 的波形

（1）输出电压的平均值

$$U_{O(AV)} = \frac{1}{2\pi}\int_0^{2\pi} u_O \text{d}(\omega t) = \frac{1}{2\pi}\int_0^{\pi} \sqrt{2}U_2 \sin\omega t \text{d}(\omega t) = \frac{\sqrt{2}}{\pi}U_2 = 0.45U_2$$

（2）输出电流的平均值

$$I_{O(AV)} = \frac{U_{O(AV)}}{R_L} = \frac{0.45U_2}{R_L}$$

（3）流过整流二极管电流的平均值

该电路中 VD_2、VD_4 始终截止，故其电流为零；正半周时，VD_1、VD_3 导通，负半周时，VD_1、VD_3 截止，其电流的平均值为

$$I_{D(AV)} = I_{O(AV)} \approx \frac{0.45U_2}{R_L}$$

（4）二极管的最高反向工作电压

正半周时，VD_1、VD_3 导通，VD_2、VD_4 上承受反向工作电压，其最大值为$\sqrt{2}U_2$；负半周时，电路中的二极管均截止，VD_1、VD_3 串联在一起承受反向工作电压，实际的最高反向工作电压为

$\sqrt{2}U_2/2$，但是这不能作为选择二极管的最高反向工作电压的依据，选择的依据只能是电路正常工作时的最高反向工作电压，即 $U_{RM}=\sqrt{2}U_2$。

9.3 滤波电路

直流电源中的滤波电路一般采用无源滤波器，利用电容、电感对不同频率有不同电抗的特性来组成低通滤波电路，以减小输出电压中的纹波。一般通过将电容与负载并联或将电感跟负载串联来实现滤波电路。常用的滤波电路结构如图 9-7 所示。

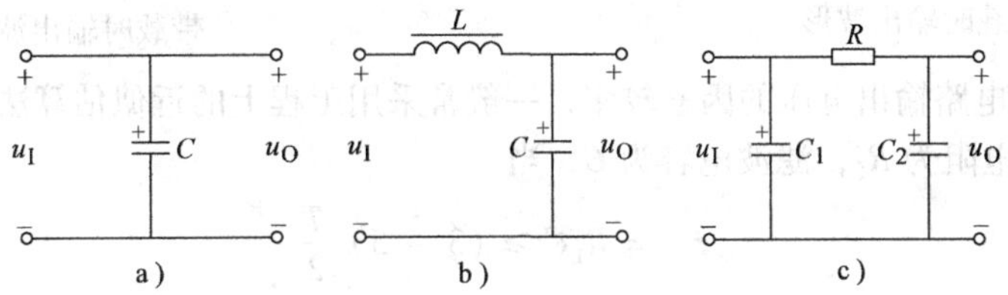

图 9-7 常用滤波电路的结构

a）C 形滤波电路 b）倒 L 形滤波电路 c）Π 形滤波电路

9.3.1 电容滤波电路

电容滤波电路如图 9-8 所示，采用 C 形滤波电路，即在整流电路的输出端上并联了一个滤波电容 C。

1. 电容滤波电路工作原理

若 $C=0$，则该电路就是桥式整流电路；若 $C\neq 0$，则该电路是桥式整流、电容滤波电路。

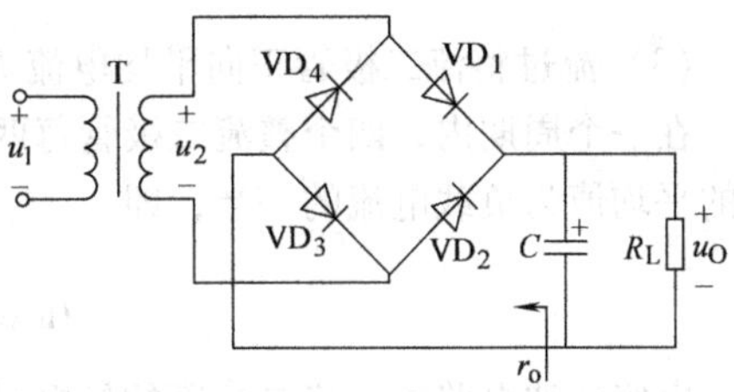

图 9-8 单相桥式整流、电容滤波电路

（1）当 $C\neq 0$，$R_L=\infty$ 时（空载）

设电容器两端初始电压为零，若电路刚好在 u_2 由负到零的时刻接通，u_2 开始按正弦规律上升，此时 VD_1、VD_3 导通，VD_2、VD_4 截止，u_2 通过 VD_1 和 VD_3 向 C 充电。充电的时间常数 $\tau_{充}=r_OC$，因为 r_O 为整流电路的等效内阻，主要由整流二极管的导通电阻组成，其值很小，所以 $\tau_{充}$ 很小。故电容电压 u_c 紧随输入电压 u_2 按正弦规律上升至 u_2 的最大值 $\sqrt{2}U_2$。然后 u_2 按照正弦规律下降，当 u_2 小于 u_c 时，二极管 VD_1、VD_3 截止，此时 VD_2、VD_4 也是截止的，电容 C 开始放电。放电的时间常数 $\tau_{放}=R_LC$，因为空载，所以 $\tau_{放}$ 趋于∞。故 C 基本不放电，$u_c=\sqrt{2}U_2$ 保持不变。输出波形如图 9-9 所示。

（2）当 $C\neq 0$，$R_L\neq\infty$ 时（带载）

与以上分析相似，u_2 正半周时，VD_1、VD_3 导通，VD_2、VD_4 截止，电容充电。u_c 紧随 u_2 按正弦规律上升至最大值 $\sqrt{2}U_2$。然后 u_2 按照正弦规律下降，当 u_2 小于 u_c 时，VD_1、VD_3 截止，此时 VD_2、VD_4 也是截止的。因为带载，$\tau_{放}$ 不再是∞，所以 C 放电，u_c 按指数规律降低。当 u_c 比 u_2 小时，二极管又导通，电容 C 再次充电。这样循环下去，u_2 周期性变化，电容 C 周而复始地进行充电和放电，使输出电压脉动减小。输出波形如图 9-10 所示。

2. 桥式整流电容滤波电路性能指标分析

（1）输出电压的平均值 $U_{O(AV)}$

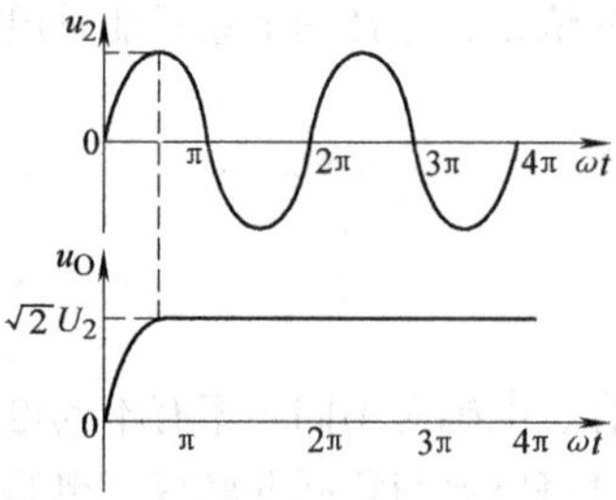

图 9-9 电容滤波电路空载时输出波形

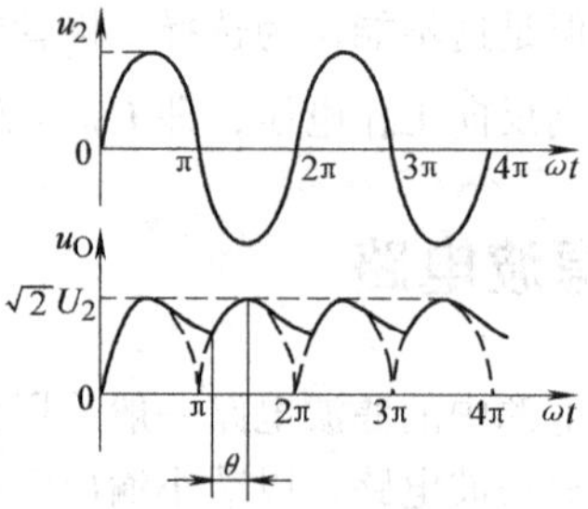

图 9-10 电容滤波电路带载时输出波形

决定电容滤波电路输出电压的因素较多，一般常采用工程上的近似估算法，若市网交流电压的周期为 T，负载电阻为 R_L，滤波电容为 C，当

$$\tau_{放} = R_L C \geqslant (3 \sim 5)\frac{T}{2} \tag{9-12}$$

时，则有

$$U_{O(AV)} = (1.1 \sim 1.4)U_2 \tag{9-13}$$

在负载电流小且变化不大的场合，一般取

$$U_{O(AV)} \approx 1.2U_2 \tag{9-14}$$

（2）输出电流的平均值 $I_{O(AV)}$

$$I_{O(AV)} = \frac{U_{O(AV)}}{R_L} \approx \frac{1.2U_2}{R_L} \tag{9-15}$$

（3）流过整流二极管正向平均电流 $I_{D(AV)}$

在一个周期内，四个整流二极管每两个一组，其导通角为 θ，整个周期内流过每个二极管电流的平均值为负载电流的一半，即

$$I_{D(AV)} = \frac{I_{O(AV)}}{2} \approx \frac{0.6U_2}{R_L} \tag{9-16}$$

电容滤波电路中整流二极管的导电时间缩短了，导通角 θ 小于 180°，且电容放电时间常数越大，则导通角越小。由于电容滤波后，输出直流电流提高了，而导通角却减小了，故整流管在短暂的导电时间内将流过一个很大的冲击电流，易损坏整流管，所以应选择 I_F 较大的整流二极管，一般应选 I_F 大于 2～3 倍的二极管的正向平均电流 $I_{D(AV)}$，即 $I_F >$（2～3）$I_{D(AV)}$。

（4）整流二极管承受的最高反向电压 U_{RM}

二极管 VD_2、VD_4 导通时，VD_1、VD_3 截止，此时 VD_1、VD_3 所承受的最高反向电压为变压器二次电压的最大值，即

$$U_{RM} = \sqrt{2}U_2 \tag{9-17}$$

（5）电路的外特性

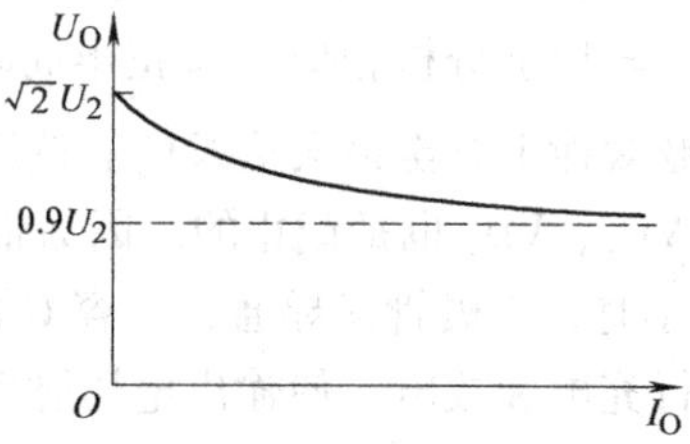

图 9-11 桥式整流电容滤波电路的外特性

桥式整流电容滤波电路的外特性是指输出直流电压 U_O 随负载电流 I_O 的变化关系曲线，如图 9-11 所示。若 C 值为零，即无电容滤波，其外特性和图 9-4 所示曲线一致。若 C 值一定，当不接负载电阻 R_L，即空载时，电容充电达到最大值 $\sqrt{2}U_2$ 后不再放电，输出电压为 $U_{O(AV)} = \sqrt{2}U_2$；当接上负载电阻 R_L 时，随着负载电阻减小，负载电流增大，输出电压会随之逐渐降低，输出电压的变化范围为 $0.9U_2 < U_{O(AV)}$

$<\sqrt{2}U_2$。

电容滤波电路的输出电压在负载电流变化时波动较大，说明它的带负载能力较差，只适用于负载电流小且变化不大的场合。采用电容滤波的桥式整流电路，输出电压比无电容滤波桥式整流电路高，同时输出电压的脉动成分也降低了。输出电压的大小与放电时间常数 $\tau_{放}=R_LC$ 有关，放电时间常数越大，电容 C 放电越慢，输出电压 u_O 就越平坦，输出电压值也越高。为了获得较好的滤波效果，应选择大容量的电容作为滤波电容，而且要求负载电阻 R_L 不能太小。

例 9-3　桥式整流电容滤波电路如图 9-8 所示，交流电源频率为 50Hz，输出直流电压为 30V，负载电阻 $R_L=120\Omega$。试估算变压器二次电压 U_2，并选择整流二极管及滤波电容。

解　由 $U_{O(AV)}=1.2U_2$ 得，变压器二次电压为

$$U_2=\frac{U_{O(AV)}}{1.2}=\frac{30V}{1.2}=25V$$

输出电流的平均值为

$$I_{O(AV)}=\frac{U_{O(AV)}}{R_L}=\frac{30V}{120\Omega}=0.25A$$

选取二极管的 $I_{D(AV)}$ 为 $I_{D(AV)}\geqslant(2\sim3)\dfrac{I_{O(AV)}}{2}=(0.25\sim0.375)A$

整流二极管承受的最高反向电压 U_{RM} 为 $U_{RM}=\sqrt{2}U_2=35.5V$，根据表 9-1 可选用 2CZ11A 这一型号的整流二极管。

由

$$\tau_{放}=CR_L\geqslant(3\sim5)\frac{T}{2}$$

得 $C\geqslant(3\sim5)\dfrac{1}{2R_Lf}=(3\sim5)\dfrac{1}{2\times120\Omega\times50Hz}=(250\sim417)\mu F$，所以 C 可选用容量为 470μF、耐压为 50V 的电解电容。

9.3.2　电感滤波电路

如果需要大电流输出，或输出电流变化范围较大，则可采用电感滤波电路，如图 9-12 所示。由于电感的直流电阻小，交流电阻大，因此直流分量经过电感后基本上没有损失，但是对于交流分量，经 $j\omega L$ 和 R_L 分压后，大部分降在电感上，因而降低了输出电压的脉动成分。且 L 越大，R_L 越小，滤波效果越佳，所以电感滤波适用于负载电流比较大和电流变化较大的场合。

为了提高滤波效果，可在输出端再并上一个电容 C，组成 LC 滤波电路，它在负载电流较大或较小时均有满意的滤波特性，故 LC 对负载的适应力较强，特别适合用于电流变化较大的场合。

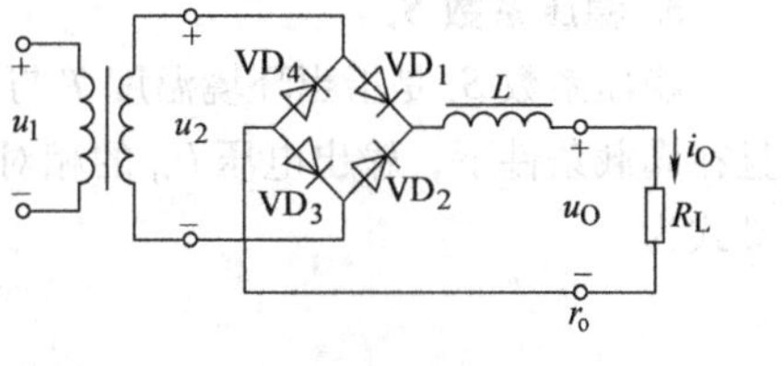

图 9-12　电感滤波电路

电感滤波和 LC 滤波电路的直流输出电压，如果忽略电感上的电压降，则输出直流电压等于全波整流的输出电压，即

$$U_{O(AV)}=0.9U_2 \tag{9-18}$$

各种整流、滤波电路的性能指标比较见表 9-2。

表 9-2　各种整流、滤波电路的性能指标比较

类型	$U_{O(AV)}$	$I_{D(AV)}$	U_{RM}	适用场合
半波整流	$0.45U_2$	$I_{O(AV)}$	$\sqrt{2}U_2$	小电流
全波整流	$0.9U_2$	$\frac{1}{2}I_{O(AV)}$	$2\sqrt{2}U_2$	小电流

（续）

类型	$U_{O(AV)}$	$I_{D(AV)}$	U_{RM}	适用场合
桥式整流	$0.9U_2$	$\frac{1}{2}I_{O(AV)}$	$\sqrt{2}U_2$	小电流
桥式整流电容滤波	$1.2U_2$	$\frac{1}{2}I_{O(AV)}$	$\sqrt{2}U_2$	小电流
桥式整流电感滤波	$0.9U_2$	$\frac{1}{2}I_{O(AV)}$	$\sqrt{2}U_2$	大电流

9.4　串联型稳压电路

虽然整流滤波电路将交流电转换成了比较平滑的直流电，但输出电压 U_O 仍会受到下列因素的影响：

1）电网电压的波动，这将使 U_O 按相同的比例变化。

2）输出电流（即负载电流）I_O 通常是作为其他电子电路的供电电流，可能会经常变动，U_O 将随 I_O 的变化（或负载阻值 R_L 的变化）而变化。

稳压电路的作用就是消除上述两项变动因素对输出电压的影响，从而保持输出电压的稳定。

9.4.1　稳压电路的性能指标

直流稳压电路的技术指标分为两种：一种是特性指标，包括允许的输入电压、输出电压、输出电流及输出电压的调节范围等；另一种是质量指标，用来衡量输出直流电压的稳定性能，包括稳压系数、输出电阻、纹波电压及温度系数等。下面介绍直流稳压电路常用的几个指标。

1. 输出电压 U_O 或输出电压可调范围

输出电压 U_O 是指直流稳压电路的额定输出电压，若输出可调，则为可调额定输出电压范围。

2. 最大输出电流 I_{OM}

最大输出电流 I_{OM} 是指直流稳压电路在规定的最小负载电阻时的输出电流值。

3. 稳压系数 S_r

稳压系数 S_r 是指当环境温度 T 与负载电阻 R_L 固定不变时，在规定的输入电压变化范围内，且在满载条件下，输出电压 U_O 的相对变化量与稳压电路的输入电压 U_I 的相对变化量之比，其定义式为

$$S_r = \left.\frac{\Delta U_O/U_O}{\Delta U_I/U_I}\right|_{\substack{\Delta T=0\\ \Delta R_L=0}} \tag{9-19}$$

稳压系数 S_r 的大小反映了直流稳压电路克服输入电压 U_I 变化影响的能力。在相同的输入电压 U_I 条件下，稳压系数 S_r 越小的直流稳压电路，输出电压 U_O 变化越小，其稳压性能越好。此处稳压电路的输入电压 U_I 指的是整流滤波后的直流电压，这个电压与电网电压成一定的比例关系，当电网电压波动时，这一电压也随之变化。

在实际工程中常用电压调整率 S_U 来衡量稳压电路的稳压性能，即当电网电压变化 ±10% 时，输出电压的相对变化量与输入电压的变化量之比，其定义式为

$$S_U = \left.\frac{\Delta U_O/U_O}{\Delta U_I}\right|_{\substack{\Delta T=0\\ \Delta R_L=0}} \times 100\% \tag{9-20}$$

4. 纹波抑制比 S_{rip}

稳压电路输出的直流电压是由交流电经过转换得到的，但不是严格意义上的直流电压，其存在无法完全滤除的交流分量，即纹波。纹波的大小主要取决于滤波和稳压电路的质量，也与整流电路的形式有关。通常以输出电压中含有的50Hz或100Hz的交流分量来衡量输出纹波电压的大小，用有效值或者峰-峰值表示。输出纹波电压越小，电路的稳压性能越好。纹波会影响电路的工作，带来噪声。因此，电源要有足够的滤波措施，将纹波限制在一定的幅度以内。

纹波电压抑制比 S_{rip} 是指输入纹波电压（峰-峰值 U_{ipp}）与输出纹波电压（峰-峰值 U_{opp}）之比，其定义式为

$$S_{rip} = 20\lg\frac{U_{ipp}}{U_{opp}}\bigg|_{\substack{\Delta T=0\\ \Delta R_L=0}} \tag{9-21}$$

纹波抑制比 S_{rip} 的单位是分贝（dB），其大小反映了直流稳压电路抑制纹波的能力。S_{rip} 越大，直流稳压电路抑制纹波的能力越强。

纹波电压可以使用交流毫伏表测量，但测出来的是有效值。纹波电压的峰-峰值要用示波器来测量。

5. 输出电阻 R_o

输出电阻 R_o 是指在规定输入电压及环境温度不变时，输出电压的变化量与输出电流的变化量之比，其定义式为

$$R_o = \frac{\Delta U_O}{\Delta I_O}\bigg|_{\substack{\Delta T=0\\ \Delta U_I=0}} \tag{9-22}$$

输出电阻 R_o 反映了负载电阻 R_L 或负载电流 I_O 变化时，输出电压维持稳定的能力。R_o 越小，当负载电阻或负载电流变化时，输出电压的变化就越小，稳压电路越接近理想的直流电压源。

在实际工程中常用电流调整率 S_I 来衡量稳压电路的稳压性能。电流调整率 S_I 是指输出电流 I_O 由零（空载）变到最大额定值（满载）时，输出电压的相对变化量，其定义式为

$$S_I = \frac{\Delta U_O}{U_O}\bigg|_{\substack{\Delta T=0\\ \Delta U_I=0}} \times 100\% \tag{9-23}$$

6. 效率 η

效率 η 是指在规定的输入电压、输出电压和满载的情况下，输出功率和输入功率之比，其定义式为

$$\eta = \frac{P_O}{P_I}\times 100\% = \frac{U_O I_O}{U_I I_I}\times 100\% \tag{9-24}$$

串联型稳压电路的效率一般为30%～60%，开关型稳压电路的效率一般为80%～90%。

7. 温度系数

温度系数是指输入电压和负载都不变时，由于温度变化而引起的输出电压漂移，其定义式为

$$S_T = \frac{\Delta U_O}{\Delta T}\bigg|_{\substack{\Delta R_I=0\\ \Delta U_I=0}} \times 100\% \tag{9-25}$$

9.4.2 稳压二极管构成的直流稳压电路

稳压电路可以利用第1章中介绍的稳压二极管构成，其电路如图9-13所示，U_I 为交流电压经过整流滤波电路后变换成的直流电压，是未经稳定的直流电压，R 为限流电阻，VS为稳压二极管，R_L 为负载电阻，U_O 为稳压电路的输出电压。

稳压二极管击穿后，其电流虽然在很大范围内变化，但稳压二极管两端的电压变化很小。这

一伏安特性使得稳压二极管可以通过调节自身电流大小来满足负载电流的变化。将稳压二极管和限流电阻 R 相配合，可将电流的变化转换成电压的变化从而稳定输出电压。

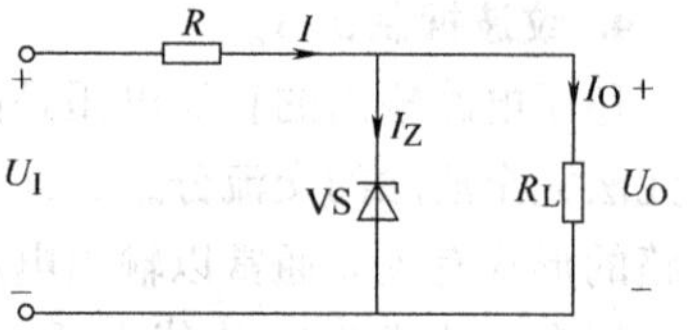

图 9-13　稳压二极管组成的稳压电路

稳压二极管稳压电路的电路结构简单，在输出电压不需调节，负载电流比较小的情况下，稳压效果较好，所以在小型电子设备中经常采用稳压二极管稳压电路。但是这种稳压电路的输出电压不能调节，其输出电压就是稳压二极管的电压稳定值 U_Z，其输出电流受稳压二极管最大稳定电流 I_{Zmax} 的限制，工作电流较小。所以，稳压二极管稳压电路不适用于电网电压或负载电流变化较大的情况。

9.4.3　可调直流电压源

稳压二极管稳压电路的输出电压的大小是固定的，基本上由稳压二极管的电压稳定值 U_Z 决定，在使用中很不方便。可调直流电压源在稳压二极管稳压电路的基础上引入电压负反馈使输出电压更为稳定，且输出电压可调。

反相输入直流电压源如图 9-14a 所示。由图可得到

$$U_O = -\frac{R_F}{R_1}U_Z \tag{9-26}$$

同相输入直流电压源如图 9-14b 所示。由图可得到

$$U_O = \left(1 + \frac{R_F}{R_1}\right)U_Z \tag{9-27}$$

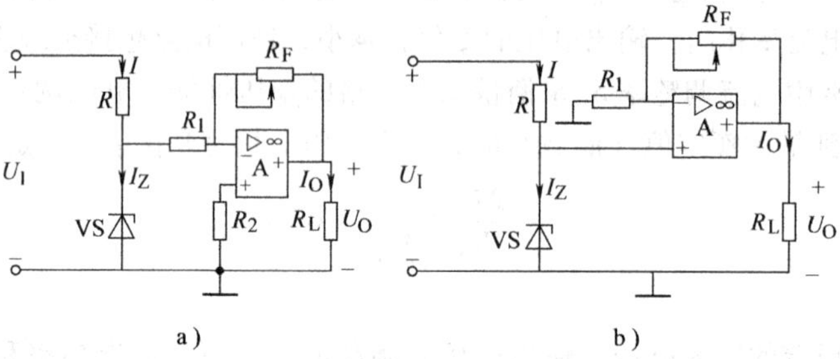

图 9-14　可调直流电压源

a）反相输入　b）同相输入

由式（9-26）、式（9-27）可见，调节 R_F 和 R_1 的比值，就可得到所需要的输出电压。

9.4.4　串联型稳压电路

由集成运放组成的可调直流电压源的输出电流相对较小，带负载能力差。如果在集成运放和负载之间串接一个由大功率的晶体管组成的射极输出器作为功率输出级，就可以获得较大的输出电流，从而提高带负载能力。同相输入的直流电压源中加入功率输出级构成的串联型稳压电路如图 9-15a 所示。串联型稳压电路一般由调整管、取样电路、基准电压电路、比较放大电路等部分构成，其框图如图 9-15b 所示。取样电路和基准电压电路的总电流比负载电流小得多，可认为调整管的电流与负载电流近似相等，可将调整管与负载电阻看成串联关系，故称这种电路为串联型稳压电路；又由于调整管工作在放大区，即线性区，又称这种电路为线性稳压电路。

1．电路组成

（1）调整管

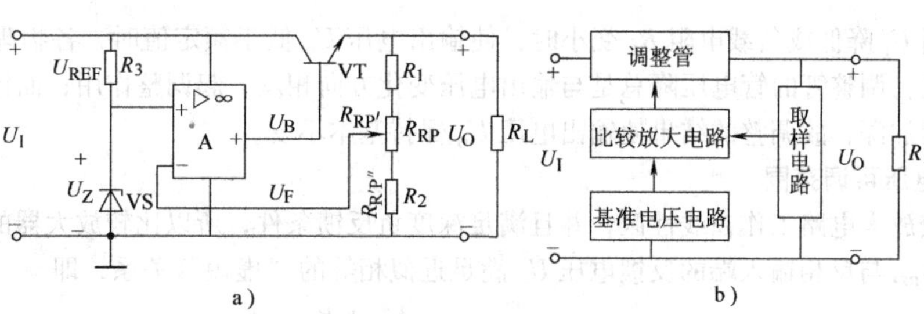

图9-15 串联型稳压电路及其框图

a）串联型稳压电路 b）串联型稳压电路框图

调整管一般由大功率晶体管构成，也可用大功率复合管构成，负载电阻及取样电路等作为调整管VT的发射极电阻，整流滤波电路的输出电压U_I给调整管VT提供集电极偏置，从而组成一个射极输出器。射极输出器是电压串联负反馈电路，具有稳定输出电压的特点。注意只有将调整管VT的工作点设置在放大区，即线性区，才能起到电压调整作用。

输出电压U_O是输入电压U_I与调整管VT的管电压降U_{CE}之差，即

$$U_O = U_I - U_{CE} \tag{9-28}$$

（2）取样电路

R_1、RP、R_2构成的电阻分压器组成取样电路，对输出电压进行取样。为使取样电路所流过的电流远小于额定负载电流，取样电路的电阻值应远大于额定负载电阻；同时为了使取样分压比与比较放大电路无关，要求取样电阻远小于比较放大电路的输入电阻。因此，选择取样电阻时，应考虑上述两个因素。

由以上分析可知，取样电路RP滑动端的电位，即取样电压U_F为

$$U_F \approx U_O \frac{R''_{RP} + R_2}{R_1 + R_{RP} + R_2} \tag{9-29}$$

可见，调整R_{RP}的大小，就可以改变取样电压U_F的大小。

（3）基准电压电路

基准电压U_R通常由稳压二极管VS构成的简单稳压电路提供，稳压二极管VS与限流电阻R_3组成基准电压电路，提供稳定电压U_Z，即基准电压U_{REF}，此电压基本不变。

（4）比较放大电路

比较放大电路由集成运放A构成，工作在线性区。集成运放A的同相输入端接基准电压U_{REF}，此电压基本不变。输出电压的变化通过取样电压U_F变化反馈到集成运放A的反相输入端。取样电压U_F和基准电压U_{REF}比较放大，集成运放A的输出电压与U_F反相，其大小与取样电压U_F和基准电压U_{REF}的差值有关。

2. 稳压过程

调整管工作在线性放大区，当电网电压或负载电阻变化使输出电压U_O发生变化时，电压负反馈将使输出电压U_O保持基本不变。

当U_I升高或负载电阻R_L变大，使输出电压U_O高于额定值时，取样电压U_F就会相应地增大，从而使比较放大器的输出电压（即调整管的基极电位U_B）随之减小。由于调整管接成射极输出器的形式，因此，调整管发射极电位U_E（即输出电压U_O）必将随之减小，而调整管的管电压降U_{CE}必将随之增大，从而使输出电压U_O保持基本不变。这个稳压过程可表示为

$$U_I\uparrow(\text{或}R_L\uparrow)\rightarrow U_O\uparrow\rightarrow U_F\uparrow\xrightarrow[\text{基本不变}]{U_{REF}}U_B\downarrow\rightarrow U_E\downarrow\rightarrow U_{CE}\uparrow$$

$$U_O\downarrow \longleftarrow$$

同理，当 U_I 降低或负载电阻 R_L 变小时，使输出电压 U_O 低于额定值时，各物理量与上述过程相反。可见，调整管的管电压降总是与输出电压变化方向相反，起调整作用；而比较放大环节使电压负反馈加深，故调整的结果使输出电压 U_O 保持基本不变。

3. 输出电压可调范围

由于比较放大电路工作在线性区，并且满足深度负反馈条件，所以比较放大器的同相输入端的基准电压 U_{REF} 与反相输入端的反馈电压 U_F 满足近似相等的“虚短”关系，即

$$U_{REF} \approx U_F \approx U_O \frac{R''_{RP} + R_2}{R_1 + R_{RP} + R_2} \tag{9-30}$$

当 RP 的滑动端处于最上端位置时，即 $R''_{RP} = R_{RP}$，可得输出电压的最小值为

$$U_{Omin} = \frac{U_{REF}}{R_{RP} + R_2}(R_1 + R_{RP} + R_2) \tag{9-31}$$

当 RP 的滑动端处于最下端位置时，即 $R''_{RP} = 0$，可得输出电压的最大值为

$$U_{Omax} = \frac{U_{REF}}{R_2}(R_1 + R_{RP} + R_2) \tag{9-32}$$

故输出电压可调范围为

$$\frac{U_{REF}}{R_{RP} + R_2}(R_1 + R_{RP} + R_2) \leqslant U_O \leqslant \frac{U_{REF}}{R_2}(R_1 + R_{RP} + R_2) \tag{9-33}$$

4. 调整管的选取及保护

调整管是串联型稳压电路中一个十分重要的器件。调整管不仅需要根据外界条件的变化，随时调整本身的管电压降，以保持输出电压稳定，还要提供负载所要求的全部电流，因此调整管的功耗比较大，通常采用大功率的晶体管。为了保证调整管的安全工作，选取调整管时必须考虑晶体管的安全工作条件。

（1）集电极最大允许电流 I_{CM}

$$I_{CM} > I_{Cmax} = I_{Omax} + I_R \tag{9-34}$$

式中，I_{Cmax} 为调整管可能承受的最大集电极电流；I_{Omax} 为负载电流最大额定值；I_R 为取样电路、比较放大、基准电压等电路的电流。

（2）集电极最大允许耗散功率 P_{CM}

$$P_{CM} > P_{Cmax} = U_{CEmax} \times I_{Cmax} = (U_{Imax} - U_{Omin})(I_{Omax} + I_R) \tag{9-35}$$

式中，P_{Cmax} 为调整管可能承受的最大集电极功耗；U_{Imax} 为考虑电网电压波动上升 10% 时，稳压电路的输入电压最大值；U_{Omin} 是稳压电源的最小额定输出电压。

（3）集电极和发射极之间的最大允许反向击穿电压 $U_{(BR)CEO}$

调整管正常工作时的管电压降为 3 ~ 8V。当负载短路时，输入最大电压 U_{Imax} 全加在调整管集电极和发射极之间。在电容滤波电路中，U_I 可能接近于变压器二次电压峰值 $\sqrt{2}U_2$，再考虑电网可能有 ±10% 的波动，因此，根据调整管可能承受的最大反向电压，应选择晶体管的参数为

$$U_{(BR)CEO} \geqslant U'_{Imax} = 1.1 \times \sqrt{2}U_2 \tag{9-36}$$

式中 U'_{Imax} 是空载时整流滤波电路的最大输出电压。

（4）采用复合调整管

当要求负载电流较大时，调整管的基极电流也很大，靠比较放大电路来驱动有时十分困难。与功率放大电路相似，可用复合管组成调整管。

（5）调整管的保护

使用稳压电路时，如果输出端过载甚至短路，将使通过调整管的电流急剧增大，故在实用的稳压电路中通常加有必要的保护电路，以免调整管被损坏。常用的限流型保护电路如图 9-16a 所

示。当 I_O 较小时，$U_R < U_{BE2}$，VT_2 截止，电路正常工作；当 I_O 增大，VT_2 导通，对 I_{B1} 进行分流，故 I_{B1} 减小，限制了 I_O 的增大。I_O 越大，VT_2 导通程度越大，对调整管基极电流的分流作用越强。该保护电路的外特性如图 9-16b 所示。当输出电流小于 I_{Omax} 时，电路正常工作；当输出电流大于 I_{Omax} 时，电路进入保护状态。

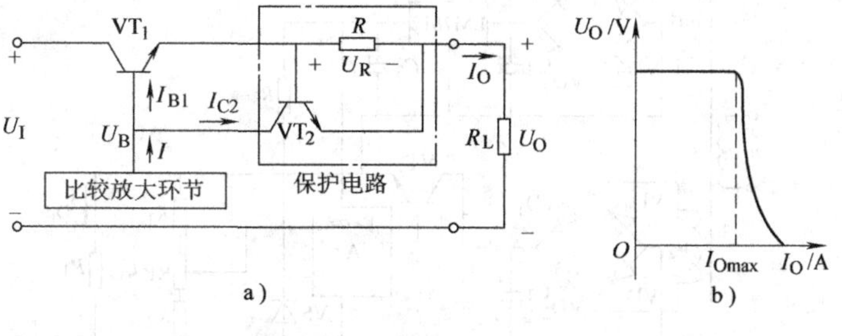

图 9-16 限流型保护电路及其外特性

a）限流型保护电路 b）限流型保护电路的外特性

例 9-4 电路如图 9-17 所示，已知 $U_Z = 5.3V$，$R_1 = R_2 = R_{RP} = 2k\Omega$，$R_L = 100\Omega$，$U_I = 30V$，调整管 VT 的 $\beta = 25$，晶体管 VT_1、VT_2 均为硅管。试求：（1）求输出电压的调整范围；（2）在 RP 滑动端在中点时，求输出电压大小及此时调整管的功耗。

解 （1）求输出电压调整范围

VT_2 为比较放大器，工作在线性放大区，故 $U_{B2} = U_Z + U_{BE2} = 5.3V + 0.7V = 6V$，当 RP 的滑动端处于最上端位置时，输出电压最小，有

$$U_{Omin} = \frac{U_{B2}}{R_{RP} + R_2}(R_1 + R_{RP} + R_2) = 9V$$

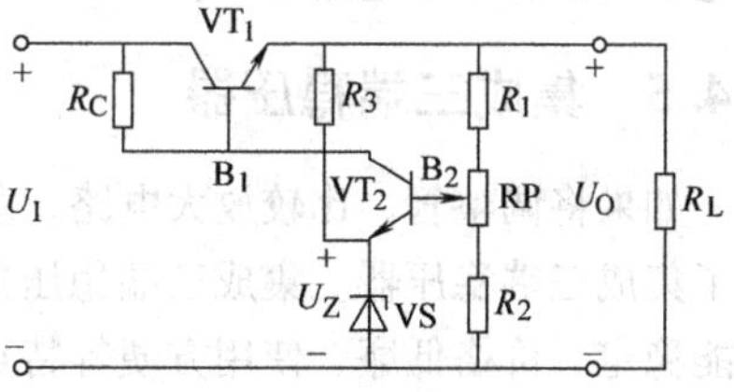

图 9-17 例 9-4 电路图

当 RP 的滑动端处于最下端位置时，输出电压最大，有

$$U_{Omax} = \frac{U_{B2}}{R_2}(R_1 + R_{RP} + R_2) = 18V$$

故输出电压 U_O 的可调范围为 $9V \leqslant U_O \leqslant 18V$。

（2）求输出电压及调整管功耗

当 RP 的滑动端处于中点位置时

$$U_O = \frac{U_{B2}}{\frac{1}{2}R_{RP} + R_2}(R_1 + R_{RP} + R_2) = 12V$$

调整管功耗为

$$P_C = U_{CE}I_C = U_{CE}I_E = (U_I - U_O)\left(\frac{U_O}{R_L} + \frac{U_O}{R_1 + R_{RP} + R_2}\right)$$

$$= (30V - 12V)\left(\frac{12V}{100\Omega} + \frac{12V}{2k\Omega + 2k\Omega + 2k\Omega}\right) = 2.20W$$

串联型稳压电路中的比较放大电路可以是单管放大电路、差动放大电路或集成运算放大电路，要求有尽可能小的零点漂移和足够的放大倍数，其中后两种放大电路组成的稳压电路性能较好。此外，比较放大环节的电源通常是未经稳压的输入电压 U_I。由于 U_I 的变化将直接影响比较放大器的输出电位，故不利于稳压电路的输出电压的稳定。因此，在一些对稳压性能要求较高的稳压电路中，常常增加一个辅助稳压电路作为比较放大电路的供电电源，如图 9-18 所示。图中 T 是具有两个二次绕组的电源变压器，其中 u_2 给主电路供电，u_3 给辅助电路供电。主电路中 VD_1

~ VD_4 是桥式整流电路，C_1 是电容滤波电路，VT 为调整管，A 为比较放大器，R_3、VS 为基准电压电路，R_1、R_2、RP 为取样电路，R_L 为负载电阻。辅助电路中 VD_5 ~ VD_8 是桥式整流电路，C_2、VD_3 是电容滤波电路，LM7812 为集成三端稳压器，输出稳定的 12V 直流电压。

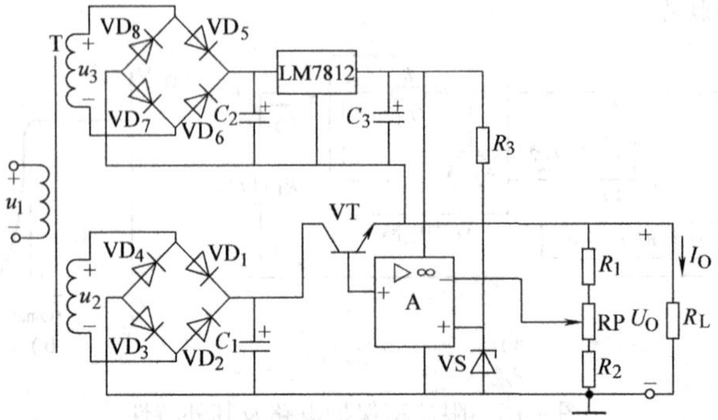

图 9-18　具有辅助稳压电路的稳压电路

串联型稳压电路的工作电流较大，输出电压一般可连续调节，稳压性能优越，其缺点是损耗较大，效率低。目前这种稳压电路已经制成单片集成电路，如三端集成稳压器，可广泛应用在各种电子仪器和电子电路之中。

9.4.5　集成三端稳压器

如果将调整管、比较放大电路、基准电源、取样电路及连接导线等集成在一片硅片上，就构成了集成三端稳压器。集成三端稳压器有输入端、输出端和公共端三个引脚，具有外接元件少、性能稳定、价格低廉、使用方便等特点，其用途十分广泛。

1. 集成三端稳压器的分类

常用的集成三端稳压器有电压固定式和电压可调式两种。

（1）集成三端电压固定式稳压器

这类稳压器的输出电压由制造厂家预先调整好，在使用时不能调节。常用的有 78 × ×（输出正电压）和 79 × ×（输出负电压）两个系列，型号后面的“ × ×”表示输出电压的标称值，有 5V、6V、9V、12V、15V、18V 和 24V 等多种，例如 7805 表示输出电压为 +5V，而 7912 表示输出电压为 -12V。输出正电压的集成稳压器又分 78 × × 系列、78M × × 系列和 78L × × 系列，这三个系列的区别是最大输出电流不同，78 × × 的最大输出电流为 1.5A，78M × × 的最大输出电流为 0.5A，78L × × 的最大输出电流为 0.1A。与之相对应，输出负电压的集成稳压器也分 79 × × 系列、79M × × 系列和 79L × × 系列，其最大输出电流与 78 × × 系列、78M × × 系列和 78L × × 系列相对应。使用时可根据所需的输出电压和输出电流选用适当规格的集成稳压器。

有时在 78 × × 或 79 × × 的前面或后面还有英文字母，例如 W7805、L7905CV 等。前面的字母称为“前缀”，一般用来表示生产厂家的代号，例如国产集成稳压器厂标的前缀用“W”；后面的字母称为“后缀”，用来表示输出电压容差和封装外壳的类型等。但是，各生产厂家对后缀所用字母的定义有所不同，一般对使用影响不大。

（2）集成三端电压可调式稳压器

这种稳压器有万能通用电源之称，外接少量元件就可以得到较大范围内的输出电压，使用十分方便，并能获得高的稳压精度。常用的有 LM117/217/317 和 LM137/237/337 等。型号中第一位数字的含义：1——军用，2——工业用，3——民用；后两位数字的含义：17——输出为正电压，37——输出为负电压。

2. 集成三端电压固定式稳压器的应用电路

（1）基本应用电路

如图 9-19a、b 所示分别为 78 × × 和 79 × × 系列集成三端电压固定式稳压器的引脚图。从正面看 1、2、3 引脚从左向右按顺序标注，接入电路时 1 脚电压高于 2 脚，3 脚为输出端。对于 78 × × 正压系列，1 脚为正电压输入端，2 脚为接地端，3 脚为正电压输出端；对于 79 × × 负压系列，1 脚为接地端，2 脚为负电压输入端，3 脚为负电压输出端。在接线时，要特别注意 78 × × 和 79 × × 系列的引脚接法不同，如果连接不正确，很容易损坏集成三端稳压器。

如图 9-19c、d 所示分别是 78 × × 和 79 × × 系列集成三端稳压器的基本应用电路。集成三端稳压器应用方法基本相似，在如图 9-19c、d 所示电路中，输入端电容 C_1 用来防止由于输入引线较长所带来的电感效应而产生的自激振荡，输出端电容 C_2 用来减小由于负载电流瞬时变化而引起的高频干扰。使用 78 × × 和 79 × × 系列集成三端稳压器时，应该按要求的输出电压和输出电流选用适当的三端稳压器型号，并且保证输入端电压和输出端电压的差值 ΔU 至少要大于 3V。

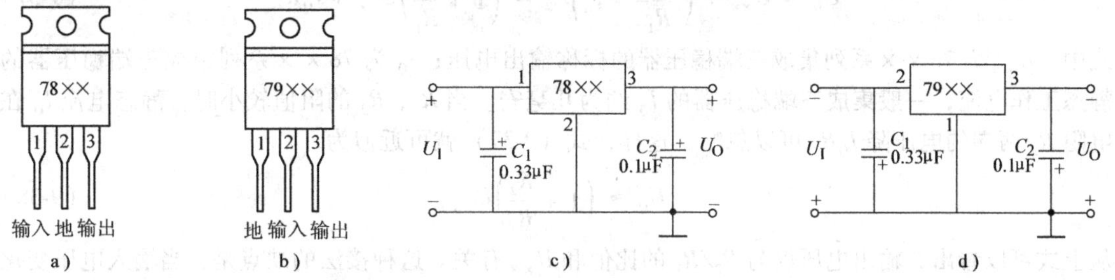

图 9-19　集成三端稳压器的基本应用电路

a）78 × × 系列引脚图　b）79 × × 系列引脚图　c）正电压输出的 78 × × 系列典型接法　d）负电压输出的 79 × × 系列典型接法

（2）输出正、负电压的电路

许多电子电路需正、负双电源供电，此时可将 78 × × 和 79 × × 系列配合使用，如图 9-20 所示为具有正、负对称输出的稳压电路。其中 78 × × 系列产生对地极性为正的电压输出，79 × × 系列产生对地极性为负的电压输出。比如需要 ±12V 电源，则可采用 7812 和 7912 两个集成三端稳压器。图中 C_3 为较大容量的电解电容，用来进一步减小输出纹波和低频干扰。

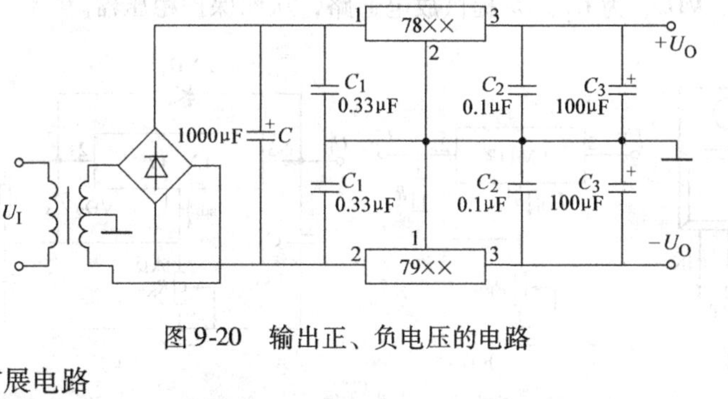

图 9-20　输出正、负电压的电路

（3）输出电流扩展电路

集成三端稳压器可以通过外接功率管来扩展输出电流，如图 9-21 所示为输出电流扩展电路。图中 78 × × 系列集成三端稳压器外部的 PNP 型晶体管与集成三端稳压器芯片内部的 NPN 调整管组成复合管，使用时应根据所需的负载电流选用适当的外接晶体管。由于通过 R_1 的电流为 78 × × 系列集成三端稳压器的空载电流和部分负载电流，故阻值不宜大，一般约几欧姆。

（4）输出电压扩展电路

集成三端电压固定式稳压器的最大输出电压为 +24V 或 −24V。当需要更高的输出电压时，可以采用如图 9-22 所示的升压电路。

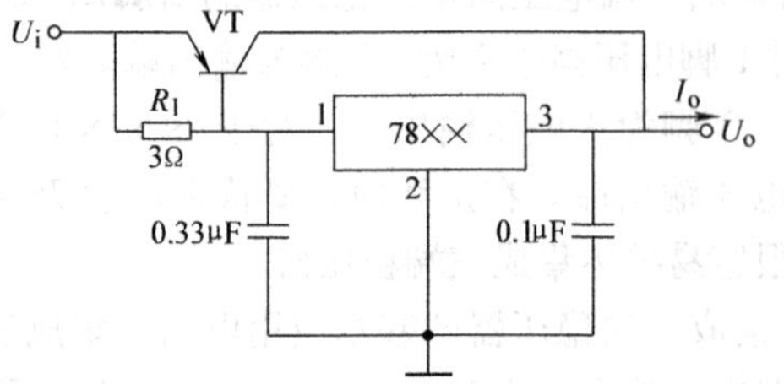

图 9-21　输出电流扩展电路

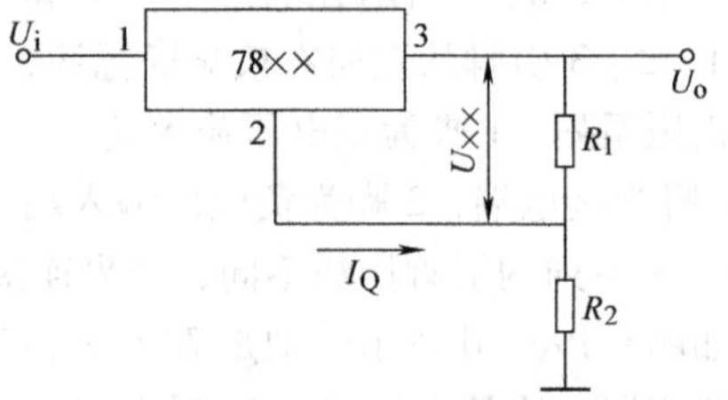

图 9-22　输出电压扩展电路

稳压电路的输出电压 U_O 由下式决定，即

$$U_O = U_{××} + \left(\frac{U_{××}}{R_1} + I_Q\right)R_2 = \left(1 + \frac{R_2}{R_1}\right)U_{××} + I_Q R_2 \tag{9-37}$$

式中，$U_{××}$ 为 78××系列集成三端稳压器的标称输出电压；I_Q 为 78××系列集成三端稳压器的静态工作电流，一般集成三端稳压器的 I_Q 约为几毫安。当 R_1、R_2 的阻值较小时，静态电流 I_Q 在电阻 R_2 两端的电压降 $I_Q R_2$ 可以忽略，这样，式（9-37）就可近似为

$$U_O \approx \left(1 + \frac{R_2}{R_1}\right)U_{××} \tag{9-38}$$

从上式可以看出，输出电压仅与 R_2/R_1 的比值和 $U_{××}$ 有关。这种接法的缺点是，当输入电压变化时，稳压器的静态电流 I_Q 也变化，I_Q 的变化将降低稳压器的稳压精度。

3. 集成三端电压可调式稳压器的典型应用电路

LM117 系列稳压器是输出电压为正的 1.25～37V 的集成三端电压可调式线性稳压器，其负载电流最大可达到 1.5A，其引脚如图 9-23a 所示，其中 3 脚（IN）为输入端，1 脚（ADJ）为调节端，2 脚（OUT）为输出端。LM117 系列稳压器的应用电路非常简单，其基本应用电路如图 9-23b 所示，仅需两个外接电阻 R_1、R_2 来设置输出电压。如图 9-23c 所示为带有保护电路的 LM117 系列稳压器的应用电路。图中 C_3 取 1μF 的钽电容以减小阻尼振荡和改善瞬态特性，C_2 取 10μF 以减小纹波，C_1 取 0.1μF 以防止稳压器自激，由于该稳压器承受反向电压的能力较低，当输入发生短路时，VD_1、VD_2、为 C_2、C_3 提供放电通路，从而保护稳压器。

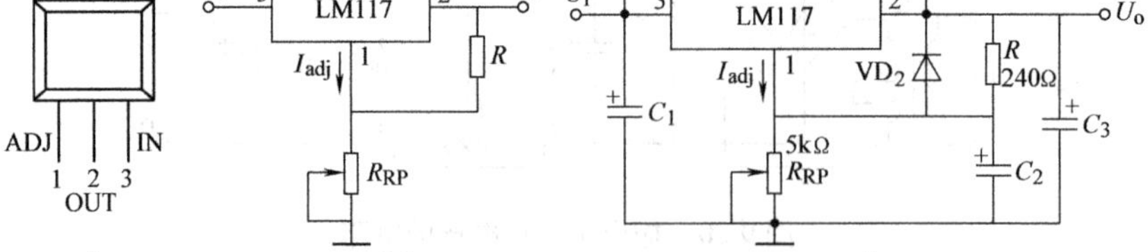

a）　　　b）　　　c）

图 9-23　LM117 系列引脚图及正电压输出的应用电路

a）引脚图　b）基本应用电路　c）带有保护电路的应用电路

因为 LM117 系列稳压器的基准电压 U_{REF} 为 1.25V，在图 9-23b 所示的基本应用电路中，这个基准电压 U_{REF} 在输出端（2 脚）和调节端（1 脚）之间，决定了输出电压只能从 1.25V 开始往上调节。输出电压表达式为

$$U_O = U_{REF} + \frac{U_{REF}}{R}R_{RP} + I_{adj}R_{RP} = 1.25 \times \left(1 + \frac{R_{RP}}{R}\right) + I_{adj}R_{RP} \tag{9-39}$$

其中 I_{adj} 为 LM117 系列稳压器的调整端流出，经过电位器 R_{RP}，这个电流的典型值为 50μA，其变化也很小，一般为 1% 左右（约为 0.5μA），在 R_{RP} 阻值较小时，$I_{adj}R_{RP}$ 可以忽略不计。所以集成三端电压可调式稳压器输出电压的通用表达式为

$$U_O \approx 1.25 \times \left(1 + \frac{R_{RP}}{R}\right) \tag{9-40}$$

式（9-40）中 R 的取值不能太大，为保证稳压器的输出性能，最好不大于 240Ω。这样只需要调节 R_{RP}，即可调节输出电压，输出电压可调范围受到集成三端稳压器最大输入、输出电压差的限制，对 LM117/217/317 而言，使用时，只要稳压器输入与输出的电压差在 3 ~ 40V 之间，LM117/317 就能正常调节输出电压。

另外，需注意 LM117/217/317 的功耗不要过大，一般加散热片后功耗也不超过 20W，因此当电压差大时应分档调压。LM117/217/317 的线性调整率和负载调整率也比标准的固定稳压器好。LM117/217/317 内置有过载保护、安全区保护等多种保护电路。

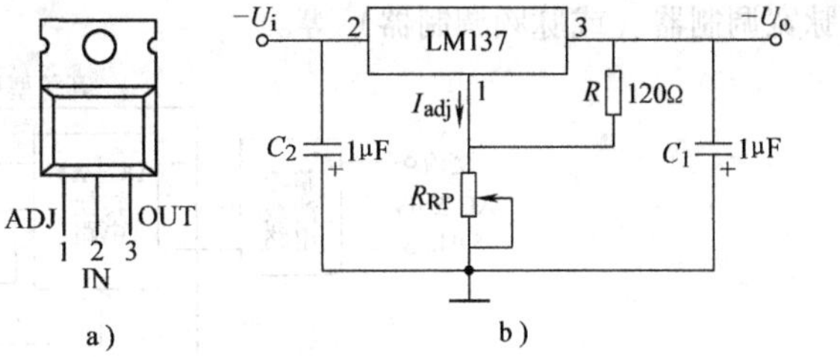

图 9-24　LM137 系列引脚图及负电压输出的应用电路
a）引脚图　b）基本应用电路

负电压可调输出稳压电路可用 LM137 系列稳压器来实现，如图 9-24 所示。LM137 系列稳压器引脚如图 9-24a 所示，其中 1 脚（ADJ）为调节端，2 脚（IN）为输入端，3 脚（OUT）为输出端。基本应用电路如图 9-24b 所示，若忽略 I_{adj}，则输出电压表达式近似为

$$-U_O \approx -1.25 \times \left(1 + \frac{R_{RP}}{R}\right) \tag{9-41}$$

调节 R_{RP}，输出电压连续可调。

正、负电压输出的稳压电路可以用 LM117 和 LM137 系列稳压器实现，其电路如图 9-25 所示。该电路的输出电压为 ±1.25 ~ ±20V。

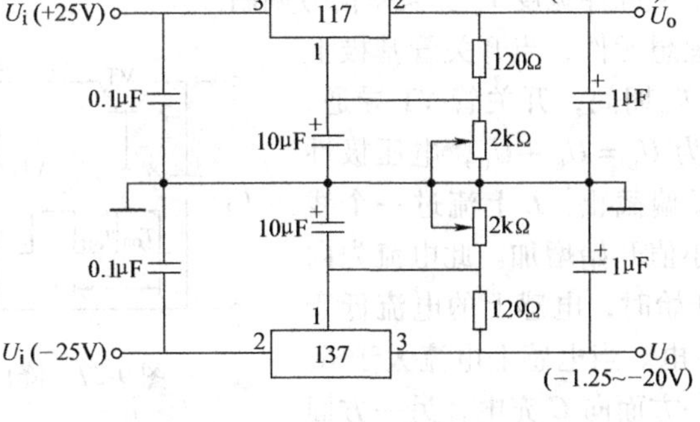

图 9-25　三端可调正、负电压输出的稳压电源

9.5　开关型稳压电路*

串联型稳压电路具有稳定性好、纹波小、瞬态响应快、线路简单、工作可靠等优点，然而由于功率调整器件串联在负载回路里，而且工作在线性区，因此功率转换效率比较低。为了提高效

率，降低稳压电路的重量和体积，研制了开关型稳压电路。 开关稳压电路中的调整管在控制脉冲作用下，工作于开关状态，通过适当调整开通和关断的时间，可使输出电压稳定。调整管处于开关工作状态，大大地减小了功耗。另外，开关稳压电路还可以将低电压转换成稳定的高电压或转换极性等。它的主要缺点是输出电压纹波较大，电路比较复杂。

9.5.1 开关型稳压电路基本原理

开关型稳压电路原理框图如图 9-26 所示，图中 50Hz 市电通过整流滤波电路转换成直流电压，然后输入 DC-AC 转换电路。DC-AC 转换电路把整流滤波电路输出的直流电压转变为高频（不小于 20kHz）方波脉冲电压，再通过整流滤波输出电路变成直流电压供给负载。DC-AC 转换电路是开关稳压电路的核心，它和输出回路一起组成开关稳压电路的主回路。稳定输出电压的任务是由开关控制电路来完成的。开关控制电路内部包含有基准电源、高频振荡器、比较放大器、脉宽调制器（或脉频调制器）等。

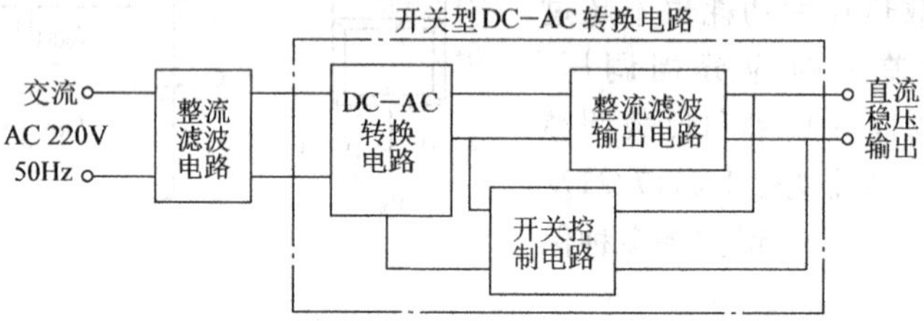

图 9-26 开关型稳压电路原理框图

稳压原理：当负载 R_L 增大或电网电压升高时，开关稳压电路的输出电压会随之上升，控制电路使 DC-AC 转换电路输出的方波脉冲的宽度变窄（或开关频率降低），从而使开关稳压电路的输出电压下降，起到稳定输出电压的作用；反之，当电网电压下降而引起输出电压下降时，控制电路使 DC-AC 转换电路输出的方波脉冲的宽度展宽（或开关频率升高），从而使输出电压上升。

9.5.2 降压型开关稳压电路

下面以降压型开关稳压电路为例进行分析，电路如图 9-27 所示。图中，VT 为开关管，VD 为续流二极管，L 为储能电感，C_o 为滤波电容；晶体管基极所加的控制脉冲信号来自开关控制电路，其周期 T 保持不变，但脉冲宽度 T_{on} 受误差信号调制。

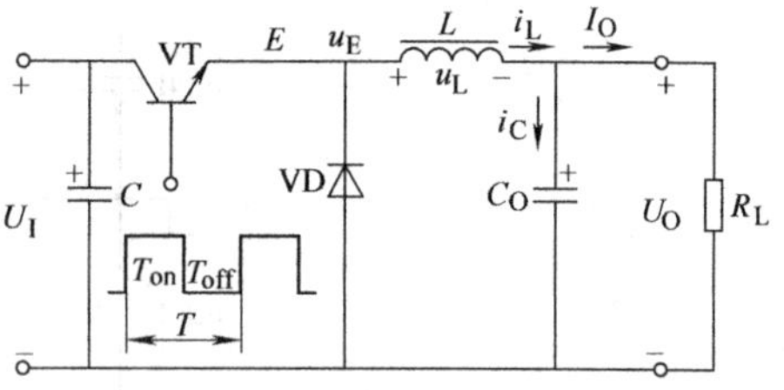

图 9-27 降压型开关稳压电路

设 L、C、VD 均为理想元件，当开关管基极上加有正脉冲电压时，在 T_{on} 期间，开关管 VT 导通，此时电感 L 两端的电压为 $U_L = U_E - U_O$，电压极性是左正右负，VD 处于反偏截止，L 上流过一个线性增长的电流，将从最小值开始增加。此电流先向负载 R_L 输送电流，刚开始时，电感上的电流低于负载电流，故 C 向 R_L 放电。当电感上电流大于 R_L 上电流时，电感上电流一方面向 C 充电，另一方面向 R_L 输送，在此期间，电感上逐步积累磁能。降压型开关稳压电路工作波形如图 9-28 所示。

当开关管基极上无脉冲电压或加有负脉冲电压时，在 T_{off} 期间，开关管截止，由于通过电感的电流不能突变，所以电感两端感应出一个极性为左负右正的感应电动势，使 VD 导通，忽略 VD 的导通电压降，可知 $U_E = 0$，先前储存在 L 中的磁能开始转换成电流而释放。此电流一方面向 R_L 提供电流以维持电感中电流的连续性；另一方面先向电容 C 充电（当电感中的电流大于负载电流时），继而 C 向 R_L 放电（当电感中的电流小于负载电流时）。由于开关管截止期间，电感中存储的能量通过 VD 向负载释放，使负载继续有电流通过，因此把 VD 称为续流二极管。虽然晶体管工作在开关状态，但由于 VD 的续流作用和 LC 的滤波作用，输出电压是比较平滑的直流电压。在 T_{on} 期间，开关管导通；在 T_{off} 期间，开关管截止。方波高电平的时间占整个周期的百分比称为占空比，控制信号的周期为 $T = T_{on} + T_{off}$，则占空比为

$$q = \frac{T_{on}}{T} = \frac{T_{on}}{T_{on} + T_{off}} \tag{9-42}$$

u_E 的平均电压即为输出的直流电压 U_O，若忽略 L 中的直流电压降，则

$$U_O \approx qU_I \tag{9-43}$$

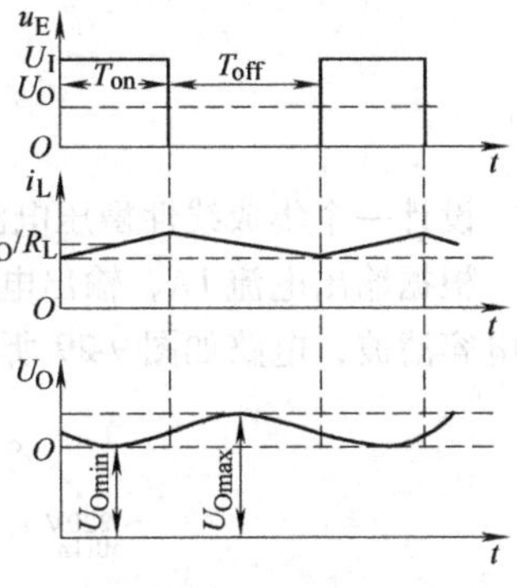

图 9-28　降压型开关稳压电路工作波形

由此可见，通过调节占空比，即可调节输出电压。在输入电压一定时，输出电压与占空比成正比，可以通过改变比较器输出方波的宽度（占空比）来控制输出电压值，这种控制方式称为脉冲宽度调制（PWM）。

开关型稳压电路效率高，广泛应用于各种电子电路之中。开关型稳压电源的缺点是纹波较大，用于小信号放大电路时，还应采用第二级稳压措施。

本章小结

1. 直流稳压电源由整流电路、滤波电路和稳压电路组成。整流电路将交流电压变为脉动的直流电压，滤波电路可减小脉动使直流电压平滑，稳压电路的作用是在电网电压波动或负载电流变化时保持输出电压基本不变。

2. 整流电路有半波和全波两种，最常用的是单相桥式整流电路。分析整流电路时，应分别判断在变压器二次电压正、负半周两种情况下二极管的工作状态，从而得到负载两端电压、二极管端电压及其电流波形并由此得到输出电压和电流的平均值，以及二极管的最大整流平均电流和所能承受的最高反向电压。

3. 滤波电路通常有电容滤波、电感滤波等。电容滤波电路的输出电压在负载电流变化时波动较大，带负载能力较差，只适用于负载电流小且变化不大的场合；电感滤波电路适用于大电流场合。

4. 稳压二极管稳压电路结构简单，但输出电压不可调，仅适用于负载电流较小且其变化范围也较小的情况；可调直流电压源是对稳压二极管稳压电路的改进，其输出电压可调，但由于采用集成运放构成，其输出电流受集成运放输出电流的限制，带负载能力不强；在可调直流电压源基础上增加大功率晶体管构成串联型稳压电源，其输出电压可调，并且具有较强的带负载能力。串联型稳压电源由调整管、基准电压电路、取样电路和比较放大电路等部分组成，在该电路中引入了深度电压串联负反馈，从而使输出电压稳定。

5. 三端集成稳压器仅有输入端、输出端和公共端三个引出端，使用方便，稳压性较好。分为三端固定式和可调式两种。

6. 串联型稳压电路的调整管工作在线性状态时，它具有稳定性好，波纹小，瞬态响应快，线路简单等优点，具有效率低、重量大等缺点。开关型稳压电路的调整管工作在开关状态时，它具有功耗小、效率高、体积小、重量轻等优点，具有输出电压纹波较大、电路比较复杂等缺点。

实践案例

集成线性稳压电源设计

设计一个集成线性稳压电源，输出电压为 +5V，输出电流最大值为 1A。

根据输出电流 1A，输出电压 +5V，集成稳压器初步选用 LM7805，整流滤波电路选用桥式整流电容滤波，电路如图 9-29 所示。

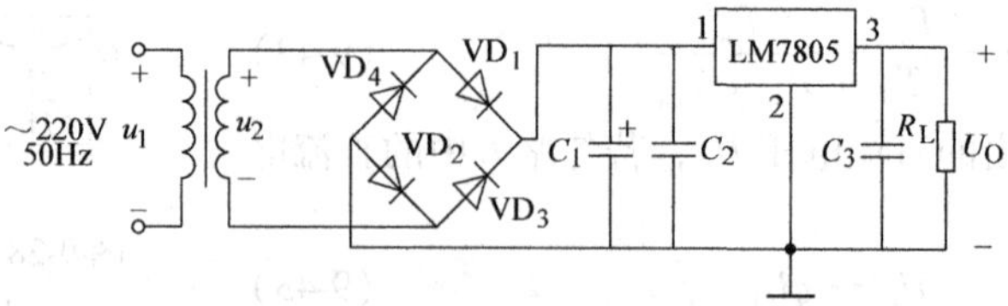

图 9-29　实用 +5V 稳压电路

220V 交流市电经变压器 T 降压、经整流桥整流后，再由大容量电解电容 C_1 滤波，然后将不稳定的直流电压 U_I 加在 LM7805 的正电压输入端 1 和接地端 2，从 LM7805 的正电压输出端 3 和接地端 2 上得到稳定的输出电压 $U_0 = 5V$。这个电路安装好后，不用作任何调整即可正常工作。

(1) 电源变压器的选择

集成稳压器的输入输出最小电压差可定为 3V，即 LM7805 的输入电压至少为 8V，所以电源变压器二次交流电压有效值为

$$U_2 = \frac{8}{1.2} = 6.67\text{V}$$

考虑电网电压有 ±10% 的波动，因此二次交流电压有效值的最小值为

$$U_{2\min} \approx 6.67\text{V} \times 1.1 = 7.34\text{V}$$

为了留有一定的余量，选用二次电压为 8V、二次电流 2A 的 16W 电源变压器。当电网电压波动为 -10%（即 198V）时，整流滤波输出电压为 8×（1-10%）×1.2=8.64V，稳压器输入输出最小电压差为 3.64V；当电网电压波动为 +10%（即 242V）时，整流滤波输出电压为 8×（1+10%）×1.2=10.56V，稳压器输入输出最大电压差为 5.56V。根据 LM7805 的器件手册可知，上述输入输出电压差的变化范围在 LM7805 参数要求的范围内，LM7805 可以正常工作。

(2) 整流二极管的选择

输出电流为 1A，则桥式整流的二极管的整向平均电流为 0.5A；变压器二次输入电压有效值的范围是 7.2～8.8V，则桥式整流的二极管最高反向电压为 $8.8 \times \sqrt{2} = 12.44\text{V}$，故选用正向电流为 1A、最高反向电压为 25V 的整流二极管 2CZ55。

(3) 滤波电容的选择

滤波电容一般采用大容量的电解电容。因为整流滤波电路最高输出电压为 10.56V，最大输出电流为 1A，7805 输入端的电流大于最大输出电流，故此时整流滤波电路的等效负载电阻 $R_L \approx \frac{10.56}{1} \approx 11\Omega$，根据式 (9-12) 可得

$$C \geqslant (3 \sim 5)\frac{T}{2R_L} = (3 \sim 5)\frac{0.02\text{s}}{2 \times 11\Omega} = 2727 \sim 4545\mu\text{F}$$

电容上的最大电压为 $8.8 \times \sqrt{2} = 12.44\text{V}$，故根据经验 C_1 可选用容量为 4700μF、耐压为 25V 的电解电容。

电容 C_2 用来防止由于输入引线较长所带来的电感效应而产生的自激振荡，一般取 0.33μF 的瓷片电容，电容 C_3 用来减小由于负载电流瞬时变化而引起的高频干扰，一般取 0.1μF 的瓷片

电容。

思考题与习题

9-1　填空题

（1）直流稳压电源主要由电源变压器、______、______和______电路组成。

（2）如变压器二次电压的有效值为 U_2，那么，桥式整流电路和全波整流电路中，整流二极管所承受的最大反向电压分别为______和______。

（3）三端集成稳压器 CW7912 的输出电压为______V，而 CW7809 的输出电压则为______V。

（4）串联型稳压电路中的放大环节所放大的对象是______。开关型直流电源比线性直流电源效率高的原因是调整管工作在______状态。

（5）串联型反馈式稳压电路主要由______、______、______和______四部分构成。

9-2　单相桥式整流滤波电路如图 9-30 所示，已知 $u_2=25\sin\omega t$（V），$f=50\text{Hz}$。

（1）假设负载 $R_L=100\Omega$，试求每个二极管的平均整流电流及所承受的最大电压、电容的容量及所承受的最大电压；

（2）如果 VD_4 击穿（电击穿），说明电路的工作情况，画出 U_O 的波形；

（3）当滤波电容开路时，说明电路的工作情况。

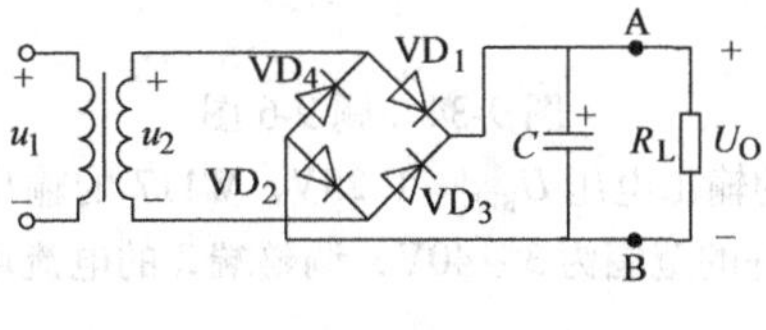

图 9-30　题 9-2 图

9-3　小功率直流稳压电源如图 9-31 所示。

（1）试画出下列情况下输出端 u_o 的波形，并标明幅度：

1）S_1 和 S_2 均断开；2）S_1 合，S_2 断开；3）S_2 合，S_1 断开；

（2）写出上述 1）、2）情况下输出电压平均值 $U_{O(AV)}$ 与变压器二次电压有效值 U_2 之间的关系式（忽略 R 的分压作用）。

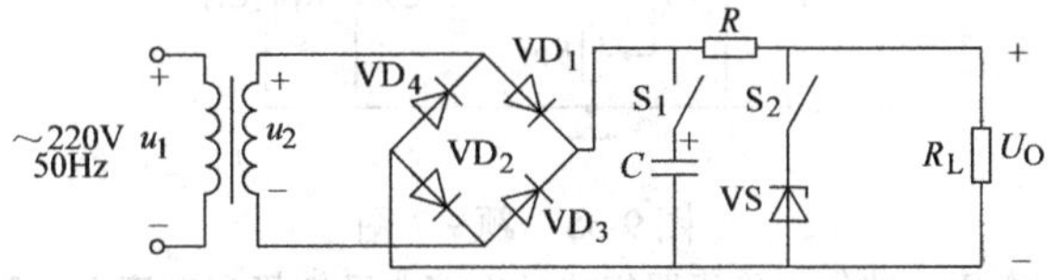

图 9-31　题 9-3 图

9-4　两个恒流源电路分别如图 9-32a、b 所示。输入电压为 20V，晶体管饱和电压降为 3V，$|U_{BE}|=0.7\text{V}$；W7805 输入端和输出端之间的电压最小值为 3V；稳压管的稳定电压 $U_Z=4\text{V}$；$R_1=R=50\Omega$。（1）求各电路负载电流；（2）分别求出两电路输出电压的最大值。

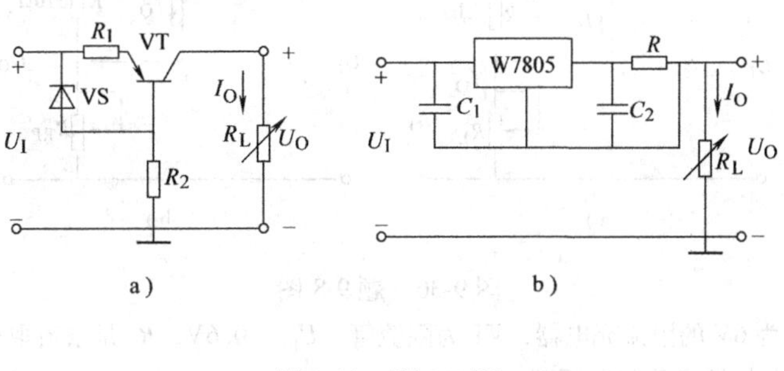

图 9-32　题 9-4 图

9-5　电路如图 9-33 所示，已知 $R_1=1\text{k}\Omega$，$R_2=3\text{k}\Omega$，$R_{RP}=2\text{k}\Omega$，$R_3=R_4=5\text{k}\Omega$。求输出电压 U_O 的输出范围。

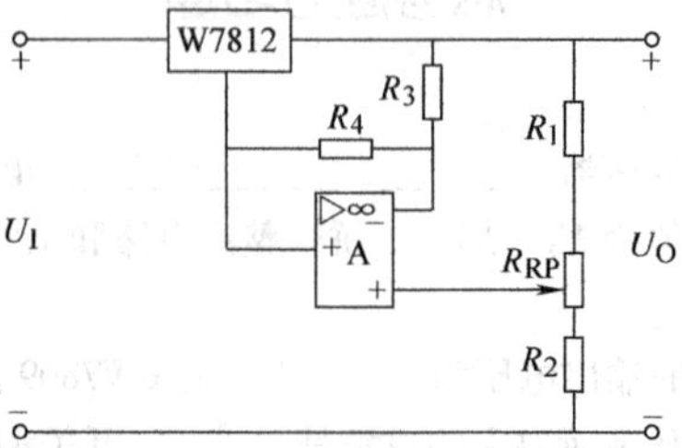

图 9-33　题 9-5 图

9-6　指出图 9-34 所示的桥式整流电容滤波电路的错误。

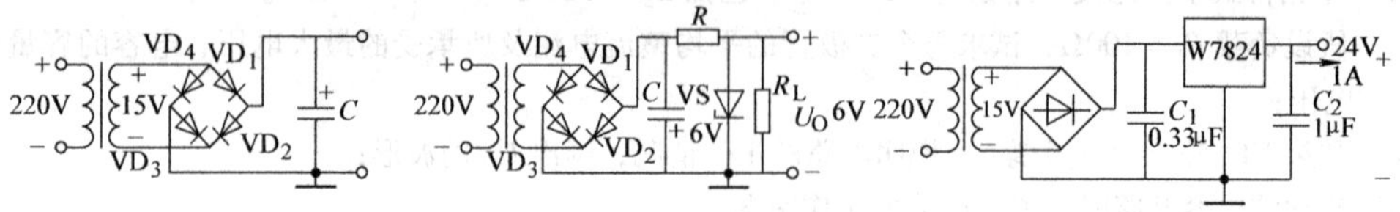

a)　　b)　　c)

图 9-34　题 9-6 图

9-7　已知图 9-35 所示 W117 的输出电压 $U_{REF}=1.25\text{V}$，W117 的输出电流允许的范围为 10mA ~ 1.5A，输入端和输出端之间的电压 U_{12} 允许的范围为 3 ~ 40V，调整端 3 的电流可忽略不计。求：

（1）R 的上限值为多少？

（2）输出电压 U_O 的最小值为多少？

（3）若 $R=100\Omega$，要想使输出电压的最大值为 30V，则 R_{RP} 应为多少？

（4）输出电压的最大值是否能够达到 50V 吗，简述理由。

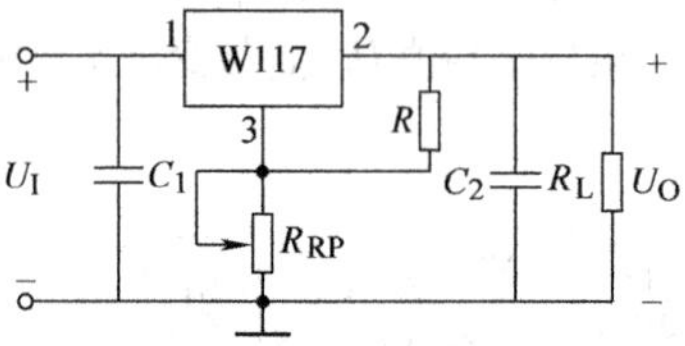

图 9-35　题 9-7 图

9-8　图 9-36 画出了两个用三端集成稳压器组成的电路，已知静态电流 $I_Q=2\text{mA}$。（1）写出图 9-36a 所示电路中电流 I_O 的表达式，并算出其具体数值；（2）写出图 9-36b 所示电路中电压 U_O 的表达式，并算出当 $R_{RP}=0.51\text{k}\Omega$ 时的具体数值；（3）说明这两个电路分别具有什么功能。

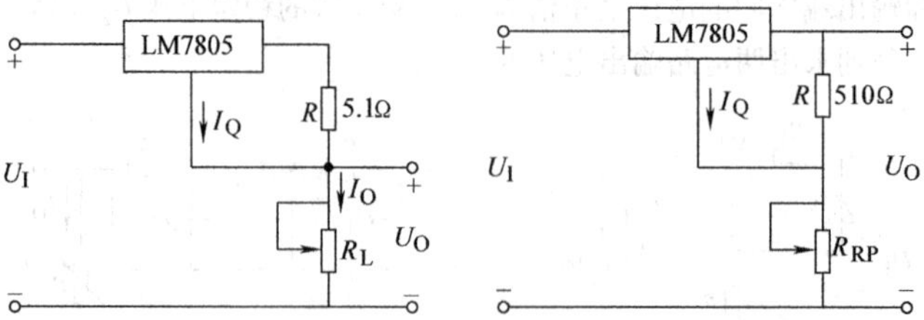

a)　　b)

图 9-36　题 9-8 图

9-9　图 9-37 所示为 6V 的限流充电器，VT 为限流管，$U_{BE}=0.6\text{V}$，R_3 是限流取样电阻，最大充电电流 $I_{OM}=U_{BE}/R_3=0.6\text{A}$，分析该电路限流原理。

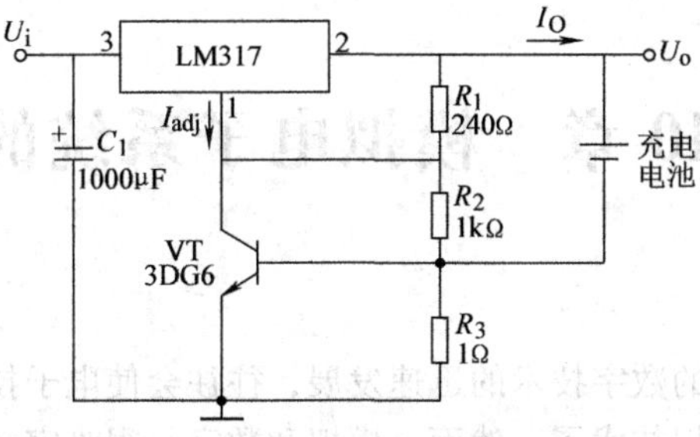

图 9-37　题 9-9 图

9-10　试设计一个集成直流稳压电源，性能指标要求：额定输出电压 9V，最大输出电流 1A。

9-11　试设计一个可调直流稳压电源，性能指标要求：输出电压为 3～9V 可调，最大输出电流 200mA，纹波小于 5mV，稳压系数不大于 0.005。

*第 10 章　模拟电子系统的设计

应用背景

以 FPGA 和 DSP 为代表的数字技术的迅速发展，往往会使电子技术的初学者误以为现代电子技术的发展已经可以淘汰模拟技术了，然而，模拟和数字是很难完全分割的。现实世界中的物理量大多为模拟量，这就决定了即便系统内部功能可以以数字方式实现，但往往其输入-输出却还需以模拟方式出现。针对学习中普遍存在的“重数字、轻模拟；重软件、轻硬件”等现象，两年一届的全国大学生电子设计竞赛的命题都刻意作出相应的引导，体现出模拟技术在电子系统设计中的重要性。通过浏览全球著名的各大半导体公司的产品线，可以发现不断有大量高性能的模拟芯片或模数混合芯片被推向市场。

本章介绍了几种模拟电子系统中常用的集成电路芯片的功能及应用并列举了一个模拟电子系统的设计案例。

10.1　电子系统概述

从输入或输出信号类型和处理信号方式的角度，可将电子系统分为模拟型、数字型和模数混合型三种类型。三种类型系统的基本框图如图 10-1 所示，其中图 10-1a 表示模拟型电子系统，通过设计合适的模拟信号处理电路，如预处理放大电路、信号转换电路、滤波电路、功率放大电路等，直接对模拟信号进行处理。图 10-1b 表示数字型电子系统，通过数字信号处理电路完成信号处理后直接输出，其中数字信号处理电路可由数字集成电路、可编程逻辑器件等以硬件方式实现，或者由 DSP 处理器、单片机等以软件方式实现。图 10-1c 表示模数混合型电子系统，其输入或输出信号均为模拟信号，在进行信号处理前，由 A-D 转换器将模拟信号转换为数字信号，通过数字信号处理电路完成信号处理，再经 D-A 转换器还原为模拟信号。

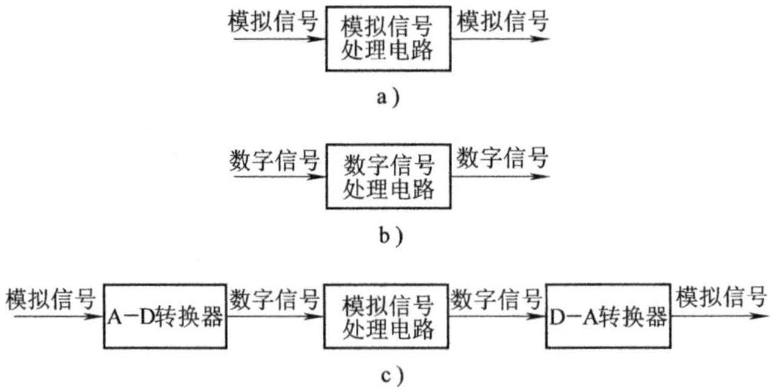

图 10-1　三种类型电子系统的基本框图
a）模拟型电子系统　b）数字型电子系统　c）模数混合型电子系统

随着可编程逻辑器件 FPGA/CPLD 和数字信号处理器 DSP 的迅速发展，数字型和模数混合型电子系统得到广泛应用。但这并不意味着模拟技术会被淘汰，实际上，在任何一个电子系统中，模拟电路都是很难完全避免的，例如，即便是对于数字电子系统，要使其正常工作，仍然需要一个稳定可靠的电源单元。客观世界中许多物理量都是连续的模拟量，模拟电子技术是电子技术的基础，模拟电路在不同规模的电子系统中广泛存在。在现代电子系统模块化的设计方案下，一个功能指标合理的小型模拟电子系统可以作为一个大规模电子系统的一个单元或模块。

10.2　模拟电子系统中的常用集成电路

体现模拟技术发展状况的一个特征便是各大半导体公司不断推出的新型模拟集成电路和模数混合集成电路，例如各种高性能的放大器、电压比较器、模拟乘法器、基准电压源、A-D 转换器、D-A 转换器以及不同的专用功能器件等，产品规模较多。当需要学习和使用相关的集成器件时，应该利用互联网等信息手段查阅器件的数据手册，在手册指导下掌握其原理和基本特性，进而进行研究和应用。本节内容立足基础，介绍几种模拟电子系统中的常用集成电路及其典型应用。

10.2.1　预处理放大器

预处理放大器用于模拟系统的前级信号处理电路，实现对于测量系统中的微弱电信号的放大，以便于后续的信号转换、滤波等处理。预处理放大主要由仪表放大器完成，其原理在前面章节中已有说明。仪表放大器相对于普通的运算放大器而言，明显的优点是输入阻抗高、共模抑制能力强。当传感器将其他物理量转变为电信号时，通常极其微弱且其中包含着许多干扰，在此情况下可以充分考虑利用仪表放大器取代普通放大电路。

集成仪表放大器种类较多，典型芯片有 ADI 公司的 AD620、AD624，TI 公司的 INA114、INA121，Linear Technology 公司的 LT1168、LT1920 等，数字式可编程增益的仪表放大器有 ADI 公司的 AD8250、AD8251、AD8253 等。通过研究数据手册，对上述器件的特点和部分参数指标进行了对比，具体数据见表 10-1。

表 10-1　部分仪表放大器的特点和参数指标

产品型号	特　点	CMRR（单位增益时的最小值）/dB	输入失调电压（最大值）/μV	温漂（最大值）/（μV/℃）	输入偏置电流（最大值）/nA	生产厂商
AD620B	低成本、低漂移、低功耗	80	50	0.6	1.0	ADI
AD624	高精度、低噪声	80	25	0.25	50	ADI
INA114	低成本、精密	80	50	0.25	2	TI
INA121	低功耗	78	200	2	0.05	TI
LT1168	低功耗、精密	88	60	0.3	0.35	Linear Technology
LT1920	精密	75	125	1	2	Linear Technology
AD8250	数字式增益可编程（可编程增益：1、2、5、10）	80	260	1.7	30	TI
AD8251	数字式增益可编程（可编程增益：1、2、4、8）	80	275	1.8	30	TI
AD8253	数字式增益可编程（可编程增益：1、10、100、1000）	80	150	1.2	50	TI

下面以 TI 公司的典型的仪表放大器 INA114 为例，介绍其特点和应用。

INA114 具有两种封装：DIP 和 SOIC，两种封装的引脚数量不一样，其内部结构框图如图 10-2 所示。

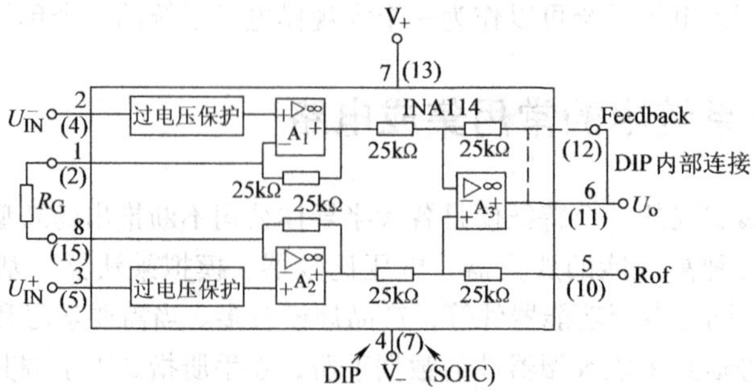

图 10-2　INA114 内部结构框图

INA114 放大器的增益由图 10-2 中的电阻 R_G（对于 DIP，外接于 1 脚和 8 脚之间；对于 SOIC,外接于 2 脚和 15 脚之间）决定，增益 G 的计算公式为

$$G = 1 + \frac{50\text{k}\Omega}{R_G} \tag{10-1}$$

输出电压与输入电压关系可表示为

$$U_O = G(U_{IN}^+ - U_{IN}^-) \tag{10-2}$$

在进行电路设计时，为了得到精确的增益，电阻 R_G 应该选择精密电阻，例如精度为 1% 的金属膜电阻。为了减少增益的温度漂移，电阻应该具有低的温度系数。

INA114 具有较强的共模抑制能力和抗噪声性能，可以应用于微弱信号检测场合。一种典型应用便是心电信号检测，参考 INA114 的数据手册，右腿驱动的心电图放大电路如图 10-3 所示，图中电路的增益 $G = 10$，OPA2604 为 TI 公司的一款双路低失真运算放大器。

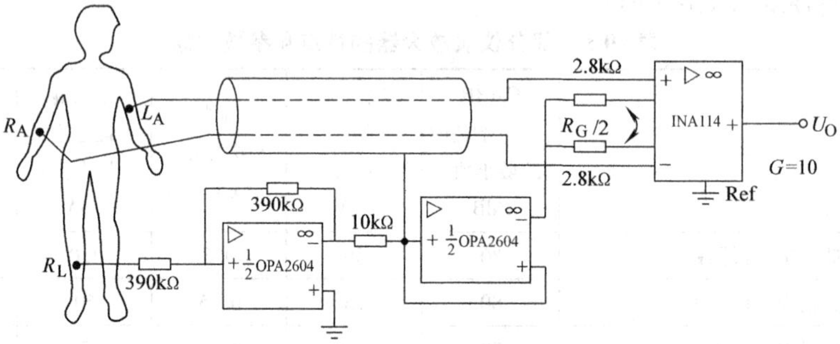

图 10-3　心电图放大电路

10. 2. 2　信号转换器

在对模拟信号处理过程中，有时需要进行一些信号转换，以方便信号处理。例如，I-V（电流-电压）转换、V-I（电压-电流）转换、V-F（电压-频率）转换、F-V（频率-电压）转换、交流有效值-直流转换等，下面以典型的 I-V 转换和 V-I 转换电路为例进行介绍。

1. I-V 转换

由于有些传感器的输出信号为电流信号，这时往往需要将其转换为电压信号再进行处理。例如 ADI 公司的精密集成温度传感器 AD592，其输出信号便是与热力学温度成正比的电流信号，在应用过程中，可以通过 I-V 转换电路将其输出信号转换为合适的电压信号，以方便后续的信号处理。

基于运放实现的 I-V 转换电路结构简单，如图 10-4 所示，电路可以空载，也可以接一个合适的负载电阻。

根据运放的“虚短”和“虚断”特性，容易得到输出电压 u_O 与输入电流 i_S 的关系，即

$$u_O = -i_S R_F \tag{10-3}$$

由式（10-3）可见，输入电流 i_S 被转换为输出电压 u_O，实现了 I-V 转换。

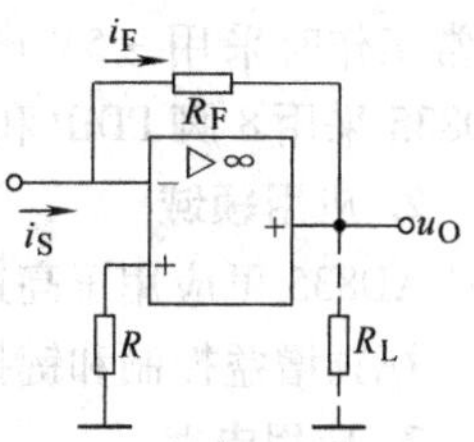

图 10-4　I-V 转换电路

2. V-I 转换

一种实用的 V-I 转换电路如图 10-5 所示，图中运放 A_1 构成同相输入比例电路，A_2 构成电压跟随器，电阻 $R_1 = R_2 = R_3 = R_4 = R$。

在图 10-5 中，根据叠加原理，可以分析得到

$$u_{I1} = \frac{R_3}{R_3 + R_4}u_{O2} + \frac{R_4}{R_3 + R_4}u_I = \frac{1}{2}u_{O2} + \frac{1}{2}u_I$$

A_1 为同相输入比例电路，所以

$$u_{O1} = \left(1 + \frac{R_2}{R_1}\right)u_{I1} = 2u_{I1} = u_{O2} + u_I$$

从输出端分析，由于运放 A_2“虚断”，有

$$i_O = \frac{u_{O1} - u_O}{R_O} = \frac{u_{O1} - u_{O2}}{R_O} = \frac{u_I}{R_O} \tag{10-4}$$

由式 10-4 可见，电路实现了将输入电压 u_I 转换为输出电流 i_O 的功能。

图 10-6 所示的是一个精密 V-I 转换的实际应用电路，该电路是由仪表放大器 AD620 的数据手册提供的。

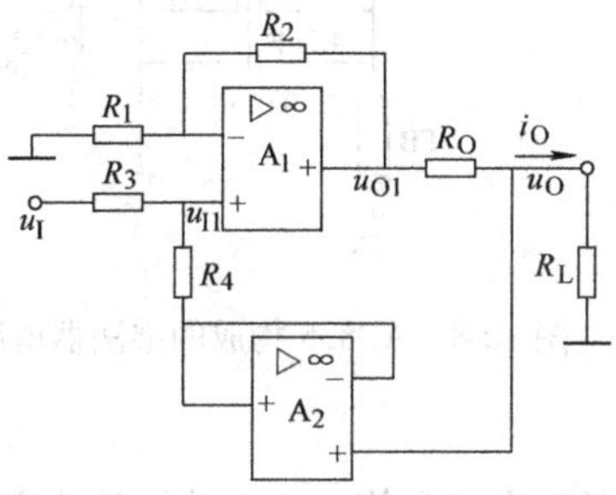

图 10-5　实用的 V-I 转换电路

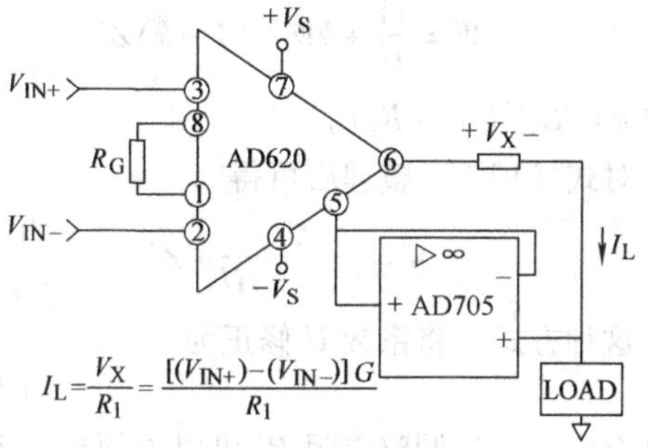

图 10-6　AD620 构成的精密 V-I 转换电路

10.2.3　模拟乘法器

集成模拟乘法器通用性强，应用领域广泛，是仪器仪表、通信系统中的常用器件。利用集成模拟乘法器不仅可以实现乘法和平方运算，还可以组成除法、开方、均方根等运算电路，典型的集成模拟乘法器有 ADI 公司的 AD835、TI 公司的 MPY634 等。下面以 AD835 为例进行介绍。

1. 主要性能与特点

AD835 是 ADI 公司生产的一款四象限电压输出模拟乘法器，它在产生 X 和 Y 的线性乘积的基础上，实现 $W = XY + Z$ 的运算，3dB 输出带宽为 250MHz，其功能框图如图 10-7 所示。图中差分乘法输入 X、Y 与求和输入 Z 具有高的输入阻抗，输出引脚 W 具有低的输出阻抗。输出电压范围最高可达 ±2.5V，可驱动低至 25Ω 的负载。

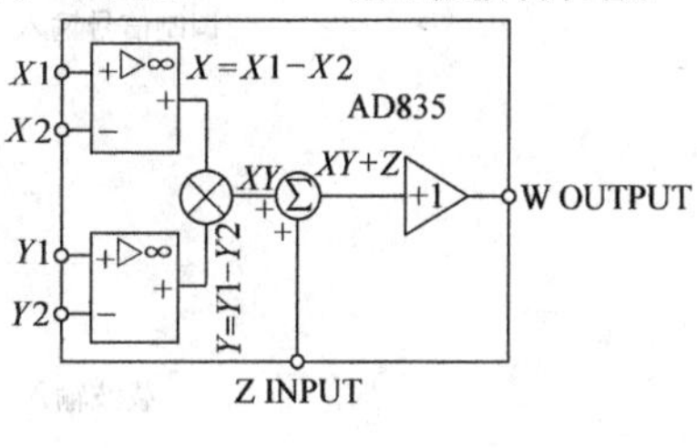

图 10-7　AD835 功能框图

正常工作时采用 ±5V 电源供电。AD835 的乘积噪声非常低（$50nV/\sqrt{Hz}$），远胜于早期产品。AD835 采用 8 脚 PDIP 和 8 脚 SOIC 封装，额定温度范围为 −40 ~ +85℃工业温度范围。

2. 应用领域

AD835 可应用于高速乘法、除法、平方运算、宽带调制和解调、相位检测和测量、正弦波倍频、视频增益控制和键控、电压控制放大器和滤波器等领域。

3. 应用电路

这里以乘法器电路和调幅电路为例，介绍其应用。

根据 AD835 的数据手册，AD835 的输入输出电压之间的关系可以表示为

$$W=\frac{(X_1-X_2)(Y_1-Y_2)}{U}+Z \tag{10-5}$$

式中 U 为缩放比例系数。当 $U=1V$，$Z=0$ 时，有 $W=XY$。

（1）乘法器电路

AD835 构成的乘法器电路如图 10-8 所示。图中正负电源引脚分别串联磁珠 FB 后接入外部电源，电源退耦电容采用 4.7μF 的钽电容和 0.01μF 的瓷片电容组合，以减小电源纹波影响。系数 U 名义上的数值为 1.05V，实际应用时往往需要做出调整，如调至 1V。图中通过 W 和 Z 之间的电阻分压进行系数调节。考虑到 Z 输入端呈高输入阻抗，根据叠加原理，在引入电压 Z'后，式（10-5）演变为

$$W=\frac{XY}{U}+kW+(1-k)Z' \tag{10-6}$$

式中 $k=R_2/\!/(R_1+R_2)$。

对式（10-6）整理后可得

$$W=\frac{XY}{(1-k)U}+Z' \tag{10-7}$$

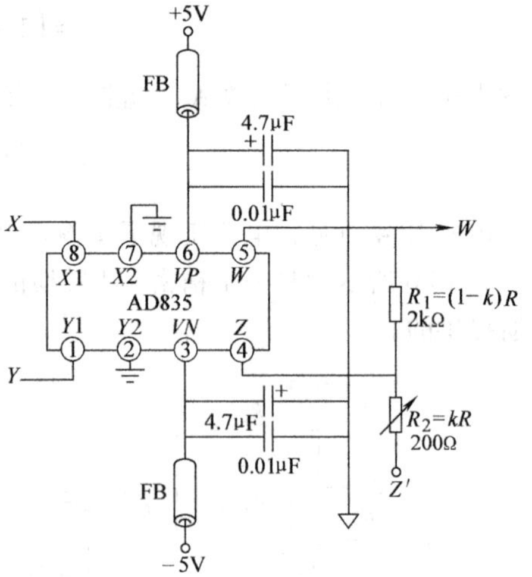

图 10-8　AD835 构成的乘法器电路

通过这种方式，将系数 U 修正为

$$U'=(1-k)U \tag{10-8}$$

可以看出，通过调整电阻 R_2 可以方便地将 U'调至 1V 或者更小的数值，从而满足系统应用需求。

（2）调幅电路

由 AD835 构成的简单调幅电路如图 10-9 所示，调制信号从 X 输入，载波从 Y 和 Z 输入。基于式（10-5），容易分析得出，当 $X=0$ 时，输出信号等于载波信号；当 $X=U$（约为 1V）时，输出信号幅度相对载波翻倍；当 $X=-U$（约为 −1V）时，输出信号幅度为 0。因此，当输入调制信号 X 在近似 ±1V（实际应为 $\pm U$，近似 ±1.05V）范围变化时，调幅信号的调制度达到 100%。

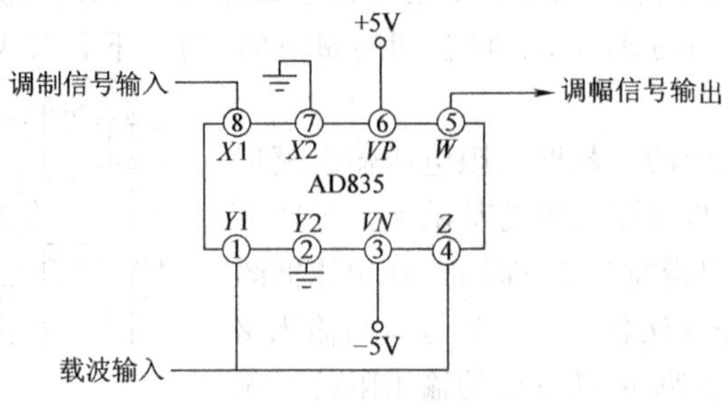

图 10-9　AD835 构成的简单调幅电路

AD835 的载波频率能达到 300MHz。

10.3　模拟电子系统的设计方法及流程

模拟电子系统的设计不存在一成不变的步骤，具体的设计方法跟设计者的兴趣、知识背景和经验等有一定关系。由于计算机技术和 EDA 技术的迅速发展，目前的电子系统设计可以充分利用各种仿真软件，比如常用的数值仿真工具 MATLAB、电路仿真工具 Multisim、PSPICE 以及一些专用电路设计软件（如滤波器设计软件）等。在进行系统设计时，有时可能需要综合用到多种仿真工具，借助仿真结果，可以较好地指导电子元器件的选择和相应参数的确定，指导电路调试。在面对设计任务时，一种合理的设计流程如图 10-10 所示。

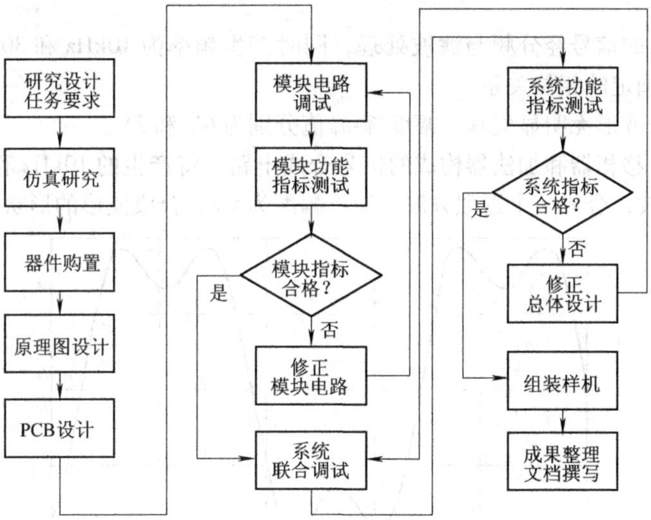

图 10-10　模拟电子系统设计流程图

从图 10-10 可以看出，在系统设计时可以按照下述步骤进行：

1）查阅并研究有关文献资料和集成电路数据手册，确定各个模块电路的实现方案并进行必要的仿真。

2）根据仿真确定的最佳参数和功能指标的要求，购置相应的电子元器件。

3）进行电路原理图设计、PCB 设计。

4）进行元器件焊接、模块电路调试和功能指标测试。

5）根据测试结果，进一步修正并完善各个模块电路的设计方案，进行改造后的电路的测试工作，此工作应重复进行，直至各个模块的功能指标达到设计要求为止。

6）进行系统联合调试并进行系统整体功能指标测试。

7）根据整体测试结果进一步修正并完善系统的总体设计，此工作应重复进行，直至系统的整体功能指标达到设计要求为止并最终组装出一台系统样机。

8）整理研究成果，撰写有关的技术文档。

10.4　模拟系统设计实例

本节以 2010 年 TI 杯模拟电子系统专题邀请赛 C 题“信号波形合成实验电路”（题目来源：http：//www. jsuedc. cn/）为例，介绍设计方法。

1. 任务

设计制作一个电路，能够产生多个不同频率的正弦信号，并将这些信号再合成为近似方波和其他信号。电路示意图如图 10-11 所示。

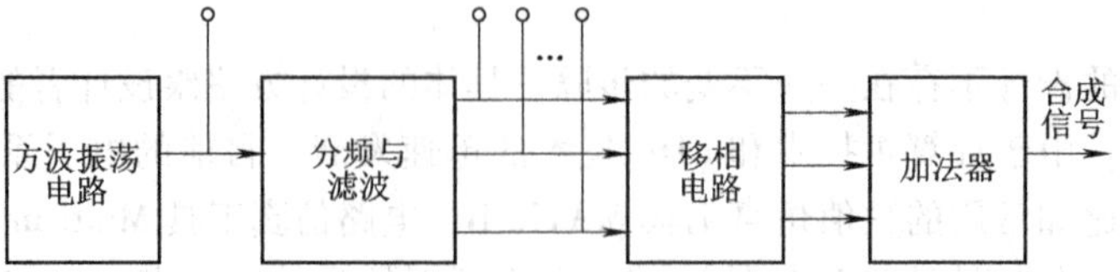

图 10-11　电路示意图

2. 要求

（1）基本要求

1）方波振荡器的信号经分频与滤波处理，同时产生频率为 10kHz 和 30kHz 的正弦波信号，这两种信号应具有确定的相位关系。

2）产生的信号波形无明显失真，幅度峰-峰值分别为 6V 和 2V。

3）制作一个由移相器和加法器构成的信号合成电路，将产生的 10kHz 和 30kHz 正弦波信号作为基波和 3 次谐波，合成一个近似方波，波形幅度为 5V，合成波形的形状如图 10-12 所示。

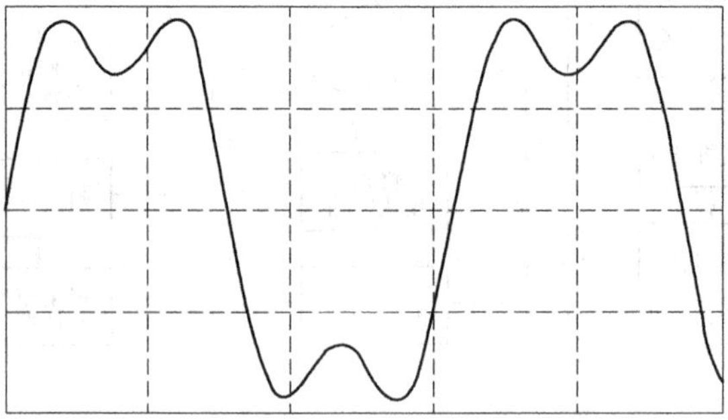

图 10-12　利用基波和 3 次谐波合成的近似方波

（2）发挥部分

1）再产生 50kHz 的正弦信号作为 5 次谐波，参与信号合成，使合成的波形更接近于方波。

2）根据三角波谐波的组成关系，设计一个新的信号合成电路，将产生的 10kHz 和 30kHz 等各个正弦信号合成一个近似的三角波形。

3）设计制作一个能对各个正弦信号的幅度进行测量和数字显示的电路，测量误差不大于 ±5%。

4）其他。

3. 评分标准（略）

4. 系统方案

（1）方案比较与选择

该系统要求通过分频与滤波产生基波和各次谐波，然后再合成近似的方波和三角波信号。本方案选择 42MHz 有源晶振产生方波，经过分频准确地产生 10kHz、30kHz、50kHz、70kHz 等不同频率的方波信号和近似 90kHz 的方波信号。为有效地将各个方波信号中的谐波分量滤除，须保证滤波器具有优良的近似垂直的截止特性，为此选择独立设计针对各个方波信号的四阶低通有源滤波电路。经隔直电路后，采用反相比例放大电路，将各个正弦信号的峰-峰值灵活地放大或衰减至波形合成所需的数值。为保证信号经过移相后不改变幅值，设计了有源滞后网络。在信号处理末级电路中，选择同相加法器完成方波和三角波的合成。

1）方波信号产生电路

方案一：利用 TI 公司的 555 芯片为核心实现，但难以产生高频方波信号且波形容易失真。

方案二：采用施密特触发器结合 RC 充放电电路实现，但此种实现方式频率稳定度不高。

方案三：直接利用有源晶振产生，可以得到所需频率的方波信号，且频率稳定度高。

经过比较，方波信号产生电路选择方案三实现。

2）分频电路

方案一：利用 FPGA 技术，易于实现，但 FPGA 价格昂贵，增大了作品实现成本。

方案二：以 TI 公司的 74 系列数字集成电路为主，设计分频电路，在每个分频电路的最后一级采用 D 触发器构成的 T 触发器，可保证分频后信号 50% 的占空比，且电路的稳定性较好。

经过比较，为提升作品性价比，放弃 FPGA 模块，选择方案二实现分频。

（2）系统设计方案

本设计采用有源晶振产生方波，利用数字电路分频得到占空比为 50% 的各个频率的方波信号，经滤波后得到对应于基波和各次谐波的正弦信号，经放大后用滞后网络移相，进而进行信号叠加。系统设计采用模块化思想，以模拟技术为主，结合数字电路完成。对整个系统以模块为单位，进行分析、比较和论证，设计出的系统框图如图 10-13 所示，图中包含了方波振荡电路、分频电路、滤波电路、移相电路、加法电路、有效值检波电路以及 MSP430 单片机测量显示电路。在设计过程中，针对不同单元应用不同功能指标特点的 TI 公司高性能运算放大器 OPA2132、NE5532、TLC085、OPA637 等，以提升系统整体性能。

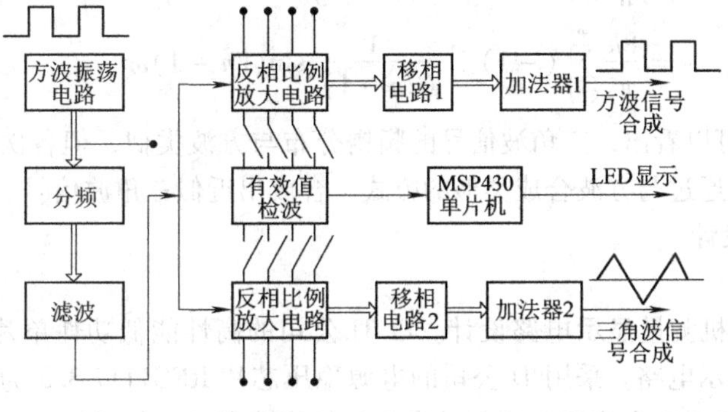

图 10-13 系统框图

5. 理论分析与计算

任何具有周期为 T 的波函数 $f(t)$ 都可以表示为三角函数所构成的级数之和，即

$$f(t) = \frac{1}{2}a_0 + \sum_{n=1}^{\infty}(a_n\cos n\omega t + b_n\sin n\omega t) \tag{10-9}$$

式中，ω 为角频率，第一项 $a_0/2$ 为直流分量。设 T 为周期，则 $\omega = 2\pi/T$。

常用的方波和三角波波形分别如图 10-14 和图 10-15 所示。

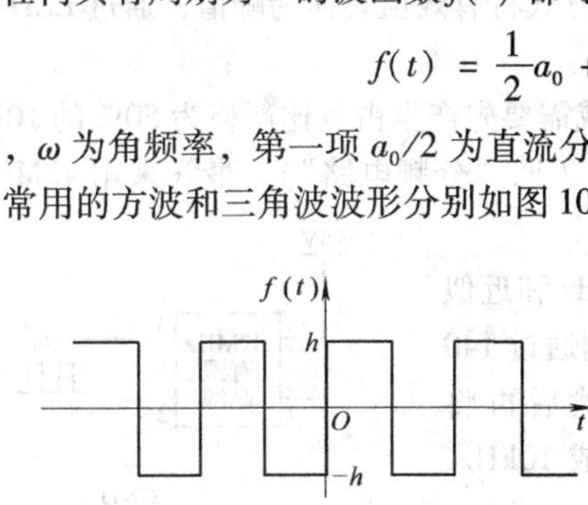

图 10-14 方波

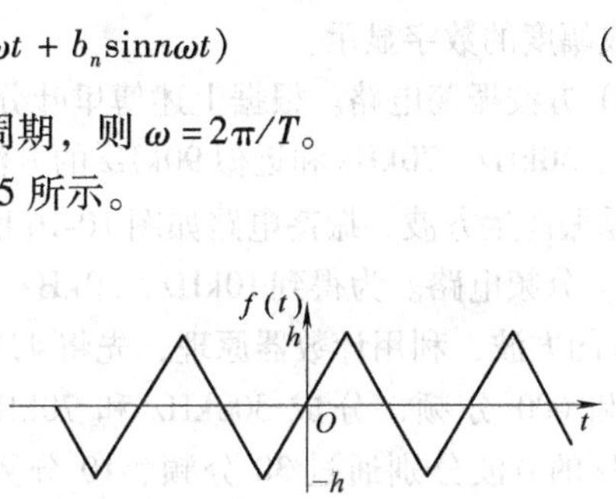

图 10-15 三角波

已知任何周期性函数都可以展开成直流分量、基波分量和所有 n 次谐波分量。图 10-14 所示的方波可以表示为

$$f(t)=\begin{cases} h & 0\leqslant t<0.5T \\ -h & -0.5T\leqslant t<0 \end{cases} \tag{10-10}$$

此方波函数为奇函数，它没有常数项。经傅里叶分解后，可表示为

$$\begin{aligned} f(t) &= \frac{4h}{\pi}\left(\sin\omega t+\frac{1}{3}\sin 3\omega t+\frac{1}{5}\sin 5\omega t+\frac{1}{7}\sin 7\omega t+\cdots\right) \\ &= \frac{4h}{\pi}\sum_{n=1}^{\infty}\left(\frac{1}{2n-1}\right)\sin[(2n-1)\omega t] \end{aligned} \tag{10-11}$$

从式（10-11）可以看出，随着谐波次数的增加，谐波幅度不断降低，因此方波信号可以通过构造基波和一定的低次谐波，忽略幅度较小的高次谐波，再经加法电路叠加后实现。设计过程中处理的谐波次数越高，波形越接近方波。

同样，图 10-15 所示的三角波也可以表示为

$$f(t)=\begin{cases} \dfrac{4h}{T}t & -\dfrac{T}{4}\leqslant t<\dfrac{T}{4} \\ 2h\left(1-\dfrac{2t}{T}\right) & \dfrac{T}{4}\leqslant t<\dfrac{3T}{4} \end{cases} \tag{10-12}$$

经傅里叶分解后，可表示为

$$\begin{aligned} f(t) &= \frac{8h}{\pi^2}\left(\sin\omega t-\frac{1}{3^2}\sin 3\omega t+\frac{1}{5^2}\sin 5\omega t-\frac{1}{7^2}\sin 7\omega t+\cdots\right) \\ &= \frac{8h}{\pi^2}\sum_{n=1}^{\infty}(-1)^{n-1}\frac{1}{(2n-1)^2}\sin(2n-1)\omega t \end{aligned} \tag{10-13}$$

从式（10-13）可以看出，三角波信号的频谱分布与方波类似，但各次谐波幅度更低，高次谐波的影响更小，可通过与方波合成类似的方式，合成出近似三角波信号。

6. 电路与程序设计

（1）电路设计

1）MSP430 单片机测量显示电路设计。以 TI 公司的高性能低功耗单片机 MSP430F149 为核心，设计了键盘和显示电路。采用 TI 公司的电源稳压芯片 REG1117-3.3 为单片机模块供电，采用 TI 公司的 74HC573 锁存器实现数码管动态显示的位选和段选信号锁存，电路设计具有模块化特点，便于与其他单元进行接口。在本系统中，为完成对各个正弦信号的幅度测量，采用 AD637 实现有效值检波，利用 MSP430 单片机内部的 12 位 A-D 转换器对检波结果进行采集，根据正弦信号幅值与有效值之间的固有关系，由 MSP430 以软件方式将有效值转换为峰值，通过 LED 数码管完成幅度的数字显示。

2）方波振荡电路。根据上述傅里叶分析，波形合成需要先产生占空比严格为 50% 的 10kHz、30kHz、50kHz、70kHz 和近似 90kHz 的方波。通过分析（见“分频电路”），最终采用 42MHz 的有源晶振产生方波，振荡电路如图 10-16 所示。

3）分频电路。为得到 10kHz、30kHz、50kHz、70kHz 和近似 90kHz 的方波，利用计数器原理，先将 42MHz 方波分别通过 140 分频和 600 分频，分成 300kHz 和 70kHz 的方波，然后再将 300kHz 的方波分别通过 30 分频、10 分频、6 分频分成 10kHz、30kHz、50kHz 方波，将 42MHz 方波依次通过 2 分频、9 分频、13 分频、2 分频得到近似 90kHz（实际是 89.74kHz）的方波。

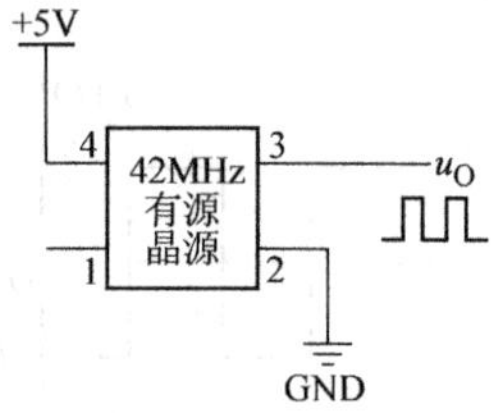

图 10-16　方波产生电路

在每一路分频电路中，最后一级均采用由 D 触发器构成的 T 触发器，确保方波的占空比为 50%。原理框图如图 10-17 所示。

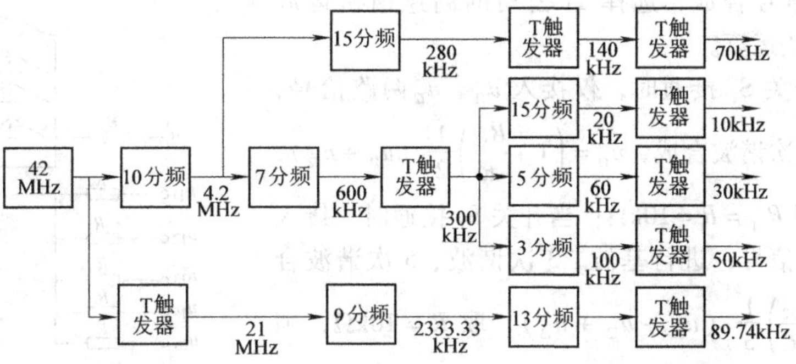

图 10-17　分频电路原理框图

4）滤波电路。为设计通带平坦而截止特性优良的低通滤波器，利用 FilterLab 2.0 软件，分别为各个不同频率的方波信号设计了相应的四阶巴特沃斯低通滤波器，滤除方波中包含的各奇次谐波，得到较为纯净的基波正弦信号，滤波电路如图 10-18 所示。在设计过程中，采用了 TI 公司的宽带高速精密运算放大器 OPA2132，提升了滤波性能。

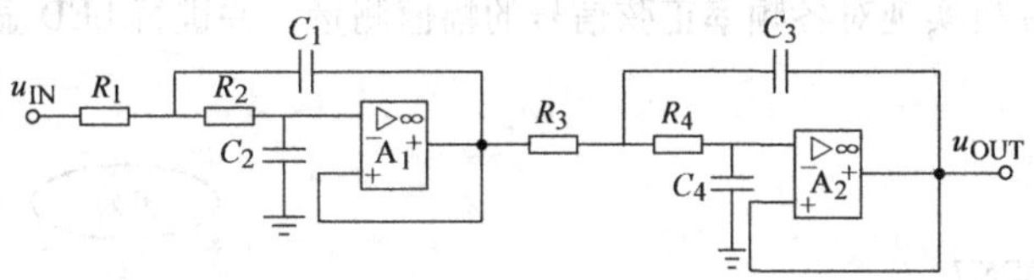

图 10-18　四阶巴特沃斯低通滤波电路

5）比例运算放大电路。为构造出用于波形合成的各个不同幅度的正弦信号，需按照方波、三角波的傅里叶分解的结果（见式（10-11）和式（10-13）），将各个信号的幅度调整到相应的数值。因此，在滤波电路后加入若干个反相比例放大电路，对各个信号进行一定量的放大或衰减，直至幅度数值满足设计要求。反相比例放大电路如图 10-19 所示，通过调整电阻 R_F 便可实现比例运算。这里集成运放选择 TI 公司经典的低噪声运放 NE5532。

6）移相电路。根据式（10-11）或式（10-13）的傅里叶分解的结果，基波与谐波须满足特定的相位关系。因此，方波信号经分频和滤波后，还应通过移相电路对相位进行校正，以满足合成的要求。为此设计了一个从 0 ~ π 变化的滞后移相电路，如图 10-20 所示，通过调节 R_2 实现移相，同时，为保证移相电路的增益为 1，反馈电阻设置为可调节的电位器 RP。在此电路中，选择 TI 公司高性价比的宽带运放 TLC085。

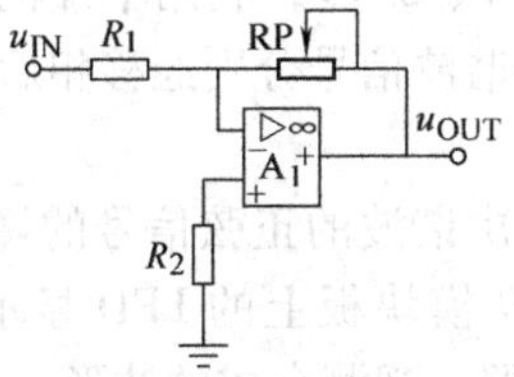

图 10-19　反相比例放大电路

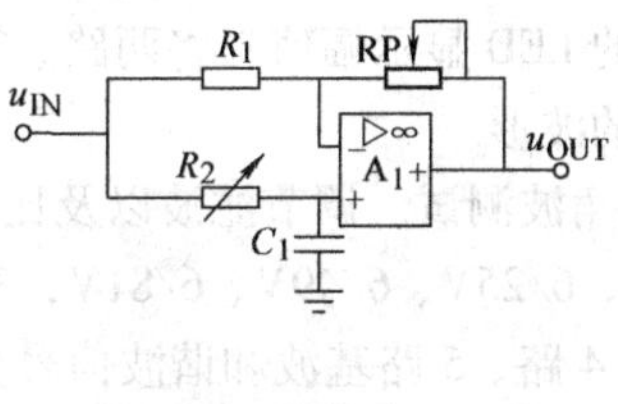

图 10-20　滞后移相电路

7）加法电路。为满足题目基础部分、发挥部分并超出发挥部分的要求，分别进行基波与 3 次谐波、基波至 5 次谐波、基波至 7 次谐波等不同程度的信号合成，设计了如图 10-21 所示同相

加法电路，实现各个信号的合成，以满足加法运算关系，即

$$u_O = u_{I1} + u_{I2} + \cdots + u_{In} \tag{10-14}$$

为实现精确的信号合成，选择 TI 公司的高速精密运放 OPA637 完成加法运算。

图中，当开关 S_1 接通时，仅接入 u_{I1}、u_{I2} 两路信号，即进行基波与 3 次谐波合成，$u_O = \left(1 + \frac{R_{F1}}{R}\right)\frac{1}{2}(u_{I1} + u_{I2})$，取 $R = 10k\Omega$，则 $R_{F1} = R = 10k\Omega$；当开关 S_2 接通时，接入 u_{I1}、u_{I2}、u_{I3} 3 路信号，进行基波、3 次谐波、5 次谐波合成，$u_O = \left(1 + \frac{R_{F2}}{R}\right)\frac{1}{3}(u_{I1} + u_{I2} + u_{I3})$，取 $R = 10k\Omega$，则 $R_{F2} = 2R = 20k\Omega$；以此类推，$R_{F3} = 3R = 30k\Omega$，$R_{F4} = 4R = 40k\Omega$。

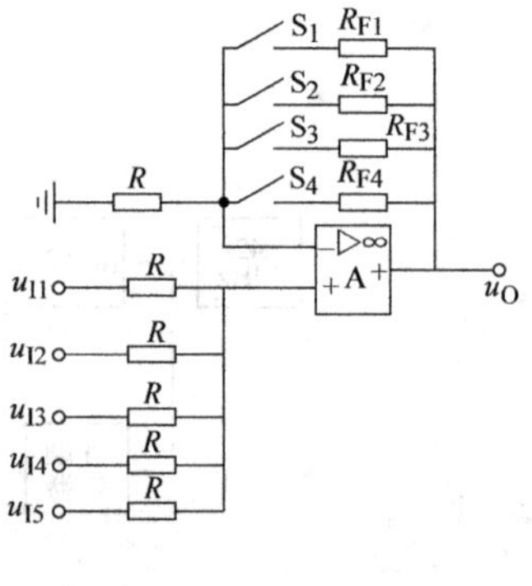

图 10-21　同相加法电路

8）有效值检波电路。题目发挥部分要求对各个正弦信号进行峰值检测，这里采用 AD637 检测输入正弦信号的真有效值，电路如图 10-22 所示，经过 MSP430F149 内部 A-D 采样，以软件方式将有效值转换为峰值并在数码管上进行显示。

（2）程序设计

利用 MSP430 单片机实现对各频率正弦信号的幅值测量，并进行 LED 显示，其主要程序流程图如图 10-23 所示。

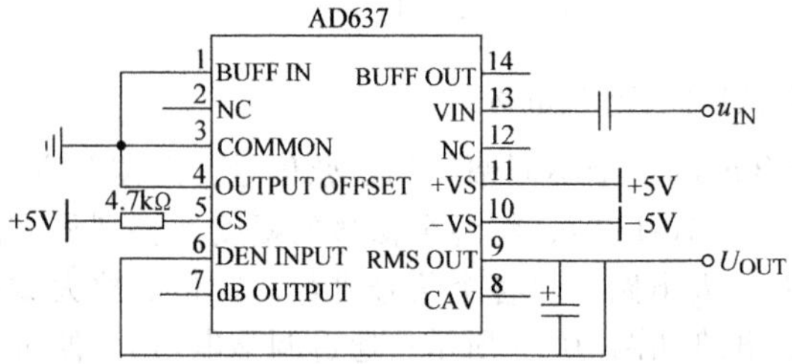

图 10-22　有效值检波电路

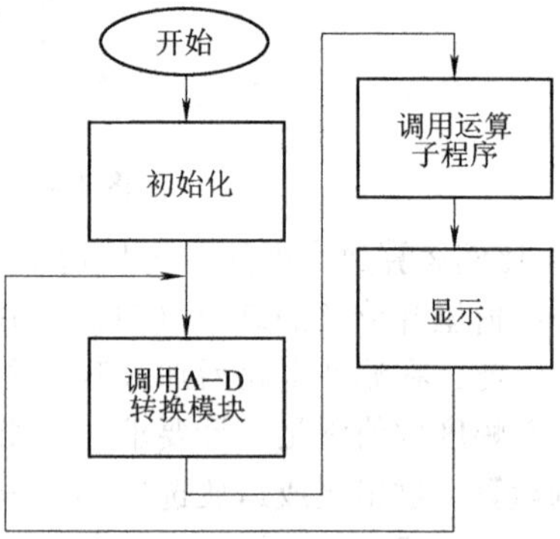

图 10-23　程序流程图

7. 测试方案与测试结果

（1）测试方案

1）方波测试。测试 42MHz 晶振产生的方波信号；调节滤波以及比例放大电路，使基波以及各次谐波的正弦信号的峰-峰值分别为 6V、6/3V、6/5V、6/7V、6/9V，利用单片机 MSP430F149 模块板上的 LED 显示幅值；将两路、3 路、4 路、5 路基波和谐波信号分别经移相后送入加法器，观测合成的波形。

2）三角波测试。调节滤波以及比例电路，使基波以及各次谐波的正弦信号的峰-峰值分别为 6V、6/9V、6/25V、6/49V、6/81V，利用单片机 MSP430F149 模块板上的 LED 显示幅值；将两路、3 路、4 路、5 路基波和谐波信号分别经移相后送入加法器，观测合成的波形。

（2）测试结果

1）方波信号的频率测量。对 42MHz 晶振产生的方波信号进行测量，结果见表 10-2。表中数据说明方波的频率稳定性较高。

表 10-2　方波信号的频率测量结果

测试次数	频率/MHz
1	42.00
2	42.00

2）合成方波的基波和各次谐波信号的峰-峰值测量。对合成方波所需的 10kHz、30kHz、50kHz、70kHz、90kHz 正弦信号的峰-峰值进行测量，结果见表 10-3。对表格数据分析可以看出，频率越高，实测误差也略有提高，但都很小，随着频率提高，信号幅值降低，加上仪器自身的测量精度有限，成为误差产生的重要因素。

表 10-3　合成方波的基波和各次谐波信号的峰-峰值测量

频率/kHz	理论峰-峰值/V	实测峰-峰值/V	相对误差/%
10	6	6	0
30	6/3	2.02	1
50	6/5	1.22	1.7
70	6/7	0.86	2.3
90	6/9	0.69	3.4

3）合成三角波的基波和各次谐波信号的峰-峰值测量。与合成方波类似，对合成三角波所需的 10kHz、30kHz、50kHz、70kHz、90kHz 正弦信号的峰-峰值进行测量，结果见表 10-4，误差及其产生因素与表 10-3 所示特点相似。

表 10-4　合成三角波的基波和各次谐波信号的峰-峰值测量

频率/kHz	理论峰-峰值/V	实测峰-峰值/V	相对误差/%
10	6	6	0
30	6/9	0.664	0.45
50	6/25	0.236	1.7
70	6/49	0.125	1.9
90	6/81	0.732	2.5

（3）测试波形

利用四通道泰克数字示波器 TDS3034C 观测测量过程中的信号波形，主要结果如图 10-24 所示。图 10-24a 和图 10-24b 分别为 3 路和 4 路正弦信号的相位关系图，图 10-24c 为 10kHz 和 30kHz 正弦信号合成的方波信号，图 10-24d 为 10kHz、30kHz 和 50kHz 正弦信号合成的方波信号与三角波信号，图 10-24e 为 10kHz、30kHz、50kHz 和 70kHz 正弦信号合成的方波信号与三角波信号，图 10-24f 为 10kHz、30kHz、50kHz、70kHz 和 90kHz 正弦信号合成的方波信号与三角波信号。

8. 结束语

本设计实现了题目规定的全部功能指标要求，包括基本要求和发挥部分，合成出符合要求的近似方波和近似三角波信号，同时对各个正弦信号的幅度能进行测量和数字显示，测量误差满足要求。在此基础上又超出发挥部分规定的指标，增加了幅度符合要求的 7 次谐波和 9 次谐波信号，并参与方波和三角波信号合成，合成效果完全满足要求。

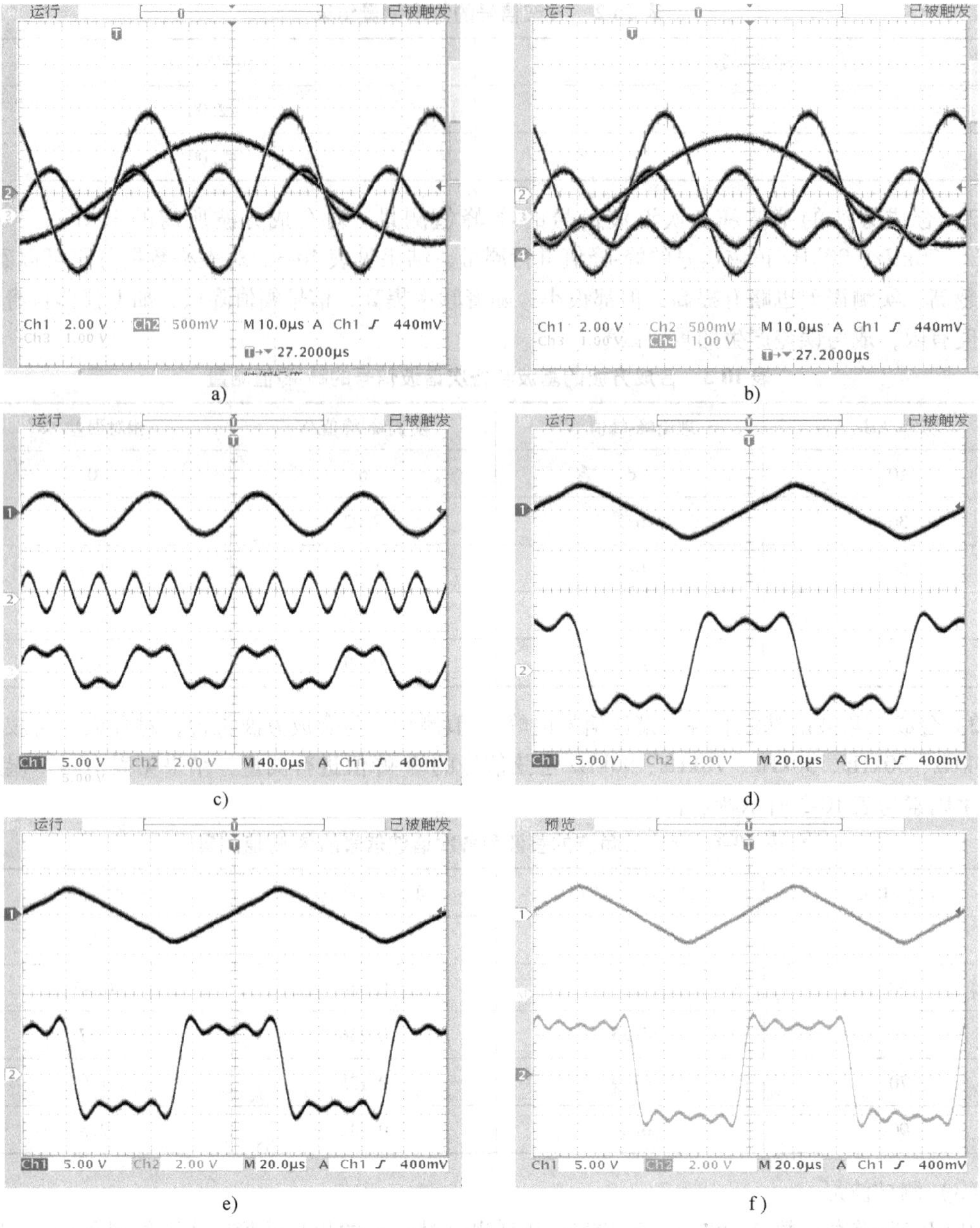

图 10-24　测试波形图

a) 3 路信号的相位关系　b) 4 路信号的相位关系　c) 基波与 3 次谐波合成的方波　d) 基波与 5 次谐波合成的三角波与方波　e) 基波与 7 次谐波合成的三角波与方波　f) 基波与 9 次谐波合成的三角波与方波

本 章 小 结

1. 一个功能指标合理的小型模拟电子系统可以作为一个大规模电子系统的一个单元或模块，模拟电子系统在电子技术中具有重要作用。

2. 各大半导体公司不断推出新型模拟集成电路和模数混合集成电路，当需要学习和使用相关的集成器件时，应该利用互联网等信息手段查阅器件的数据手册，在手册指导下掌握其原理和基本特性，进而进行研究和应用。

3. 掌握模拟电子系统的设计方法及流程，学会借助仿真软件指导设计和实践。

4. “信号波形合成实验电路”要求设计一个以模拟技术为主的电子系统，设计过程中应将系统进行模块化划分，对各个模块应考虑其基本功能指标要求，进而选择合适的器件加以实现。

思考题与习题

10-1　谈谈你对模拟电子系统的认识，模拟型电子系统与数字型电子系统和模数混合型电子系统有何区别与联系？

10-2　通过互联网查阅表 10-1 中涉及的有关集成电路，了解这些集成电路的特点和典型应用。

10-3　通过互联网查阅 ADI 公司的精密集成温度传感器 AD592 的数据手册，试设计一个 I-V 转换电路，将在 0～100℃范围内 AD592 输出的电流信号转换为与电流呈线性关系的 0～5V 范围的电压信号。

10-4　通过互联网查阅 AD835 的数据手册，全面了解其应用。

10-5　谈谈你对模拟电子系统的设计方法及流程的认识。你熟悉哪些仿真软件？准备自学哪些仿真软件？

10-6　学习利用 MATLAB 软件仿真如图 10-19 所示电路的合成波形，并仿真基波与 5 次谐波合成的三角波与方波。

10-7　通过互联网查阅 TI 公司的 OPA2132、NE5532、TLC085、OPA637 和 ADI 公司的 AD637 等数据手册，了解这些集成电路的特点和典型应用。

部分思考题和习题参考答案

第1章

1-4 a）VD_A 截止，VD_B 导通，$Y=0V$； b）VD_A 导通，VD_B 截止，$Y=9V$；

c）VD_A 导通，VD_B 导通，$Y=0V$。

1-5 a）VD 截止，$U_{AB}=-12V$； b）VD 导通，$U_{AB}=15V$；

c）VD_1 截止，VD_2 导通，$U_{AB}=-6V$； d）VD_1 导通，VD_2 截止，$U_{AB}=0V$。

1-6 （1）R 为 1kΩ 时，$I_1=1.6mA$，$I_2=5.3mA$，$I_O=-3.7mA$，$U_O=-3.7V$；

（2）R 为 4kΩ 时，$I_1=0mA$，$I_2=1.8mA$，$I_O=-1.8mA$，$U_O=-1.8V$。

1-7 （3）这是一个双向限幅电路，正负向限幅电平分别为 6.7V、1.3V。

1-9 a）$U_{AB}=15V$；b）$U_{AB}=5V$；c）$U_{AB}=5.7V$；d）$U_{AB}=0.7V$。

1-10 （1）U_I 为 10V 时，$U_O=3.33V$；U_I 为 35V 时，$U_O=6V$。

（2）稳压管可能烧坏。

第2章

2-9 a）放大；b）截止；c）饱和；d）截止；e）放大；f）放大；g）饱和；h）损坏。

2-10 VT_1 放大；VT_2 截止；VT_3 饱和。

2-11 （1）$I_{BQ}=25\mu A$，$I_{CQ}=2.5mA$，$U_{CEQ}=2.5V$；

（2）-120，1.2kΩ，3kΩ；

（3）饱和，R_B 增加。

2-13 （1）$I_{CQ}=1.5mA$，$U_{CQ}=10.5V$，$U_{EQ}=3V$；（2）略；

（3）-75，1.2kΩ，3kΩ。

2-14 （2）-12.5，4kΩ，3kΩ。

2-15 （1）$I_{BQ}=10\mu A$，$I_{CQ}=1mA$，$U_{CEQ}=12.7V$；

（2）略；

（3）0.98，8kΩ，28Ω；

（4）减小基极上偏置电阻阻值或者增加基极下偏置电阻阻值。

2-16 （1）$I_{BQ}=105\mu A$，$I_{CQ}=8.4mA$，$U_{CEQ}=-3.9V$；

（2）略；

（3）0.97，9kΩ，14Ω。

2-18 （1）1V 1V；（2）0.8V 1V

2-20 256Hz

2-21 （1）$\dot{A}_{uLs}=\dfrac{\dot{A}_{ums}}{1-j\dfrac{f_L}{f}}$，其中 $f_L=\dfrac{1}{2\pi(R_s+R_i)C_I}$

$\dot{A}_{uHs}=\dfrac{\dot{A}_{ums}}{1+j\dfrac{f}{f_H}}$，其中 $f_H=\dfrac{1}{2\pi(R_C/\!/R_L)C_L}$

（2）2mS （3）2.4mF （4）32pF

第3章

3-3 $I_{DQ}=2mA$，$g_m=2mS$。

3-4 a）工作于放大区；b）工作于截止区；c）工作于可变电阻区；d）工作于放大区。

3-5 （1）$I_{DQ}=-2.3mA$，$U_{GSQ}=2.3V$，$U_{DSQ}=-10.1V$；

（2）$\dot{A}_u=-14.9$，$R_i=1M\Omega$，$R_o=12k\Omega$。

3-6 （1）$I_{DQ}=1mA$，$U_{GSQ}=4V$，$U_{DSQ}=9V$；（2）$\dot{A}_u=-1.5$，$R_i=0.67M\Omega$，$R_o=3k\Omega$。

3-7 （1）$I_{DQ}=0.75mA$，$U_{GSQ}=3.75V$，$U_{DSQ}=9.75V$；

（2）$\dot{A}_u=0.57$，$R_i=0.5M\Omega$，$R_o=0.83k\Omega$。

3-8 （1）$R_{G1}=4.7M\Omega$，$I_{DQ}=1.18mA$；

（2）$\dot{A}_{u1}=0.74$，$\dot{A}_{u2}=-0.74$。

3-9 （1）直接耦合，阻容耦合（2）共射+共集，共集+共射（3）

a）$\dot{A}_u=\dfrac{(1+\beta_2)(R_{E2}/\!/R_L)}{r_{be2}+(1+\beta_2)(R_{E2}/\!/R_L)}\left(-\dfrac{\beta_1(R_{C1}/\!/(r_{be2}+(1+\beta_2)(R_{E2}/\!/R_L)))}{r_{be1}}\right)$，

$R_i=R_{B1}/\!/R_{B2}/\!/r_{be1}$，$R_o=R_{E2}/\!/\dfrac{R_{C1}+r_{be2}}{1+\beta_2}$；

b）$\dot{A}_u=\dfrac{(1+\beta_1)(R_{E1}/\!/R_{i2})}{r_{be1}+(1+\beta_1)(R_{E1}/\!/R_{i2})}\left(-\dfrac{\beta_2(R_C/\!/R_L)}{r_{be2}}\right)$

$R_i=R_{B1}/\!/[r_{be1}+(1+\beta_1)(R_{E1}/\!/R_{i2})]$，$R_o=R_C$ 其中 $R_{i2}=R_{B2}/\!/R_{B3}/\!/r_{be2}$

3-10 （1）略；

（2）$\dot{A}_u=(-g_m(R_D/\!/R_B/\!/(r_{be}+(1+\beta)(R_E/\!/R_L))))\dfrac{(1+\beta)(R_E/\!/R_L)}{r_{be}+(1+\beta)(R_E/\!/R_L)}=-14.8$

$R_i=R_G=80k\Omega$，$R_o=R_E/\!/\dfrac{R_D/\!/R_B+r_{be}}{1+\beta}=196.4\Omega$。

第4章

4-2 106μA。

4-3 106μA。

4-4 $U_{CQ1}=U_{CQ2}=6.4V$；$u_O=-190mV$；$K_{CMR}\to\infty$。

4-5 $I_{CQ2}\approx I_{CQ1}=0.186mA$；$U_{CQ1}=U_{CQ2}=6.42V$；$U_O=-200mV$；$K_{CMR}=25$；$U_{C1}\approx2.386V$。

4-6 $U_O=164.4mV$。

4-7 $R_{id}=660k\Omega$；$A_{d1}=-28.2$；$A_{c1}=-0.65$；$K_{CMR}=43.4$。

4-8 $I_{C1}=I_{C2}=0.5mA$；$U_{CE1}=U_{CE2}=10.75V$；$u_o=-38.3(10+10\sin\omega t)mV$。

第5章

5-8 25；45.45。

5-9 1500；0.006。

5-10 （1）电压串联负反馈；（2）11；（3）∞；（4）0；（5）1V；（6）14V；（7）14V；（8）1V；（9）11V；（10）14V

5-11 a）反馈网络由 C_F、R_F 和 R_{E1} 组成，电压串联负反馈，$\dot{A}_{uf}=\dfrac{R_{E1}+R_F}{R_{E1}}$；

b）反馈网络由 R_F 和 R_{E2} 组成，反馈类型为电流并联负反馈，$\dot{A}_{usf}=\dfrac{R_F+R_{E2}}{R_{E2}}\dfrac{R_{C2}/\!/R_L}{R_S}$。

5-12 （1）电压并联负反馈，（2）$\frac{\dot{U}_o}{\dot{U}_i}=-2$，100kΩ，0。

5-13 （1）VT 的 BE 结、R_F、R_E、R_I；（2）电流串联负反馈；（3）$\dot{F}_r=\dot{U}_f/\dot{I}_o=\frac{R_ER_I}{R_E+R_I+R_F}$；（4）$\dot{A}_{uf}=\frac{R_E+R_I+R_F}{R_ER_I}R_L$。

5-14 （1）3V；（2）C1 接“－”，C2 接“＋”，10；（3）R_F 接 B1，C1 接“＋”，C2 接“－”，9。

第 6 章

6-2 －4V；－8V；－15V。

6-3 $u_o=\left(1+\frac{R_4}{R_3}\right)u_{i2}-\frac{R_4}{R_3}\left(1+\frac{R_2}{R_1}\right)u_{i1}$；$\frac{R_2}{R_1}=\frac{R_3}{R_4}$；$u_o=\left(1+\frac{R_4}{R_3}\right)(u_{i2}-u_{i1})$。

6-4 a）$u_o=-\left(R_3+R_4+\frac{R_3R_4}{R_5}\right)\left(\frac{u_{i1}}{R_1}+\frac{u_{i2}}{R_2}\right)$；

b）$u_o=\left(1+\frac{R_5}{R_4}\right)(-u_I)$。

6-8 $u_o=\sqrt{\frac{k}{RC}\int u_i^2\mathrm{d}t}$。

6-9 $u_o=10\frac{R_2}{R_1}\frac{u_{i1}}{u_{i2}}$。

第 7 章

7-6 $P_{omax}=\frac{1}{2}\frac{V_{CC}^2}{R_L}=\frac{12^2}{2\times 8}=9W$；　$I_{CM}=\frac{V_{CC}}{R_L}=\frac{12}{8}=1.5A$；

$U_{CEm}=2V_{CC}=24V$；　$P_{T1m}\approx 0.2P_{om}=0.2\times 9=1.8W$。

7-8 $P_o=\frac{U_o^2}{R_L}=\frac{(10U_i)^2}{R_L}=12.5W$；　$P_V=2V_{CC}\frac{U_{om}}{\pi R_L}=2V_{CC}\frac{\sqrt{2}U_o}{R_L\pi}\approx 27W$；

$P_T=P_V-P_o\approx 14.5W$；　$\eta=P_o/P_V\approx 46.3\%$。

7-9 （1）甲乙类 OTL 功放电路；（2）$U_E=7.5V$，$I_L=0A$；（3）$P_{omax}=2.64W$。

7-10 （1）在理想极限运用情况下的 $P_{om}=6.25W$；

（2）当不失真输出功率 $P_o=3.65W$ 时的效率 $\eta=60\%$；

（3）$P_{omax}=20.6W$，$I_{Bmax}=171mA$。三极管能安全工作。

7-11 OTL 电路 $V_{CC}=\sqrt{8R_LP_{om}}=\sqrt{8\times 32\times 50}\approx 113V$　$I_{cm}\approx 1.77A$；

OCL 电路 $V_{CC}=\sqrt{2R_LP_{om}}=\sqrt{2\times 32\times 50}\approx 56.6V$。

7-12 （1）甲乙类准互补 OCL 对称功放电路；（2）$VT_1\sim VT_4$ 构成准互补对称式输出，其中 VT_1、VT_3 复合为 NPN 管，VT_2、VT_4 复合为 PNP 管。VT_5 管和电阻 R_1、R_2 构成 U_{BE} 扩大电路，用以消除交越失真；（3）调整电阻 R_{B1} 和 R_{B2}；（4）$P_{omax}=9.4W$。

第 8 章

8-1 （1）文氏桥式信号发生器；（2）$R_2>20k\Omega$；（3）338.8Hz

8-2 （1）R_{RP} 的下限值为 2kΩ；（2）振荡频率的最大值和最小值分别为 $f_{omax}\approx 1.6kHz$，$f_{0min}\approx 145Hz$

8-3 （1）输出电压不失真情况下的有效值 $U_o\approx 6.36V$；（2）电路的振荡频率 $f_0\approx 9.95Hz$

8-7 （1）$u_o=-1V$；（2）$u_o=-15V$；（3）$u_o=-15V$。

8-10 （1）$u_o=0V$；（2）$u_o=6V$；（3）略。

8-12 （2）$u_{o1}=5V$，$u_{o2}=5V$；（3）$4\times10^{-4}s$。

第9章

9-2 （1）电容：$C=300\sim500\mu F$，25V；二极管：106mA，25V；（2）VD_4 电击穿，电源变压器短路故障；（3）滤波电容开路，该电路变为桥式整流电路。

9-3 （2）1）全波整流 $U_o=0.9U_2$ 2）电容滤波 $U_o=1.2U_2$

9-4 （1）（a）$I_0=\frac{U_Z-U_{EB}}{R_1}=66mA$；（b）$I_0=\frac{5}{R}=100mA$；（2）（a）13.7V，（b）12V

9-5 12～36V

9-6 （a）VD2、VD4 接反，变压器次级不能接地；（b）C、VS 接反；（c）变压器二次电压小、滤波电容 C_1 太小

9-7 （1）125Ω；（2）1.25V；（3）2.3kΩ；（4）输出电压的最大值不能够达到50V。因为电路输出电压的最小值为1.25V，若调到最大值为50V，W117 的 U_{12}的变化范围为(50～1.25)V 超过其允许的参数(40～3)V。

附录　密勒定理

图 A-1a 所示电路是任意复杂的电路，有$(n+1)$个节点，其中节点 0 为参考节点，而节点 1、2 之间接有复阻抗 Z_f。在正弦稳态的情况下，各节点相对于参考节点的电压分别为 $\dot{U}_1$，$\dot{U}_2$，…，$\dot{U}_n$，设 $\dot{A}=\dfrac{\dot{U}_2}{\dot{U}_1}$。若将 Z_f 从节点 1、2 之间移去，并在节点 1 与参考节点之间接入复阻抗 $Z'_f=\dfrac{Z_f}{1-\dot{A}}$，节点 2 与参考节点之间接入复阻抗 $Z''_f=\dfrac{\dot{A}}{\dot{A}-1}Z_f$，则所得的如图 A-1b 所示的电路与原电路等效，这就是密勒定理。密勒定理的证明过程如下：

对于图 A-1a，电流 $\dot{I}_1$和 $\dot{I}_2$分别为

$$\dot{I}_1=\frac{\dot{U}_1-\dot{U}_2}{Z_f}=\frac{\dot{U}_1-\dot{A}\ \dot{U}_1}{Z_f}=\frac{\dot{U}_1}{\dfrac{Z_f}{1-\dot{A}}}=\frac{\dot{U}_1}{Z'_f}$$

$$\dot{I}_2=\frac{\dot{U}_2-\dot{U}_1}{Z_f}=\frac{\dot{U}_2-\dot{U}_2/\dot{A}}{Z_f}=\frac{\dot{U}_2}{Z_f\dfrac{\dot{A}}{\dot{A}-1}}=\frac{\dot{U}_2}{Z''_f}$$

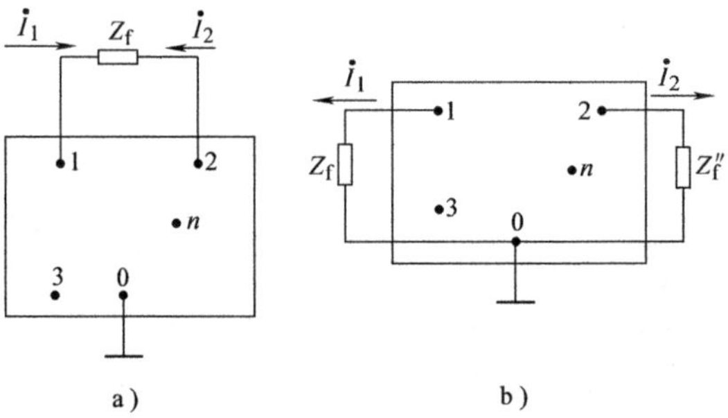

图　A-1

可见，如果将 Z_f 从节点 1、2 之间移去，并在节点 1 与参考节点之间接入一复阻抗 $Z'_f=\dfrac{Z_f}{1-\dot{A}}$，节点 2 与参考节点之间接入复阻抗 $Z''_f=\dfrac{\dot{A}}{\dot{A}-1}Z_f$，那么从节点 1 和节点 2 流出的电流 $\dot{I}_1$和 $\dot{I}_2$将与图 A-1a 中的相同。故图 A-1b 所示电路与图 A-1a 所示电路等效。

参考文献

[1] 杨拴科．模拟电子技术基础[M]．北京：高等教育出版社，2003.
[2] 华成英．模拟电子技术基本教程[M]．北京：清华大学出版社，2006.
[3] 王成安．模拟电子技术及应用[M]．2 版．北京：机械工业出版社，2010.
[4] 周淑阁，等．模拟电子技术基础[M]．北京：高等教育出版社，2004.
[5] 耿苏燕．模拟电子技术基础学习指导[M]．北京：高等教育出版社，2006.
[6] 王远．模拟电子技术[M]．2 版．北京：机械工业出版社，2004.
[7] 黄瑞祥，等．模拟电子技术基础[M]．杭州：浙江大学出版社，2009.
[8] 陈光梦．模拟电子学基础[M]．2 版．上海：复旦大学出版社，2009.
[9] 康华光，陈大钦．电子技术基础：模拟部分[M]．4 版．北京：高等教育出版社，1999.
[10] 童诗白，华成英．模拟电子技术基础[M]．3 版．北京：高等教育出版社，2001.
[11] 杨拴科，赵进全．《模拟电子技术基础》学习指导与解题指南[M]．北京：高等教育出版社，2004.
[12] Robert L Boylestad，Louis Nashelske. 模拟电子技术[M]．李立华，等译．北京：电子工业出版社，2008.
[13] 何宝祥，朱正伟，刘训非，储开斌．模拟电路及其应用[M]．北京：清华大学出版社，2008.
[14] 王济浩．模拟电子技术基础[M]．北京：清华大学出版社，2009.
[15] 童诗白．模拟电子技术基础[M]．2 版．北京：高等教育出版社，1988.
[16] 华成英．模拟电子技术基础教师手册[M]．3 版．北京：高等教育出版社，2002.
[17] 陈大钦．模拟电子技术基础[M]．武汉：华中科技大学出版社，2000.
[18] 周淑阁，等．模拟电子技术基础[M]．南京：东南大学出版社，2008.
[19] 贾立新，王 涌．电子系统设计与实践[M]．北京：清华大学出版社，2007.
[20] 毕满清，等．模拟电子技术基础[M]．北京：电子工业出版社，2008.
[21] 梅开乡，梅军进．模拟电子技术[M]．北京：北京理工大学出版社，2009.
[22] 朱定华，吴建新，饶志强．模拟电子技术(修订本)[M]．北京：清华大学出版社，北方交通大学出版社，2008.
[23] 李国顺．模拟电子技术基础考点全方位训练[M]．哈尔滨：哈尔滨工业大学出版社，2006 .
[24] 谢自美．电子线路设计．实验．测试[M]．3 版．武汉：华中理工大学出版社，2006.
[25] 康华光，陈大钦，张林．电子技术基础：模拟部分[M]．5 版．北京：高等教育出版社，2006.